Cloud Platform for Artificial Intelligence

Principle, Design and Application

人工智能云平台

原理、设计与应用

孙皓 郑歆慰 张文凯◎著

人 民 邮 电 出 版 社
北 京

图书在版编目（ＣＩＰ）数据

人工智能云平台 : 原理、设计与应用 / 孙皓, 郑歆慰, 张文凯著. -- 北京 : 人民邮电出版社, 2020.8
ISBN 978-7-115-54345-5

Ⅰ. ①人… Ⅱ. ①孙… ②郑… ③张… Ⅲ. ①人工智能 Ⅳ. ①TP18

中国版本图书馆CIP数据核字(2020)第112831号

内 容 提 要

本书以实践为导向，深入浅出，从人工智能技术、机器学习框架和微服务等概念讲起，对主流的人工智能云平台产品进行剖析和比较，对从训练学习到服务封装再到模型发布应用的全过程进行介绍，并对人工智能云平台技术栈涉及的云计算、集群管理、任务调度、共享存储等技术进行了详细讲解，以提高研发人员对人工智能全生产流程的理解。书中结合以上技术知识，以目前较为主流的开源人工智能集群管理云平台为例，对相关工程案例进行了深入讲解，帮助读者加深对知识点的理解和掌握。

本书适合有一定机器学习基础和大数据基础的学生、研发人员或希望进入人工智能云平台领域的读者阅读和学习。同时，希望本书能帮助更多人在人工智能时代找到自己的方向和定位。

◆ 著　　　孙　皓　郑歆慰　张文凯
责任编辑　唐名威
责任印制　彭志环

◆ 人民邮电出版社出版发行　　北京市丰台区成寿寺路 11 号
邮编　100164　　电子邮件　315@ptpress.com.cn
网址　https://www.ptpress.com.cn
涿州市京南印刷厂印刷

◆ 开本：787×1092　1/16
印张：21.5　　　　2020 年 8 月第 1 版
字数：495 千字　　2020 年 8 月河北第 1 次印刷

定价：149.00 元

读者服务热线：(010)81055493　印装质量热线：(010)81055316
反盗版热线：(010)81055315
广告经营许可证：京东市监广登字 20170147 号

引言

目前人类正处在一个日新月异、飞速变革的智能时代。近年来，随着大数据技术、高性能计算技术和深度学习技术的崛起和突破，涌现出了很多智能算法。这些智能算法对图像处理、自然语言处理、语音处理、搜索推荐等技术的发展起到了极大的促进作用，相关研究领域的算法技术从实验室走入商业场景，创造了丰富的商业价值。

开放的软件生态和易用的软件形态是打造人工智能（Artificial Intelligence，AI）和深度学习产业链的至关重要的两个方面。没有软件的支撑，理论很难与应用相结合，新硬件也很难为应用提速。像大数据时代 Hadoop 的出现、移动互联网时代安卓（Android）系统的出现一样，在新的智能浪潮下，支撑人工智能算法服务生产和开发的相关技术也得到了快速的发展，谷歌（Google）、脸书（Facebook）、亚马逊（Amazon）等人工智能巨头纷纷推出了面向算法开发者的人工智能开发框架。他们推出的 TensorFlow、PyTorch、MXNet 等开源框架，大大扩展了人工智能算法服务的训练生产能力，缩短了智能服务的上线、更新周期，提高了人工智能服务的生产效率。

然而，TensorFlow、PyTorch、MXNet 尚不足以支撑人工智能的全流程生产化应用，它们仅面向个人开发者和研究人员，管理少数计算设备资源，无法在云计算资源上提供面向多租户的智能应用全流程服务，欠缺诸如海量样本数据管理与共享存储、集群管理、任务调度、快速训练与部署、运行时监控等能力，导致用户形成生产力的成本过高。

深度学习等人工智能技术是计算密集型重资产类应用，亟须能够提供异构高性能计算资源和主流机器学习框架支持的云服务，降低人工智能框架的使用门槛，并提升用户体验，从而与开源效应叠加，加速产业发展。面对这一需求和市场，国家发展和改革委员会、科学技术部针对人工智能开源开放平台设立重大专项，大力发展相关技术；谷歌、脸书、亚马逊以及国内的阿里巴巴、百度、华为等优秀的科技公司，也纷纷开始推出人工智能的云平台服务。人工智能云平台作为一种新的智能产业领域，正在如火如荼地发展。

然而，目前尚缺少全面、系统、深入介绍人工智能云平台的资料。针对这一迫切需求，本书以实践为导向，首先对智能云平台的技术体系进行梳理，从智能云平台与大数据云计算技术、人工智能技术的关系讲起，为读者勾勒该领域涵盖的技术范畴。然后，对从训练学习到服务封装再到模型发布应用的全过程的人工智能云平台设计的关键技术原理进行了阐述，对人工智能应用的完整流程进行了详细介绍，并对人工智能云平台技术栈涉及的云计算、集群管理、任务调度、共享存储等技术进行了针对性讲解。最后，结合理论知识与作者多年的工作实践，以目前较为主流的多个开源人工智能管理平台为例，对相关工程案例进行了深入讲解，以填补人工智能云平台技术领域教程的空白。

本书的主要特点如下。

- 内容来自多个智能云平台项目。本书的许多内容是大型项目和商业运营产品等不同场景下智能云平台系统的研发心得，具有很高的借鉴价值。
- 对当前智能云平台技术进行了及时总结。本书不但对智能云平台技术相关的软硬件生态进行了调研总结，还对目前主流的智能云平台进行了详细的剖析和比较，对各智能云平台的自身特色和设计初衷进行了分析，为从事相关技术的读者提供有价值的参考。
- 多维度思考。本书不仅从智能平台系统开发的角度进行描述，同时尝试从平台使用者的角度对智能云平台的功能进行思考，因此希望本书能够为智能云平台开发者和使用者搭建桥梁。
- 大量案例引导。智能云平台覆盖的技术领域众多，需要相关从业者具有丰富的知识储备，对于初学者来说是一个不小的挑战。本书提供众多的案例来引导读者学习智能云平台各个环节的知识，循序渐进，避免将学习过程变得枯燥乏味。部分案例，如在 Kubeflow 平台上进行分布式训练、模型导出等，读者只需结合自己的实际应用需求稍作修改就可以使用。
- 源码示例分析。通过对主流的开源智能平台的源码进行详尽解析，帮助读者进一步理解智能云平台的各种概念，对于读者快速了解和学习智能云平台的各种技术细节十分有利。

本书共分四大部分。第一部分是人工智能云平台概览，包含第 1 章和第 2 章，主要对人工智能云平台的概念、涵盖的关键技术以及当前主要产品的能力、特点进行概要性介绍，力求向读者形象化地阐述人工智能云平台的概念。第二部分介绍人工智能云平台关键技术，包括第 3 章到第 5 章，主要是对人工智能云平台框架及技术内容进行介绍。第三部分介绍人工智能云平台工具链，包括第 6 章到第 10 章，主要对人工智能云平台需要的多种特色工具链技术进行介绍。第四部分介绍人工智能云平台案例，包括第 11 章到第 13 章，主要基于多个开源智能平台进行案例讲解，指导读者进行人工智能平台的开发实践。

第 1 章为人工智能云平台简介，主要介绍人工智能云平台的概念，说明了其与云计算、TensorFlow 等智能框架的区别与关系以及与通用云服务的异同。在此基础上归纳总结了智能云平台的主要业务环节和功能组成，进而引出实现人工智能云平台涉及的关键技术。

第 2 章为人工智能云平台案例概览，主要对目前若干人工智能平台的典型功能进行介绍，总结这些平台的共性能力以及各自特点，为后面章节的展开提供基础。

第 3 章为共享存储与数据管理。介绍共享存储的概念、定义和类型，对几种主流的共享存储文件系统进行阐述，并结合数据管理在人工智能云平台中的重要性，介绍主流深度学习框架在数据访问上所做的工作。

第 4 章为资源管理与调度。介绍资源调度系统的工作流程、人工智能云平台关心的资源类型以及以 Docker 为基础的资源隔离方案，并在 YARN、Kubernetes 等实现案例的基础上对调度器的架构进行讲解。

第 5 章为运维监控系统。介绍以 Prometheus、Grafana、AlertManager 等开源组件为基础的可用于人工智能云平台的运维监控系统的原理、设计与实现。

第 6 章为机器学习框架。介绍人工智能云平台涉及的智能开发框架的相关知识，主要介绍多种经典机器学习框架和深度学习框架的相关知识。

第 7 章为分布式并行训练。介绍分布式并行训练的基本概念以及典型的分布式优化策略，并具体介绍若干分布式训练框架及代码示例。

第 8 章为自动机器学习。对当前的研究热点 AutoML 技术进行综述，并简要介绍目前几个开源 AutoML 项目的情况和应用前景。

第 9 章为模型构建与发布。介绍从数据采集分析、模型训练、模型评估到将模型打包成服务的全流程，探讨训练好模型并打包成服务的方式以及打包成服务后对外提供服务的形式。

第 10 章为可视化开发环境。介绍人工智能云平台所需的交互式开发环境工具以及人工智能训练、评估所需的结果可视化工具。

第 11 章为 DIGITS 实践。介绍单机的可视化模型训练软件 DIGITS 的原理以及使用案例，并对其架构进行讲解。

第 12 章为 Kubeflow 实践。介绍基于 Kubernetes 集群的 GPU 调度软件 Kubeflow 的原理和技术细节，并讲解基于 Kubeflow 开发特定智能云平台的案例。

第 13 章为 OpenPAI 实践。介绍 OpenPAI 平台的使用和维护方法，对其平台架构进行拆解和分析，并更细粒度地对其中的核心组件进行剖析。

在阅读本书之前，读者应当了解 Linux 系统下 Docker、Hadoop 和 Kubernetes 的基本知识及操作，还需要具备基础的机器学习知识。

建议读者分 3 遍阅读本书。

第一遍：先简单浏览，看看书中都有哪些知识点。

第二遍：针对各个知识点，分别查阅具体章节。智能云平台涉及的内容较多，难以在一本书中完整介绍，本书可以作为引导者，帮助读者深入学习该领域所需的知识。

第三遍：在对各知识点有了基本的掌握后，根据书中的实践部分，边看边练，更深入地体会智能云平台的设计思想。

感谢互联网和人工智能时代，感谢网络上优秀的技术分享者，也向富有开源精神的科技公司致敬，让作者可以紧跟时代的前沿技术，并为技术的进步做出自己微薄的贡献。

感谢人民邮电出版社有限公司对这本书的认可。

由于作者水平所限，书中难免存在不足与错误之处，敬请专家和读者批评和指正。想和作者进行技术交流的读者，可以发送邮件至 ai_cloud_platform@163.com。

作者

2020 年 4 月

目录

第9章 模型构建与发布 / 193

第10章 可视化开发环境 / 211

第13章 OpenPAI 实践 / 291

第1章 人工智能云平台简介

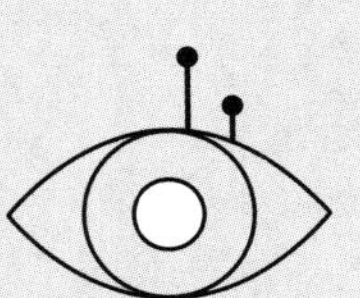

1.1 人工智能发展

在计算机科学中，人工智能（Artificial Intelligence，AI）被定义为对“智能 Agent”的研究，即任何能够感知其环境并采取行动以最大限度地实现其目标的设备。更精细的定义则是将 AI 系统的能力描述为“能正确解释外部数据，从这些数据中学习，并能够灵活运用学习所得来实现特定目标和完成任务。”

人工智能是计算机科学与技术领域的一个分支，通过研究智能的实质，以产生新的能以与人类相似的方式进行工作的智能机器。人工智能自 1956 年成为一门新学科后，经历了多年的发展，产生过很多的流派，包括符号主义、连接主义和行为主义等。这些流派兴起而又没落，相辅相成地推进了人工智能的发展。因此，随着人工智能技术中统治性流派的兴替变迁，人工智能在不同阶段的定义也在发生着微妙的变化。人工智能发展的历史进程如图 1-1 所示。

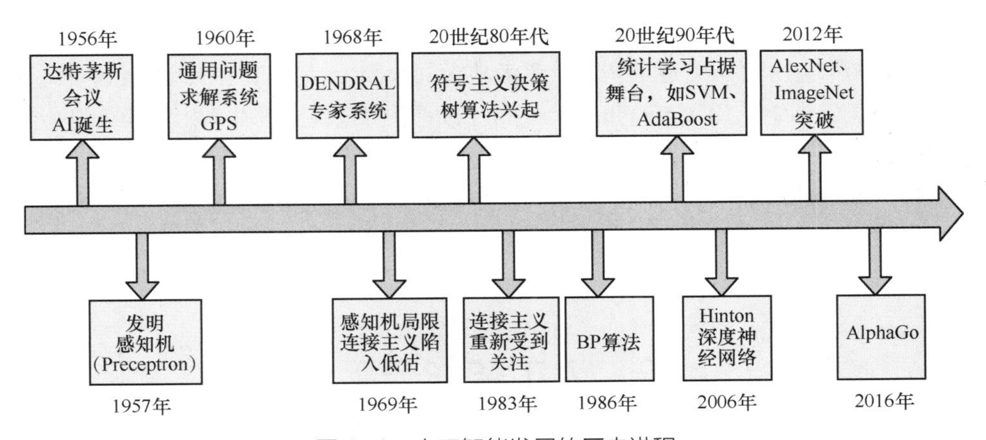

图 1-1 人工智能发展的历史进程

人工智能有很多流派，因此也有很多实现手段。近 20 年来，机器学习（Machine Learning，ML）成为实现人工智能的一种手段，也被认为是目前比较有效的实现人工智能的主要手段。目前许多领域，例如计算机视觉、自然语言处理、推荐系统、文本分类等，都在广泛地使用机器学习技术。机器学习已经有了一套完备的模型结构，经典的机器学习模型包括线性回归、Logistic 回归、决策树、支持向量机、贝叶斯模型、随机森林、集成模型、神经网络。

传统的（或者说经典的）机器学习模型的一个主要瓶颈在于特征工程环节。特征工程环节主要依靠手工设计，需要大量的领域专门知识，也是大多数算法科学家要花费大量时间精力做的事情，因此设计有效的特征成为大多数机器学习任务的主要瓶颈。

人工智能的流派没有绝对的对错优劣，而是三十年河东，三十年河西。近年来，随着大数据时代的到来以及云计算和大规模并行处理技术的飞速发展，计算机的处理能力得到了极大的提高。主流人工智能算法已不再局限于通过传统机器学习所偏爱的低功耗简单模型加特征工程来实现，计算机科学家重新使用曾经囿于数据和计算瓶颈而被遗忘的多层神经网络来完成复杂的任务。算法人员将重生的多层神经网络重新命名为深度学习（Deep Learning，DL）。深度学习算法已经在图像分类、语音识别、自然语言理解甚至是决策优化等领域带来了一个又一个重大的突破。

深度学习是机器学习中一种对数据进行表征学习的方法。数据可以使用多种方式来表示，而使用某些特定的表示方法更容易从样本中学习任务。相比于传统的机器学习，深度学习的好处是用监督或非监督式的特征学习和分层特征提取算法来替代手工获取特征，使得算法科学家不需要再为人工设计特征耗费大量的心血和精力。目前，深度学习已经成为了图像理解和语音处理等领域统治性的人工智能手段。

深度学习技术不仅与图像、语音、文本领域的传统算法框架融合演进，还在不断地与人工智能的多个领域中的传统范式结合发展。2016 年 3 月，谷歌 AlphaGo 与韩国围棋棋手李世石展开世纪之战，AlphaGo 以 4:1 战胜李世石，掀起了深度强化学习（Reinforcement Learning，RL）的高潮。AlphaGo 的深度强化学习算法让自己变成了自己的老师。智能系统一开始并不知道围棋是什么，只是从单一神经网络开始，通过强大的搜索算法，进行自我对战。随着自我博弈次数的增加，神经网络逐渐调整，逐渐地提升预测下一步的能力，直至赢得比赛。更为厉害的是，随着训练的深入，AlphaGo 还独立发现了游戏规则，并走出了新策略，为围棋这项古老的游戏带来了新的见解。一时间,在研究人员之中出现了 DL+RL=Universal AI 的呼声。

虽然深度学习的风潮正盛，但目前的人工智能还远未找到最终的答案，可以预见，未来一定会有新的统治流派再次颠覆现在的技术，而人们则要时刻做好准备。

1.2　人工智能云平台

近年来，与人工智能算法的突破相适应，人工智能软件工具得到了快速的发展。这些工具大大扩展了人工智能算法服务的训练生产能力，缩短了智能服务的上线、更新周期，提高了人工智能服务的生产效率。

在众多的人工智能软件工具中，一类非常典型的工具就是智能算法开源库和计算框架。除了 scikit-learn、XGBoost、OpenCV 等面向传统机器学习的经典算法库外，在新的智能浪潮下，谷歌、脸书、亚马逊、百度等科技公司纷纷推出了面向算法开发者的人工智能深度学习开发框架。他们推出的 TensorFlow、PyTorch、MXNet、飞桨（PaddlePaddle）等开源框架拉近了人工智能理论与实际应用的距离。

然而，原生的 scikit-learn、XGBoost、TensorFlow、PyTorch、MXNet 尚不足以支持人工智能的全流程生产化应用，而且它们也仅面向个人开发者和研究人员，管理个体研究人员的少数计算设备资源。算法科学家不得不面对琐碎的开发环境配置和软件安装、数据共享管理等工作，并不得不小心翼翼地处理与服务器上其他同事之间的环境兼容问题。而在模型训练和智能服务封装出现后，他们往往无暇再担负对封装的算法模型服务进行上线部署的工作以及处理服务并发、监控等一系列问题。算法科学家不应该也不擅长担负过长的链条环节，而应该被解放出来，只聚焦整个人工智能服务应用全流程中的最擅长的环节——模型的设计、训练和调优。

因此，为了提升智能服务和应用的生产效率，搭建人工智能平台是极为重要的一环。它可以在能够进行大规模模型训练的云计算资源上提供面向多租户的智能学习全流程服务，提供诸如海量样本数据共享存储和预处理、多用户模型训练、资源管理、任务调度和运行监控等能力，提供人工智能生产流程的抽象、定义和规范流程，避免重复性的工作，最终显著降低用户形成生产力的成本。可见，人工智能不仅需要数据科学家研发新模型、软件工程师应用新模型，还需要兼具人工智能专业背景的系统架构师和软件工程师来建设人工智能云平台。

【定义】人工智能云平台为用户提供构建智能应用程序的工具箱。平台将智能算法与数据结合在一起，从而使算法开发人员和数据科学家能够从复杂的计算、存储设备环境配置、框架参数选择中解脱出来，专注于算法模型的设计和优化。人工智能平台对不同的用户有不同的设计考虑。门槛较低的平台提供预先构建的算法和简化的工作流，可以可视化拖曳基本模块搭建算法流程，获得最终解决方案；而更加专业的平台则需要用户具备更丰富的开发和编码知识。

开发人员经常使用 AI 平台来创建学习算法和智能应用程序。除了资深的人工智能算法工程师外，缺乏深入开发技能的用户将受益于平台预先构建的算法和诸如自动调整参数（以下简称调参）、模型自动构建等高级特性。

因此，一个人工智能云平台必须具备以下基本能力：

- 为构建人工智能应用程序提供一个算法模型设计、开发的环境；
- 为算法研究人员或数据科学家提供集群计算、共享存储和任务调度的管理平台，管理调度细节尽量对用户透明；
- 允许用户创建机器学习算法或为更多新手用户提供预先构建的机器学习算法，从而构建应用程序；
- 为开发人员提供数据和算法互联互通的机制，以便他们快速启动试验和任务。

人工智能平台为用户提供了便捷的机器学习工具和环境，替用户屏蔽了计算、存储以及运行环境的复杂性。这在云计算的应用场景中显得尤其具有商业价值。然而，在公有云/私有云上构建能够适配大型集群的人工智能云平台却是远比在实验室环境中构建人工智能云平台更加复杂的工程。本书将围绕构建面向集群设备的人工智能云计算平台相关技术展开讨论，为读者展现人工智能云计算平台的构建图谱。

1.3 云计算与人工智能云平台

人工智能云平台本质上是一种特殊的云计算平台。因此，要了解人工智能云平台就不得不回顾一下云计算。

对云计算的定义很多，目前被大家广为接受的是美国国家标准与技术研究院（National Institute of Standards and Technology，NIST）的定义：云计算是一种模型，可以提供对可配置计算资源（例如网络、服务器、存储、应用程序和服务）共享池的便捷、按需访问，且只需要很少的管理工作量或与资源服务提供商进行很少的交互。

可以说，云计算是分布式并行计算、网络共享存储、虚拟化、负载均衡、冗余备份等传统计算机和网络技术发展融合的产物。“云”是一种比喻说法，用“云”来抽象地表示互联网和底层基础设施。云计算可以为用户提供每秒10万亿次以上的运算能力，用户只需通过租用的方式就可以拥有这么强大的算力，而不需购买实体的算力资源硬件设备。利用这些算力，用户可以完成模拟宇宙爆炸、天气预报等超大计算任务。通过台式电脑、笔记本电脑、手机等低成本终端，超越地域的限制以便捷的形式接入数据中心，用户就可以按自己的需求进行运算。云计算服务供应商集中管理必须的软硬件，而不需要用户进行机房的维护。这样用户就能够随时随地调用计算资源，在使用完或不用时及时释放计算资源以供再分配，从而提高资源使用率，降低IT使用成本。

云计算服务有多种分类方式，比较常用的是按层级划分，主要有以下几种类型。

- 基础设施即服务（Infrastructure as a Service，IaaS）。用户通过互联网就可以获得充足的计算机基础设施服务，例如在线的硬件服务器租用。
- 平台即服务（Platform as a Service，PaaS）。PaaS供应商将研发的软件平台作为一种在线服务。
- 软件即服务（Software as a Service，SaaS）。SaaS供应商通过互联网提供应用软件，用户无需购买软件，而是向供应商租用基于Web的软件来管理企业经营活动。

IaaS、PaaS和SaaS三者之间的区别如图1-2所示。

众多科技巨头都会根据自身的业务特点和能力对外提供云计算服务。例如亚马逊AWS（Amazon Web Services）、谷歌Cloud、IBM Blue Cloud、微软Azure，国内的阿里云、华为云、腾讯云、百度云等。这些大公司的云计算产品比较丰富，往往既有IaaS也有PaaS和SaaS。

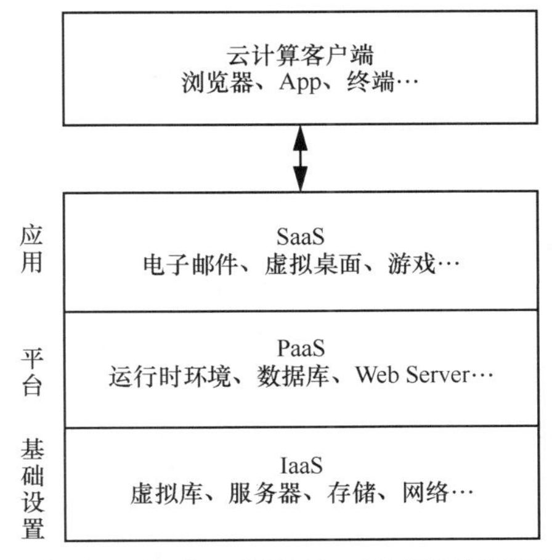

图 1-2 IaaS、PaaS 和 SaaS 三者之间的区别

近年来，随着 AI 的爆发式发展，除了传统的 IaaS、PaaS 以及 SaaS 层级外，机器学习即服务（Machine Learning as a Service，MLaaS）逐渐变成云计算领域最火的词。MLaaS 包含一系列服务，这些服务将机器学习工具作为云计算服务的一部分。MLaaS 帮助客户从机器学习中受益，而无需承担建立内部机器学习团队的经济成本、时间成本和风险。通过 MLaaS 可以缓解数据预处理、模型训练、模型评估以及最终预测等基础设施问题。MLaaS 是未来大型互联网公司必争的重要领域，各云计算供应商要想在这个领域占据主动地位，就必须为 AI 开发提供最先进的开发工具和最高性能的硬件平台。

实际上，MLaaS 对应人工智能云平台的概念，其本质是一种特殊的云计算服务，因其特殊性被单独列为一个新的层级。本质上，人工智能云平台与 PaaS 非常类似，一方面允许进行基本的 AI 相关应用程序开发，另一方面又因提供人工智能和机器学习功能而具有鲜明的特点。

与常规的 PaaS 云计算服务相比，人工智能云平台具有以下特点。

- 计算资源特殊性和多样性。通常云计算服务为各种应用提供的计算设备较为单一，主要是以 X86 架构的中央处理器（CPU）为主，其对计算资源的管理调度和虚拟化管理也较为成熟。由于智能算法尤其是深度学习算法具有高计算复杂度，因此人工智能云平台需要为智能算法提供高性能计算设备。这些计算设备不仅限于 CPU，还包括图形处理器（GPU）、张量处理单元（TPU）、现场可编程门阵列（Field Programmable Gate Array，FPGA）等。这些异构设备的架构不一、特点迥异，应用场景有较大区别，虚拟化机制也远没有 CPU 成熟。因此，这些问题为人工智能云平台的计算资源管理调度能力提出了更高的要求。

- 大规模分布式并行计算。人工智能云平台提供智能算法的训练和推理预测运行环境。虽然 GPU、TPU 等高性能计算设备的出现大大提高了智能算法的运行效率，但单一的计算节点和单一的高性能计算设备还是无法满足智能算法训练和推理预测所需要的算力需求。因此，人工智能云计算平台还需要提供大规模分布式并行计算的能力，充分利用计算设备的算力，最大化并行计算的规模效率比，降低不同节点的通信和同步损耗，同时，还要对上层用户尽量透明，以免使算法科学家卷入复杂的分布式调度机制中。

- 对样本数据的标注、预处理、管理与访问。智能算法需要的训练样本包含了样本数据和数据的标注，尤其是监督学习（Supervised Learning）更需要这些数据。数据标注的过程是将人类知识赋予到数据上的过程。往往有了好的标注数据，才有可能训练出好的模型。训练时，会将数据和数据的标注同时输入机器学习模型，让模型来学习两者间的映射关系。

除了数据标注外，智能算法的训练过程还需要对样本数据进行预处理，包括随机裁切、样本增强、减均值、白化操作等。在训练过程中往往会综合采用多种预处理方法来进行数据增强。

此外，对海量的样本数据进行随机批量访问也是智能算法训练必须面对的问题。因此，需要解决对大样本数据集的共享存储管理和访问问题。同时，在训练时，为了避免数据 I/O 成为影响计算效率的瓶颈，往往需要采用多线程数据加载队列的策略，预读取下一次迭代需要的训练样本，以提高 GPU 或其他高性能计算单元的使用效率。

- 与人工智能应用流程密切相关。人工智能应用具有鲜明的业务特点，主要分为数据预处理、模型开发、模型部署预测三大环节。数据预处理主要包括存储、加工、采集和标注几大主要功能，前 3 项与大数据平台几乎一致，而标注功能是人工智能平台所特有的。模型开发包括特征提取、模型训练及模型评估：特征提取即设计并计算数据的有效特征表示；模型训练主要是平台的计算过程，将样本数据中蕴含的知识转化为模型参数；模型评估主要是对训练好的模型计算相应的评估指标，衡量模型算法性能。模型部署预测将模型部署到生产环境中进行推理应用，真正发挥模型的价值。
- 需要提供交互式的模型算法实验环境。设计开发智能算法的过程是一个实验过程，需要不断迭代模型结构、超参数，并通过代码调试、分析输出、绘制曲线、交叉验证等多种手段方便算法科学家进行交互式开发。对某一段代码提供所见即所得的交互式体验，对于调试智能算法代码来说非常方便，因此，人工智能云平台需要提供面向多租户的交互式模型算法实验环境。

目前，主流的商业云计算服务运营商纷纷在其云计算产品线中提供了人工智能云平台服务，我们将在第 2 章进行相关介绍。

1.4 智能框架与人工智能云平台

在机器学习和深度学习初始阶段，每个智能开发者都需要写大量的重复代码。为了提高工作效率，开源研究者和具有前瞻性的科技公司开发了机器学习和深度学习的算法框架，供研究者共同使用。随着时间的推移，较为好用的几个框架更受大多数开发者的欢迎，从而流行起来。迄今，全世界较为流行的智能开发框架有 TensorFlow、PyTorch、Caffe、MXNet、Keras 和 scikit-learn 等。本书将在后面的章节对这些流行的智能开发框架进行介绍。

智能开发框架的出现大大降低了智能应用开发的门槛，算法开发者不再需要从零开始搭建复杂的神经网络，而是可以根据需要选择已有的模型结构，也可以在已有模型的基础上增、删、改网络层以及选择需要的分类器和优化算法。总的来说，智能开发框架提供了一系列的深度学习和机器学习的标准组件，实现了许多经典的、通用的算法，提高了算法开发效率。算法开发者需要使用新的算法时，可以灵活定义扩展，然后通过智能开发框架的特定接口调用自定义的新算法。

可以说，对于算法研发人员而言，智能开发框架是算法模型的直接生成工具，并逐渐成为事实上的模型开发和生成的标准规范。目前主流的人工智能云平台都是在流行的智能开发框架基础上构建智能服务的，具体如图 1-3 所示。

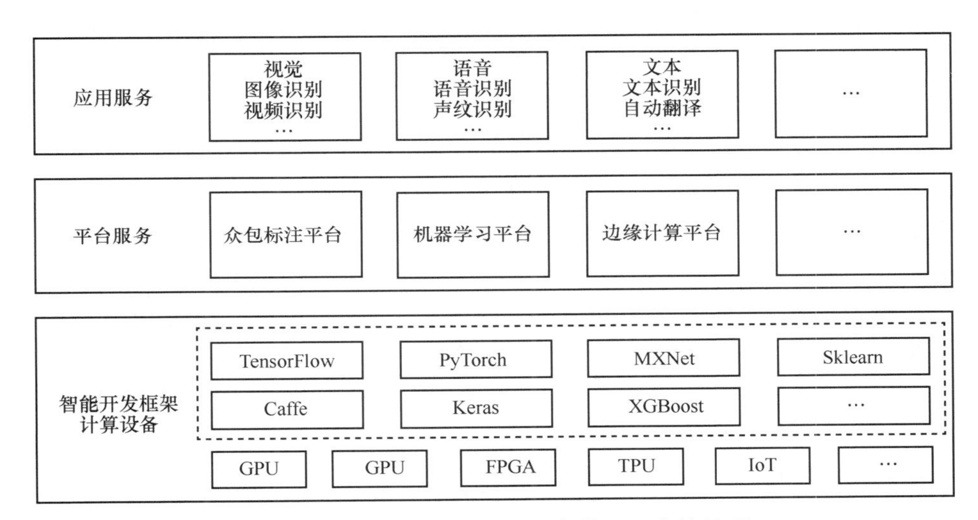

图 1-3 智能开发框架和人工智能云平台的关系

智能开发框架解决了算法开发者快速进行算法模型开发的问题，但其只是一套开发库和计算引擎，尚缺乏系统而完善的运行管理机制和透明的分布式资源管理能力。其主要不足有以下几个。

- 资源隔离。智能框架中并没有租户的概念，如何在集群中建立租户的概念，做到资源的有效隔离成为比较重要的问题。
- 缺乏完善的 GPU 调度机制。智能框架通过指定 GPU 的编号来实现 GPU 的调度，这样容易造成集群的 GPU 负载不均衡。
- 分布式应用。分布式应用需要在运行时显示指定集群的 IP 和 GPU 资源，而且许多智能开发框架的分布式模式会出现进程遗留问题。
- 训练的数据分发以及训练模型保存都需要人工介入。
- 训练日志保存、查看不方便。
- 缺少提供作业和任务的排队调度框架。
- 与大数据系统的兼容性问题。智能开发框架支持的数据源和输入 / 输出数据结构与云计算场景下的大数据生态并不完全兼容，这对多种计算引擎协同处理统一数据集的应用场景并不友好。

因此，TensorFlow、PyTorch、MXNet 等智能框架尚不足以支持大规模商业云计算场景下人工智能的全流程生产化应用，无法在进行大规模模型训练的云计算资源上提供面向多租户的智能学习全流程服务。其欠缺诸如大数据样本管理和预处理、多用户模型训练、管理和运行、资源管理、任务调度和运行监控等能力，最终导致用户形成生产力的成本过高。因此，需要一个集群调度和管理系统解决 GPU 调度、资源隔离、统一的作业管理和跟踪等问题。

人工智能云平台则是以智能开发框架为底层计算引擎，在为用户屏蔽了计算、存储以及运行环境的复杂性之后，提供了面向算法科学家的多租户云计算 PaaS，达到扩展人工智能算法服务的训练生产能力，缩短智能服务的上线、更新周期，提高人工智能服务的生产效率的目的。

人工智能云平台集成各主流智能开发框架的优势，并在此基础上构建了统一框架进行优势的整合，梳理了智能应用从数据上传到训练学习再到模型发布的全流程，为智能应用提供基础的、面向通用智能处理算法的训练测试功能，提供学习模型、训练样本数据的管理维护工具。用户可以通过智能开发框架构建自己的业务模型，并对已有模型进行训练更新；同时也可将智能框架提供的智能应用支撑功能应用到自己的业务流程中，提高业务的智能化程度。因此，人工智能云平台是构建在智能开发框架上的云计算环境中的 PaaS。

为了降低 AI 学习门槛，构建高效的资源调度能力，提供一站式智能应用服务体验，人工智能云平台注定要面临许多挑战。这些挑战多数都是围绕“异质性”“大规模”这些特点展开的。在构建一个人工智能云平台时，一般不会重复制造算法科学家早已熟悉的“轮子”，而是可以充分利用一些开源框架，甚至一些开放平台，再做进一步的封装和处理。

1.5　人工智能云平台的主要环节与基本组成

前几节讨论了人工智能云平台的概念和功能需求，本节将对人工智能云平台所包含的环节和基本的组成部件进行介绍。

人工智能云平台的主要环节紧紧围绕在集群或云计算环境下人工智能应用的工作流程展开。在这个流程中，算法科学家“教”计算机做出预测或推断。首先，使用算法和样本数据训练一个模型；然后将模型集成到应用程序中产生实时和大规模的推理预测。在生产环境中，模型通常会从中学习数以百万计的示例数据项，并在几十或几百毫秒内做出预测。

人工智能云平台的基本组成如图 1-4 所示。

（1）样本数据准备环节

在将数据用于模型训练之前，数据科学家经常要花费大量时间和精力来获取样本数据，观察、分析、预处理以及增强样本数据。准备样本数据，通常需要执行以下操作。

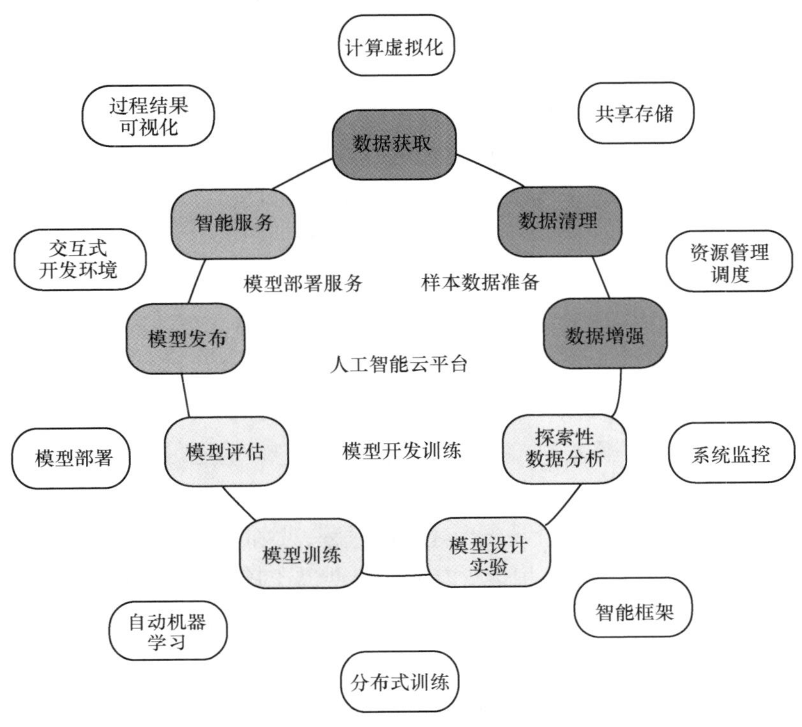

图 1-4 人工智能云平台的基本组成

数据获取。用户可以通过自有渠道或者从公开数据集中获取数据，并进行标注整理。获取数据后需要对数据格式进行相应的转换，使人工智能云平台能够解析。一般来说，网络爬虫和数据标注工具并非人工智能云平台的必备功能，不同的人工智能云平台服务可以根据自身业务特点决定是否提供这些能力。通常公有云计算服务只提供数据集上传功能，默认接收的是已经具备标注信息的标准样本数据集和与之配对的数据解析脚本，或者与他们自己的云存储服务整合一体，提供从云存储中接入数据的功能。而对于一些企业的私有云平台来说，因为这些系统并不对外提供服务，只针对企业内部的智能应用业务流程，因此可以深度定制。他们可以将网络数据爬取、数据标注、数据格式转换等一整套数据获取流程整合封装，为企业内部研发人员提供闭环的数据获取解决方案。

数据清理。并非每个数据集都是完美的，没有缺失值或异常值。实际的数据十分杂乱，这就要求在开始分析之前，对数据进行清理并将其转化为可接受的数据格式。数据清理是实际业务中最容易被忽视但却必不可少的一部分。为了提高模型的性能，还需要进行必要的数据标准化和数据正则化操作。数据标准化可以将通过不同手段获取的数据转换为统一均值和方差的样本。这样可以在模型训练时避免受数据量纲、值域范围的影响。数据正则化将每个样本缩放到单位范数，例如采用 L1 范数、L2 范数等，这样在度量样本之间的相似性时会有统一的基准。

数据增强。收集样本数据准备训练模型时，经常会遇到某些数据严重不足的情况，尤其是在进行深度学习模型训练时。因为数据集过小往往会造成模型的过拟合。数据增强的目的是一方面增加样本数据的数量，另一方面丰富样本数据的变化，尽量覆盖没有出现在原始样本数据中的变化情况，增加模型的鲁棒性。数据增强的手段有很多，不同的数据有不同的增强方式。以图像样本增强为例，常见的增强方法有：图像亮度、饱和度、对比度变化（Color Jittering）、采用随机图像差值方式，对图像进行裁剪（Random Crop）、尺度和长宽比随机变化（Scale Jittering）、水平 / 垂直翻转（Horizontal/Vertical Flip）、平移变换（Shift）、旋转变换（Rotation）等。

（2）模型开发训练环节

探索性数据分析。在完成较为烦琐的数据清理工作之后，为了发掘数据中隐含的模式，需要采用多种可视化的交互方式分析样本数据的特点和蕴含的信息。探索性数据分析是一个开放的过程，可以计算统计数据，通过画图分析并发现数据中的趋势、异常、模型和关系。探索性数据分析的目标是了解数据，并从数据中发现信息。这些信息有助于建模选择和帮助我们决定使用哪种特征或网络模型。

模型设计实验。模型设计实验是一个建模的过程，这也是算法科学家的核心工作之一。人工智能云平台需要为数据科学家提供交互式的模型设计开发环境，在开发环境中提供基础的编程环境以及典型的常用算法组件，以便算法科学家快速搭建实验，验证想法。另外，设计开发环境需要实现多租户的实验目录管理和数据管理，为用户记录实验过程和结果，保存实验模型文件和评估数据，并在一定程度上提供可视化曲线绘制功能，以便于对实验进行分析比对，迭代改进模型的设计方案。针对编程基础弱的用户，可以提供抽象化接口的图形化交互形式搭建实验，虽然这种方式灵活性受限，但很适合在模型定型后通过微调和更新样本数据对模型进行更新。

模型训练。模型训练是人工智能云平台中重要的功能之一，涉及的技术点较多。在实验阶段基本确定模型结构和参数范围后，就可进行计算资源配置，提交训练任务，开始模型训练。模型训练是对数据进行模型拟合的过程，是一个离线过程，时间往往较长。高效地进行模型更新，对平台的计算资源分配和任务调度能力都提出了较高的要求。对于大规模的训练任务来说，还需要提供分布式训练机制，使计算具有可靠性和扩展性。另外，在模型训练环节还涉及一个重要的步骤，即模型调参。在试验超参数的过程中，经常需要对一组参数组合进行试验。批量提交任务功能可以节约用户的时间，提供更多的便利。平台也可以将这组结果直接进行比较，提供更友好的界面。人工智能云平台需要提供便捷直观的超参数调节工具，甚至是更高级的自动机器学习（Automated Machine Learning，AutoML）机制，通过对网络结构和超参数的自动化选择来提升建模工作的效率。

模型评估。经过模型训练之后，需要对模型效果进行精确评估，以确定模型是否可以上线，或哪些方面需要继续改进。人工智能云平台可提供可视化的界面，绘制多种性能曲线和评估矩阵，辅助决策。除了模型效果外，还需要评估计算资源负载和响应速度。如果模型有了较大的改动，可能会在执行性能上有较大的变化。在资源紧张的情况下，如果没有注意到这些因素，可能会因为模型发布而造成服务负载过高，甚至会影响到其他线上服务，进而影响整个业务的稳定。

(3) 模型部署服务环节

模型发布。在完成模型训练并通过了模型评估之后，通过模型发布将模型以 Web 服务的形式发布出来，可以通过 RPC 或 REST 的形式进行访问调用。现代的运维体系关于如何提供服务已经有很多成熟的技术，完全可以结合传统的云计算框架或者容器化集群管理框架实现。可以通过设置模型发布模板，将模型发布嵌入自动化流程。在模型发布阶段需要注意：较大的模型文件需要预加载的时间和模型预热 (Warm-up) 时间，之后才能高效地提供模型访问服务。如果人工智能云平台底层采用了已经提供模型访问服务功能的智能开发框架，例如 TensorFlow 的 TensorFlow Serving，那么访问效率会更加高一些，不过代价可能是要对模型进行重新编译。

智能服务。由于模型训练和模型推理预测的程序代码逻辑是不同的，所以模型发布后，智能应用的开发者还需要根据业务实际，开发业务访问服务，对外接收和处理智能应用请求，对内调用模型部署提供的模型服务响应接收到的请求。智能应用全流程可以搭建为一个数据闭环：发布模型并提供智能服务之后，平台可通过在线服务持续收集样本，同时不断地进行模型评估以判断模型是否能适应数据分布的持续变化；然后，使用收集的新数据集重新训练模型，提高在线推理预测的准确性。随着可用的样本数据越来越多，可以继续对模型进行迭代训练，以提高准确性。

在人工智能云平台中，智能开发应用的各个阶段对平台提出了较多要求，包括分布式存储交互式开发环境构建、训练过程结果的可视化、多任务调度、集群资源管理、分布式训练机制、容器虚拟化支撑、日志管理、持续集成以及系统监控等。本书将在后续章节逐一展开这些内容。

1.6 小结

本章主要介绍了人工智能云平台的定义和功能，并分析了人工智能云平台与云计算、智能框架之间的区别与联系。最后，结合智能开发和应用的主要流程，归纳总结了标准人工智能云平台的主要环节和基本组成，为后续章节的展开提供了主线。

参考文献

[1] PETER M, TIMOTHY G. The NIST definition of cloud computing[R]. [S.l.:s.n.], 2011.

[2] Amazon Development Team. Amazon sagemaker developer guide[M]. [S.l.]: Samurai Media Limited, 2018.

第2章 人工智能云平台案例概览

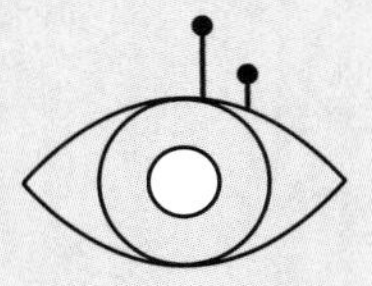

正如第 1 章所述，由于人工智能云平台服务与云计算的紧密联系，所以在云计算领域处于领先的科技公司，包括亚马逊、谷歌、微软、阿里巴巴等，都毫无疑问地在人工智能云平台建设上投入巨大。这些公司大多是人工智能云平台服务的领先提供商。

本章将会从商业人工智能云平台服务的维度方面对目前若干典型的人工智能云平台服务的功能进行介绍，总结这些平台的共性能力以及各自的特点，加深读者对人工智能云平台现状的了解。

2.1 谷歌 AI 云平台

谷歌云平台（Google Cloud Platform，GCP）是谷歌提供的一整套云服务解决方案。GCP 由庞大的物理资产（如计算机和存储）和虚拟资源（如虚拟机）组成，它们分布在谷歌在全球的数据中心中。通过谷歌云平台，开发者可以为其 Web 端、移动端和服务端的解决方案构建和部署应用程序。谷歌云平台目前主要提供计算、存储、数据库、迁移等主要云计算服务以及数据分析、开发工具、安全验证、办公协作、地图服务、市场服务等诸多云服务产品。

近两年，谷歌发布了基于 GCP 的人工智能云平台服务产品。其中，AI Hub、AI 基础组件和 AI 平台是其比较有特色的云服务产品。

2.1.1 AI Hub

AI Hub 是一个即插即用的机器学习一站式平台，其目的是为机器学习能力欠缺的企业和组织提供拓展 AI 成果的能力。AI Hub 主要提供两个方面的能力：一方面，谷歌提供其开发的高质量 AI 资源供所有企业公开使用；另一方面，它提供一个私有的托管中心，只需简单的步骤，企业就可以上传和共享其自有的 AI 资源。这使得企业可以轻松地复用 AI 资源，并使用 Kubeflow Pipelines 系统将 AI 资源部署到 GCP 中。

从名字上看，AI Hub 很像是 GitHub 在 AI 垂直方向上的竞争对手。然而，AI Hub 侧重的是公司内部代码的共享，而不是对任何人都开放代码。公司内的数据科学家可以使用 AI Hub 来共享和存储自己组织内与 AI 相关的代码，以便在公司内部使用。

这里提到的 Kubeflow Pipelines 是 Kubeflow 的一个新组件，利用它可把机器学习流程中的不同部分像乐高一样拼在一起。这样就可以组合、部署和管理可重复使用的端到端机器学习工作流程，实现从原型设计到实际生产环境的混合解决方案。

谷歌对 AI Hub 的定位类似于社区，希望能将 AI Hub 逐渐转变为一个 AI 的市场，成为生产和共享流行的算法模型的生态系统。AI Hub 的出现可以使 AI 的应用变得更加简单和普适，以便让更多的企业可以使用，也使 AI 变得便捷和快速，使企业可以更快地迭代产品。

2.1.2 AI 基础组件

AI 基础组件的作用是轻松地实现将 AI 成果注入现有的应用程序或在各种用例中构建全新的智能应用程序。它主要有两种类型的基础组件：自定义模型的 AutoML 和预训练模型的 API。这两种构建块可以单独使用，也可以组合使用。

AutoML 功能涉及谷歌的 Cloud AutoML 机器学习产品，可让机器学习知识有限的开发者利用谷歌最先进的迁移学习（Transfer Learning）技术以及神经架构搜索（Neural Architecture Search，NAS）技术，针对其自身业务需求，训练出高质量的模型。AutoML 技术是谷歌的强项，尤其是在 NAS 领域。谷歌已提出了许多开创性的 NAS 模型，如 NASNet、ENAS、EfficientNet、MNASNet 等，极大地推动了 NAS 技术的发展和产品落地。谷歌 Cloud AutoML 为自动机器学习服务提供了全流程的能力支持：用户可以在"IMPORT"标签页上传训练数据；可以在"TRAIN"标签页管理自己同时在运行的多个 AutoML 任务；可以在"MODELS"标签页查看 Cloud AutoML 自动生成的模型训练报告；可以在"EVALUTE"标签页中查看模型的评估情况，并可以通过调节模型阈值查看相应的曲边变化；用户还可以在"TEST&USE"标签页进行模型批量预测和在线预测，并导出训练好的模型。用户甚至可以将模型输出成 TFLite 格式，放到终端上部署运行。

另外，Cloud AutoML 在图像、视频、文本、翻译以及结构化分析等垂直领域对产品进行了划分，包括 AutoML Vision、AutoML Video Intelligence、AutoML Natural Language、AutoML Translation 以及 AutoML Tables。

预训练的模型类似于现成的 AI 算法服务市场，面向的是通用的业务需求。对于常见的用例来说，用户可以通过 REST API 和 RPC API 调用的形式使用谷歌提供的经过预训练的 API。随着优秀模型的不断涌现，预训练模型也会同步更新，便于开发人员将性能更加优异的预训练模型注入自己的产品中。

这两种 AI 基础组件都立足于降低用户的 AI 开发门槛，分别通过 AutoML 自动学习技术和直接为通用业务需求提供模型 API 来解决用户的需求。目前该服务已集成了包括图像、视频、自然语言处理、机器翻译、对话系统、推荐系统等多领域的 AI 成果。

2.1.3 AI 平台

AI 平台（AI Platform）面向开发能力较强的 AI 算法开发者，提供构建、评估和优化机器学习模型等功能，致力于构建卓越的智能模型并将其部署到生产环境中。它提供训练和预测服务，这些服务可以一起使用也可以单独使用。可扩展的分布式训练基础架构搭配 GPU 加速功能，使开发者能处理庞大的数据集。其集群管理系统可以处理配置、调节和监控训练预测任务，使开发者能专心构建模型，而不是处理集群管理的琐碎工作。

对于智能模型训练任务来说，AI 平台支持开发者利用包括 scikit-learn、XGBoost、Keras 以及 TensorFlow 在内的多个机器学习框架来构建自己的模型。借助谷歌云的机器学习引擎（Cloud ML Engine），开发者可以自动设计和评估模型架构，从而更快地实现智能解决方案，在托管集群上进行大规模模型训练。

对于智能预测任务来说，AI 平台支持将训练后计算机学到的内容运用到新示例中。AI 平台可提供两种类型的预测功能：一种是在线预测功能，该功能可为部署的机器学习模型提供实时响应，具备高可用性；另一种是批量预测功能，该功能可为异步应用提供无与伦比的吞吐量，从而进行经济、高效的推理，也可以对该功能进行扩展，以对数 TB 的生产数据进行推理。除了基本的训练预测功能外，AI 平台还具有以下能力。

（1）自动资源配置能力

为了使开发人员专注于模型开发和部署，而不必担心基础架构问题，AI 平台的托管式服务会自动执行所有资源的配置和监控工作。其分布式托管训练架构可以支持 CPU、GPU 和 TPU 等多种计算资源。另外，AI 平台还会通过在多节点中进行分布式训练或并行运行多个实验来加快模型开发速度。

（2）自动调整深度学习超参数能力

AI 平台提供了 HyperTune 工具来自动调整超参数，从而以更快的速度构建更好的模型，而不必浪费大量的时间以人工方式发现适合智能模型的超参数。这样一来，模型开发者或数据科学家可以在云端同时开展大量的调参实验，从大量单调乏味且容易出错的工作中跳脱出来。

（3）与 GCP 其他云服务的集成能力

AI 平台支持与多项谷歌服务进行集成。典型的有：搭配 Cloud Dataflow 可提供特征处理功能；搭配 Cloud Storage 可提供数据存储功能；通过与 Cloud Datalab 的集成，可使用熟悉的 Jupyter Notebook 开发智能模型。

（4）提供张量处理单元的高速计算能力

张量处理单元（TPU）是谷歌为提高机器学习计算效率而定制开发的专用集成电路。谷歌 Cloud TPU 服务允许用户在谷歌的 TPU 加速器上使用 TensorFlow 进行智能模型开发。谷歌将自研并开源的 TensorFlow 和 Cloud TPU 服务打通，用户使用 TensorFlow 提供的高级 API 可以方便地在 Cloud TPU 服务的硬件上运行模型。

谷歌提供的 AI Hub、AI 平台、AutoML 和预训练模型 API 反映了谷歌提供服务的不同颗粒度，不同级别不同业务需求的用户在谷歌云平台上都可以得到适合的服务。AI 平台为开发者用户提供了便捷的 AI 开发环境。在 AI 平台上，用户可以搭建工程、上传数据、选择模型，调用 TensorFlow 等底层智能开发框架，使用 GPU、TPU 等硬件加速器，利用 AI 平台提供的工作流机制，方便地进行灵活度较大的代码级开发。AI Hub 上提供了许多基础组件，方便开发者复用。

AutoML 是一种折中的路径，用户只需上传业务数据，就可训练定制的机器学习模型。当然，谷歌提供了不止 AutoML 这一种工具，像 BigQueryML 也属于这类工具。使用 BigQueryML，用户可以直接使用在 BigQuery 数据仓库里的数据，不需要导出来，通过标准的 SQL 语句就可以创建机器学习模型进行学习，只是 BigQueryML 支持的模型相对有限。BigQueryML 这一工具同样降低了机器学习模型开发门槛。预训练模型 API 则是直接提供打包好的模型解决方案。这些模型是谷歌利用自己积累的样本数据训练得到的。这使得连业务训练样本都无法提供的用户也可以使用强大的 AI 能力。

2.2 微软 Azure 机器学习平台

与谷歌 GCP 相对应，Azure 是微软的云计算解决方案，为用户提供微软数据中心的存储、计算和网络基础服务。近年来，微软发布了其机器学习平台服务，目的在于“将机器学习能力与云计算的简单性结合”。其中，Azure 机器学习工作室（Azure Machine Learning Studio）和 Azure 机器学习服务是比较有特色的云服务产品。

2.2.1 Azure 机器学习工作室

Azure 机器学习工作室是一个协作型拖曳式可视工作区，可以在其中生成、测试和部署机器学习解决方案，不需编写代码，只需要在交互式画布上连接数据集和算法模块，然后通过鼠标点击的交互操作方式就可构造机器学习模型。该服务提供了许多预先集成和配置的机器学习算法、数据处理模块。机器学习工作室旨在提供在不编写任何代码的情况下实现开发和部署模型的能力。

Azure 机器学习工作室提供交互式的可视工作区，可在其中轻松构建、测试和迭代更新模型。可以将数据集和分析模块拖放到交互式画布中，将它们连接在一起构成试验，然后在 Azure 机器学习工作室中运行。如果要进行模型的迭代设计，可以编辑试验，并保存相应的副本，在需要时重新运行实验。当模型的指标实现后，可以将训练模型发布为 Web 服务，使其他人可以访问模型。

2.2.2 Azure 机器学习服务

Azure 机器学习（Azure Machine Learning）服务的功能比 Azure 机器学习工作室更加全面和强大。Azure 机器学习服务提供 Python 和 R 语言的 SDK 以及“拖放”设计器，用于构建和部署机器学习模型，而机器学习工作室（经典版）仅提供单独的拖放体验。

Azure 机器学习服务的形态几经更迭，提供了多个工具组件，如 Azure Machine Learning Workbench（机器学习环境）、Azure Machine Learning Experimentation（机器学习试验）、Azure

Machine Learning Model Management（机器学习模型管理）、Azure Batch AI 等，为了给改进后的体系结构让路，这些工具组件都被弃用或被迁移到 Azure 机器学习服务中。

如 Azure Machine Learning Workbench 原本是为使用不同操作系统的开发者提供的机器学习桌面客户端环境。Azure Machine Learning Workbench 整合了 Jupyter Notebook 以及 Visual Studio Code 和 PyCharm 等集成开发环境（Integrated Development Environment，IDE），开发者可以用 Python、Scala 等语言进行建模。使用该软件可对机器学习解决方案进行管理，实现数据接入和准备、模型开发和试验监视管理、不同目标环境中的模型部署等功能。现在这些功能已经被统一并只需使用 Azure 机器学习服务工作区即可。用户可以在 Azure 门户中创建和使用工作区，以对试验、管道、模型和部署等项目进行监管，对整个机器学习解决方案进行管理。

又如 Azure Batch AI 原本是专门针对大规模并行模型训练的功能。现在升级为 Azure 机器学习计算组件。可以通过 Azure 机器学习服务的 Python SDK、命令行界面和 Azure 门户与 Azure 机器学习服务进行交互，使用该组件。

与谷歌 AI 平台相似，Azure 机器学习服务也具备可复用的机器学习 Pipeline 功能。使用 Pipeline，可以在简洁性、速度、可移植性和重用性方面优化工作流。使用 Azure 机器学习生成 Pipeline 时，开发者可以将精力集中于专业知识和机器学习算法，而不需要关注基础设施。另外，Azure 机器学习也具备自动机器学习（AutoML）功能。除了上述功能外，Azure 机器学习值得一提的特点有以下几个。

（1）计算目标概念

Azure 机器学习中的一个计算目标表示的是指定的计算资源 / 环境。此环境可能是在本地计算机、基于云的计算资源甚至是物联网（Internet of Things，IoT）边缘端。使用计算目标，可以使开发者在更改计算环境时不需要更改代码。

（2）提供现场可编程门阵列（FPGA）的高速计算能力

Azure 上的 Project Brainwave 是一种硬件体系结构，其设计以英特尔的 FPGA 设备为基础，用于加速实时 AI 计算。有了这种支持 FPGA 的体系结构,就可以显著加速神经网络的训练推理。

（3）与微软产品的集成兼容能力

Azure 机器学习可以受益于微软开发的一些先进机器学习技术。这些技术都是在 Bing、Office、Xbox 等许多微软产品中经过实战测试的可靠性技术。

2.3 亚马逊 SageMaker 平台

亚马逊的 AWS（Amazon Web Services）目前在全球云计算市场中所占的份额是最大的。亚马逊云计算服务提供的产品包括：亚马逊弹性计算云（Amazon EC2）、亚马逊简单储存服务（Amazon S3）、亚马逊简单数据库（Amazon SimpleDB）、亚马逊简单队列服务（Amazon Simple Queue Service）等。亚马逊云计算服务是基于 Web 的计算领域的真正创新者之一。亚马逊虽然不是第一个提供云服务的厂商，但却是第一个成功开拓云计算市场的厂商。

面向 AI 云平台业务，亚马逊云推出了 Amazon SageMaker 机器学习服务。从名字上可以看出 Amazon SageMaker 的功能定位：“sage”在英语中是“智者”“哲人”的意思，那么 SageMaker 就是要制造出“智者”——智能算法模型。Amazon SageMaker 是一个端到端的托管机器学习云服务，它覆盖机器学习的全流程，包括数据准备、算法模型构建、模型训练调优以及模型部署管理等环节。Amazon SageMaker 分别为这些环节提供了标注工具、服务市场、内置算法、Notebook、自动机器学习工具、调试器、模型托管工具、模型监控工具等。在这些工具的基础上，Amazon SageMaker 提供 SageMaker Studio IDE 统一的 Web 单一视觉界面，使用户可以在同一个界面中，同时直观地部署、训练以及调整所有位于 AWS 上的机器学习模型，而无需关注资源管理和运维。另外，为了方便用户快速引入机器学习能力，Amazon SageMaker 也提供了面向视觉、语音、文本、搜索、聊天机器人、预测、欺诈等领域的成熟的 AI 服务。下面介绍 Amazon SageMaker 提供的几个有特色的工具。

2.3.1　Amazon SageMaker Ground Truth 标注工具

Amazon SageMaker Ground Truth 是为收集和准备训练数据环节提供的一个训练样本快速标注工具，目的是减少创建训练数据集所需的人工标注成本，其工作流程如图 2-1 所示。这个标注工具通过构建标记模型进行半自动标注。如果标记模型基于其迄今所学的内容认为自己预测的结果的置信度较高，则标记模型会将标签应用于原始数据。如果标记模型认为自己预测的结果置信度较低，标记模型会将数据传递给人工标识器进行标注。人工生成的标签将反馈回标记模型，供其进行学习和改进。随着时间的推移，Amazon SageMaker Ground Truth 可以自动标注越来越多的数据，并大大加快创建训练数据集的速度。使用 Amazon SageMaker Ground Truth 工具的自动标注功能，可以将标注成本降低 70%。

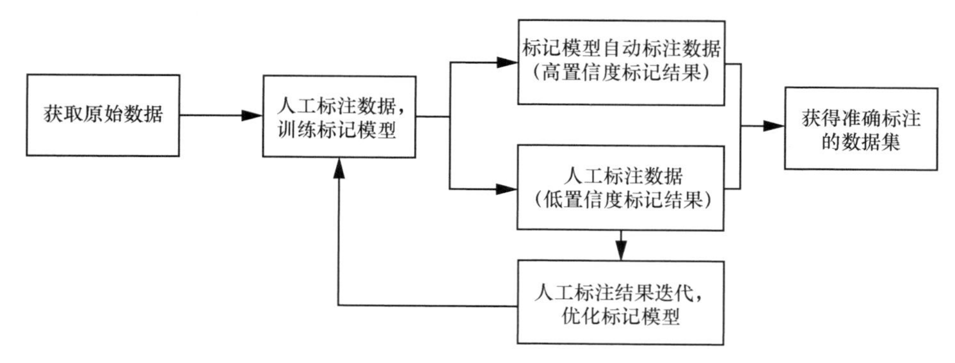

图 2-1　Amazon SageMaker Ground Truth 的工作流程

2.3.2　Amazon SageMaker 模型训练与服务提供工具

为了使训练过程更快、更轻松，Amazon SageMaker 为开发者管理所有底层基础架构和环境配置，并提供了大量的内置算法，开发者不需要具备算法设计与优化能力，只要准备好数据，选择相应的内置算法训练即可。Amazon SageMaker 提供的内置算法非常丰富，除了通用算法外，还包括亚马逊自己设计定义的算法，例如随机砍伐森林、IP 见解等异常检测类算法。除了现成的内置算法外，Amazon SageMaker 还提供预置的机器学习框架，以便算法开发者自定义算法。算法开发者可以自行准备数据、训练脚本，基于 Amazon SageMaker 预置优化的容器镜像执行训练。利用 Amazon SageMaker 预置优化的机器学习框架和镜像环境，用户可以轻松扩展模型训练的规模。例如，利用 AWS 优化的 TensorFlow 比原生 TensorFlow 的训练速度更快，GPU 可扩展率可达 90%。开发能力更强的用户也可以不使用预置的框架，而是自定义框架的容器镜像，利用 Amazon SageMaker 的容器机制执行训练。另外，Amazon SageMaker 也具备规模化的自动调参能力。用户可以调整多种不同算法和超参数的组合，避免冗长的手动调参过程，节省大量的开发时间。

同时，Amazon SageMaker 支持分布式模型构建、训练与验证服务。其训练规模可囊括数十个实例量级，以支持模型加速。训练数据的访问与亚马逊 Amazon S3 打通，训练后的模型成果也可存放在 Amazon S3 中。另外，开发者能够轻松地将 Amazon SageMaker 训练出的模型部署至其他平台（如 IoT 设备）。

与谷歌的 AI Hub 和 AI 基础组件类似，Amazon SageMaker 也为 AI 开发提供了类似模型服务市场的机制，并提供了大量的预训练模型。不过这并不是专门为 AI 建立的服务市场，而是复用了 AWS 已有的 Marketplace。AWS Marketplace 并不是 AI 专用，它是一个软件在线商店，帮助客户寻找、购买和快速启用 AWS 上运行的软件和服务。

为了实现用户自动创建模型，Amazon SageMaker 推出了 Autopilot 工具。该工具针对结构化的表格数据，将机器学习工作流中的特征选择、模型选择和模型调优全部自动化，实现自动模型创建。用户可以通过 Notebook 或 Amazon SageMaker Studio 进行可视化操控，并使用模型效果排行榜功能根据推荐的超参数持续地改善模型性能。

Amazon SageMaker 还提供了针对模型训练过程的两种监控工具：Amazon SageMaker Experiment 和 Amazon SageMaker Debugger。Amazon SageMaker Experiment 实现了对训练实验进行组织、跟踪和对比的功能。利用该工具，用户可以按小组、目标以及假设进行实验组织，通过多项实验跟踪超参数和指标，方便地进行实验结果的可视化比对，最终根据这些实验信息快速完成实验迭代。Amazon SageMaker Debugger 提供了对训练过程的分析调试能力，并具有告警功能。该工具在训练过程中自动捕获相关数据用于分析，可以自动检测训练中的错误，通过告警提醒用户采取纠正措施，并结合 Amazon SageMaker Studio 提供可视化分析和调试的能力。

2.3.3 Amazon SageMaker 推理优化与部署工具集

为了便于对训练好的模型进行快速部署，Amazon SageMaker 提供了一键部署的能力。在运行中，可以根据业务访问量和模型计算量自动伸缩节点数量，提供低时延和高吞吐的性能。亚马逊没有强制捆绑模型训练和模型部署这两个过程，用户可以在 Amazon SageMaker 平台上部署在其他地方训练的模型。

除了在模型训练环节提供监控工具外，Amazon SageMaker 也提供了针对部署环节的监控工具：Amazon SageMaker Model Monitor，以持续监控生产环境中的模型。该工具从托管模型的终端节点中自动收集相关数据进行分析，支持定义周期性监控计划，使用内置或自定义规则来监控特征漂移；并结合 Amazon SageMaker Studio 可视化地输出监控结果、数据统计和告警报告，与 Amazon CloudWatch 服务集成，可基于 Amazon CloudWatch 告警自动执行纠正操作。

在模型训练之后，部署上线之前，算法开发人员往往要投入大量时间和精力来进行模型的优化和迁移工作，以实现快速实时的推理预测，尤其在内存和算力受限的边缘设备应用场景中，该功能尤其重要。例如，无人驾驶车辆中的传感器通常需要在千分之一秒内处理完数据，因此依靠云端服务是不现实的。此外，边缘设备存在各种不同的硬件平台和处理器架构。为了实现高性能，开发人员需要花费数周或数月的时间手动对每个模型进行调优。同时，由于复杂的调优流程，模型在部署到边缘后难以及时更新，开发人员因而错失根据边缘设备所收集的数据来重新训练和改进模型的机会。

Amazon SageMaker Neo 是亚马逊提供的模型优化工具，借助这一工具，开发者只需训练一次机器学习模型，便可在云端和边缘的任何位置运行，实现了一次训练，随处运行。Amazon SageMaker Neo 工具支持一些主流的智能开发框架和目标硬件平台。开发者可以选择 MXNet、TensorFlow、PyTorch 或 XGBoost 作为构建模型的智能框架，可以选择 Intel、NVIDIA、Xilinx 或 ARM 作为目标硬件平台。Amazon SageMaker Neo 的工作就是优化 Amazon SageMaker 训练出的模型，使模型在目标硬件平台上高效地运行；然后即可部署模型，在云端或边缘进行预测。利用 Amazon SageMaker Neo 进行模型优化，可以获得两倍的性能提升。

另外，Amazon SageMaker 还提供了 Amazon Elastic Inference、AWS IoT Greengrass 等工具，辅助用户优化模型推理过程和简化模型在边缘端部署的过程。利用 Amazon Elastic Inference，可将推理成本降低达 75%。

在推理部署方面值得一提的是，除了软件服务外，亚马逊推出自研的机器学习推理专用芯片 Inferentia。Inferentia 芯片具有 4 个 NeuronCore，支持 FP16、BF16 和 INT8 精度的计算，算力可达 128 TOPS。亚马逊为该芯片提供了 Neuron 高性能深度学习推理软件开发套件，支持几乎所有的主流智能开发框架，可以自动优化神经网络的计算，自动将输入的 FP32 精度模型转换为 BF16 精度模型，以提高推理效率。推理专用芯片的推出，也完善了亚马逊的技术栈，实现了从软件服务开发到芯片、服务器设备设计的技术闭环。

2.4 企业自有智能平台

在第 1 章，我们介绍过云计算按层级的分类标准：IaaS、PaaS、SaaS。但如果从部署模型的维度来看，云计算还有其他的分类标准。

(1) 公有云

公有云平台提供商通过互联网将存储、计算、应用等资源作为服务提供给大众市场。中小型企业是公有云的主要客户，企业不再需要自己构建数据中心和运维机房，只需要根据自身的实际算力、存储和带宽需求来付费使用公有云即可，降低了开发运营成本。

(2) 私有云

私有云是每个企业或者组织独立运作的云基础设施，主要是自用，并不面向市场提供服务。私有云在建立初期需要企业投入很多资源，适用于规模较大、对业务数据和机密数据敏感的企业使用。

(3) 混合云

顾名思义，混合云是公有云和私有云的组合，混合云结合了不同解决方案的优势。混合云既能提供公有云的低成本，也能通过私有云满足企业对核心业务极致安全性的需求。

从这个分类标准可以看出，前面所述的主流商业人工智能云服务都属于公有云的范畴。主流云计算供应商提供商业人工智能云服务，主要面向的客户是中小型企业组织和个人以及并不具备较强人工智能研发能力的传统大型企业。考虑到自身数据的私密性以及企业的技术能力，许多企业会采用在其私有云上自建云平台的方式开发自己的业务系统。这样有其自身的逻辑，介绍如下。

2.4.1 业务场景闭环

对于自身具备应用落地场景的科技公司来说，自建人工智能云平台无疑将大大提高研发效率。业务场景中的数据可以真正实现闭环: 数据采集 - 清理 - 标注 - 训练 - 部署 - 反馈 - 模型更新。这样能够最大限度地发挥人工智能不断迭代、不断提升的优势，同时加强企业的数据沉淀和积累，走向人工智能全链条的正循环，从而不断发挥效益。业务场景闭环如图 2-2 所示。

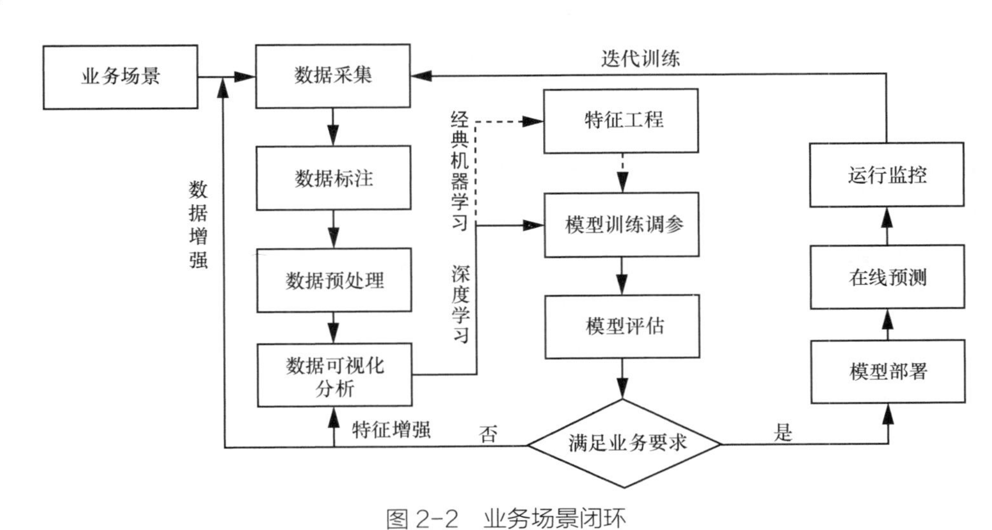

图 2-2　业务场景闭环

2.4.2 量身设计，灵活性强

虽然商业人工智能平台强调了自家的全闭环流程和数据链条，但还是面向不具备高级云计算平台建设能力的企业组织。自建平台，业务走内网；商业平台，数据走公网。对于技术能力较强的企业组织来说，自建平台更为安全灵活，而且在平台建设中不需要考虑过多的通用功能，更加具有针对性和定制性，能为企业自身构建更合体的能力。

随着技术的进步和共享程度的提高，构建人工智能云平台的门槛大大降低。许多成熟的任务调度、集群管理、分布式计算等框架都是开源产品，在这些成果的基础上进行定制和改进将大大提高平台开发的效率。

2.5 小结

本节对谷歌、微软和亚马逊的人工智能云平台的典型功 能进行了介绍，可以看出，大型云计算企业在人工智能云平台的建设和推广上投入巨大，而人工智能云平台也为其带来了巨大的回报。人工智能云平台产品形态多种多样，功能繁多，这里只选取了一些典型功能进行简要介绍。另外，国内许多优秀的互联网公司提供了丰富的 AI 云平台服务，例如阿里云、腾讯云和华为云等，因为其共性技术和功能大多相近，此处不再赘述。感兴趣的读者可以试用这些智能云产品，以便有更深的印象。这些商业人工智能云平台涉及的主要知识点，会在后续章节逐一介绍。

参考文献

[1] Google Cloud. AI Hub documentation[Z]. 2020.
[2] Kubeflow. Overview of Kubeflow Pipelines[Z]. 2020.
[3] Google Cloud. AI building blocks documentation[Z]. 2020.
[4] Google Cloud. AI Platform documentation Z]. 2020.
[5] Microsoft. Azure machine learning studio (classic) documentation[Z]. 2020.
[6] Microsoft. Azure machine learning vs machine learning studio (classic)[Z]. 2020.
[7] 梁宇辉 . 将您的 TensorFlow 脚本跑在 Amazon SageMaker[R]. 2020.

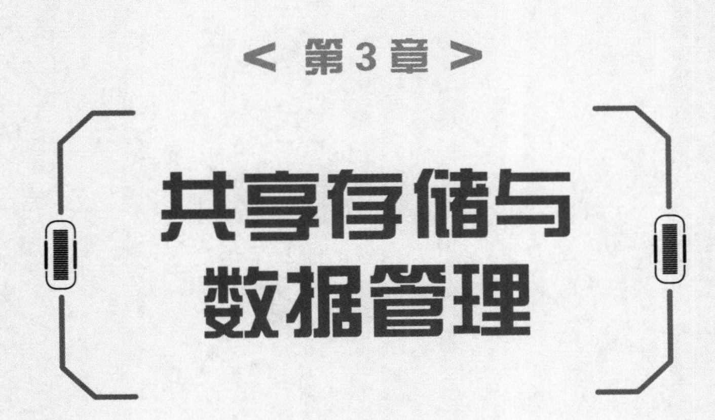
< 第3章 >
共享存储与
数据管理

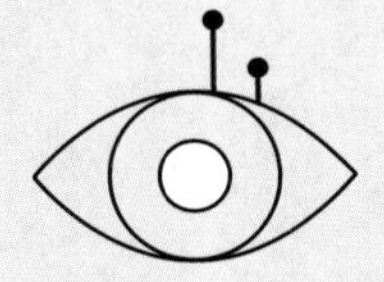

文件系统一直以来都是操作系统的重要组成部分，作为数据组织、存储和具象化的工具，它使得对数据的访问和查找变得容易。文件系统以文件和树形目录的抽象逻辑概念代替了硬盘和光盘等物理设备中的数据块的概念，用户使用文件系统来保存数据时，只需要知道文件的路径而不必关心数据实际保存在硬盘（或者光盘）的数据块地址。在写入新数据之前，用户也不必关心硬盘上的数据块地址有没有被使用，设备上的存储空间的分配和释放由文件系统自动完成，用户只需要记住数据被写入哪个文件中即可。

同样地，人工智能云平台（或计算集群）也需要有一个共享存储来实现多台服务器对同一份数据的访问。当用户在平台上发起任务时，可以通过特定的文件路径实现对数据的读写，而不必关心任务具体运行在平台中的哪一台服务器上。

作为一个比较古老的研究领域，共享存储有不同的体系结构方法，一些有影响力的研究机构和 IT 公司纷纷推出和发布自己的文件系统，这里列举一些，具体如下：

- Sun Network File System（NFS）；
- IBM General Parallel File System（GPFS）；
- Lustre；
- Microsoft Cluster Shared Volumes（CSV）；
- Oracle Cluster File System（OCFS）；
- OpenVMS Files-11 File System；
- Blue Whale Clustered file system（BWFS）；
- Red Hat Global File System（GFS2）；
- VMware VMFS；
- Apple Xsan。

存储是一个范围很广的话题，本章首先简要介绍存储的演进及搭建人工智能云平台时需要关注的设计指标，而后挑选一些文件系统进行描述和搭建指导，最后介绍不同深度学习框架在处理数据时的设计考量和采用的方式方法。

3.1　基本概念

文件系统在一个或多个物理或虚拟设备的地址空间上附加一层结构抽象。最早出现的是本地文件系统，随着时间的推移，又出现了新的文件系统，主要集中在诸如数据的专门要求上，如共享访问、远程文件访问、分布式文件访问、并行文件访问、高性能计算、归档、安全等。此外，由于非结构化数据文件急剧增长，数据容器的基本单元正在转变为文件对象，从而为内容处理提供更多语义和功能丰富的能力支持。

图 3-1 给出了一个大概的时间线，包括本地文件系统、SAN 文件系统、集群文件系统、分布式文件系统、对象文件系统、并行文件系统等。当然，图 3-1 还不能准确地反映文件系统出现的确切顺序，其中一些文件系统实际上是平行出现的，而且也不是新的文件系统就一定会替换此前的文件系统。更多的时候，它们是互补的。

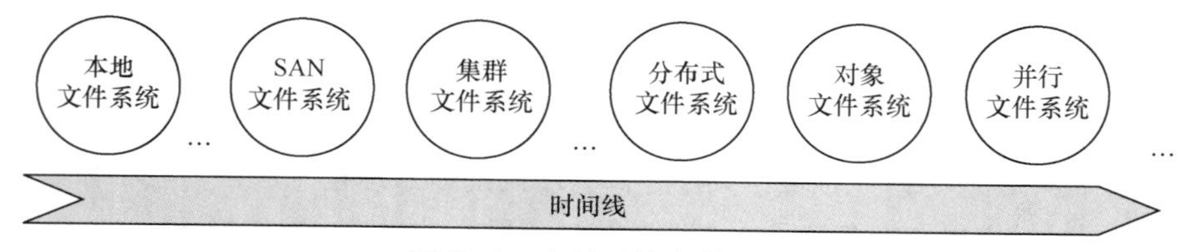

图 3-1　文件系统演进过程

3.1.1　文件系统分类

维基百科列出了 70 多种不同的文件系统，市场上大约有 1000 种不同的文件系统，这些文件系统可以归类为本地文件系统、共享文件系统和网络文件系统 3 种。其中，共享文件系统可以进一步细分为 SAN 文件系统和集群文件系统。网络文件系统同样可以细分为分布式文件系统和分布式并行文件系统，如图 3-2 所示。

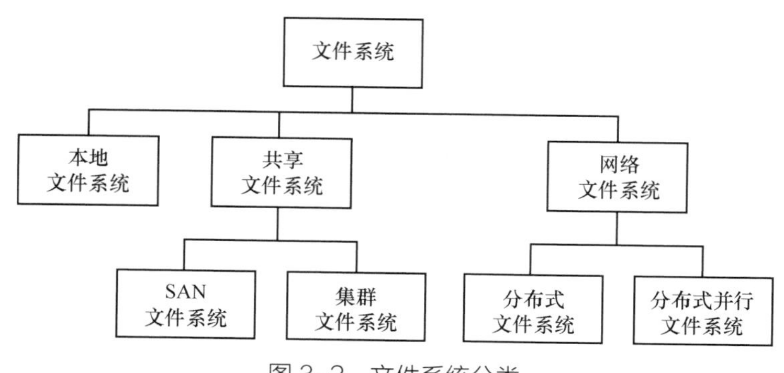

图 3-2　文件系统分类

典型的本地文件系统与应用程序位于同一服务器上，本地文件系统可以直接连接到相应的存储设备，也可以通过专用的存储网络连接到存储设备。

不同于本地文件系统，共享文件系统可能有多个客户端并发访问相同的数据。这需要额外的锁定和缓存技术来防止数据不一致。此外，由于高可用的需求，经常需要冗余的元数据服务器（Metadata Server，MDS）以主-备模式运行。SAN文件系统如图3-3所示，在图示场景中，客户端可能是分散且异构的（如运行不同的操作系统），它是一个主/从架构，元数据服务器扮演了主控节点的角色，客户端和元数据服务器通过专用的存储网络连接到存储设备。

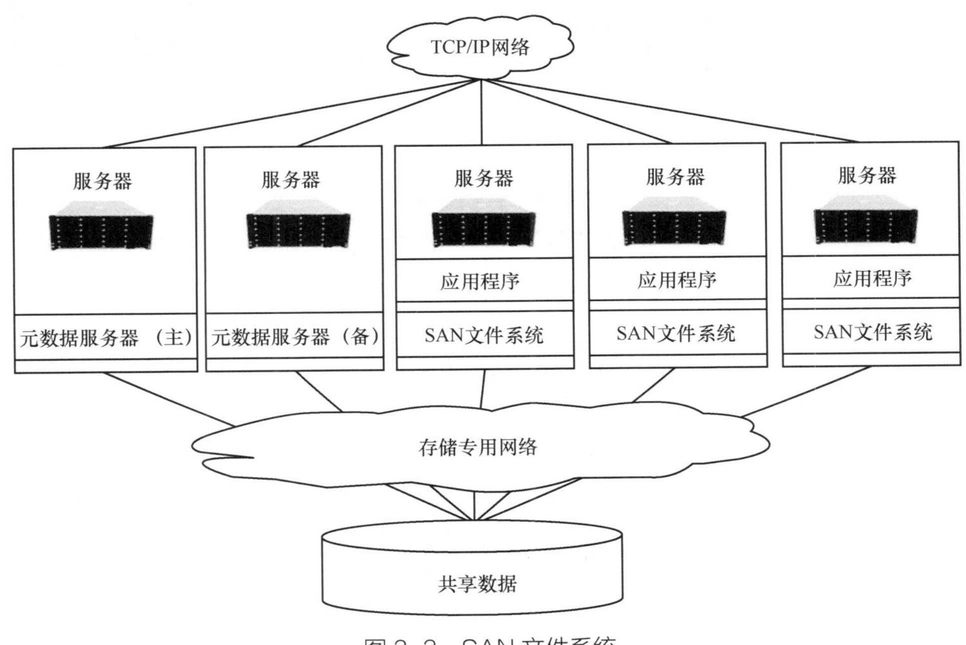

图3-3 SAN文件系统

共享文件系统的另一个变体是集群文件系统，如图3-4所示。二者的不同之处在于，元数据服务器不是专用的机器，它将元数据分布在整个系统中的所有参与者之上，所以它是一种分布式数据库，需要一些集群技术机制来保证缓存的一致性和加锁。通常在这种环境中，它是一个点对点或对称架构，所有服务器都是对等的，每个服务器都知道数据的逻辑结构。一般来说，这些服务器都使用相同的操作系统，而且节点之间的距离也比较近，以保证连接的可靠性及其他性能。

图3-5给出了网络文件系统的结构示例，其与SAN文件系统的主要区别在于：SAN文件系统的客户端使用基于块的协议访问存储设备，如高技术配置（Advanced Technology Attachment，ATA）或小型计算机系统专用接口（Small Computer System Interface，SCSI），而在网络文件系统中，所有的通信都是在客户端和服务端之间进行的，使用的是局域网上的协议，比如NFS、CIFS、WebDAV、HTTP或FTP。网络文件系统本质上是一个客户端与文件服务器通信的计算机网络。

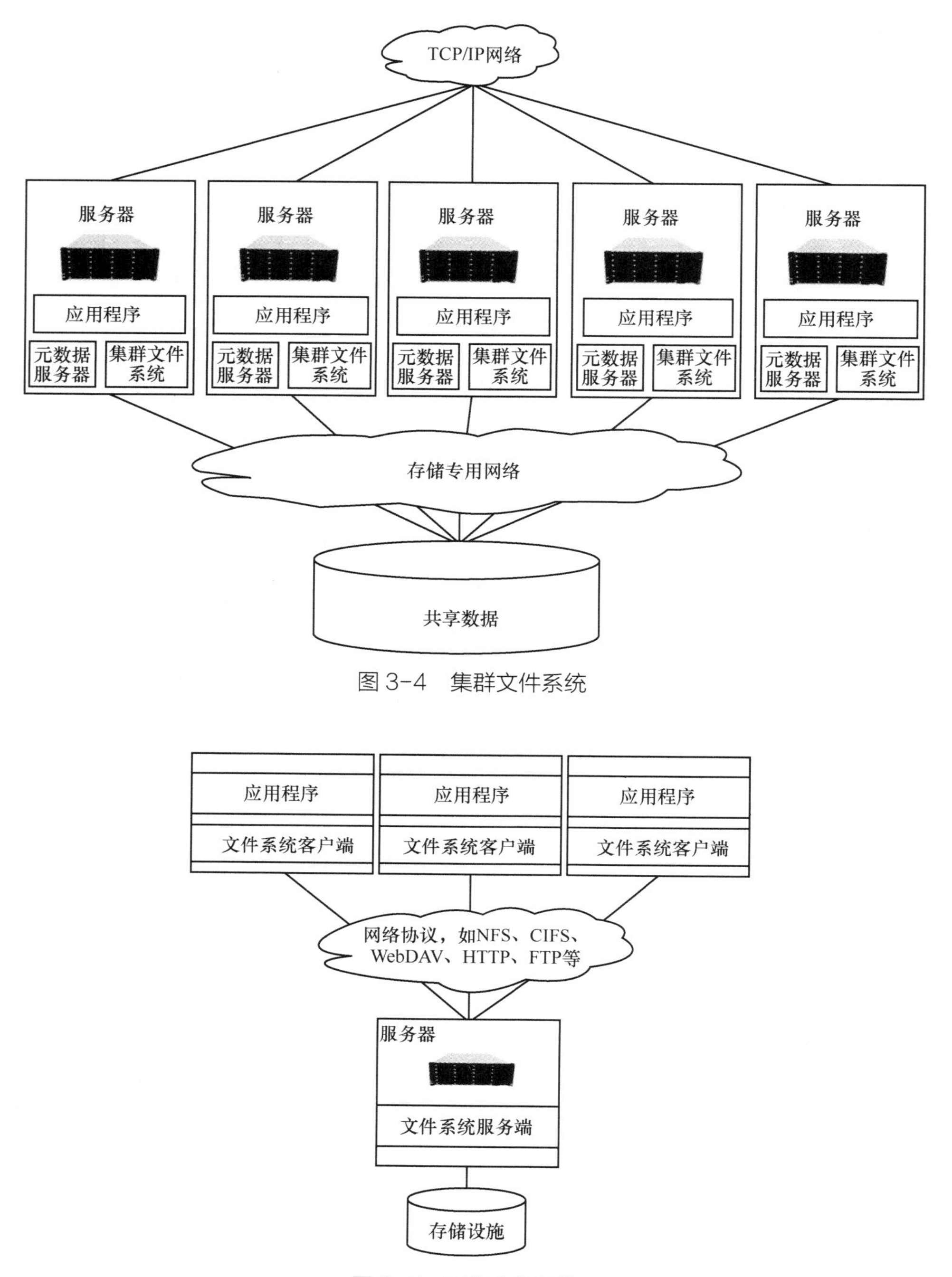

图 3-4　集群文件系统

图 3-5　网络文件系统

C/S 结构的分布式文件系统（如图 3-6 所示）是一种网络文件系统。客户端从（向）文件服务器读取（写入）文件。在本例中，文件和目录分布在多个文件服务器上。例如，图 3-6 中有 3 个文件服务器，文件 a、b 和 c 分别存放于不同的服务器。但对于客户端来说，它看起来就像一个文件系统，只有一个挂载点，提供对分布在文件服务器上的文件 a、b 和 c 的访问。

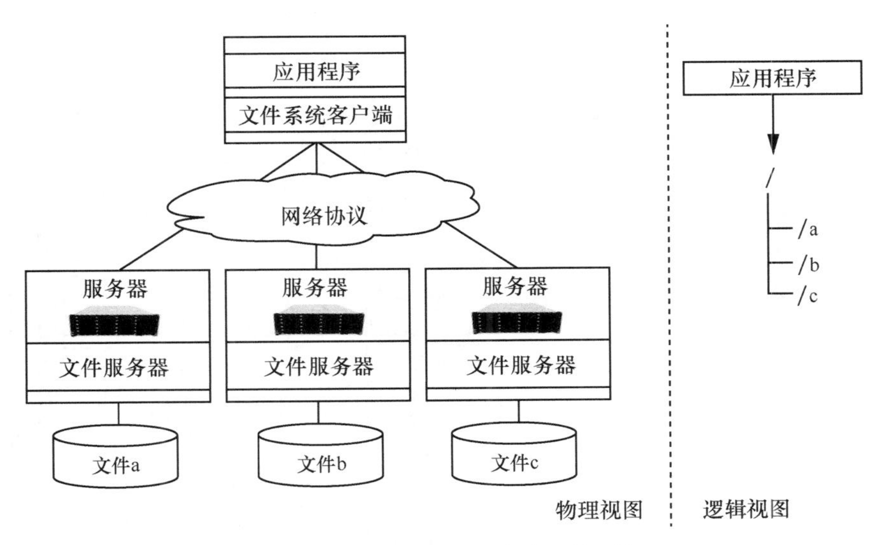

图 3-6 C/S 结构的分布式文件系统

分布式并行文件系统是分布式文件系统的一种特殊形式，每个文件都被分割成多个小块分布在多个文件服务器上，粒度要小得多。图 3-7 的虚线矩形框部分说明了保存这些文件片段的形式。这通常也被称为聚合存储、廉价节点的冗余阵列（Redundant Array of Inexpensive NIC，RAIN）或网络磁盘阵列（Redundant Arrays of Independent Disks，RAID）。

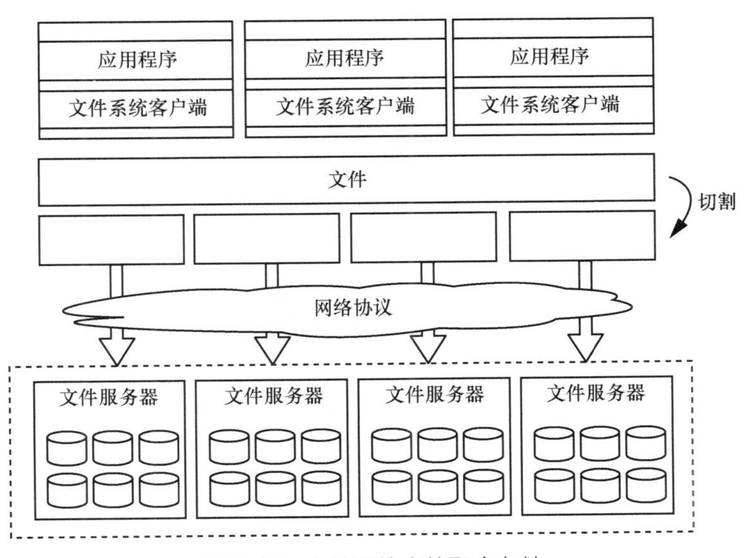

图 3-7 文件系统中的聚合存储

图 3-8 显示了具有专用存储的 16 个节点以及被切割为 6 段的文件的存储分布，这些文件片段以看似随机的顺序分布在各个节点上。实际上，一些复杂的算法可以保证这些文件的高可用性，例如使用增强的奇偶校验保护，当少量文件块不可访问时，通过剩余的文件块仍可完整地恢复出文件，从而保证了系统的高可用性。此外，通过复制文件和负载平衡机制也可

以增强 I/O 性能。

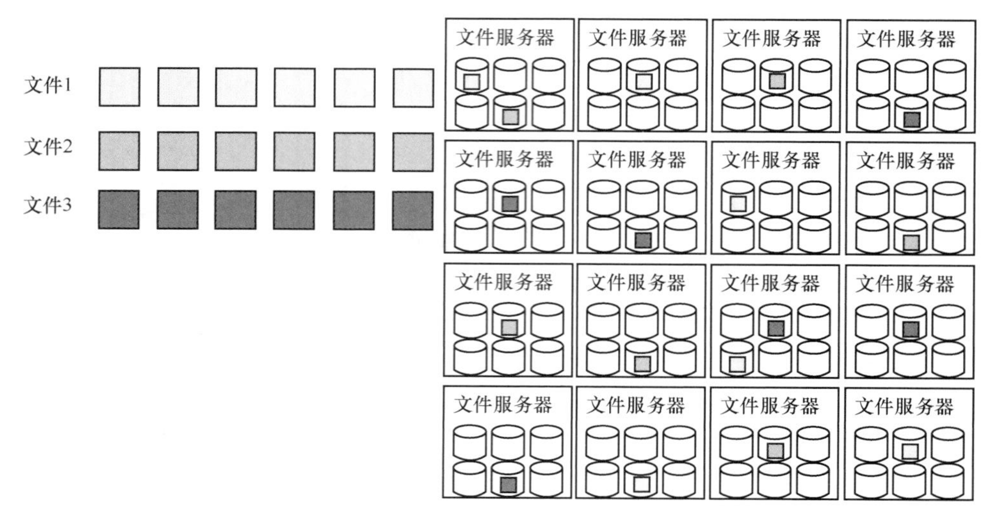

图 3-8 文件块分布式存储示意

3.1.2 存储设计目标

共享文件系统和网络文件系统可以在许多方面实现“透明”，也就是说，它们的目标是让客户端程序感知不到其特殊性，而是“看到”一个类似于本地文件系统的系统。在底层，共享文件系统和网络文件系统处理文件定位、数据传输，并可能具有下面列出的特性。

- 位置透明性：客户端感受不到文件是在远程，可以像访问本地文件一样访问它们。
- 并发透明性：所有客户端都具有相同的文件系统状态视图。这意味着，如果一个进程正在修改一个文件，那么同一系统或远程系统上访问该文件的任何其他进程都会以一致的方式看到修改。
- 失败透明性：客户端和客户端程序应在服务器发生故障后正常运行。
- 异构性：应该跨不同的硬件和操作系统平台提供文件服务。
- 可扩展性：文件系统应该在小型环境中运行良好，并且可以优雅地扩展到更大的模型(数百到数万个系统)。
- 复制透明性：客户端不应感受到文件复制是跨多个服务器执行的。
- 迁移透明度：不应该让客户感受到文件在不同的服务器之间的移动。

性能指标是文件系统的另一个关注对象，常见的性能指标如下。

- IOPS (Input/Output Per Second)，即每秒的输入输出量 (或读写次数)，指单位时间内系统能处理的 I/O 请求数量，一般以每秒处理的 I/O 请求数量为单位，I/O 请求通常为读或写数据操作请求。IOPS 的值会随着系统的配置不同而变化，如读与写的比例、随机读写还是循序访问、队列长度、数据块的大小等。一般为了更好地测量 IOPS，需要分别测量不同影响因素下的 IOPS 分项后再进行汇总。

● 数据吞吐率（Throughput），指单位时间内可以成功传输的数据数量。当进行随机读写时，可以使用 IOPS 与数据块大小的乘积估计数据吞吐率；而当进行循序访问时，数据吞吐率则更接近于硬盘的最大访问速度。对于分布式并行存储来说，往往还需要区分聚合带宽和单流带宽，聚合带宽常受限于存储系统中所有硬盘的带宽之和，而单流带宽则受限于单一文件的分块数目对应的硬盘带宽之和。

● I/O 响应时间（I/O Response Time），也被称为 I/O 时延（I/O Latency），I/O 响应时间就是从操作系统内核发出的一个读或写的命令到内核接收到该命令响应的时间。

3.2 古老而有活力的 NFS

网络文件系统（Network File System，NFS）① 作为一种使用广泛的分布式存储系统，是在 1984 年由 Sun Microsystems 公司设计实现的。NFS 允许用户通过网络访问远端的文件存储，而不用关心文件存放的具体位置，而且一旦挂载完成，用户程序对存储的实现细节是透明的，即使是远程文件，看起来也像是存放在本地。NFS 是基于 ONC RPC（Open Network Computing Remote Procedure Call）构建的，其标准也是开放的。

3.2.1 NFS 版本更迭

从 1984 年推出至今，NFS 共发布了 3 个版本：NFSv2、NFSv3、NFSv4。其中，NFSv4 包含 3 个次版本：NFSv4.0、NFSv4.1 和 NFSv4.2。经过 20 多年的发展，NFS 发生了非常大的变化，推动者甚至都从 Sun Microsystems 公司变成了 NetApp，NFSv2 和 NFSv3 基本上是 Sun Microsystems 公司起草的，NetApp 从 NFSv4.0 参与进来，并且主导了 NFSv4.1 与 NFSv4.2 标准的制定过程。NFS 版本发展历程如图 3-9 所示，其中，数字为对应版本的协议意见书编号，如 1094 为版本 NFSv2 的协议意见书编号。

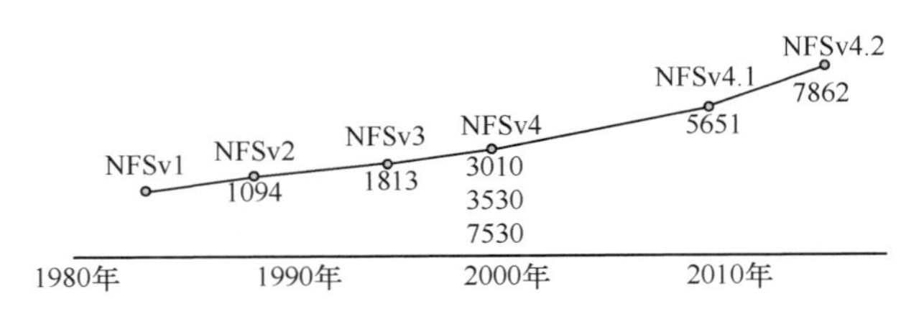

图 3-9 NFS 版本发展历程

（1）NFSv2

NFSv2 于 1989 年发布，是第一个以 RFC 形式发布的版本，能实现一些基本的功能。由

① 由于命名的缘故，这里的 NFS 在名称上和第 3.1.1 节中的网络文件系统类型有一定的混淆，前文的网络文件系统是一个类型名称，而本节的 NFS 则是一种文件系统实现，更切确地说，是一种远程访问文件系统的协议。

于其使用 32 bit，只允许一个文件的前 2 GB 内容被读写，目前这个版本已经被废弃。

（2）NFSv3

NFSv3 是 1995 年发布的，NFSv3 修正了 NFSv2 的一些 bug，并增加了如下特性：

- 支持 64 位文件大小和偏移量，以处理大于 2 GB 的文件；
- 支持异步写服务器，以提高写性能；
- 额外返回更多的文件属性，以避免需要重新读取；
- 增加一个 READDIRPLUS 操作，在遍历目录时同时获取文件句柄、属性和文件名。

目前 NFSv3 版本仍然有一定的市场，不过正在慢慢被 NFSv4 版本取代。

（3）NFSv4.0

相比 NFSv3，NFSv4 发生的最大变化是从无状态切换到有状态。NFSv2 和 NFSv3 都是无状态协议，服务端不需要维护客户端的状态信息。无状态协议的一个优点在于灾难恢复，当服务器出现问题时，客户端只需要重复发送失败请求，直到收到服务器的响应信息。但是某些操作必须需要状态，如文件锁。如果客户端申请了文件锁，但是服务器重启了，由于 NFSv3 无状态，客户端再执行锁操作可能就会出错。NFSv3 需要借助网络锁管理器（Network Lock Manager，NLM）协议才能实现文件锁功能，但是有的时候两者配合不够协调。NFSv4 设计成了一种有状态的协议，自身实现了文件锁功能。

另外一个在运维上更便利的改变是：从 NFSv4 版本起，它只需要使用 2049 端口，而不再额外需要 111 端口（PortMap）和其他的服务端口。

（4）NFSv4.1

与 NFSv4.0 相比，NFSv4.1 最大的变化是支持并行存储。在以前的协议中，客户端直接与服务器连接，客户端直接将数据传输到服务器中。当客户端数量较少时这种方式没有问题，但是如果大量的客户端要访问数据，NFS 服务器很快就会成为瓶颈，抑制系统的性能。NFSv4.1 支持并行存储，服务器由一台元数据服务器（MDS）和多台数据服务器（Data Server，DS）构成，元数据服务器只管理文件在磁盘中的布局，数据在客户端和数据服务器之间直接传输。由于系统中包含多台数据服务器，因此可以以并行方式访问数据，系统吞吐量迅速提升。并行存储数据流量模型如图 3-10 所示。

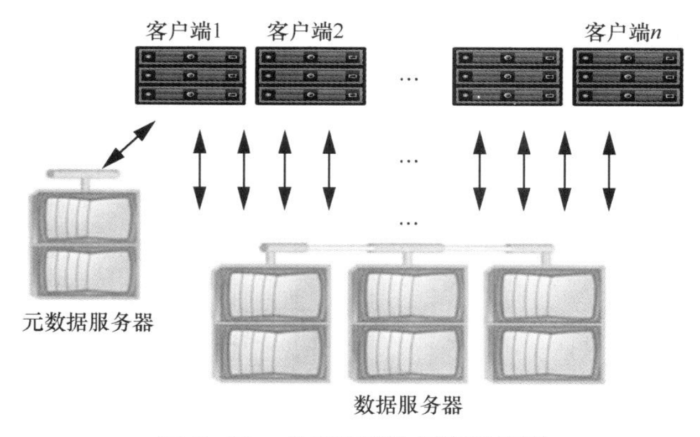

图 3-10　并行存储数据流量模型

（5）NFSv4.2

在 NFSv4.2 中，一些主要的新特性包括：服务器端复制，可以不用通过客户端而直接在服务器端进行文件的复制，节省客户端 - 服务器端的通信量；应用程序数据块（Application Data Block，ADB）允许对文件的格式进行定义，如虚拟机的镜像或数据库文件等，可以在服务器端直接初始化；空间保留对终端用户进行容量保证；稀疏文件可以对空间有更好的利用率。

总的来说，NFS 已经发展了 30 多年，它被证明是一种稳定和可移植的网络文件系统，具有可伸缩性、高性能和企业级质量等优点。随着网络速度的提高和时延的减少，NFS 仍然是通过网络为文件系统提供服务的有力选择。

3.2.2 NFS 架构介绍

NFS 遵循客户端 - 服务器计算模型（如图 3-11 所示）。服务器实现客户端附加的共享文件系统和存储，客户端实现共享文件系统的用户访问接口，安装在客户端的本地文件空间中。

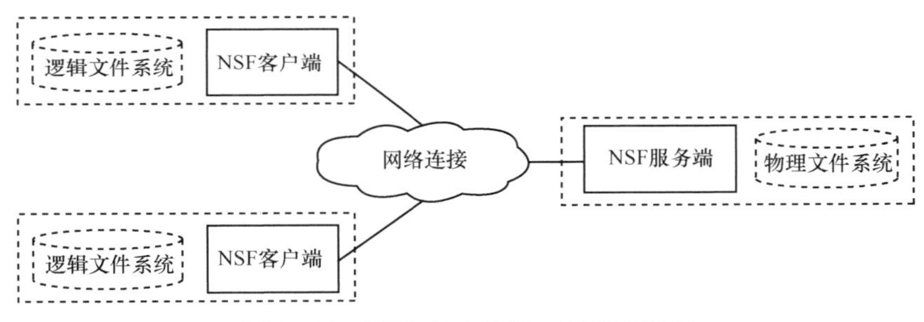

图 3-11 NFS 的客户端 - 服务器模型

在 Linux 中，虚拟文件系统（Virtual File System，VFS）提供了在主机上同时支持多个文件系统的方法（如 CD-ROM 上的 ISO-9660 标准、本地硬盘上的 ext4fs 等）。VFS 提供一层统一的抽象接口，先确定请求用于哪个存储，然后使用对应的文件系统来满足请求。出于这个原因，NFS 和其他文件系统一样是可插拔的，它们唯一的区别是，I/O 请求可能无法在本地得到满足，而必须通过网络才能完成。

一旦发现请求是针对 NFS 的，VFS 就会将其传递给内核中的 NFS 实例。NFS 解释 I/O 请求，并将其转换为 NFS 过程（OPEN、ACCESS、CREATE、READ、CLOSE、REMOVE 等）。这些过程将在远程过程调用（Remote Procedure Call，RPC）层中执行。RPC 提供了在系统之间执行过程调用的方法，它封装了 NFS 请求和相应的参数，将其发送到远程服务器，然后管理和跟踪请求响应，并将其转发给请求者。

此外，RPC 还包括一个重要的互操作性层，称为外部数据表示（External Data Representation，XDR），它确保所有 NFS 参与者在涉及数据类型时使用相同的语言。当给定的体系结构执行请求时，数据类型表示可能与满足请求的目标主机不同。XDR 负责将特定类型的数据转换为公共表示，以便所有架构都可以互操作和共享文件系统。

XDR 指定类型（如浮点数）的位格式和类型（如固定长度数组和可变长度数组）的字节顺

序。虽然 XDR 最出名的是它在 NFS 中的使用，但它也可以作为在公共应用程序设置中处理多个体系结构时的表示规范。

一旦 XDR 将数据转换为公共表示，就可以通过给定的传输层协议在网络上传输请求。早期的 NFS 可以使用 UDP，但是现在更多地使用 TCP 来提高可靠性。

在服务器端，NFS 以类似的方式进行操作。请求通过 RPC/XDR（将数据类型转换为服务器的体系结构）和 NFS 服务器在网络堆栈中向上流动，由 NFS 服务器负责响应请求。请求被传递到 NFS 守护进程，该守护进程标识请求所需的目标文件系统树，VFS 再次用于访问本地存储中的文件系统。

客户端和服务器的层次模型如图 3-12 所示。服务器上的本地文件系统可能是典型的 Linux 文件系统（例如 ext4fs）。因此，NFS 不是传统意义上的文件系统，而是用于远程访问文件系统的协议。

3.2.3 NFS 常用配置

（1）典型场景

假设这样一个 Unix 风格的场景：其中一台计算机（客户端）需要访问存储在其他机器上的数据（NFS 服务器）。NFS 部署的主要步骤如下。

- 服务端实现 NFS 守护进程，默认运行 nfsd，使得客户端可以访问数据。
- 服务端系统管理员可以决定哪些资源可以被访问，导出目录的名字和参数，通常使用 /etc/exports 配置文件和 exportfs 命令。

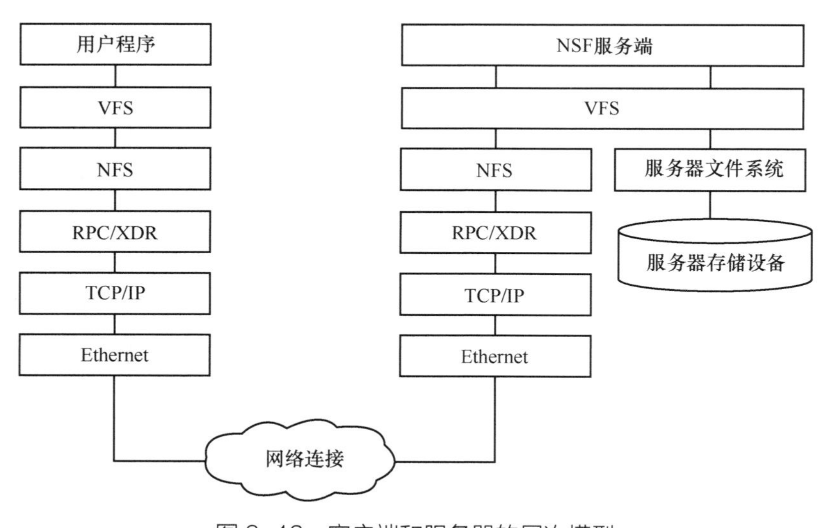

图 3-12 客户端和服务器的层次模型

- 服务端安全——管理员保证它可以管理和认证合法的客户端。
- 服务端网络配置保证客户端可以跟 nfsd 透过防火墙进行通信。
- 客户端请求导出的数据，通常调用一个 mount 命令。

● 如果一切顺利，客户端的用户就可以通过已经挂载的文件系统查看和访问服务端的文件。

(2) 客户端配置

假设已经完成 NFS 服务器的设置，那么在客户端进行如下操作。

● 在 Linux 系统下为 mount -t nfs 10.10.10.1:/mnt/gdata /gdata。其中，假设 10.10.10.1 是 Linux 服务器的地址，上面开放了 /mnt/gdata 挂载点，而 /gdata 是本地挂载点。

● 在 Windows 系统下为 mount \\10.10.10.1\mnt\gdata x:。其中，x: 是本地挂载点。

提示：NFS 自动挂载可以通过编辑 /etc/fstab 或者自动安装管理进程实现。

(3) 服务器端配置

这里介绍 Linux 系统下如何安装 NFS 服务器。

● 安装 NFS 软件包。

```
apt install -y nfs-kernel-server
# 这里还会自动安装 nfs-common、rpcbind 等软件
```

● 创建挂载点。

```
mkdir -p /mnt/gdata
```

● 编辑配置文件。

/etc/exports 是 NFS 的挂载点配置文件，规定了挂载点的访问权限。在其中添加：

```
# 将上一步设置的挂载点以读写的方式开放给特定子网内的用户
/mnt/gdata 10.10.10.0/24(rw,no_root_squash,no_all_squash,sync)
```

常见的配置参数见表 3-1。

表 3-1 常见的配置参数

参数值	内容说明
rw/ro	该目录分享的权限是可写 (rw) 或只读 (ro)。最终能否读写，与文件系统或目录的权限有关
sync/async	sync 代表数据同步写入内存与硬盘，async 则代表数据先暂存于内存，而非直接写入硬盘
no_root_squash/root_squash/all_squash	当客户端使用 NFS 文件系统的账号为 root 时，由于 root 用户具有最高的权限，所以在默认的情况下客户端 root 的身份会由 root_squash 的设定压缩成匿名用户 nfsnobody，如此对服务器的系统会比较有保障。若想要开放客户端使用 root 身份来操作服务器的文件系统，那么则设置为 no_root_squash。也可以通过设置 all_squash，使得不论挂载 NFS 的使用者身份是什么，都会被压缩成为匿名用户，也就是 nfsnobody
anonuid	匿名用户的 UID 设定值，默认值是 nobody (nfsnobody)，但如果需要让所有连接看起来像是一个用户时，也可以将匿名用户的 UID 通过这一配置项来设定
anongid	设置匿名用户的组 ID (GID)

● 重启服务如下所示。

```
exportfs -r # 使上述配置生效
service rpcbind start # 启动 rpc 服务
service nfs start # 启动 nfs 服务
```

- 检查是否安装成功，安装完成后，可以使用下列命令进行测试。

```
showmount -e localhost
```

- 如果显示如下类似信息，则表示安装成功。

```
[root@ubuntu]# showmount -e localhost
Export list for localhost:
/mnt/gdata 10.10.10.0/24
```

3.3 活跃于超算领域的 Lustre

Lustre 是一个开源、分布式并行文件系统软件平台，旨在实现可伸缩、高性能和高可用。它的设计目标是为非常大规模的计算机基础设施（包括世界上最大的超级计算机平台）提供一个一致的、符合可移植操作系统接口（Portable Operating System Interface，POSI）的全局命名空间。它可以同时支持数百 PB 的数据存储和数百 Gbit/s 的聚合吞吐量。目前已经报道的数据中有超过 50 PB 可用容量的单个文件系统，并且报告的吞吐量速度超过 1 Tbit/s。

最早在 1999 年，在美国能源部的资助下，Lustre 由皮特·布拉姆（Peter Braam）创建的集群文件系统公司（Cluster File Systems Inc.）开始研发，并于 2003 年推出 1.0 版本。经过多个版本的更迭，目前 Lustre 已经成为超算领域非常受欢迎的存储系统之一。

3.3.1 Lustre 架构分析

Lustre 架构如图 3-13 所示。

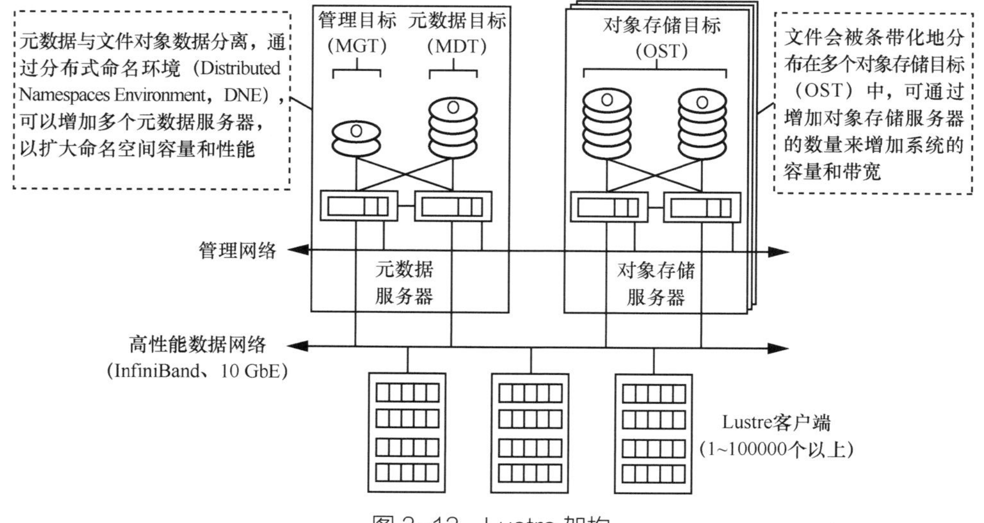

图 3-13 Lustre 架构

Lustre 架构中包含分布式且基于对象存储管理的服务端以及使用高效的网络协议访问的客户端。元数据服务器负责存储分配、管理文件系统命名空间，而对象存储服务器负责数据内容本身。Lustre 中的文件包含一个元数据索引节点对象和一个或多个的数据对象。Luster 包括以下组成部分。

- 元数据服务器（MDS）。MDS 存储了文件系统的基本信息，负责管理整个系统的命名空间，维护整个文件系统的目录结构、用户权限，并负责维护文件系统数据的一致性。通过 MDS 的文件和目录访问管理，Lustre 能够控制客户端对文件系统中文件和目录的创建、删除、修改。客户端（Client）可以通过 MDS 读取保存到元数据目标（Metadata Target，MDT）上的元数据。当客户端读写文件时，从 MDS 得到文件信息，从对象存储目标（Object Storage Servers，OSS）中得到数据。客户端通过 LNET 协议和 MDS/OSS 通信。
- 元数据目标（MDT）。MDT 存储了 MDS 上元数据的文件名、目录、权限和文件布局。可以通过增加 MDS 和 MDT 扩大元数据规模。
- 对象存储服务器（OSS）。OSS 提供了文件 I/O 服务，处理 OST 的网络请求。
- 对象存储目标（Object Storage Target，OST）。OST 负责实际数据的存储，并处理所有客户端和物理存储之间的交互。这种存储是基于对象的，OST 将所有的对象数据放到物理存储设备上，并完成对每个对象的管理。OST 和实际的物理存储设备之间通过设备驱动方式来实现交互。通过驱动程式，Lustre 能继承新的物理存储技术及文件系统，实现对物理存储设备的扩展。为了满足高性能计算系统的需要，Lustre 针对大文件的读写进行了优化，为集群系统提供了较高的 I/O 吞吐率。存储在 OST 上的文件大多是普通文件，也可以是复制文件。Lustre 同时还将数据条带化，再把数据分配到各个 OSS 上，提供了比传统 SAN 的“块共享”更为灵活和可靠的共享方式。
- 客户端（Client）：客户端通过标准的 POSIX 接口向用户提供对文件系统的访问。客户端同 OST 进行文件数据的交互，包括文件数据的读写、对象属性的改动等；同 MDS 进行元数据的交互，包括目录管理、命名空间管理等。与普通的、基于块的 IDE 存储设备不同，存储设备是基于对象的智能存储设备。客户端在需要访问文件系统的文件数据时，先访问 MDS，获取与文件相关的元数据信息，然后直接和相关的 OST 通信，取得文件的实际数据。客户端通过网络读取服务器上的数据，OSS 负责实际文件系统的读写操作以及存储设备的连接，MDS 负责文件系统目录结构、文件权限和文件的扩展属性，维护整个文件系统的数据一致性，响应客户端的请求。
- 网络（Network）：Lustre 是一个基于网络的文件系统，所有 I/O 事务都通过远程过程调用（RPC）。客户机没有本地持久性存储，而且通常没有磁盘。Lustre 支持许多不同的网络技术，包括 Omni-Path Architecture（OPA）、InfiniBand、以太网等。

基于 Linux 并使用基于内核的模块来实现预期的性能，Lustre 将不同系统上的元数据和文件内容分离开来，其基本工作流程如下：

- 客户端请求读 / 写文件；
- 联系 MDS 进行认证；

- 收到认证信息和可访问的一系列 OST；
- 客户端与 OST 交互，并直接向 OST 写入文件。如果网络中部署了远程直接数据存取（Remote Direct Memory Access，RDMA），这一过程还将通过 RDMA 实现。

此外，为了优化文件的写入，还包括特定的写入条带设置，具体设置如下。

- 带大小：文件由多个条带组成，条带大小通常设置为 1 MB，对应了 Lustre 中默认的 RPC 大小。
- 带数：定义了单一文件需要的 OST 数目，通常是 1，但也可以设置为任意值。
- 带索引：决定将文件的初始条带放在何处，通常设置为 MDS 自由裁量，允许 MDS 在 OST 上放置比其他系统更大容量的文件，以使 Lustre 的文件分布更加平衡。

Lustre 文件系统的一个特性是能够使用 LNET（Lustre Networking）抽象网络层，支持许多网络实体，如在 InfiniBand 网络中使用 RDMA 可以极大地加速读写过程。

3.3.2 Lustre 与 NFS

与 NFS 等传统网络文件系统相比，从一开始，Lustre 的设计目标就要求数据存储能够突破硬件限制带来的瓶颈。作为一种分布式网络文件系统，Lustre 具有与其他网络存储相似的技术，即客户端通过网络处理 I/O 而不在本地写入数据，服务器支持并发性，并且数据显示为单个连续的命名空间。

Lustre 与其他网络文件系统（如 NFS 或 SMB）的区别在于它能够无缝地线性扩展容量和性能，以满足数据密集型应用程序，具有最小的额外管理开销。例如需增加容量和吞吐量，则添加更多具有所需存储的服务器。Lustre 将自动合并新的服务器和存储，客户端将自动获得这些新增的能力。新容量自动并入可用容量池，相比之下，传统的 NFS 部署通常将容量划分为垂直的基于项目或部门的筒仓，并使用复杂的自动装载给计算机呈现需要维护的地图。可用容量通常是孤立的，很难平衡利用率，同时性能受限于单个机器的能力。Lustre 与传统网络文件系统的区别如图 3-14 所示。

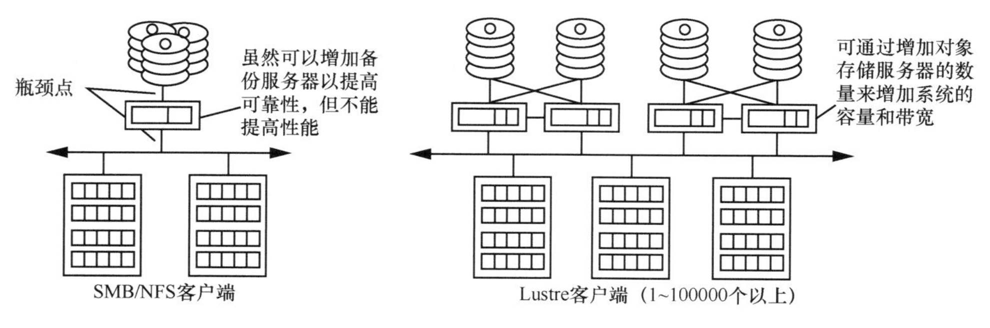

图 3-14 Lustre 与传统网络文件系统的区别

这里的传统 NFS 更多地是指 NFSv4.0 之前的版本，如前所述，从 NFSv4.1 版本起，NFS 同样支持“元数据服务器 + 数据服务器”的架构，这也从侧面印证了本章开头的说法，存储系统之间并不一定是替代关系，它们更多时候是在发展过程中相互借鉴和演进。

3.3.3 Lustre 发展趋势

多年来，Lustre 一直是一个成熟和稳定的文件系统，但其需求和相关使用模式正在发生变化。管理的简单性是征求建议书 (Request For Proposal，RFP) 中经常提到的需求，用户需求讨论主要围绕一个功能齐全、可伸缩的图形化管理工具 (除了无处不在的命令行工具外) 的需求展开。Lustre 发展的另一个趋势是，Lustre 不再仅用于构建高性能计算 (High Performance Computing，HPC) 系统的文件系统，而越来越多地被用作用户目录和项目空间的文件系统。

3.4 数据集管理

对于平台而言，当算力和任务量达到一定规模后，存储的性能往往会首先成为瓶颈，首先就是每秒进行读写操作的次数 (IOPS)。试想一张 GPU 卡在训练时每秒能处理数百张图片，当一个集群有上千张 GPU 卡时，IOPS 的需求就达到 10 万量级，对于存储而言这并不是一个容易实现的指标。出于性能的考虑，也为了更好地管理数据集格式，不少深度学习框架都有专属的数据存储格式，对数据集进行打包管理，如 TFRecord 之于 TensorFlow、LMDB 之于 Caffe、RecordIO 之于 MXNet。

3.4.1 TFRecord

体量较小的数据集可以直接将数据加载进内存，然后再分批输入网络进行训练。但是，如果数据量较大，则只能将数据集存放在硬盘中，分批读取至内存后送进网络。除了支持编写代码 (如 Python 程序) 直接读取硬盘中的一批文件外，TensorFlow 还提供了存取顺序二进制数据的解决方案——TFRecord。

在 TFRecord 文件中，推荐 (而不是强制) 将 tf.train.Example (以下简称 Example) 作为数据的结构化存放方式。Example 是由 Protocol Buffer 定义的数据结构，每一个 Example 是一对键值映射，其中 Example 的值又由 Feature (同样也是由 Protocol Buffer 定义) 组成。每个 Feature 可以是 BytesList、FloatList 或 Int64List 这 3 种类型之一的数组。

关于 Protocol Buffer 的介绍，这里只简单说明它的几点特性，具体如下：

- 是一种非常高效的数据结构存储方式；
- 跨平台，跨语言，支持 C++、Java、Python 等；

- 在 .proto 文件对数据结构进行定义，而后根据需要可以编译出不同语言的代码，其中包含属性的操作、序列化、反序列化等方法；
- 其序列化方式是一种高效的二进制编码；
- 支持对数据结构的扩展，可以方便地实现向前兼容和向后兼容。

TFRecord 文件包含一系列记录（Record）。每条记录包含一个字节字符串，用于存放数据，另有数据长度以及 CRC32C（使用 Castagnoli 多项式的 32 位 CRC）散列用于完整性检查。每个记录都以以下格式存储。

```
uint64 length              // 本条记录的长度
uint32 masked_crc32_of_length // 记录长度的校验码
byte   data[length]         // 在这里存放序列化后的数据
uint32 masked_crc32_of_data  // 数据内容的校验码
```

当然，再生成和使用 TFRecord 文件时，可以不关心上述存储细节，而是使用 TensorFlow 提供的 tf.io.TFRecordWriter、tf.io.TFRecodeReader 接口和 tf.data.TFRecordDataset 类。

下面以 TensorFlow 自带的 MNIST 数据集为例，展示如何将数据集保存到 TFRecord 文件中，并再次将它们读出来输入模型进行训练。基本过程如图 3-15 所示。

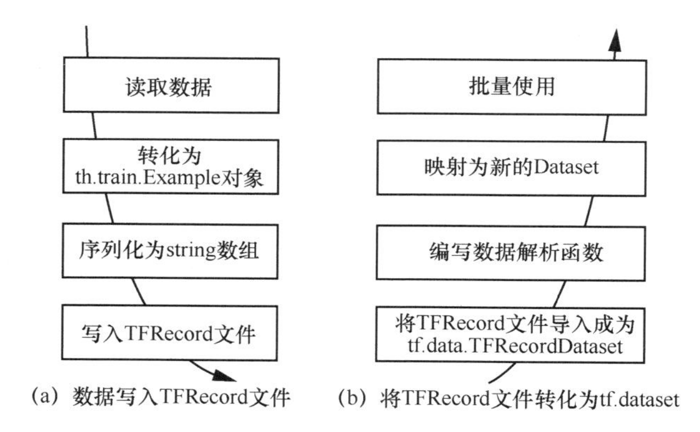

图 3-15　TFRecord 文件的写入与读取

```
import tensorflow as tf

mnist = tf.keras.datasets.mnist
(x_train, y_train), (x_test, y_test) = mnist.load_data()
```

运行至此，实际上数据已经可以被使用，但下面为了演示 TFRecord，先将它们写入文件，而在此之前，先准备数据格式化的函数。

```
def _bytes_feature(value):
    """Returns a bytes_list from a string / byte."""
    if isinstance(value, type(tf.constant(0))):
        value = value.numpy() # BytesList won't unpack a string from an EagerTensor.
    return tf.train.Feature(bytes_list=tf.train.BytesList(value=[value]))

def _float_feature(value):
    """Returns a float_list from a float / double."""
```

```
    return tf.train.Feature(float_list=tf.train.FloatList(value=[value]))

def _int64_feature(value):
    """Returns an int64_list from a bool / enum / int / uint."""
    return tf.train.Feature(int64_list=tf.train.Int64List(value=[value]))

# 数据转化为 tf.example 对象
def make_example(image, label):
    # 在这里我们定义了样本的 5 个属性：高、宽、通道数、标签、原始数据
    feature = {
        'height': _int64_feature(image.shape[0]),
        'width': _int64_feature(image.shape[1]),
        'channels': _int64_feature(1),
        'label': _int64_feature(label),
        'image_raw': _bytes_feature(image.tobytes()),
    }
    return tf.train.Example(features=tf.train.Features(feature=feature))
```

逐个地将数据序列化后，写入 TFRecord 文件：

```
tr_record_file = 'mnist.train.tfrecords'
with tf.io.TFRecordWriter(tr_record_file) as writer:
    for i in range(x_train.shape[0]):
        image = x_train[i]
        label = y_train[i]
        tf_example = make_example(image, label)
        # tf.example 对象具有序列化为二进制字节串的功能，由 protobuf 提供
        serialized_example = tf_example.SerializeToString()
        # 写入 TFRecord 文件
        writer.write(serialized_example)

print('save train set to tfrecords')

ts_record_file = 'mnist.test.tfrecords'
with tf.io.TFRecordWriter(ts_record_file) as writer:
    for i in range(x_test.shape[0]):
        image = x_test[i]
        label = y_test[i]
        tf_example = make_example(image, label)
        serialized_example = tf_example.SerializeToString()
        writer.write(serialized_example)

print('save test set to tfrecords')
```

代码运行完毕后，可以在当前目录发现保存的 TFRecord 文件。

```
root@VM8045:~# ls -lh *.tfrecords
-rw-r--r-- 1 root root 8.6M Feb 19 08:23 mnist.test.tfrecords
-rw-r--r-- 1 root root  52M Feb 19 08:23 mnist.train.tfrecords
```

需要注意的是，生成 TFRecord 时调用的是 TFRecordWriter 类，那么读取时是否有对应的 TFRecordReader 类呢？答案是有，但是在 TensorFlow 2.0 的版本中已经被废弃，更建议使用 tf.data 来处理数据。

```
import tensorflow as tf

tr_record_file = 'mnist.train.tfrecords'
# 从 tfrecord 文件中导入形成数据集
raw_train_dataset = tf.data.TFRecordDataset(tr_record_file)
ts_record_file = 'mnist.test.tfrecords'
raw_test_dataset = tf.data.TFRecordDataset(ts_record_file)
```

此时，数据集的每个条目是序列化后的 tf.Example 对象，需要反序列化，先编写数据解析函数。

```
# 对每个 feature 包含数据的属性和类型进行定义
image_feature_description = {
    'height': tf.io.FixedLenFeature([], tf.int64),
    'width': tf.io.FixedLenFeature([], tf.int64),
    'channels': tf.io.FixedLenFeature([], tf.int64),
    'label': tf.io.FixedLenFeature([], tf.int64),
    'image_raw': tf.io.FixedLenFeature([], tf.string),
  }

# 数据解析函数
def _parse_image_function(example_proto):
  # tf.io.parse_single_example 函数支持安装上述定义的数据结构对 tf.Example 进行解析
  features = tf.io.parse_single_example(example_proto, image_feature_description)
  # 注意到我们在生成数据集时，将图像的原始数据转化为字节串，需要解码为 uint8 类型
  image = tf.io.decode_raw(features['image_raw'], tf.uint8)
  # 从一维 tensor 转化为三维 tensor
  image = tf.reshape(image, (features['height'], features['width'], features ['channels']))
  label = features['label']
  return image, label
```

tf.data.TFRecordDataset 支持设定转化函数句柄，该函数句柄作用于每个数据后生成新的数据集。

```
parsed_train_dataset = raw_train_dataset.map(_parse_image_function)
parsed_test_dataset = raw_test_dataset.map(_parse_image_function)
```

至此，已经从 TFRecord 文件中载入数据集，即可以取部分数据显示来观察数据集。

```
from matplotlib import pyplot as plt

for image, label in parsed_train_dataset.take(2):
  plt.figure()
  plt.imshow(image[:, :, 0])
  print(label)
```

可得到类似的结果，如图 3-16 所示。

也可以将数据集送入网络进行训练，如下所示。

```
# 对数据集进一步处理，加入 shuffle 操作，并设置每一批的数据量
train_ds = parsed_train_dataset.shuffle(10000).batch(32)
test_ds = parsed_test_dataset.shuffle(10000).batch(32)
```

定义一个简单的神经网络，训练参数如下。

```
model = tf.keras.models.Sequential([
```

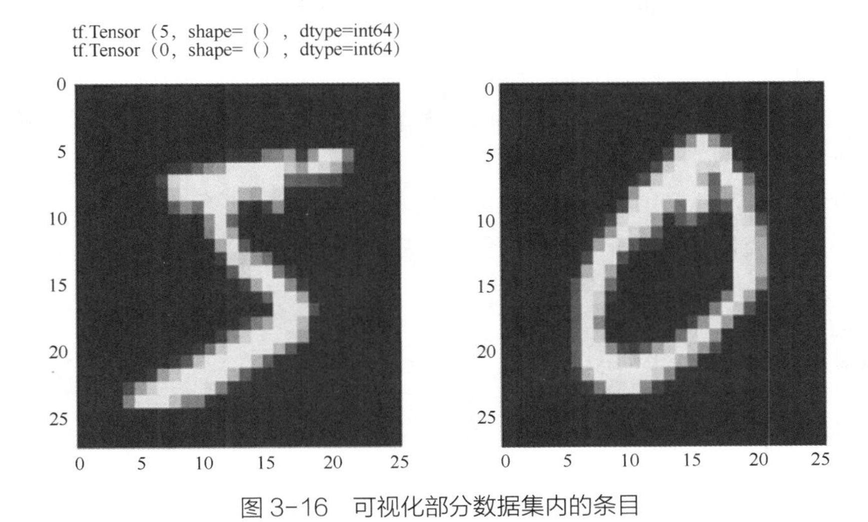

图 3-16 可视化部分数据集内的条目

```
  tf.keras.layers.Flatten(input_shape=(28, 28, 1)),
  tf.keras.layers.Dense(128, activation='relu'),
  tf.keras.layers.Dropout(0.2),
  tf.keras.layers.Dense(10, activation='softmax')
])

model.compile(optimizer='adam',
          loss='sparse_categorical_crossentropy',
          metrics=['accuracy'])
```

启动训练，并对训练得到的模型在验证集上进行评估。

```
model.fit(train_ds, epochs=5)

model.evaluate(test_ds, verbose=2)
```

等待运行结束，可以看到类似结果如下。

```
Epoch 1/5
1875/1875 [==============================] - 6s 3ms/step - loss: 0.2921 - accuracy: 0.9161Epoch 2/5
1875/1875 [==============================] - 4s 2ms/step - loss: 0.1415 - accuracy: 0.9579Epoch 3/5
1875/1875 [==============================] - 5s 2ms/step - loss: 0.1066 - accuracy: 0.9677Epoch 4/5
1875/1875 [==============================] - 4s 2ms/step - loss: 0.0880 - accuracy: 0.9722Epoch 5/5
1875/1875 [==============================] - 5s 3ms/step - loss: 0.0744 - accuracy: 0.9768

[0.08053601586993356, 0.976]
```

3.4.2 LMDB

Caffe 使用闪电般的内存映射数据库（Lightning Memory-Mapped Database，LMDB）来存放训练 / 测试用的数据集以及经神经网络计算提取出的特征。LMDB 文件结构简单，以文件夹形式管理，包含一个数据文件和一个锁文件，访问简单，不需要运行单独的数据库管理进程，只要在访问数据的代码里引用 LMDB 库，访问时给出文件夹路径即可。

相比于一些小文件数据集，LMDB 的整个数据库放在一个文件里，避免了文件系统寻址的开销。LMDB 使用内存映射的方式访问文件，所有数据直接从映射内存中获取，不需要 malloc 或 memcpy 操作，有极高的性能和内存效率。数据库单文件还能减少数据集复制和传输过程的开销。

在 Caffe 中，并不是直接把向量和矩阵存入数据库，而是将数据通过 caffe.proto 定义的 Datum 类来封装（类似于 TensorFlow 中的 tf.Example）。数据库里放的是一系列 Datum 序列化而成的字符串。Datum 的定义摘录如下。

```
message Datum {
  optional int32 channels = 1;
  optional int32 height = 2;
  optional int32 width = 3;
  // the actual image data, in bytes
  optional bytes data = 4;
  optional int32 label = 5;
  // Optionally, the datum could also hold float data.
  repeated float float_data = 6;
  // If true data contains an encoded image that need to be decoded
  optional bool encoded = 7 [default = false];
}
```

一个 Datum 有 3 个维度：channels、height 和 width。byte_data 和 float_data 分别存放整数型数据和浮点型数据。图像数据一般是整型，存放在 byte_data 里，特征向量一般是浮点型，存放在 float_data 里。label 存放数据的类别标签，是整数型。encoded 标识数据是否需要被解码（里面存放的有可能是 JPEG 或者 PNG 之类经过编码的数据）。

Datum 这个数据结构将数据和标签封装在一起，兼容整型和浮点型数据。经过 Protobuf 编译后，可以在 Python 和 C++ 中都提供高效的访问。同时 Protobuf 还为它提供了序列化与反序列化的功能。

Caffe 的工具箱中提供了一个图像转换的工具——convert_imageset，convert_imageset 可以将一系列图片转化为 LMBD 格式的数据集，它的使用方式如下。

```
convert_imageset [FLAGS] ROOTFOLDER/ LISTFILE DB_NAME
```

其中，ROOTFOLDER 是图像存放路径的根目录，而相对路径则存放在 LISTFILE 文件中，在 LISTFILE 文件中，每一行包含两个信息：图像文件相对路径以及图片标签。二者以空格分离。例如，在 val.txt 文件中存放如下信息。

```
ILSVRC2012_val_00000001.JPEG 65
ILSVRC2012_val_00000002.JPEG 970
ILSVRC2012_val_00000003.JPEG 230
ILSVRC2012_val_00000004.JPEG 809
ILSVRC2012_val_00000005.JPEG 516
ILSVRC2012_val_00000006.JPEG 57
ILSVRC2012_val_00000007.JPEG 334
ILSVRC2012_val_00000008.JPEG 415
ILSVRC2012_val_00000009.JPEG 674
```

假设这些图片存放在 /root/ilsvrc2012/val/ 目录下，则可以运行下列命令完成数据集的制作：

```
convert_imageset --backend=lmdb --resize_height=224 --resize_width=224 --shuffle=true /root/
ilsvrc2012/val/ val.txt ilsvrc12_val
```

其中，--backend=lmdb 表示以 LMBD 格式存放 (Caffe 还支持 leveldb 格式)，--resize_height/width 表示对图像的大小进行缩放，--shuffle=true 表示将数据随机打乱排列。当数据集制作完成后，将在当前目录生成 ilsvrc12_val 文件夹，其中包含 data.lmdb 和 lock.lmdb。关于 LMDB 数据集的使用，只需要在 Caffe 的配置文件中指定即可。

下面对 convert_imageset.cpp 源代码进行解析，梳理其生成数据集的过程。

- 读取文件列表，并根据设置决定是否将顺序打乱。

```
74 std::ifstream infile(argv[2]);
75 std::vector<std::pair<std::string, int> > lines;
76 std::string line;
77 size_t pos;
78 int label;
79 while (std::getline(infile, line)) {
  // 获取相对路径和标签
80   pos = line.find_last_of(' ');
81   label = atoi(line.substr(pos + 1).c_str());
82   lines.push_back(std::make_pair(line.substr(0, pos), label));
83 }
84 if (FLAGS_shuffle) {
85   // randomly shuffle data
86   LOG(INFO) << "Shuffling data";
87   shuffle(lines.begin(), lines.end());
88 }
```

- 创建数据库连接。

```
97 // Create new DB
98 scoped_ptr<db::DB> db(db::GetDB(FLAGS_backend));
99 db->Open(argv[3], db::NEW);
100 scoped_ptr<db::Transaction> txn(db->NewTransaction());
```

- 遍历所有文件，读取数据，序列化后写入数据库。

```
109 for (int line_id = 0; line_id < lines.size(); ++line_id) {
...
   // 读取图像数据，并初始化 Datum 对象
121   status = ReadImageToDatum(root_folder + lines[line_id].first,
122       lines[line_id].second, resize_height, resize_width, is_color,
123       enc, &datum);
...
135   // sequential
   // LMDB 是一个键值数据库，为每个 Datum 生成一个 key
136   string key_str = caffe::format_int(line_id, 8) + "_" + lines[line_id].first;
137
138   // Put in db
139   string out;
   // Datum 对象序列化
140   CHECK(datum.SerializeToString(&out));
   // 将数据插入数据库
141   txn->Put(key_str, out);
```

```
...   // 需要调用提交操作，才能将数据真正写入数据库
143   if (++count % 1000 == 0) {
144     // Commit db
145     txn->Commit();
146     txn.reset(db->NewTransaction());
147     LOG(INFO) << "Processed " << count << " files.";
148   }
149  }
150  // write the last batch
...
```

可以看到，总体过程和 TensorFlow 的 TFRecore 生成过程类似。当需要读取数据时，需要逐条从数据库中获取数据，并将数据反序列化为 Datum 对象。

打开数据库，并获取迭代器 cursor_。

```
db_.reset(db::GetDB(this->layer_param_.data_param().backend()));
db_->Open(this->layer_param_.data_param().source(), db::READ);
cursor_.reset(db_->NewCursor());
```

从数据库中读取字符串，将其反序列化为 Datum 对象。

```
Datum datum;
datum.ParseFromString(cursor_->value());
```

将 cursor_ 向前推进，直至数据库末尾。

```
cursor_->Next();
if (!cursor_->valid()) {
 DLOG(INFO) << " Restarting data prefetching from start."
   cursor_->SeekToFirst();
}
```

如果 cursor_->valid() 返回 false，说明数据库已经遍历完，此时需要将 cursor_ 重置回数据库开头以进行下一轮的数据读取。

3.4.3 RecordIO

在 MXNet 中，如果需要将数据聚合存储，使用的是 RecordIO，和其他框架类似，MXNet 的工具箱中也提供了 RecordIO 数据集生成工具 —— im2rec。

和 Caffe 的 convert_imageset 工具类似，im2rec 也要求将图像列表写入一个 lst 文件，其格式如下。

```
integer_image_index \t label_index \t path_to_image
```

假设图像的目录结构如下。

```
/root/
├── n07717556
│   ├── ILSVRC2012_val_00000674.JPEG
│   ├── ILSVRC2012_val_00001507.JPEG
│   ├── ILSVRC2012_val_00007214.JPEG
│   ├── ILSVRC2012_val_00007798.JPEG
...
```

```
├── n07734744
│   ├── ILSVRC2012_val_00002490.JPEG
│   ├── ILSVRC2012_val_00004570.JPEG
│   ├── ILSVRC2012_val_00005527.JPEG
│   ├── ILSVRC2012_val_00005921.JPEG
...
```

对应地，编写 image.lst 文件如下。

```
1 942 n07717556/ILSVRC2012_val_00000674.JPEG
2 942 n07717556/ILSVRC2012_val_00001507.JPEG
3 942 n07717556/ILSVRC2012_val_00007214.JPEG
4 942 n07717556/ILSVRC2012_val_00007798.JPEG
5 947 n07734744/ILSVRC2012_val_00002490.JPEG
6 947 n07734744/ILSVRC2012_val_00004570.JPEG
7 947 n07734744/ILSVRC2012_val_00005527.JPEG
8 947 n07734744/ILSVRC2012_val_00005921.JPEG
```

调用 im2rec.py 来生成数据集如下。

```
python ./mxnet/tools/im2rec.py image /root/ --resize=224
```

相应地，在 /root/ 目录下生成 image.rec、image.idx 等文件。此后，可以导入 RecordIO 数据集，形成 mxnet.io.ImageRecordIter 对象供后续算法使用。

```
dataiter = mxnet.io.ImageRecordIter(
  path_imgrec="image.rec",
  data_shape=(3,224,224),
  path_imglist="image.lst"
)
```

3.5 小结

对于人工智能云平台的用户而言，存储往往是一个看不见但又至关重要的角色。“看不见”是因为在使用时，由于有标准接口的存在，用户可以不用特别关心存储后端的选型；“至关重要”是因为在平台上运行任务时，存储性能往往会首先成为瓶颈，使得计算设备（CPU、GPU）的利用率受到制约。现在流行的几种深度学习框架对如何读取大量数据也有其考量，通过特定的数据集管理方式优化 I/O 效率。在使用和管理人工智能云平台时，如何更好地提升 I/O 读写性能，极大地关系到计算效率，是一个值得花费心思去做的事情。

参考文献

[1] CHRISTIAN B. The evolution of file systems[R]. 2010.

[2] WU J L, PING L D, GE X P, et al. Cloud storage as the infrastructure of cloud computing[C]//The 2010 International Conference on Intelligent Computing and Cognitive Informatics. Piscataway: IEEE Press, 2010.

[3] SINA White Paper. An overview of NFSv4[R]. 2012.

[4] SINA White Paper. An updated overview of NFSv4[R]. 2015.

[5] Lustre. Introduction to lustre architecture[R]. 2017.

[6] Lustre. Lustre Software release 2.x operations manual[R]. 2020.

[7] ABADI M, BARHAM P, CHEN J M, et al. TensorFlow: a system for large-scale machine learning[C]//The 12th Symposium on Operating Systems Design and Implementation. [S.l.:s.n.], 2016: 265-283.

[8] JIA Y Q, SHELHAMER E, DONAHUE J, et al. Caffe: convolutional architecture for fast feature embedding[C]//The 22nd ACM International Conference on Multimedia. New York: ACM Press, 2014: 675-678.

[9] CHEN T Q, LI M, LI Y T, et al. MXNet: a flexible and efficient machine learning library for heterogeneous distributed systems[C]//Conference and Workshop on Neural Information Processing Systems Neural Information. [S.l.:s.n.], 2015.

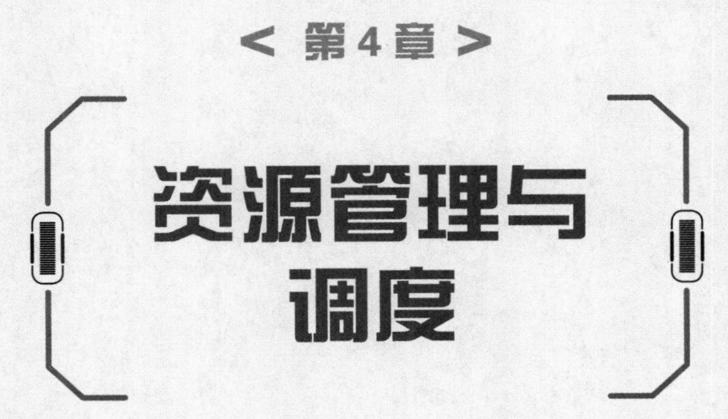

第4章 资源管理与调度

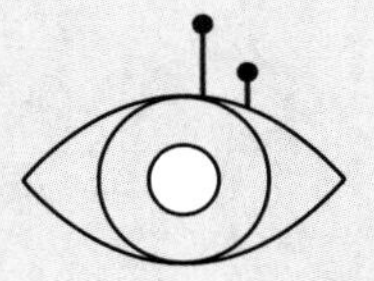

资源的管理与调度在 AI 云平台中是非常重要的，它覆盖范围广而定义又有些模糊，在不同的系统中，它可能同时承担如任务分发、资源汇总和分配、任务状态与依赖关系管理、任务监控、指标度量等各类角色。本章将首先介绍资源调度系统的工作流程、AI 云平台关心的资源类型，然后介绍以 Docker 为基础的资源隔离方案，最后介绍调度器的架构和一些实现案例。

4.1 概述

4.1.1 工作流

从用户的角度来说，任务调度系统负责接收用户提交的任务请求，在平台中找到合适的资源，将任务发送到相应的节点，并负责任务执行后的查询、监控等。任务调度系统的业务流程如图 4-1 所示。

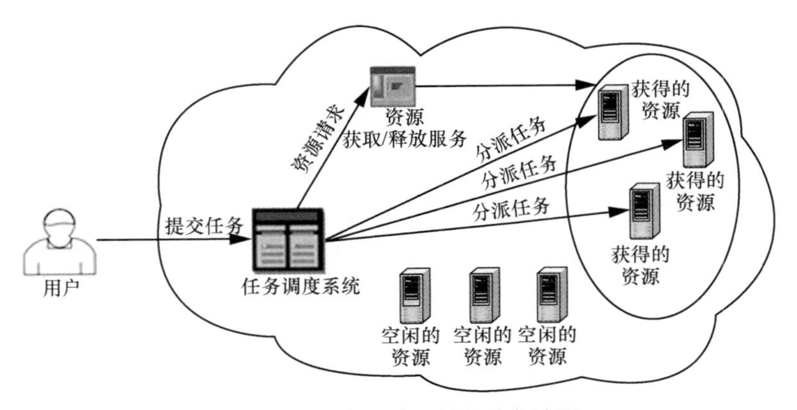

图 4-1 任务调度系统的业务流程

在外部接口方面，任务调度系统提供了任务的增、删、改、查等接口的实现；在内部接口方面，它需要实现任务队列、资源视图、任务状态监控、调度策略等功能。总体而言，任务调度系统的工作是将资源组织起来，然后通过一定的调度策略，将资源分配给多个用户提交的批量的任务。任务调度系统抽象模型如图 4-2 所示。

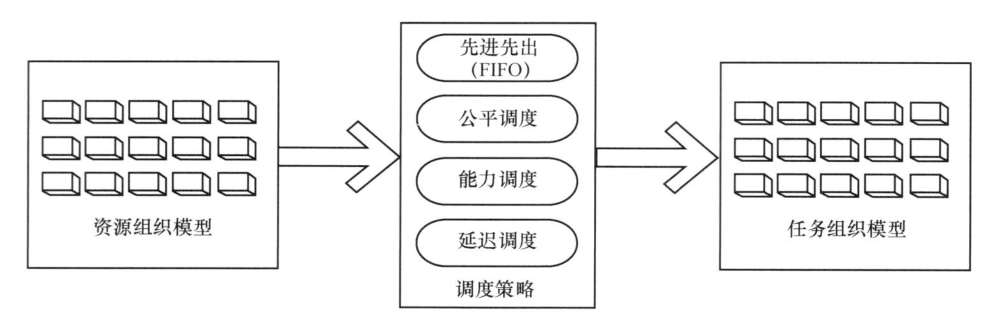

图 4-2 任务调度系统抽象模型

4.1.2 资源的定义

对于一个集群系统来说，资源通常指的是其中具有有限可用性的组件，常见的资源类型如下：

- CPU 时间片；
- GPU；
- 内存；
- 显存；
- 磁盘；
- 网络带宽；
- 网络端口；
- I/O 操作。

不同类型的资源具有不同的特性，有些资源具有局部性偏好，如磁盘空间，尽管分配同样大小的空间，如果其物理设备块是分散的，其使用性能将低于连续的物理设备块（类似的问题也会出现在多卡 GPU 的调度上，这点我们将在第 13 章介绍 OpenPAI 平台时再次提及）。而 CPU 时间片、网络带宽又表现出了不同的特性，它们是可压缩的资源，指的是尽管资源的大小会影响其性能，但并不影响任务的正常进行，当 CPU 时间片较少时，任务可能运行得慢，但仍然是正常的。这和内存资源是有区别的，在很多情况下，如果分配不到足够的内存，将会直接导致任务失败（当然，在一部分内存用作缓存池的场景下，缓存池的大小决定了缓存命中率，进而影响程序运行效率，而此时，内存资源变成了一种可压缩资源）。用一种不是那么严格的分类方案，可以将 CPU 时间片、GPU、网络带宽、I/O 操作分类为可压缩资源，而将内存、显存、磁盘、网络端口分类为不可压缩资源。

4.1.3 资源隔离

资源调度系统主要处理两方面的事务：一是防止资源泄露，二是应对资源竞争。当系统将资源分配给特定任务之后，需要有一定的机制来保证资源使用时的限制生效，也就是通常所说的资源隔离。资源隔离在虚拟化领域有了成熟的实现，如 KVM（Keyboard Video Mouse）、VMware ESX Server、Xen 等，可以通过软件模拟硬件系统，为上层应用提供等同于物理计算机且相互隔离的运行环境。

AI 算法训练或部署的场景对独立的应用环境还有强烈的需求，主要有以下几个方面的原因。

- 论文实验的重复作为学习或调研的重要过程，即使在论文作者开放源代码的情况下，也不是一个简单的过程，常常会出现运行环境组件缺失、版本冲突等问题，这对于并不一定熟悉计算机底层结构的数据科学家来说是极大的困扰，可能导致大量重复性的工作。
- 大型算法的实验常常要借助于计算集群来完成，计算集群与个人计算机的运行环境可能存在差异。
- 如果要进一步部署和应用得到的模型，也同样会产生上述问题。

借助传统的虚拟机方案，可以在一定程度上解决上述问题。但 Docker 作为一种轻量的、操作系统级的虚拟化方案，随着相关生态的不断丰富，将在 AI 领域发挥比虚拟机更大的作用。

4.2 Docker 简介

4.2.1 什么是 Docker？

Docker 是一种执行操作系统级虚拟化的计算机程序，也称为“容器化”，它于 2013 年首次发布，由 Docker 公司开发。

Docker 将应用程序及其依赖项打包到镜像中，当这个镜像被载入 Linux 服务器启动运行时，系统将创建一个容器，在容器中形成隔离的虚拟运行环境，在容器中应用程序看起来就像是运行在自己专有的上下文中。

当 Docker 安装完成后，在命令行中运行：

```
leinao@VM8045:~$ sudo docker run -ti ubuntu:16.04 bash
```

其中：

- sudo 表示以管理员权限运行；
- docker run 表示容器启动命令；
- -ti 表示以交互模型启动的选项；
- ubuntu:16.04 表示这里使用的镜像地址，当不指明仓库路径时，默认从 DockerHub 上拉取；
- bash 为容器启动后的运行命令。

可以看到如下类似的 Shell 环境，表示已经完成容器的创建、启动，并进入该容器。

```
root@d1b59e0c22c0:/#
```

在容器内，执行 ls 或 ps 命令，发现运行环境有独立的文件系统和进程命名空间。

```
root@d1b59e0c22c0:/# ls
bin boot dev etc home lib lib64 media mnt opt proc root run sbin srv sys tmp usr var
root@d1b59e0c22c0:/# ps -ef
UID      PID  PPID  C STIME TTY          TIME CMD
root       1     0  0 03:14 pts/0    00:00:00 bash       # 容量内进程 id 从 1 开始编号
root      13     1  0 03:15 pts/0    00:00:00 sleep 1d
root      17     1  0 04:11 pts/0    00:00:00 ps -ef
```

从 Docker 的实现原理来看，它使用 Linux 内核的资源隔离功能，如内核命名空间 (Namespaces) 和控制组 (Cgroups) 以及支持联合的文件系统 (如 OverlayFS)，允许独立的“容器”在系统内部运行。Linux 内核的 Namespaces 支持隔离大多数应用程序的操作环境视图，包括进程树、网络、用户 ID 和文件系统等，而 Cgroups 则为 CPU、内存、网络、I/O 等提供资源限制能力。形象地说，Namespaces 创建了一个虚拟现实，而 Cgroups 则是虚拟现实中的执法者，限制其中的行为。Docker 与 Linux 内核的关系如图 4-3 所示。

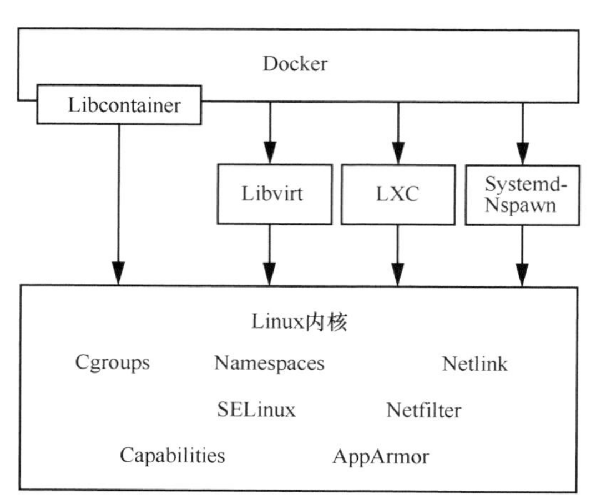

图 4-3 Docker 与 Linux 内核的关系

4.2.2 Docker 组成

Docker 主要由以下 3 个组件组成。

- 软件：被称为 Docker 守护程序的 dockerd 是一个持久化进程，负责管理 Docker 对象。守护程序监听通过 Docker Engine API 发送的请求；名为 Docker 的客户端程序提供命令行界面，用户可以通过 Docker 命令与 dockerd 守护进程进行交互。
- 对象：Docker 对象是用于在 Docker 中组装应用程序的各种实体。Docker 对象的主要类型包括镜像、容器、网络和数据卷等，如图 4-4 所示。其中，容器是运行应用程序的标准化封装环境，镜像则是用于构建容器的只读模板，用于存储和传输应用程序。
- 镜像仓库：镜像仓库是 Docker 镜像的存储库。Docker 客户端连接到镜像仓库以下载 (Pull) 镜像或上传 (Push) 自行构建的镜像。镜像仓库可以是公共的或私有的，Docker 官方维护的公共仓库是 Docker Hub，当不显式指定镜像的仓库时，Docker Hub 是 Docker 查找镜像的默认仓库。

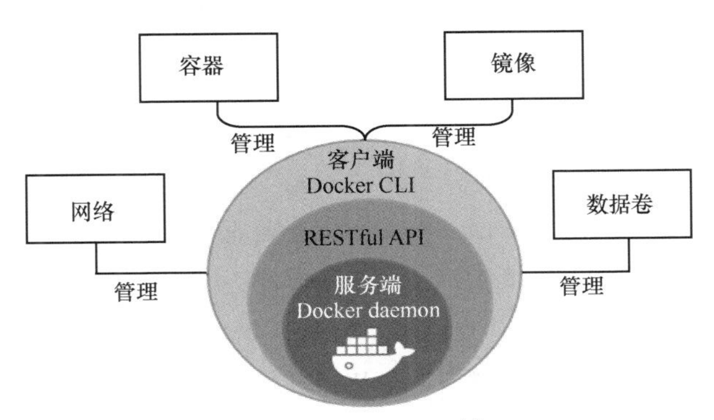

图 4-4　Docker 对象

提示：Harbor 是在私有环境下搭建镜像仓库时非常好的选型，相比于 Docker 官方提供的镜像仓库搭建方法，Harbor 增加了通常需要的用户管理、访问控制和活动审计等新功能，还提供了非常便利的可视化管理界面和 RESTful API。

4.2.3　Docker 工作流程

Docker 是一个 CS（Client/Server）架构，客户端发起请求，经服务端响应后将结果返回客户端，Docker 架构流程如图 4-5 所示。

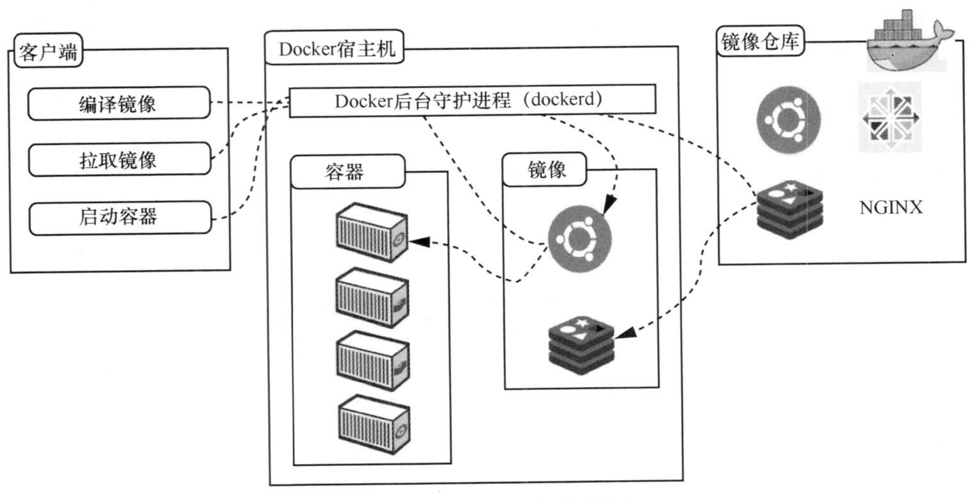

图 4-5　Docker 架构流程

图 4-5 包含如下过程。

- 启动容器（Docker Run），由客户端发起请求，在 Docker 宿主机上载入镜像，运行形成容器。

- 拉取镜像（Docker Pull），从云端的镜像仓库中下载镜像到本地。
- 编译镜像（Docker Build），在 Docker 宿主机上，根据给定的 dockerfile 文件，编译形成镜像，如果需要，后续还可通过 Docker Push 命令将镜像推送到云端的镜像仓库。

4.2.4 NVIDIA Docker

Docker 容器与平台无关，也与硬件无关。在 AI 应用场景中，当使用需要内核模块和用户级库来操作的专用硬件（如 NVIDIA GPU）时，需要有特定的运行时支持。在 Docker 发布 19.03 版本以前，其本身并不支持容器内的 NVIDIA GPU。

早期解决此问题的方法之一是在容器内完全安装 NVIDIA 驱动程序，并在启动时映射与 NVIDIA GPU（例如 /dev/nvidia0）对应的字符设备。此方案很脆弱，因为主机驱动程序的版本必须与容器中安装的驱动程序版本完全匹配，这大大降低了这些早期容器的可移植性，破坏了 Docker 更重要的功能之一。

为了在利用 NVIDIA GPU 的 Docker 镜像中实现可移植性，英伟达开发了 NVIDIA Docker，这是一个托管在 GitHub 上的开源项目，它提供了基于 GPU 的便携式容器所需的两个关键组件：与驱动程序无关的 CUDA 镜像和 Docker 命令行包装器，在启动时将驱动程序和 GPU（字符设备）的用户模式组件安装到容器中。

NVIDIA Docker 本质上是 Docker 命令的包装器，它透明地为容器提供必要的组件以在 GPU 上执行代码。

从 Docker 19.03 版本开始，Docker 原生地提供了对 GPU 的支持，可以在不安装 NVIDIA Docker 的情况下使用 GPU，通过 --gpus 选项来指定容器内可见的 GPU。其运行方式如下。

```
# 对所有 GPU 可见
docker run --gpus all nvidia/cuda:9.0-base nvidia-smi
# 可以使用两块 GPU
docker run --gpus 2 nvidia/cuda:9.0-base nvidia-smi
# 明确地指定可以使用第 1 块和第 2 块 GPU
docker run --gpus '"device=1,2"' nvidia/cuda:9.0-base nvidia-smi
```

4.3 任务调度系统架构简介

从设计初衷看，任务调度系统通常会追求下列部分或全部的设计目标：

- 资源的高效利用；
- 调度策略的灵活配置；
- 任务的及时响应；
- 一定程度的公平性；
- 容错性和高可用性。

随着需求的变化，任务调度系统的架构也在不断地演进，根据架构类型的不同，大致可分为集中式调度系统、双层式调度系统、共享状态式调度系统、完全分布式调度系统、混合式调度系统等。图 4-6 分别列举了这 5 种架构，其中圆圈表示任务，灰色方块表示集群中的机器（或资源），白色矩形块表示调度器。

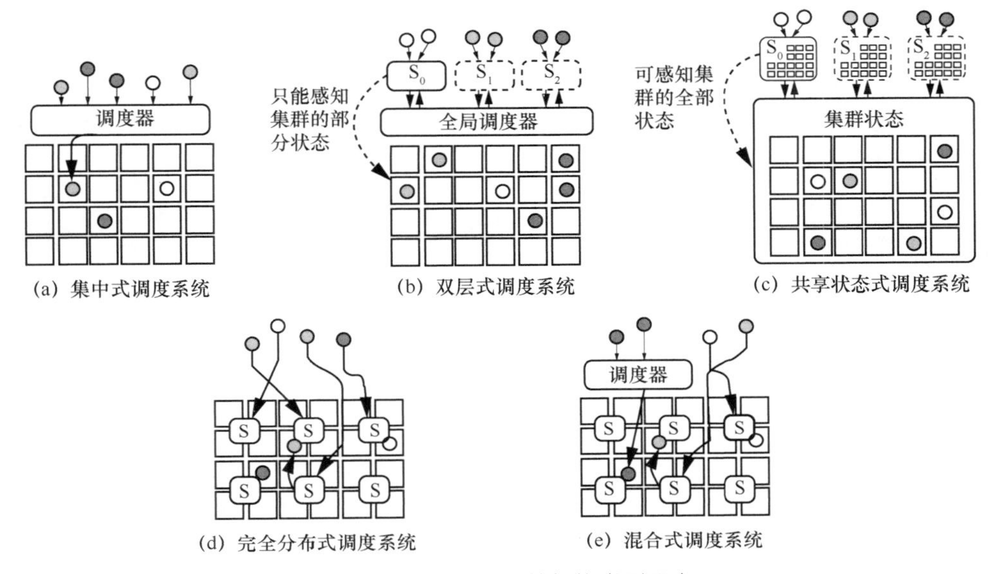

图 4-6 任务调度系统架构类型示意

(1) 集中式调度系统

集中式调度（Monolithic Scheduler）系统使用中心化的方式管理资源和调度任务，调度器本身在系统中只存在单个实例，所有的资源请求和任务调度都通过该实例进行。由于简单且一致性强，集中式调度方式具有广泛的应用，如诸多超算系统的调度器、谷歌的 Borg 调度系统、早期的 Hadoop 调度系统、Kubernetes 等。

当集群中需要运行多种类型的作业时，集中式调度系统会有以下缺点：

- 不能对长时间运行的服务作业和短时间运行的批处理作业进行区别对待；
- 为满足不同应用需求而增加的特性，使得调度器的逻辑和实现变得臃肿而复杂；
- 需要谨慎地处理调度器处理作业的顺序，否则排队效应（如队首阻塞）和作业积压将成为问题；
- 不断增加的特性需求与调度器的可维护性将成为一个不可调和的矛盾。

(2) 双层式调度系统

集中式调度系统的主要缺点是可扩展性差，容易成为性能瓶颈，双层式调度系统采用分区的思想来解决这一问题。双层式调度系统将资源分配和任务调度的功能分开，如图 4-6 (b) 所示，与工作负载相关的分区调度器（S_0 ～ S_2）从全局调度器处申请资源后，将集群划分为若干动态的分区，对所属分区的工作负载可以采用不同的调度策略。由于全局调度器只处理分区调度器的资源请求（或下发资源配额至分区调度器），其业务压力较小，而分区调度器负责管理本分区的资源和任务，可以根据应用类型定制调度逻辑，具有较好的灵活性。常见的双层式调度系统有 Mesos、Hadoop-On-Demand 等。

当然，双层式调度系统也有其固有的缺点：分区调度器缺乏全局视角，仅能看到本分区的资源和任务状态，这将引起如下一些设计上的不足。

- 优先级抢占变得难以实现，全局调度器不清楚资源被哪些作业所占用，这就要求所有分区调度器能理解和实现抢占策略，加大了系统设计的难度。
- 分区调度器只能看到本分区的资源和任务分布，并不能很好地避开其他分区作业的干扰，例如多个网络密集型的分布式训练任务可能被不同分区调度器调度到同一网络出口的机柜内部，从而造成拥塞。
- 分区调度器可能关心不同的资源类型或资源细粒度情况，如有些调度器关心 GPU 数量，而有些调度器则还关心 GPU 的插槽位置，这些新增的资源类型或细粒度状态的调度支持将使得全局调度器的资源分配接口变得极其复杂。

（3）共享状态式调度系统

在共享状态式调度系统中，分区调度器（或应用级调度器）可以独立地对集群的状态进行更新，如图 4-6（c）所示。分区调度器完全掌握集群的状态，并可以直接将任务调度到集群设备上，当多个分区调度器出现竞争时，使用乐观并发控制解决冲突。共享状态式调度系统兼具了实现上的可扩展性和系统规模的可伸缩性。常见的共享状态式调度系统有谷歌的 Omega 和微软的 Apollo 等。

（4）完全分布式调度系统

共享状态式调度系统以一种半分布式的模式对资源进行分配和状态同步，而完全分布式调度系统则允许系统开放多个相互独立的调度器来应对作业请求，而调度器之间并未进行状态同步。如图 4-6（d）所示，每个调度器只感知部分的集群状态，没有像双层式调度器那样拥有专属的分区，作业可以被提交到任意的调度器中，调度器也可以将作业分配到集群中的任意位置。在完全分布式调度系统中，并没有中心化的机制来控制资源的分配和划分，更多的是统计分析、工作负载的随机性、调度策略等共同影响下的“现场决策”。Sparrow 是典型的完全分布式调度系统，具有高吞吐、低时延、可容错等特性。由于并不需要维护集群的共享状态，每次调度只需要根据一小部分的计算节点信息进行决策，Sparrow 的调度时间可以达到毫秒级，这一特性使得它非常适合于有大量短期作业的分析系统。

（5）混合式调度系统

完全分布式调度系统的调度决策只需要获取少量的信息，这使得它的调度过程很快，但也限制了系统对一些较为复杂的调度策略的支持，可以认为混合式调度系统是对调度效率和可扩展性的一种折中。如图 4-6（e）所示，混合式调度更像是分布式调度与共享状态式调度或集中式调度的混合体，作业请求可以有两种调度路径，短任务或低优先级任务可以通过分布式调度进行，而长任务或高优先级任务则可以通过其他的调度器进行。

调度系统的研究仍然是一个开放的课题，新的调度系统不断涌现，已有系统也在不断地演进，后续将挑选两个流行的调度系统进行简要介绍，并用一定的篇幅介绍这些调度系统对 GPU 的支持。

4.4 基于 YARN 的调度系统实现

Yet Another Resource Negotiator（YARN）是 Hadoop 2.0 版本以后的资源管理器，它是一个由开源社区驱动、针对 Hadoop 第一代调度系统（MapReduce）的不足重新设计的通用资源管理系统，其特点包括以下几个。

- 可伸缩性。在 MapReduce 中，资源分配和任务管理都统一通过 JobTracker 实现，当节点达到数千时，JobTracker 很容易成为系统的瓶颈。而 YARN 可以在更大规模集群上运行，在 YARN 中，资源分配和任务管理两个功能是分离的，分别由全局的资源管理器（ResourceManager）和每个应用特定的应用管理器（ApplicationMaster，AM）进行管理，极大地减轻了中央调度器的压力。
- 多租户。可以通过配置为多用户提供相互隔离的虚拟集群（队列）。
- 资源共享。允许不同虚拟集群（队列）之间进行资源共享，以应对可能的资源不合理占用问题，并以此提高集群的利用率。
- 本地感知。当任务处理的是（Hadoop Distributed File Sysem，HDFS）上的数据时，将任务尽量分配到距离数据较近的节点上。
- 高可靠性和高可用性。将容错能力作为系统设计的核心原则。
- 安全性和可审计的操作。以此应对多租户场景产生的隔离需求。
- 支持更多的编程模型。不同的应用场景（如机器学习任务）可以采用非 MapReduce 式的编程模型。
- 灵活的资源模型。支持扩展更多的资源类型。

4.4.1 系统架构

在 YARN 的系统框架（如图 4-7 所示）中，有两个基本角色：ResourceManager 和 NodeManager。ResourceManager 负责集群中所有资源的调配，通常运行在集群的主控节点上；NodeManager 则是运行在每个计算节点上的守护进程，负责启动和终止任务，监控节点上的资源使用情况和任务运行状态，并将这些信息汇报给 ResourceManager。在 YARN 中，每一个应用包含一个或多个任务，由一个专属的 AM 负责管理本应用所属任务的生命周期，并从 ResourceManager 处申请资源，与 NodeManager 一同管理和监控任务。无论是 AM 还是 AM 管理的任务都运行在 Container 中，Container 是 YARN 资源分配的抽象单元。

在 ResourceManager 中，有两个重要组成：调度器（Scheduler）和应用管理器（ApplicationManager）。调度器负责根据配置的调度策略对资源进行分配，它只负责调度，而不关心应用的状态，也不负责应用的失效重启。由于 ResourceManager 是一种插件化的设计，因此可以在其中设置使用不同的调度器，如公平调度器（FairScheduler）、容量调度器（CapacityScheduler），也支持自定义的调度器。应用管理器负责接收用户的作业请求，并为每

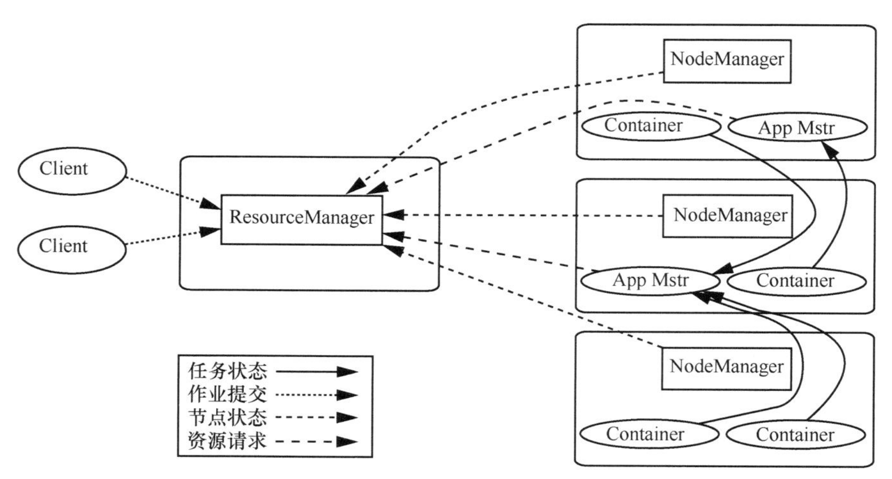

图 4-7 YARN 的系统架构

一个应用初始化一个 AM，AM 启动后，可接管具体的资源请求和任务的生命周期，并负责在某些任务失效时对其进行重启。在这里就形成了一种两级管理机制，应用管理器负责启动 AM，并在 AM 失效时重启 AM，AM 则负责具体任务的执行、监管和必要时的重启。

从调度系统的架构类型上看，YARN 似乎更像是第 4.3 节介绍的双层式调度系统，只是在 YARN 进行资源申请时，各个 AM 还是将请求发送到统一的调度器中，并不负责资源的编排，所以 YARN 更接近一个集中式调度系统。当然，YARN 本身具有良好的可扩展性，例如，Mercury 就是一个在 YARN 之上扩展形成的混合式调度系统。

ResourceManager 是 YARN 中的单点故障，为了防止 ResourceManager 出错退出，可以部署多个备用的 ResourceManager，这些备用的 ResourceManager 一直处于运行状态并和主 ResourceManager 在同一个 ZooKeeper 集群中注册。当前活跃的 ResourceManager 会定期保存自己的状态到 ZooKeeper，当其失败退出后，一个备用的 ResourceManager 会被选举出来成为新的主 ResourceManager。

4.4.2 部署说明

在 YARN 部署运行前，需要先安装 Java SDK，例如在 Ubuntu 系统下需要运行如下命令。

```
# 安装 Java8
apt install openjdk-8-jdk
# 设置环境变量
export JAVA_HOME=/usr/lib/jvm/java-8-openjdk-amd64/
# 选择一个 Hadoop 版本，并从镜像站点下载（随着版本更新，下载链接可能被
# 其他更高版本下载链接所覆盖）
wget -c http://mirrors.ustc.edu.cn/apache/hadoop/common/hadoop-3.2.1/hadoop-3.2.1.tar.gz
tar -xzvf hadoop-3.2.1.tar.gz
cd hadoop-3.2.1
```

启动 ResourceManager 进程：

```
bin/yarn --daemon start resourcemanager
```

启动 NodeManager 进程：

```
bin/yarn --daemon start nodemanager
```

至此，一个单节点的 YARN 集群部署完成，可以通过访问 YARN 的 Web 门户查看 (默认情况下监听在 8088 端口)。

这里启动的是单机版的 YARN，也未配置 YARN 使用的后端存储。

4.4.3 业务流程

YARN 启动任务的过程如图 4-8 所示，主要包含如下步骤。

(1) 客户端提交任务至 ResourceManager，提交时包含 Container 需要的上下文，包括本地资源 (可执行程序、jar 包、文件等)、环境设置、启动命令、Token 等。

(2) ResourceManager 根据集群资源情况，分配资源并在某个 NodeManager 中启动 AM。

(3) AM 向 ResourceManager 注册，并向 ResourceManager 请求启动具体任务所需要的其他资源。

(4) 完成资源请求后，AM 与 NodeManager 通信，要求 NodeManager 启动任务。

(5) NodeManager 准备本地资源、运行环境等，并根据设置的命令行启动任务。

(6) 各个任务启动后，将通过特定协议向 AM 汇报状态，AM 负责监控这些任务的状态，并在必要的时候停止或重启这些任务。

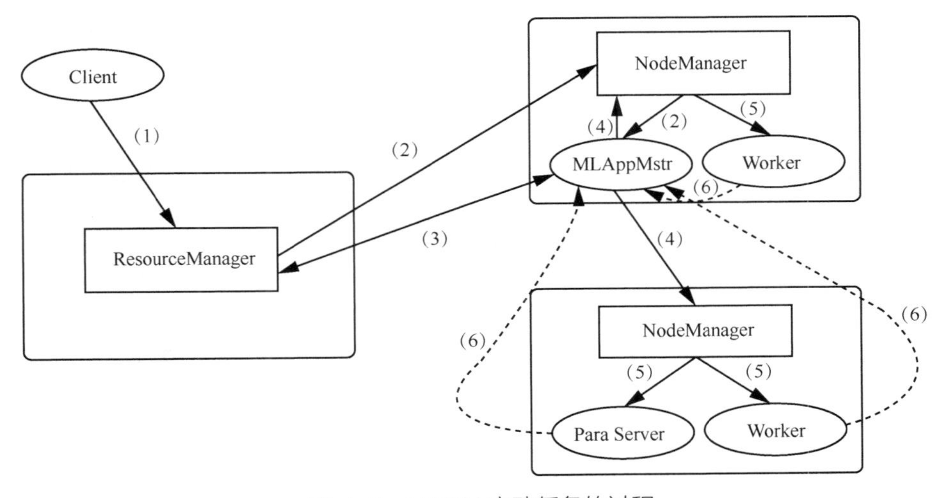

图 4-8 YARN 启动任务的过程

4.4.4 GPU 支持

从 YARN 3.1.0 版本开始，YARN 添加了对 GPU 的支持：

- 目前，YARN 只支持 NVIDIA GPU；
- YARN NodeManager 所在机器必须预先安装 NVIDIA 驱动器；

● 如果使用 Docker 作为容器的运行时上下文，需要安装 NVIDIA Docker。

注意：在介绍 Docker 时提到，NVIDIA Docker 是在 Docker 本身并不支持 GPU 时开发的命令包装器，当 Docker 原生支持 GPU 后，就没必要安装 NVIDIA Docker。这里 YARN 对 GPU 的支持仍然以 NVIDIA Docker 为主，相信在后续版本中，YARN 也将减少对 NVIDIA Docker 的依赖。

（一）GPU 调度支持

在 resource-types.xml 中，首先需要添加如下配置：

```
<configuration>
 <property>
   <name>yarn.resource-types</name>
   <value>yarn.io/gpu</value>
 </property>
</configuration>
```

必须对 yarn-site.xml 中的 DominantResourceCalculator 配置项进行配置以启用 GPU 调度和隔离。

对于 CapacityScheduler 来说，在 capacity-scheduler.xml 中使用表 4-1 所示参数以配置 DominantResourceCalculator。

表 4-1　容量调度器中资源计算插件的参数设置

参数	默认值
yarn.scheduler.capacity.resource-calculator	org.apache.hadoop.yarn.util.resource. DominantResourceCalculator

（二）GPU 隔离支持

在 yarn-site.xml 中进行配置以使 NodeManager 启用 GPU 隔离模块，配置参数如下。

```
<property>
  <name>yarn.nodemanager.resource-plugins</name>
  <value>yarn.io/gpu</value>
</property>
```

如果配置了上述参数，YARN 就会自动检测和配置 GPU。如果管理员有特殊的需求，可以在 yarn-site.xml 中配置以下参数。

（1）允许的 GPU 设备

表 4-2 中的参数指定了由 YARN NodeManager 管理的 GPU 设备列表，用逗号分隔。这些 GPU 卡的数量将被汇报给 ResourceManager 用于调度。也就是说，用户可以选择在计算节点上预留某些特定的 GPU 卡（如第 3 号卡）用于其他运算，而不加入 YARN 中集中管理。默认值 auto 代表让 YARN 从系统中自动发现 GPU 卡。

表 4-2　计算节点中指定由调度器管理的 GPU 卡的参数设置

参数	默认值
yarn.nodemanager.resource-plugins.gpu.allowed-gpu-devices	auto

如果自动探测会失败或者管理员只希望一部分的 GPU 卡被 YARN 管理，可指明可用的 GPU 卡。GPU 卡由索引顺序和次设备号 (Minor Number) 来标识，可以通过执行 nvidia-smi -q 并在标准输出中查找“Minor Number”关键字，来获取 GPU 卡的次设备号。

当次设备号需要被特别指定时，管理员还需要提供 GPU 卡的索引，格式是 index:minor_number[,index:minor_number...]，如 0:0,1:1,2:2,3:4，表示此 YARN NodeManager 将会管理文件索引为 0、1、2、3 且次设备号为 0、1、2、4 的 4 块 GPU 卡。

这里之所以需要指定 GPU 卡的索引顺序和次设备号，是因为对于 Linux 操作系统而言，GPU 是一个 /dev/nvidia* 文件，这里的“*”指的是文件索引顺序。当一台机器有多个 GPU 时，会出现多个文件，如 /dev/nvidia0、/dev/nvidia1 等，但是这里的文件索引号和实际的 GPU 在 PCIe 总线上的顺序并不一定是严格对应的，而 PCIe 总线上不同顺序的 GPU 卡之间的通信效率是有差异的，因此在调度时可能需要考虑这一因素，也就是要明确地让调度器知道 GPU 卡对应的设备顺序。

(2) 发现 GPU 的可执行程序

YARN 使用 NVIDIA 的系统管理接口程序 (即 nvidia-smi) 来发现 GPU 资源，NodeManager 负责执行并上报给 ResourceManager。上述配置指定了 nvidia-smi 命令的路径，如果该值为空 (默认值)，NodeManager 将尝试自行寻找，一个可能的位置是 /usr/local/bin/nvidia-smi。指定自动发现 GPU 的应用程序路径的参数设置见表 4-3。

表 4-3　指定自动发现 GPU 的应用程序路径的参数设置

参数	默认值
yarn.nodemanager.resource-plugins.gpu.path-to-discovery-executables	/absolute/path/to/nvidia-smi

(3) 与 Docker 插件相关的配置

当用户想在 Docker 容器中运行 GPU 程序时，可以定制以下配置项，见表 4-4、表 4-5。如果管理员遵循了 NVIDIA Docker 的默认安装和配置流程，也可以不配置。

表 4-4　利用 Docker 运行 GPU 程序时的参数设置

参数	默认值
yarn.nodemanager.resource-plugins.gpu.docker-plugin	nvidia-docker-v1

指定操作 GPU 的 Docker 命令插件，默认使用 Nvidia Docker v1.0。

表 4-5　Docker 守护进程监听地址的参数设置

参数	默认值
yarn.nodemanager.resource-plugins.gpu.docker-plugin.nvidia-docker-v1.endpoint	http://localhost:3476/v1.0/docker/cli

指定 nvidia-docker-plugin 的 REST API 服务入口，其中，3476 端口是 nvidia-docker-plugin 默认监听的端口。

（4）CGroups 挂载

GPU 隔离使用 CGroups 设备控制器来实现 GPU 卡之间的隔离。为了自动挂载次设备到 CGroups，需要将以下配置添加到 yarn-site.xml 文件中。否则，管理员必须手动创建设备子目录以使用该功能。使用 CGroups 控制 GPU 隔离的参数设置见表 4-6。

表 4-6　使用 CGroups 控制 GPU 隔离的参数设置

参数	默认值
yarn.nodemanager.linux-container-executor.cgroups.mount	true

在 container-executor.cfg 中，通常需要添加如下配置：

```
[gpu]
module.enabled=true
```

如果用户在非 Docker 环境下运行 GPU 程序，则有：

```
[cgroups]
# 该配置项必须与 yarn-site.xml 中的 yarn.nodemanager.linux-container-executor.cgroups.mount-path 保持一致
root=/sys/fs/cgroup
# 同样地，该配置项与 yarn-site.xml 中的 yarn.nodemanager.linux-container-executor.cgroups.hierarchy
# 保持一致
yarn-hierarchy=yarn
```

如果用户在 Docker 环境下运行 GPU 程序，则有：

```
[docker]
#将与 GPU 相关的设备添加到 Docker 段，执行命令 ls /dev/nvidia* 获取 GPU 相关的设备列表，
# 用逗号分隔，并将它们添加到配置文件中
docker.allowed.devices=/dev/nvidiactl,/dev/nvidia-uvm,/dev/nvidia-uvm-tools,/dev/nvidia1, /dev/nvidia0
# 将 NVIDIA Docker 添加到 volume-driver 白名单
docker.allowed.volume-drivers
# 添加 nvidia_driver_<version> 到只读挂载的白名单
docker.allowed.ro-mounts=nvidia_driver_375.66
# 如果使用 nvidia-docker-v2 作为 gpu docker 插件，添加 nvidia 到运行时白名单
docker.allowed.runtimes=nvidia
```

（三）应用示例

经过 GPU 使用配置后，分布式 Shell 程序除了支持内存和 vCPU 之外，还支持申请 GPU 资源类型。

当不使用 Docker 运行 GPU 时，可以使用类似的命令：

```
yarn jar <path/to/hadoop-yarn-applications-distributedshell.jar> \
  -jar <path/to/hadoop-yarn-applications-distributedshell.jar> \
  -shell_command /usr/local/nvidia/bin/nvidia-smi \
  -container_resources memory-mb=3072,vcores=1,yarn.io/gpu=2 \
  -num_containers 2
```

运行成功后，可以看到类似的画面：

```
Tue Dec  5 22:21:47 2017
+-----------------------------------------------------------------------------+
| NVIDIA-SMI 375.66                 Driver Version: 375.66                    |
```

```
|-------------------------------+----------------------+----------------------+
| GPU  Name        Persistence-M| Bus-Id        Disp.A | Volatile Uncorr. ECC |
| Fan  Temp  Perf  Pwr:Usage/Cap|         Memory-Usage | GPU-Util  Compute M. |
|===============================+======================+=======================
==|
|   0  Tesla P100-PCIE...  Off  | 0000:04:00.0     Off |                    0 |
| N/A   30C    P0    24W / 250W |      0MiB / 12193MiB |      0%      Default |
+-------------------------------+----------------------+----------------------+
|   1  Tesla P100-PCIE...  Off  | 0000:82:00.0     Off |                    0 |
| N/A   34C    P0    25W / 250W |      0MiB / 12193MiB |      0%      Default |
+-------------------------------+----------------------+----------------------+

+-----------------------------------------------------------------------------+
| Processes:                                                       GPU Memory |
|  GPU       PID   Type   Process name                             Usage      |
|=============================================================================
==|
|  No running processes found                                                 |
+-----------------------------------------------------------------------------+
```

当需要在 Docker 中运行 GPU 时，可以使用类似下面的命令：

```
yarn jar <path/to/hadoop-yarn-applications-distributedshell.jar> \
    -jar <path/to/hadoop-yarn-applications-distributedshell.jar> \
    -shell_env YARN_CONTAINER_RUNTIME_TYPE=docker \
    -shell_env YARN_CONTAINER_RUNTIME_DOCKER_IMAGE=<docker-image-name> \
    -shell_command nvidia-smi \
    -container_resources memory-mb=3072,vcores=1,yarn.io/gpu=2 \
    -num_containers 2
```

同样地，也能得到上面的输出。

4.5 基于 Kubernetes 的调度系统实现

Kubernetes (通常用“8”代替其中的 8 个字符，简称 K8s) 是一个用于自动化部署、扩展和管理容器化应用程序的开源系统，它的主要推动者来自谷歌，因此，在进行系统设计时充分结合了谷歌生产系统 (即 Borg 系统) 多年的运行经验以及来自社区的最佳思想和实践。Kubernetes 的出现使得微服务架构的实现过程变得无比清晰。

对于产品或服务的维护者而言，他们最希望的是能有成熟的平台完成服务的部署，这个平台能自动实现分布式硬件服务器的抽象化。服务维护者只需要通知平台需要部署哪些服务以及这些服务需要的副本数量，平台就能自动完成部署操作并提供这些服务的访问地址，且持续地保证这些服务的正常运转，当服务器宕机或服务实例发生故障时，平台也能够自动修复。Kubernetes 的出现使得上述远景成为现实，工程师可以将精力放置在服务开发本身，而无需为基础设施和运维监控操心。

在人工智能领域，计算框架的多样性使得环境的管理非常复杂，容器化的引入几乎是必要的。作为容器编排工具，Kubernetes 正在为人工智能和高性能计算等领域提供通用的、高抽象层面的工作负载部署与管理，甚至还专门开发了名为 Kubeflow 的工具集。Kubeflow 的详细介绍将在第 12 章中展开。

4.5.1 系统架构

Kubernetes 采用的是经典的 Master-Slave 架构，如图 4-9 所示。集群中的节点有两种角色：Master 节点（负责集群管理）和 Node 节点（承担具体的计算任务）。另外，集群的状态都被保存在 etcd 中[①]。

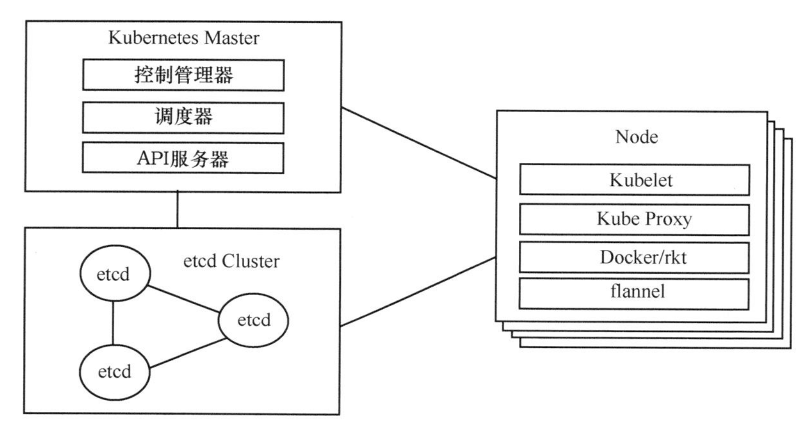

图 4-9 Kubernetes 系统组成

Master 节点包含 API 服务器（API Server）、调度器（Scheduler）和控制器管理器（Controller Mananger）。

- API 服务器是 Kubernetes 的枢纽，不管是外部接口还是内部接口，都需经过 API 服务器发出请求。API 服务器处理和验证请求并更新 API 对象的状态到 etcd 中，从而允许客户端在计算节点之间配置工作负载和容器。
- 调度器是可插拔组件，其基于资源可用性来选择未调度的 Pod（由调度器管理的基本实体）应该运行在哪些节点上。调度器跟踪每个节点上的资源利用率，以确保工作负载不会超过可用资源。为此，调度器必须知道资源需求、资源可用性以及各种其他用户提供的约束和策略指令（如服务质量、亲和力 / 反关联性要求、数据位置等）。实质上，调度器的作用是将资源“供应”与工作负载“需求”相匹配。
- 控制器管理器是 Kubernetes 控制器（如 DaemonSet 控制器和复制控制器）的管理者。控制器管理器与 API 服务器通信，以创建、更新和删除控制器管理器所管理的资源（如 Pod、

① etcd 是一个独立于 Kubernetes 的项目，由 CoreOS 团队于 2013 年 6 月发起，并在 GitHub 上开源，它的目标是构建一个高可用的分布式键值（key-value）数据库（基于 Go 语言实现）。etcd 提供了一种可靠的方式来存储需要由分布式系统或计算机集群访问的数据，并可以监控这些键值数据的变化。

服务端点等)。

Node 节点包含 Kubelet、Kube-Proxy、Docker/rkt 以及网络模型插件。

- Kubelet 负责管理每个节点的运行状态，它按照控制面板的指示来启动、停止和维护应用程序容器，并将这些容器归类到特定的 Pod 中。Kubelet 监视 Pod 的状态，如果不处于所需状态，则 Pod 将被重新部署到同一个节点。节点状态每隔几秒通过心跳消息被发送到 Master 节点。主控器检测到节点故障后，复制控制器将观察到此状态的更改，并在其他健康节点上启动失效的 Pod。
- Kube-Proxy 负责实现网络代理和负载均衡，它支持服务抽象以及其他网络操作，根据传入请求的 IP 和端口号将流量路由到相应的容器。
- Docker/rkt 是 Kubelet 使用容器运行时的接口 (CRI)，用于与 Docker、ContainerD、Singularity 等进行运行时交互。

在 Kubernetes 中，描述集群的所有数据 (如集群配置、集群当前状态、集群预期状态等) 都被存放在 etcd 中，并且这些数据的变化可被监控看到，当发现当前状态与预期状态不匹配时，集群将采取相应动作进行响应。

4.5.2 业务流程

Kubernetes 的基本调度单元称为 Pod，Pod 是容器之上的更高级别的抽象。一个 Pod 包含一个或多个容器，这些容器位于同一主机之上，共享网络、存储等资源。Kubernetes 中的每个 Pod 都被分配一个唯一的 (在集群内的) IP 地址，这使得应用程序可以使用该 IP 上的端口，而不会有冲突的风险。Pod 可以定义共享的数据卷，例如本地磁盘目录或网络磁盘路径，并将数据卷暴露在 Pod 中的每一个容器之中。Pod 既可以通过 Kubernetes API 手动管理，也可以委托给控制器来管理。Kubernetes 的体系架构如图 4-10 所示。

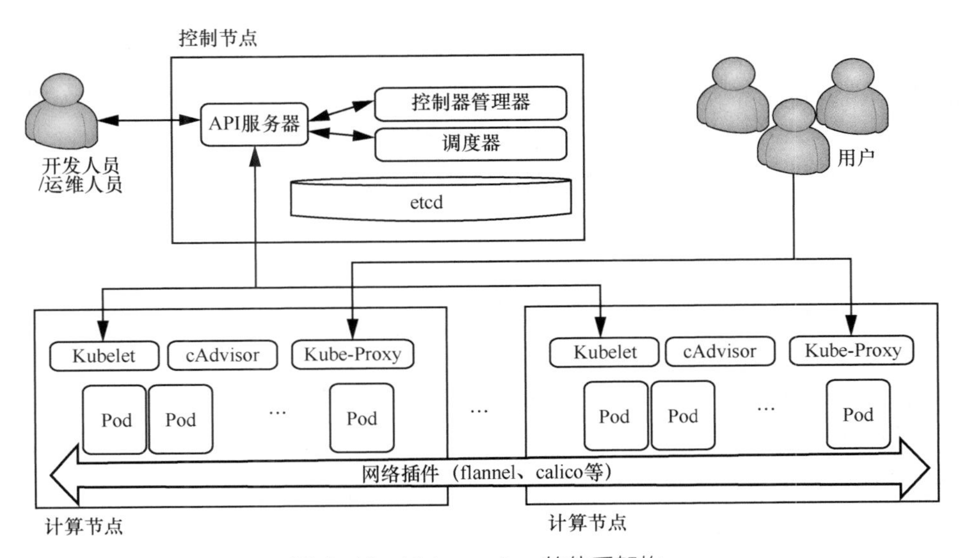

图 4-10 Kubernetes 的体系架构

Kubernetes 使客户端（用户或内部组件）将称为“标签”的键值对附加到系统中的任何 API 对象，如 Pod 和节点。相应地，“标签选择器”是针对匹配对象的标签的查询。附加标签是 Kubernetes 中的主要分组机制，用于确定操作适用的组件。

在 Kubernetes 中，控制器是监视集群状态的控制循环，它可以根据需要进行更改。每个控制器负责移动当前集群状态，使其更接近所需状态。Kubernetes 中内建了诸多控制器，如 ReplicaSet 用于在集群中运行指定数量的 Pod 副本，DaemonSet 用于在指定节点上运行类似于守护进程的 Pod，StatefulSet 用于有状态的应用程序控制等。控制器的设计是为了使每个控制器都可以管理集群状态的特定方面。

当软件组件以 Pod 的形式运行在 Kubernetes 集群中后，也就有了控制器来实现对 Pod 数量和状态的管理，之后需要的是通过一种服务发现的机制使得该组件可以以服务的形式被其他组件所使用，这可以通过 Kubernetes 提供的服务（Service）的概念来实现。在 Kubernetes 中，每个服务都分配了固定不变的虚拟 IP 地址（Cluster IP），服务可以在一个或多个端口（Service Port）上进行监听，当客户端需要发起访问时，就像访问一个远程的服务一样，只要与 Cluster IP 上的 Service Port 建立连接即可。而后续的服务转发，可以交由 Kubernetes 的 DNS 服务器实现。因为在创建服务时，需要指定对应的 Pod 的标签，DNS 服务器通过匹配服务和 Pod 的标签将流量引导到对应的 Pod 中，当一个服务有多个 Pod 时，还可以通过设定的方式进行流量负载均衡。

4.5.3 GPU 支持

从 Kubernetes 1.10 开始，官方推荐通过 Device Plugin 方式来使用 GPU。和 YARN 相比，Kubernetes 不仅支持 NVIDIA GPU，也同时支持 AMD GPU。这两种 GPU 的 Device Plugin 分别由各自公司提供，以开源项目的形式托管在 GitHub 之上。

（1）Device Plugin

Kubernetes 默认支持的硬件资源是 CPU 和内存，对于其他的硬件资源（如 GPU、FPGA、智能网卡、InfiniBand 等）来说，Kubernetes 并不打算集成这些硬件所具有的个性化代码，而是通过提供 Device Plugin 编程框架的形式，规定统一的接口和使用方式。通过部署这些硬件设备商提供的插件，Kubelet 可以感知和利用这些特定的硬件资源。

每一个 Device Plugin 负责以下任务：

- 发现和定义设备资源；
- 使这些设备对容器可用，可以被安全地共享；
- 检查设备的运行状况。

从实现原理上看，每一个 Device Plugin 是运行在特定节点上针对某一设备的 Pod，这个 Pod 提供谷歌远程过程调用（Google Remote Procedure Call，gRPC）服务，并向 Kubelet 提供以下两个函数以备调用。

- ListAndWatch：发现设备，查询设备属性，当状态发生变化（如变得不可用）时发出通知。
- Allocate：当 Kubelet 创建用户容器时，会执行该函数以进行如设备初始化、环境变量设置等一系列操作。

Device Plugin 的调用过程如图 4-11 所示，灰色框表示“动作”，白色框表示 API。

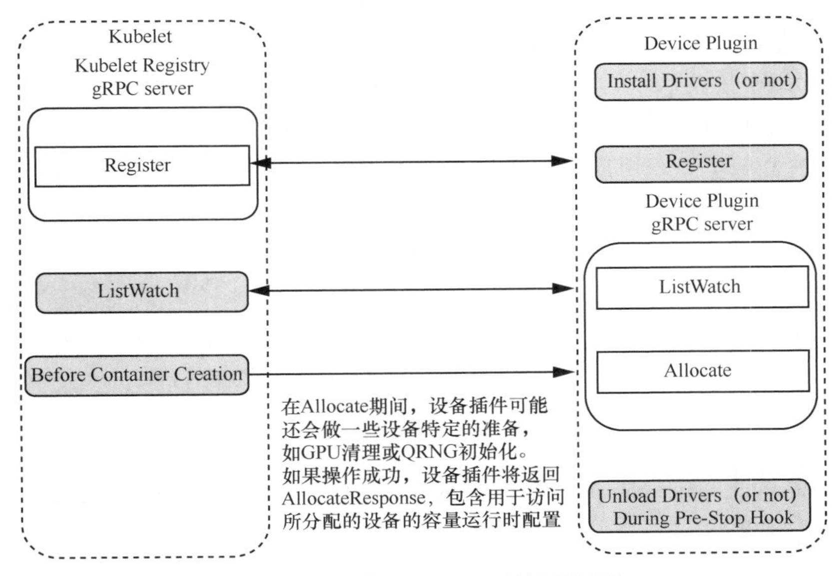

图 4-11 Device Plugin 的调用过程

Device Plugin 注册一个 socket 文件到 /var/lib/kubelet/device-plugins/ 目录下，Kubelet 通过这个目录下的 socket 文件向对应的 Device Plugin 发送 gRPC 请求。

从部署上看，Device Plugin 既支持物理服务器部署，也支持 Kubernetes 中的 DaemonSet 形式的 Pod 部署 (推荐的部署方式)，当以后者进行部署时，通常的形式如下。

- 通过 kubectl create -f http://vendor.com/device-plugin-daemonset.yaml 命令完成部署。
- 后续可以在 kubectl describe nodes 查询节点的详细信息时查询到对应的设备信息。

(2) 部署 GPU Device Plugin

在完成 GPU 卡的驱动安装后，可以通过下列命令实现 Device Plugin 的快捷安装。

```
# 对于 AMD GPU 卡，运行下列命令
kubectl create -f https://raw.githubusercontent.com/RadeonOpenCompute/k8s-device-plugin/v1.10/k8s-ds-amdgpu-dp.yaml
# 对于 NVIDIA GPU 卡，运行下列命令
kubectl create -f https://raw.githubusercontent.com/NVIDIA/k8s-device-plugin/1.0.0-beta4/nvidia-device-plugin.yml
```

(3) 总体流程

整个 Kubernetes 调度 GPU 的过程如下。

- 将 GPU Device Plugin 部署到 GPU 节点上，通过 ListAndWatch 函数接口，上报注册节点的 GPU 信息和对应的 DeviceID。
- 当有声明 nvidia.com/gpu 或 amd.com/gpu 的 GPU Pod 创建出现时，调度器会综合考虑 GPU 设备的空闲情况，将 Pod 调度到有充足 GPU 设备的节点上。

- 节点上的 Kubelet 启动 Pod 时，根据 Pod 定义文件中 resouces 字段声明的资源请求调用各个 Device Plugin 的资源分配接口（Allocate）。
- GPU Device Plugin 接收到调用并进行特定的处理后返回 Kubelet。
- Kubelet 综合 Device Plugin 的返回值，启动容器以使其能访问到所申请的 GPU 资源。

（4）应用示例

当完成 GPU Device Plugin 的部署后，Kubernetes 将支持 nvidia.com/gpu 或 amd.com/gpu 作为可调度的资源类型。用户可以像请求 CPU 或内存资源一样，请求 nvidia.com/gpu 或 amd.com/gpu 资源（不同的点在于 GPU 资源只能在 limits 字段中声明），示例如下。

```
apiVersion: v1
kind: Pod
metadata:
  name: cuda-vector-add
spec:
  restartPolicy: OnFailure
  containers:
    - name: cuda-vector-add
      # https://github.com/kubernetes/kubernetes/blob/v1.7.11/test/images/nvidia-cuda/Dockerfile
      image: "k8s.gcr.io/cuda-vector-add:v0.1"
      resources:
        limits:
          nvidia.com/gpu: 1 # 请求一个 GPU 卡
```

当集群中有多种 GPU 卡类型时，可以通过 Kubernetes 的节点标签机制，实现 GPU 卡类型的调度选择。

首先，通过 kubectl label node 命令给节点打上对应标签，如：

```
# 示例：给节点打上 k80 和 v100 的 GPU 类型标签
kubectl label nodes <node-with-k80> accelerator=nvidia-tesla-k80
kubectl label nodes <node-with-v100> accelerator=nvidia-tesla-v100
```

然后，在提交任务时，增加一个节点选择器，如下所示。

```
apiVersion: v1
kind: Pod
metadata:
  name: cuda-vector-add
spec:
  restartPolicy: OnFailure
  containers:
    - name: cuda-vector-add
      # https://github.com/kubernetes/kubernetes/blob/v1.7.11/test/images/nvidia-cuda/Dockerfile
      image: "k8s.gcr.io/cuda-vector-add:v0.1"
      resources:
        limits:
          nvidia.com/gpu: 1 # 请求一个 GPU 卡
  nodeSelector:
    accelerator: nvidia-tesla-v100 # 将这个 Pod 调度到含 v100 GPU 卡的节点上运行
```

说明：目前 Kubernetes 中的 GPU 调度方案只支持 GPU 独占式的调度，即不能将一个 GPU 切分成更细的粒度以分配给多个 Pod，这对于模型推理这类的任务并不特别友好。如果需要在一张 GPU 卡上运行多个任务，可以参考社区提供的 GPU 共享调度方案。

4.6 小结

资源调度系统包含系统架构、任务特征描述、调度策略三大要素，其功能主要是根据预先设置的调度策略、任务的特性和当前系统的状态，合理、高效地将任务安排在特定的计算节点上，并在后续运行过程中对任务进行持续的跟踪和管理。在 AI 云平台中，GPU 作为一种高性能的计算设备，并未像 CPU 和内存般已经得到广泛的研究和系统支持，它往往还是以自定义资源的形式出现在调度系统中。在搭建 AI 云平台时，对额外资源的管理和 Docker 的支持是需要重点考量的。

参考文献

[1] 特恩布尔 . 第一本 Docker 书 [M]. 北京 : 人民邮电出版社 , 2015.

[2] 杨保华 , 戴王剑 , 曹亚仑 . Docker 技术入门与实战 [M]. 北京 : 机械工业出版社 , 2015.

[3] GOG I, SCHWARZKOPF M, GLEAVE A, et al. Firmament: fast, centralized cluster scheduling at scale[C]//Proceedings of the 12th Symposium on Operating Systems Design and Implementation. [S.l.:s.n.], 2016: 99-115.

[4] SCHWARZKOPF M, KONWINSKI A, ABD-EL-MALEK M, et al. Omega: flexible, scalable schedulers for large compute clusters[C]//Proceedings of the 8th ACM European Conference on Computer Systems. [S.l.:s.n.], 2013: 351-364.

[5] VAVILAPALLI V K, MURTHY A C, DOUGLAS C, et al. Apache hadoop yarn: yet another resource negotiator[C]//Proceedings of the 4th Annual Symposium on Cloud Computing. [S.l.:s.n.], 2013: 1-16.

[6] VERMA A, PEDROSA L, KORUPOLU M, et al. Large-scale cluster management at google with borg[C]//Proceedings of the 10th European Conference on Computer Systems. [S.l.:s.n.], 2015: 1-17.

[7] 马永亮 . Kubernetes 进阶实战 [M]. 北京 : 机械工业出版社 , 2018.

第5章

运维监控系统

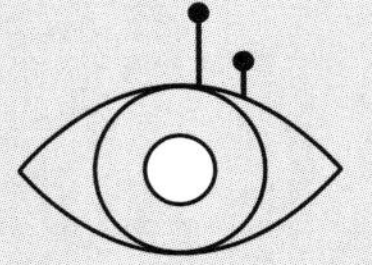

在 AI 云平台的运转过程中，需要对系统的状态进行全面了解和量化评估，并通过一些自动化工具发现系统潜在的风险。本章将重点介绍基于 Prometheus 生态建设的监控方案。

5.1 Prometheus 概述

5.1.1 Prometheus 的特点和适用场景

Prometheus 是由 SoundCloud 开发的开源监控报警系统和时间序列数据库（Time Series Database，TSDB）。自 2012 年起，越来越多的公司和组织采用 Prometheus，使得 Prometheus 聚集了大量活跃的开发者和用户。Prometheus 在 2016 加入云原生计算基金会（Cloud Native Computing Foundation，CNCF），是继 Kubernetes 之后，第二个由该基金会主持的项目。

和其他监控系统相比，Prometheus 有以下几个特点：

- 多维数据模型（时序列数据由 metric 名和一组 key/value 组成）；
- 具有在多维度上进行灵活查询的查询语言（PromQL）；
- 不依赖分布式存储，单主节点工作；
- 通过基于 HTTP 的 Pull 方式采集时序数据；
- 可以通过中间网关进行时序列数据推送（Pushing）；
- 目标服务器可以通过发现服务或者静态配置实现；
- 支持多种可视化和仪表盘。

Prometheus 可以很好地记录任何纯数字时间序列，它既适用于以机器为中心的监控，也适用于高动态面向服务架构的监控。在微服务的场景中，它对多维数据收集和查询的支持是其特别的优势。Prometheus 是为可靠性而设计的，它是可以在宕机期间使用的系统，允许快速诊断问题。每个 Prometheus 服务器都是独立的，不依赖于网络存储或其他远程服务。当基础设施的其他部分被破坏时，仍可以依赖它，且不需要设置额外的基础设施。

5.1.2　Prometheus 组成架构

Prometheus 的总体架构如图 5-1 所示。

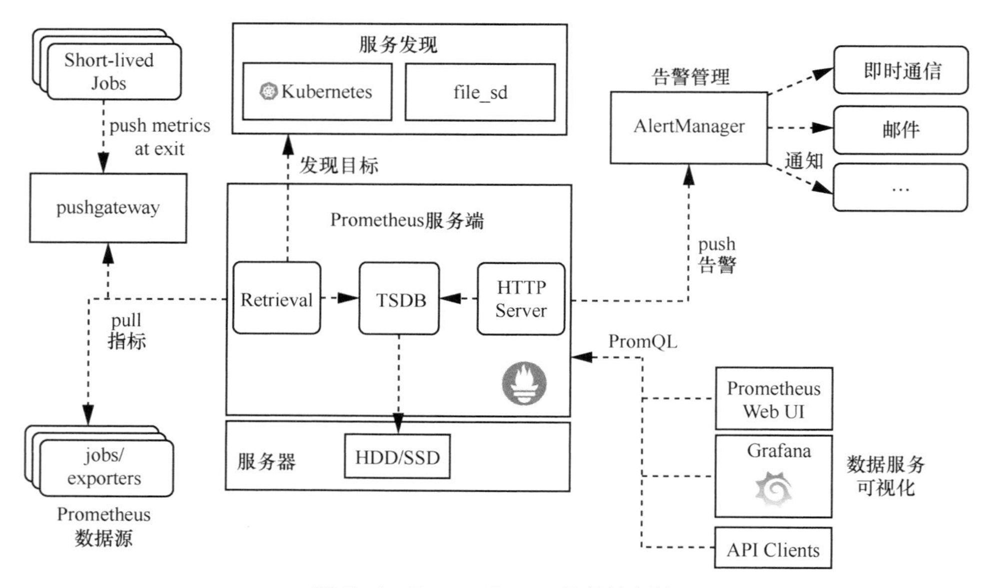

图 5-1　Prometheus 的总体架构

指标（Metric）是 Prometheus 架构的核心概念，指标的采集可以通过 Prometheus 主服务到部署在节点上的各类 Exporter 进行拉取来实现，也可以通过部署 push 网关，然后由各个客户端向该网关汇总数据实现。当数据采集完成后，可以通过由 PromQL 语言编写的规则对数据进行加工形成新的指标，这些时间序列数据存储在 Prometheus 主服务节点的磁盘之上。指标随时间而变动，类型复杂，此时往往需要用可视化的手段来对数据进行更好的展示（这可以通过 Grafana 来实现）。通过在告警管理器（AlterMananger）上配置相应的规则，可以在指标发生异常时，及时、有效地生成警报，通知相关人员。

Prometheus 生态系统由以下多个组件组成。

- Prometheus 主服务：用来抓取和存储时序数据，提供查询功能，并对接告警管理器。
- Client library：编写各类 Exporter 的库文件（支持 Go、Java、Python、Ruby 等多种语言），用于对接 Prometheus Server，可以查询和上报数据。
- 各类上报指标的 Exporter：负责采集具体的监控数据，并以服务的方式运行，等待 Prometheus 主服务来拉取数据。
- push 网关：可用来支持短连接任务，主要用于业务数据汇报。
- 可视化 Dashboard：可以是 Grafana 或 Promdash。
- 一些特殊需求的数据出口：如 HAProxy、StatsD、Graphite 等服务。
- 告警管理器：如 AlertManager，单独进行告警汇总、分发和屏蔽等操作。

Prometheus 服务端的各个组件基本都是用 Go 语言编写，对编译和部署十分友好，并且没有特殊依赖，基本都可以独立工作。

5.1.3 Prometheus 核心概念

（一）数据模型

Prometheus 存储的是时序数据，即按照相同时序（相同的名字和标签），以时间维度存储连续的数据集合。时序数据由指标名称以及一组键值标签组成。

指标名称由 ASCII 字符、数字、下划线以及冒号组成，它必须满足正则表达式 [a-zA-Z_:][a-zA-Z0-9_:]*。指标名称应该具有语义化，一般表示一个可以度量的指标，例如 http_requests_total 表示 HTTP 请求的总数。

时序的标签可以使 Prometheus 的数据更加丰富，能够区分具体不同的实例，例如 http_requests_total{method="POST"} 可以表示所有 HTTP 中的 POST 请求。其中，标签名称由 ASCII 字符、数字以及下划线组成，“__”开头属于 Prometheus 保留，标签的值可以是任何 Unicode 字符，支持中文。

按照某个时序以时间维度采集的数据，称为样本，其值包含：一个 float64 值和一个毫秒级的 Unix 时间戳。

示例：

```
<metric name>{<label name>=<label value>, ...} <value> [timestamp]
```

（二）指标类型

Prometheus 客户端提供 4 种核心指标类型：计数器（Counter）、计量仪（Gauge）、直方图（Histogram）和摘要（Summary）。

- 计数器表示单个单调递增计数器的累积指标，重新启动时，其值只能增加或重置为零。例如，可以使用计数器来表示服务的累积请求数、已完成的任务数或错误数。不要使用计数器表示可能减小的值。例如，不要对当前正在运行的进程数使用计数器，而要使用计量仪。
- 计量仪表示一个可以任意增减的数值，常用于测量值（如温度或当前内存使用量），也可用于“计数”，如并发请求的数量。
- 直方图对观察结果（通常是请求持续时间或响应大小）进行采样，并在可配置的区间中对其进行计数。
- 摘要对样本（如请求持续时间和响应大小）进行采样，一方面提供观测总数和所有观测值的总和，另一方面可以在一个时间窗口中计算可配置的分位数（如中位数、四分位数、百分位数）。

（三）作业和实例

在 Prometheus 的术语中，可以被抓取的端点称为实例（Instance），通常对应一个进程。具有相同目的的实例集合（例如，为了可伸缩性或可靠性而复制的进程）称为作业（Job）。

一个 api-server 作业中包含如下 4 个副本实例。

作业：api-server。

实例 1：10.10.10.1:8080。

实例 2：10.10.10.1:8081。

实例 3：10.10.10.2:8080。

实例 4：10.10.10.2:8081。

Prometheus 在采集数据的同时，会自动在时序的基础上添加标签，作为数据源（target）的标识，以便区分 Job 和 Instance。

Job：数据源的 Job 名称。

Instance：数据源的统一资源定位符（Uniform Resource Locator，URL）（<IP>:< 端口 >）。

如果其中任意一个标签已经存在，则会通过 honor_labels 配置项重命名。

对于每一个实例抓取来说，Prometheus 存储了下列时间序列。

up{job="<job-name>", instance="<instance-id>"}：如果节点处于健康状态则为 1，否则为 0。

scrape_duration_seconds{job="<job-name>", instance="<instance-id>"}：抓取的持续时间。

scrape_samples_post_metric_relabeling{job="<job-name>", instance="<instance-id>"}：度量更新标签后抓取的样本数量。

scrape_samples_scraped{job="<job-name>", instance="<instance-id>"}：抓取的样本数量。

说明：up 时间序列常用来监控示例的可用性。

5.2 数据采集之 Exporter

在 Prometheus 上实现监控之前，需要在服务器节点上部署 Exporter，进行数据指标采集。Prometheus 通过定时的 HTTP 抓取，从节点获取指标数据。节点向 Prometheus 汇报的数据由 Exporter 确定，Exporter 并不拘泥于何种开发语言，而只需要兼容 Prometheus 的接口标准。

从 Prometheus 2.0 版本起，所有向其汇报的数据必须是文本格式。表 5-1 给出了这些文本数据的基本信息。

表 5-1 文本数据的基本信息

项目	描述
发布时间	2014 年 4 月
起始支持的版本	⩾ 0.4.0
传输协议	HTTP
编码方式	UTF-8，每行以 \n 结尾
HTTP Content-Type	text/plain; version=0.0.4 (若不设置 version ，则默认为最新的文本格式版本)
可选的 HTTP Content-Encoding	Gzip

(续表)

项目	描述
优点	可读性强，易于集成，易于逐行解析
缺点	表达冗长，不能对度量类型进行校验，解析需要进行额外的开销
支持的度量原语	Counter、Gauge、Histogram、Summary、Untyped

每一行文本数据用空格或“Tab”键分隔字段。以“#”开头的行为注释行，而且约定以“# HELP ”和“# TYPE”开头的行有特殊含义。其中，“# HELP”用于编写指标的帮助信息，而“# TYPE”则指定指标的类型。

无论“# HELP”还是“# TYPE”，都需要在其后紧跟指标的名称。帮助信息要求只能编写为单独一行，当其中内容需要换行时，则要显式编写 \n。可选的类型信息只有 Counter、Gauge、Histogram、Summary、Untyped。当一条指标数据未注明 TYPE 时，默认为 Untyped 类型。

一条有效的指标数据，满足下列的语法：

```
metric_name [ "{" label_name "=" `"` label_value `"` { "," label_name "=" `"` label_value `"` } [ "," ] "}"] value [ timestamp ]
```

其中，metric_name 为指标名称；label_name 和 label_value 为标签键值对；value 表示指标数值为浮点数类型，并用 Nan、+Inf、-Inf 分别表示非数值、正无穷、负无穷；timestamp 表示时间戳，单位为毫秒。

对于 Histogram 和 Summary 类型的数据来说，有特殊的约定：它们通过多个时间序列完成一次采用报告，每一个时间序列的名称以“指标名称 + 后缀”的方式组成，并根据需要添加特定的标签，具体见表 5-2。

表 5-2 Histogram 和 Summary 类型的指标名称及标签的命名规则

类型	后缀	标签键值对	功能描述	备注
Histogram	_bucket	le=“ ”	记录在小于指定统计区间上界中的观测数据的个数	
Histogram	_sum	N/A	所有观测值的总和	
Histogram	_count	N/A	所有观测值的个数	由于 bucket 的统计方式是累计值，因此这个值也等于 <basename>_bucket{le=“+Inf”}
Summary	N/A	quantile=“ ”	φ 分位数（如 φ=0.5 时，即为中位数）	
Summary	_sum	N/A	所有观测值的总和	
Summary	_count	N/A	所有观测值的个数	

针对上面的表述，这里给出了一个示例。

```
# HELP http_requests_total The total number of HTTP requests.
# TYPE http_requests_total counter
```

```
http_requests_total{method="post",code="200"} 1027 1395066363000
http_requests_total{method="post",code="400"}    3 1395066363000

# Escaping in label values:
msdos_file_access_time_seconds{path="C:\\DIR\\FILE.TXT",error="Cannot find file:\n\"FILE.TXT\""}
1.458255915e9

# Minimalistic line:
metric_without_timestamp_and_labels 12.47

# A weird metric from before the epoch:
something_weird{problem="division by zero"} +Inf -3982045

# A histogram, which has a pretty complex representation in the text format:
# HELP http_request_duration_seconds A histogram of the request duration.
# TYPE http_request_duration_seconds histogram
http_request_duration_seconds_bucket{le="0.05"} 24054
http_request_duration_seconds_bucket{le="0.1"} 33444
http_request_duration_seconds_bucket{le="0.2"} 100392
http_request_duration_seconds_bucket{le="0.5"} 129389
http_request_duration_seconds_bucket{le="1"} 133988
http_request_duration_seconds_bucket{le="+Inf"} 144320
http_request_duration_seconds_sum 53423
http_request_duration_seconds_count 144320

# Finally a summary, which has a complex representation, too:
# HELP rpc_duration_seconds A summary of the RPC duration in seconds.
# TYPE rpc_duration_seconds summary
rpc_duration_seconds{quantile="0.01"} 3102
rpc_duration_seconds{quantile="0.05"} 3272
rpc_duration_seconds{quantile="0.5"} 4773
rpc_duration_seconds{quantile="0.9"} 9001
rpc_duration_seconds{quantile="0.99"} 76656
rpc_duration_seconds_sum 1.7560473e+07
rpc_duration_seconds_count 2693
```

上面介绍了 Exporter 需要向 Prometheus 汇报的数据格式，事实上，有大量的官方维护或第三方提供的 Exporter 可供选择，涵盖了硬件设备、操作系统、数据库、消息系统、存储、HTTP 访问、日志系统等多个方面。这些 Exporter 都可以在搭建监控系统时直接使用。

下面介绍两个与 AI 云平台紧密相关的 Exporter：Node Exporter 和 NVIDIA GPU Exporter。

5.2.1　Node Exporter

Prometheus 的一个最基本的用途是监控硬件和操作系统的状态，可以借助官方的 Node Exporter 来实现，Node Exporter 支持多种类 Unix 操作系统。建议 Windows 用户使用 WMI Exporter。

Node Exporter 采用 Go 语言编写，既可以利用 Go 编译器部署到主机，也支持使用 Docker 的方式进行部署。这里先介绍其采集的指标类型，然后介绍其部署方式。

（一）Node Exporter 采集的指标类型

表 5-3 给出了 Node Exporter 默认采集的指标，不同的操作系统略有不同。

表 5-3 Node Exporter 默认采集的指标

名称	描述	操作系统
arp	ARP 的统计信息，采集自 /proc/net/arp	Linux
bcache	bcache 的统计信息，采集自 /sys/fs/bcache/	Linux
bonding	Linux 中绑定网卡 (Bonding Interfaces) [①]配置和活跃的从属网卡数量	Linux
boottime	系统启动时间，采集自 kern.boottime	Darwin、Dragonfly、FreeBSD、NetBSD、OpenBSD、Solaris
conntrack	conntrack 的统计信息 (如果 /proc/sys/net/netfilter/ 不存在，则什么也不做)	Linux
cpu	CPU 统计信息	Darwin、Dragonfly、FreeBSD、Linux、Solaris
cpufreq	CPU 频率统计信息	Linux、Solaris
diskstats	磁盘 I/O 统计信息	Darwin、Linux、OpenBSD
edac	error 检测和校正的统计信息	Linux
entropy	有效熵[②]	Linux
exec	execution 统计信息	Dragonfly、FreeBSD
filefd	文件描述符统计信息，采集自 /proc/sys/fs/file-nr	Linux
filesystem	文件系统统计信息，如已使用的磁盘空间	Darwin、Dragonfly、FreeBSD、Linux、OpenBSD
hwmon	硬件监控和传感器数据，采集自 /sys/class/hwmon/	Linux
infiniband	InfiniBand 和 Intel OmniPath 专用的网络统计信息	Linux
ipvs	IPVS 状态，采集自 /proc/net/ip_vs；IPVS 统计信息，采集自 /proc/net/ip_vs_stats	Linux
loadavg	负载平均值	Darwin、Dragonfly、FreeBSD, Linux、NetBSD、OpenBSD, Solaris
mdadm	设备统计信息，采集自 /proc/mdstat (如果 /proc/mdstat 不存在，则什么都不做)	Linux
meminfo	内存统计信息	Darwin、Dragonfly、FreeBSD、Linux、OpenBSD

① 网卡绑定就是把多张物理网卡通过软件虚拟成一个虚拟的网卡，配置完毕后，所有的物理网卡的 IP 和 MAC 将会变成相同的。多网卡同时工作可以提高网络速度，还可以实现网卡的负载均衡，避免冗余。

② Linux 内核维护了一个熵池，用来收集来自设备驱动程序和其他来源的环境噪声。理论上，熵池中的数据是完全随机的，可以产生真随机数序列。为跟踪熵池中数据的随机性，内核在将数据加入池的时候也会估算数据的随机性，这个过程称作熵估算。熵估算值描述池中包含的随机数的位数值，位数值越大，表示池中数据的随机性越好。

（续表）

名称	描述	操作系统
netclass	网卡信息，采集自 /sys/class/net/	Linux
netdev	网卡统计信息，如网卡流量	Darwin、Dragonfly、FreeBSD、Linux、OpenBSD
netstat	网络统计信息，采集自 /proc/net/netstat，等同于运行 netstat -s	Linux
nfs	NFS 客户端统计信息，采集自 /proc/net/rpc/nfs，等同于运行 nfsstat -c	Linux
nfsd	NFS 服务端统计信息，采集自 /proc/net/rpc/nfsd，等同于运行 nfsstat -s	Linux
pressure	压力失速信息（Pressure Stall Information，PSI）③，采集自 /proc/pressure/.	Linux (kernel 4.20+ and/or CONFIG_PSI)
sockstat	套接字统计信息，采集自 /proc/net/sockstat.	Linux
stat	/proc/stat 中提供的各类统计信息，包括启动时间、forks、interrupts 等	Linux
textfile	存储在本地磁盘中的文本文件内容（必须设置 --collector.textfile.directory 选项）	Any
time	当前系统时间	Any
timex	系统调用 adjtimex 提供的关于时间偏差的信息	Linux
uname	由 uname 系统调用提供的信息	FreeBSD、Linux
vmstat	虚拟内存统计信息，采集自 /proc/vmstat	Linux
xfs	XFS 运行时统计信息	Linux (kernel 4.4+)
zfs	ZFS 性能统计信息	Linux、Solaris

表 5-4 则给出了 Node Exporter 支持但默认不采集的指标。

表 5-4　Node Exporter 支持但默认不采集的指标

名称	描述	操作系统
buddyinfo	内存碎片的统计信息，采集自 /proc/buddyinfo	Linux
devstat	设备统计信息	Dragonfly、FreeBSD
drbd	Distributed Replicated Block Device 统计信息（8.4 版本）	Linux
interrupts	中断详细的统计信息	Linux、OpenBSD
ksmd	内核和系统的统计信息，采集自 /sys/kernel/mm/ksm	Linux
logind	session 计数，采集自 logind	Linux

③ 压力失速信息（PSI）通过内存、CPU 和 I/O 这 3 种主要资源的新压力指标来量化资源短缺。这些压力指标与此次开源的其他内核和用户空间工具相结合，可以在智能开发和响应时检测资源短缺。PSI 统计数据为即将发生的资源短缺提供早期预警，从而实现更积极主动、细致的响应。

(续表)

名称	描述	操作系统
meminfo_numa	内存统计信息，采集自 /proc/meminfo_numa	Linux
mountstats	文件系统统计信息，采集自 /proc/self/mountstats，如 NFS 客户端的统计信息	Linux
ntp	本地 NTP 守护进程的健康状态	Any
processes	进程统计信息，采集自 /proc	Linux
qdisc	排队策略（Queuing Discipline）[④] 统计信息	Linux
runit	服务状态，采集自 runit	Any
supervisord	服务状态，采集自 supervisord	Any
systemd	服务和系统的状态，采集自 systemd	Linux
tcpstat	TCP 连接统计信息，采集自 /proc/net/tcp 和 /proc/net/tcp6(注意：当前的版本在高负载的情况下有潜在的性能问题，在开启此选项时需要谨慎评估)	Linux
wifi	Wi-Fi 设备和基站的统计信息	Linux

除了上述两个表格中列出的采集指标外，Node Exporter 还允许通过读取本机上的文本文件的形式进行指标采集，它常用于如批量任务的统计信息采集。这种方式类似于 pushgateway，只是 pushgateway 适用于服务级的指标，而文本文件适用于机器级的指标。

在使用时，需要开启 --collector.textfile.directory 选项，Node Exporter 会自动收集该目录下所有的 *.prom 文件。

（二）部署方式

Node Exporter 最直接的部署方式是通过编译安装，当主机上已经具备 Go 编译器时，通过运行下列命令来部署。

```
go get github.com/prometheus/node_exporter
cd ${GOPATH-$HOME/go}/src/github.com/prometheus/node_exporter
make
./node_exporter <flags>
```

其中的 flags 通常包括以下内容：

- web.listen-address= “:9100”，设置 Node Exporter 将监听的 IP 和端口，未设置时，默认是所有 IP 的 9100 号端口；
- collector.*，设置将采集某一指标，尤其是 Node Exporter 支持但默认不采集的指标，如 buddyinfo、devstat 等；

④ 网络调度器又称包调度器、排队规则、qdisc、排队算法，是包交换通信网络中节点上的仲裁器。它管理网络接口控制器发送和接收队列中的网络包序列。网络调度器在逻辑上决定下一个转发哪个网络包，它与排队系统相关联，排队系统则负责临时存储网络数据包，直到它们被传输。系统可以有一个或多个队列，在这种情况下，每个队列可以保存一个流、分类或优先级的包。在某些情况下，可能无法安排所有的转发，此时，网络调度器负责决定转发和丢弃哪个网络包。

● no-collector.*，当 Node Exporter 默认采集的指标在系统中并未使用时，可以通过这一选项将其设置为不采集，如 –no-collector.xfs 表示不收集 XFS 运行时统计信息。

也可以通过 Docker 来部署：

```
docker run -d \
  --net="host" \
  --pid="host" \
  -v "/:/host:ro,rslave" \
  quay.io/prometheus/node-exporter \
  --path.rootfs=/host
```

注意，上述的 Docker 运行命令使用了官方提供的 quay.io/prometheus/node-exporter:latest 镜像，该镜像的 Entrypoint 被设置为 /bin/node_exporter，因此上述命令相当于在容器内运行：/bin/node_exporter --path.rootfs=/host。其中，--path.rootfs 设置了根文件系统的挂载目录，这是因为在 Docker 容器内，其具有独立的根文件系统，当需要在容器内监控宿主机的根文件系统时，需要重新为 Node Exporter 指定宿主机的根目录，将该值设置为 Docker 启动时映射到容器内的目录（在这里为 /host）。

Node Exporter 部署完成后，可以从浏览器中查看或在命令行中运行，观察 Node Exporter 采集的系统监控指标。

5.2.2 NVIDIA GPU Exporter

在 Node Exporter 中，并未对 GPU 的信息进行采集，而在 AI 云平台中，GPU 几乎已经成为一种必备的计算设备，本节将介绍由英伟达公司推出的 GPU-monitor-tools 项目，利用数据中心 GPU 管理器（Data Center GPU Manager，DCGM）实现对 GPU 信息的采集。

（一）DCGM-exporter

DCGM 本身是一个自成体系的软件工具，旨在简化数据中心 GPU 卡的管理，它是一个运行在用户空间、轻量化的库或引擎，可以实现 GPU 行为监控、GPU 配置管理、GPU 策略监管、GPU 诊断、GPU 计时与进程统计以及 NVSwitch 配置和监控。

DCGM 本身既可以独立运行，也可以集成到其他的管理工具中，DCGM-exporter 正是利用其可集成的特性，将其中的各项监控数据转化为可被 Prometheus 读取的指标。DCGM-exporter 采集的 GPU 指标包括功率、流多处理器（Stream Multiprocessor，SM）时钟、显存时钟、SM、显存、编码器、解码器等的利用率，以及帧缓存使用情况、纠错码（Error Correcting Code，ECC）校验情况等。具体见表 5-5。

表 5-5 DGCM-exporter 采集的 GPU 指标

名称	类型	描述
dcgm_sm_clock	Gauge	GPU 中流多处理器的时钟频率（单位为 MHz）
dcgm_memory_clock	Gauge	显存的时钟频率（单位为 MHz）
dcgm_gpu_temp	Gauge	GPU 温度（单位为℃）

(续表)

名称	类型	描述
dcgm_power_usage	Gauge	瞬时功率（单位为 W）
dcgm_total_energy_consumption	Counter	从启动时刻起消耗的能量（单位为 MJ）
dcgm_pcie_tx_throughput	Counter	通过 PCIe 传输的数据量（单位为 KB）
dcgm_pcie_rx_throughput	Counter	通过 PCIe 接收的数据量（单位为 KB）
dcgm_pcie_replay_counter	Counter	PCIe 重试的次数
dcgm_gpu_utilization	Gauge	GPU 利用率
dcgm_mem_copy_utilization	Gauge	显存利用率
dcgm_enc_utilization	Gauge	编码器利用率
dcgm_dec_utilization	Gauge	解码器利用率
dcgm_xid_errors	Gauge	最近发生的 Xid 消息错误码⑤
dcgm_power_violation	Counter	因功率限制引起的抑制时间（单位为 μs）
dcgm_thermal_violation	Counter	因散热限制引起的抑制时间（单位为 μs）
dcgm_sync_boost_violation	Counter	因 sync-boost 限制引起的抑制时间（单位为 μs）
dcgm_fb_free	Gauge	GPU 帧缓存剩余量（单位为 MiB）
dcgm_fb_used	Gauge	GPU 帧缓存使用量（单位为 MiB）
dcgm_ecc_sbe_volatile_total	Counter	单比特 ECC 错误数
dcgm_ecc_dbe_volatile_total	Counter	双比特 ECC 错误数

（二）部署方式

(1) 镜像编译

首先根据不同的操作系统类型下载最新的 DCGM 安装包，这里选择的基础镜像为 Ubuntu16.04，因此下载的是 deb 安装包，其形式如：datacenter-gpu-manager_1.6.3_amd64.deb。

复制项目到本地，并编译镜像：

```
git clone https://github.com/NVIDIA/gpu-monitoring-tools.git
cd gpu-monitoring-tools/exporters/prometheus-dcgm/dcgm-exporter
cp ~/Download/datacenter-gpu-manager_1.6.3_amd64.deb ./
# 更改 Dockerfile 中的 DCGM 的版本号
sed -i 's/DCGM_VERSION=.*/DCGM_VERSION=1.6.3/g' Dockerfile
docker build -t nvidia/dcgm-exporter:1.6.3 .
```

镜像编译完成后，将在本地生成名称为 nvidia/dcgm-exporter:1.6.3 的镜像。

(2) 启动容器

```
# 这里的 --gpus 是 Docker 19.03 版本新增的特性，原生地支持对 GPU 的管理
docker run -d --rm --gpus all --name nvidia-dcgm-exporter -v /run/prometheus:/run/prometheus nvidia/dcgm-exporter:1.6.3
```

⑤ Xid 消息是 NVIDIA 驱动程序的错误报告，打印到操作系统的内核日志或事件日志中。Xid 消息表示发生了一般的 GPU 错误，最常见的原因是驱动程序错误或发送到 GPU 的命令损坏。消息可能源于硬件问题、NVIDIA 软件问题或用户应用程序问题。

```
# 检查 /run/prometheus 目录下是否有数据生成
cat /run/prometheus/dcgm.prom
# 将采集的数据加入 Node Exporter 中，通过 Node Exporter 收集特定目录下文件内容的特性，
# 实现指标的可被收集。在 nvidia/dcgm-exporter:1.6.3 镜像生成时，定义了 /run/ prometheus 为 Docker 中的
# 数据卷，该数据卷将被挂载到新启动的 Node Exporter 容器中
docker run -d --rm --net="host" --pid="host" \
  --volumes-from nvidia-dcgm-exporter:ro \
  quay.io/prometheus/node-exporter --collector.textfile.directory="/run/prometheus"
```

完成部署后，可以从浏览器中查看 http://localhost:9100/metrics 或在命令行中运行 curl http://localhost:9100/metrics，观察 Node Exporter 中新增的 GPU 监控指标，其形式类似于：

```
# HELP dcgm_sm_clock SM clock frequency (in MHz).
# TYPE dcgm_sm_clock gauge
dcgm_sm_clock{gpu="0",uuid="GPU-7b563023-9755-cb6e-260e-5e3a30a35edc"} 139
# HELP dcgm_memory_clock Memory clock frequency (in MHz).
# TYPE dcgm_memory_clock gauge
dcgm_memory_clock{gpu="0",uuid="GPU-7b563023-9755-cb6e-260e-5e3a30a35edc"} 405
# HELP dcgm_gpu_temp GPU temperature (in ℃ ).
# TYPE dcgm_gpu_temp gauge
...
```

5.2.3 Prometheus 的部署

对于特定的 Exporter 来说，已知 Prometheus 采用主动拉取的方式获取数据，即 Exporter 以服务的方式运行，当需要时，Prometheus 主动地发起获取数据请求。通常在 Prometheus 启动时指定的配置文件中对拉取数据行为进行配置。

（一）安装和启动

Prometheus 官方网站提供了各种类型的预编译版本，可以根据服务器的操作系统类型下载对应的安装包，当然也可以通过以下 Docker 命令来实现快速部署：

```
docker run -p 9090:9090 -v /tmp/prometheus.yml:/etc/prometheus/prometheus.yml \
prom/prometheus
```

其中，9090 端口是 Prometheus 默认使用的端口，prom/prometheus 是官方提供的镜像，而 /tmp/prometheus.yml 则是需要根据实际场景修订的启动配置文件。配置文件包含 Exporter 源设置、数据处理设置、告警规则设置等，本节只涉及 Exporter 源设置，其余设置将在第 5.5 节展开描述。

（二）Exporter 源设置

在 Prometheus.yml 文件中的 scrape_configs 字段中进行源的设置，如下所示。

```
global:
  scrape_interval: 15s # 默认每 15 s 从源拉取一次数据

  # 当和外部系统（federation、remote storage、AlertManager）通信时，给时间序列增加额外的标签
  external_labels:
    monitor: 'ai-cloud-monitor'
```

```
# Exporter 源列表
scrape_configs:
  # 每一条拉取的数据都会被附加上一个 ‘job=<job_name>’ 的标签键值对
  # 这里设置的 Prometheus 自身也会像 Exporter 一样对外发布数据，因此可以通过设置来监控本身是否
  # 正常运行
  - job_name: 'prometheus'
    # 对拉取的时间间隔进行重载，改为 5 s 拉取一次
    scrape_interval: 5s
    # 配置源地址，这里指向了本地的 9090 端口
    static_configs:
      - targets: ['localhost:9090']
```

当需要配置多个数据源时，如此前介绍的 Node Exporter 和 NVIDIA GPU Exporter，可以增加更多的作业，假设集群拥有另外两个计算节点，IP 分别是 10.10.10.1 和 10.10.10.2，那么可以新增如下设置。

```
...
# Exporter 源列表
scrape_configs:
  # 每一条拉取的数据都会被附加一个 ‘job=<job_name>’ 的标签键值对
  # 这里设置的 Prometheus 自身也会像 Exporter 一样对外发布数据，因此可以通过设置来监控本身是否
  # 正常运行
  - job_name: ' prometheus'
    # 对拉取的时间间隔进行重载，改为 5 s 拉取一次
    scrape_interval: 5s
    # 配置源地址，这里指向了本地的 9090 端口
    static_configs:
      - targets: [' localhost:9090']
  # 新增 exporter 配置
  - job_name: ' node_exporter'
    static_configs:
      - targets: [' 10.10.10.1:9100', ' 10.10.10.2:9100']
```

由于 NVIDIA GPU Exporter 并没有产生独立的 API 服务，而是通过文件的形式挂载到 Node Exporter 中，因此这里只指向了 Node Exporter 的 URL。

完成 Prometheus 的源设置后，重启 Prometheus，可以在 http://localhost:9090 页面上观察到 Prometheus 的状态。

5.3 数据格式与编程——Prometheus 查询语言

前面介绍了如何对 Prometheus 进行部署，并选择或编写 Exporter 来实现系统各个节点的监控数据的收集，就像数据库系统需要有 SQL 语句来实现对数据的筛选和操作一样，面对这些大量的、原始格式的监控数据，需要有一种查询语言来快速地实现数据的加工整理，这就是 PromQL (Prometheus Query Language)。PromQL 是 Prometheus 内置的数据查询语言，其提供对时间序列数据的丰富的查询、聚合以及逻辑运算能力，Prometheus 的日常应用（包括数

据查询、可视化、告警处理等）都需要 PromQL 的支持。

5.3.1　初识 PromQL

查询时间序列数据时，可以直接使用指标名称查询其对应的所有时间序列，如：http_requests_total。

也可以通过在后面添加用大括号包围起来的一组标签键值对来对时间序列进行过滤。比如下面的表达式筛选出了 job 为 prometheus、group 为 canary 的时间序列：http_requests_total{job="prometheus", group="canary"}。

匹配标签值时可以是精准匹配，也可以使用正则表达式。共有下面几种匹配操作符。

- =：完全相等。
- !=：不相等。
- =~：正则表达式匹配。
- !~：正则表达式不匹配。

下面的表达式筛选出了 environment 为 staging、testing 或 development，并且 method 不是 GET 的时间序列：

```
http_requests_total{environment=~"staging|testing|development",method!="GET"}
```

度量指标名可以使用内部标签 __name__ 来匹配，表达式 http_requests_total 也可以写成 {__name__="http_requests_total"}。表达式 {__name__=~"job:.*"} 匹配所有度量指标名称以 job: 打头的时间序列。

由于 Prometheus 提供了 Web 访问页面，在其页面上的“Graph”子栏目可以对 PromQL 表达式进行验证。

若需要查询一段时间内的数据，可以使用区间向量表达式。区间向量表达式用“[]”作为时间范围的选择，下面的表达式选出了所有度量指标为 http_requests_total 且 job 为 prometheus 的时间序列在过去 5 min 的采样值。

```
http_requests_total{job="prometheus"}[5m]
```

时长的单位可以是下面几种之一：秒（s）；分钟（m）；小时（h）；天（d）；周（w）；年（y）。

区间向量表达式默认以当前时间为基准时间，如果需要查询某一历史时刻之前一段时间的数据，则使用偏移修饰器来调整基准时间，使其往前偏移一段时间。偏移修饰器紧跟在选择器后面，使用“offset”关键字来指定要偏移的量。比如，表达式“http_requests_total offset 5m”表示的是选择指标名称为 http_requests_total 的所有时间序列在 5 min 前的采样值。

表达式“http_requests_total[5m] offset 1w”表示的是选择 http_requests_total 度量指标在一周前的这个时间点过去 5 min 内的采样值序列。

5.3.2　PromQL 操作符

除了可以便捷地查询和筛选时间序列外，PromQL 还支持对表达式的返回值进行各类运算，以对时间序列进行二次加工。

（一）聚合操作符

之前利用“{}”和“[]”进行了瞬时向量和区间向量的查询，因为样本标签的筛选条件相对宽松，当返回多条时间序列时，可以利用 PromQL 提供的聚合操作符将多个时间序列合并成一条新的时间序列。PromQL 支持的聚合操作符有以下几个。

- sum：求和。
- min：最小值。
- max：最大值。
- avg：平均值。
- stddev：标准差。
- stdvar：方差。
- count：元素个数。
- count_values：等于某值的元素个数。
- bottomk：最小的 *k* 个元素。
- topk：最大的 *k* 个元素。
- quantile：分位数。

聚合操作符语法如下：

```
<aggr-op>([parameter,] <vector expression>) [without|by (<label list>)]
```

其中，“without”用来指定不需要保留的标签（即这些标签的多个值会被聚合），而“by”则相反，用来指定需要保留的标签（即按这些标签来分组）。

假设 http_requests_total 度量指标带有 application、group 和 instance 共 3 个标签，那么，sum(http_requests_total) 表示计算所有的请求数；sum(http_requests_total) by (application) 则分别统计每一种 application 下的请求数；sum(http_requests_total) without (instance) 表示相同 instance 的请求会被累加，记为 (application, group) 下的一个统计结果；sum(http_requests_total) without (instance) 与 sum(http_requests_total) by (application, group) 是等同的。

（二）二元操作符

PromQL 的二元操作符支持基本的逻辑和算术运算，包含算术类、比较类和逻辑类三大类。

(1) 算术类二元操作符

算术类二元操作符有以下几种。

- +：加。
- -：减。
- *：乘。
- /：除。
- %：求余。
- ^：乘方。

算术类二元操作符可以使用在标量与标量、向量与标量以及向量与向量之间。

- 标量与标量之间：与通常的算术运算一致。
- 向量与标量之间：相当于将标量与向量里的每一个标量进行运算，这些计算结果组成了一个新的向量。
- 向量与向量之间：运算的时候首先会为左边向量里的每一个元素在右边向量里去寻找一个匹配元素，然后对这两个匹配元素执行计算，这样每对匹配元素的计算结果就组成了一个新的向量。如果没有找到匹配元素，则丢弃该元素。

说明：二元操作符上下文里的向量特指瞬时向量，不包括区间向量。

(2) 比较类二元操作符

比较类二元操作符有以下几种。

- ==：相等。
- !=：不相等。
- >：大于。
- <：小于。
- >=：大于或等于。
- <=：小于或等于。

比较类二元操作符同样可以使用在标量与标量、向量与标量以及向量与向量之间。默认执行的是过滤，也就是保留值。

也可以通过在运算符后面加上布尔 (bool) 修饰符来使得返回值0和1，而不是过滤。

- 标量与标量之间：必须加上 bool 修饰符，因此结果只可能是 0 (false) 或 1 (true)。
- 向量与标量之间：相当于把向量里的每一个标量与标量进行比较，结果为真则保留，否则丢弃。如果后面加上了 bool 修饰符，则结果分别为 0 和 1 组成的向量，分别描述该索引位置的向量值是否满足比较条件。
- 向量与向量之间：运算过程类似于算术类操作符，只不过比较结果为真则保留左边的值 (包括度量指标和标签这些属性)，否则丢弃。如果没找到匹配元素，则丢弃该元素。如果后面加上了 bool 修饰符，则保留和丢弃时结果相应为 1 和 0。

(3) 逻辑类二元操作符

逻辑操作符仅用于向量与向量之间，如下所示。

- and：交集。
- or：合集。
- unless：补集。

具体运算规则如下。

- vector1 and vector2 的结果由在 vector2 里有匹配 (标签键值对组合相同) 元素的 vector1 里的元素组成。
- vector1 or vector2 的结果由所有 vector1 里的元素加上在 vector1 里没有匹配 (标签键值对组合相同) 元素的 vector2 里的元素组成。
- vector1 unless vector2 的结果由在 vector2 里没有匹配 (标签键值对组合相同) 元素的

vector1 里的元素组成。

(4) 二元操作符优先级

PromQL 的各类二元操作符运算优先级从高到低排列如下：

- ^;
- *, /, %;
- +, -;
- ==, !=, <=, <, >=, >;
- and, unless;
- or。

(三)向量匹配

算术类和比较类操作符都需要在向量之间进行匹配，匹配类型共有两种：One-to-one 和 Many-to-one / One-to-many。

(1) One-to-one 向量匹配

在这种匹配模式下，如果两边向量里的元素的标签键值对组合相同则为匹配，并且只会有一个匹配元素。可以使用 ignoring 关键词来忽略不参与匹配的标签，或者使用 on 关键词来指定要参与匹配的标签。语法如下：

```
<vector expr> <bin-op> ignoring(<label list>) <vector expr>
<vector expr> <bin-op> on(<label list>) <vector expr>
```

例如对下面的输入：

```
method_code:http_errors:rate5m{method="get", code="500"}  24
method_code:http_errors:rate5m{method="get", code="404"}  30
method_code:http_errors:rate5m{method="put", code="501"}  3
method_code:http_errors:rate5m{method="post", code="500"} 6
method_code:http_errors:rate5m{method="post", code="404"} 21

method:http_requests:rate5m{method="get"}  600
method:http_requests:rate5m{method="del"}  34
method:http_requests:rate5m{method="post"} 120
```

执行下面的查询：

```
method_code:http_errors:rate5m{code="500"} / ignoring(code) method:http_requests:rate5m
```

得到的结果为：

```
{method="get"}  0.04        //  24 / 600
{method="post"} 0.05        //   6 / 120
```

也就是每一种 method 里 code 为 500 的请求数占总数的百分比。由于两个指标中 method 为 put 和 del 的数据并未配对，所以没有出现在结果里。

(2) Many-to-one / One-to-many 向量匹配

在这种匹配模式下，某一边会有多个元素与另一边的元素匹配。这时就需要使用 group_left 或 group_right 组修饰符来指明哪边匹配元素较多，左边多则用 group_left，右边多则用 group_right。其语法如下：

```
<vector expr> <bin-op> ignoring(<label list>) group_left(<label list>) <vector expr>
<vector expr> <bin-op> ignoring(<label list>) group_right(<label list>) <vector expr>
<vector expr> <bin-op> on(<label list>) group_left(<label list>) <vector expr>
<vector expr> <bin-op> on(<label list>) group_right(<label list>) <vector expr>
```

说明：组修饰符只适用于算术类操作符和比较类操作符。

对前面的输入，执行下面的查询：

```
method_code:http_errors:rate5m / ignoring(code) group_left method:http_requests:rate5m
```

将得到下面的结果：

```
{method="get", code="500"}  0.04        // 24 / 600
{method="get", code="404"}  0.05        // 30 / 600
{method="post", code="500"} 0.05        //  6 / 120
{method="post", code="404"} 0.175       // 21 / 120
```

也就是每种 method 的每种 code 错误次数占每种 method 请求数的比例。这里匹配时忽略了 code，才使得两边形成 Many-to-one 形式的匹配。由于左边多，所以需要使用 group_left 来指明。

Many-to-one / One-to-many 过于高级和复杂，要尽量避免使用。很多时候通过 ignoring 就可以解决问题。

5.3.3 PromQL 函数

Prometheus 内置了一些函数对时间序列数据进行统计分析和辅助计算，本节将介绍几个函数功能和其应用场景，更多的函数将只提供简单的索引。

（一）统计 Counter 指标的变化率

Counter 类型监控指标反映的是累计情况，除了重置外，其一直是只增不减的。要观察一个 Counter 指标的变化率，可以使用 rate(v range vector)，rate() 计算范围向量中时间序列的每秒平均增长率，如果指标发生了重置将被自动调整。以下表达式统计在过去 5 min 内平均每秒的 HTTP 请求数：

```
rate(http_requests_total{job="api-server"}[5m])
```

除了 rate 函数外，PromQL 还提供了 irate 函数，两者的区别在于 rate 计算增长率时使用了完整的区间向量，而 irate 则只取最近的两个数据点来计算速率，因此 rate 和 irate 分别适用于速率变化缓慢和变化迅速的数据。

另外，rate 函数常常需要与聚合操作符一起使用，因为聚合操作符可能会改变返回值只增不减的属性（如其中某一项指标发生了重置，聚合的数据在重置时可能是减少的），因此总是先进行 rate 操作，再进行聚合操作，顺序相反将使得 rate 无法准确计算变化率。

（二）预测 Gauge 指标的趋势

关于系统中的一些监控指标，如磁盘占用率，管理员往往会设置一个告警阈值，当占用率超过某一数值时发出警报，但有时告警发生时预留的处理时间并不多，这时还希望能对趋势做出预测，提前发现存储空间可能将在某个时间点被占满，从而进行预防。这时可以使用

PromQL 提供的 predict_linear(v range-vector, t scalar) 函数，预测时间序列 *v* 在 *t* 时刻之后的值。predict_linear 使用简单线性回归模型，通过对输入的区间向量做最小二乘得到模型参数，从而形成预测模型。以下表达式预测未来 24 h 内磁盘空间是否会被耗尽：

```
predict_linear(node_filesystem_free{instance="10.10.1.1"}[3d], 24 * 3600) < 0
```

（三）统计 Histogram 指标的分位数

除了 Counter、Gauge 数据类型外，Prometheus 中还有 Histogram 和 Summary 指标用于统计和分析数据的分布情况。与 Summary 直接在上报数据时计算数据分布的分位数情况不同，Histogram 监控指标可以通过 histogram_quantile(φ float, b instant-vector) 计算 *φ*- 分位数。以下表达式计算 10 min 内请求持续时间的第 90 百分位数：

```
histogram_quantile(0.9, rate(http_request_duration_seconds_bucket[10m]))
```

说明：histogram_quantile 是基于 Histogram 指标进行插值后的计算值，并不是精确值。

（四）函数索引表

这里将 PromQL 的内置函数分为以下 4 类：数值计算、统计分析、时间处理、格式转换。表 5-6 简单罗列了内置函数及其功能摘要。

表 5-6　PromQL 的内置函数及其功能摘要

类型	函数名称	功能摘要
数值计算	abs(v instant-vector)	绝对值
数值计算	ceil(v instant-vector)	向上取整
数值计算	clamp_max(v instant-vector, max scalar)	向上钳位
数值计算	clamp_min(v instant-vector, min scalar)	向下钳位
数值计算	deriv(v range-vector)	时间序列导数
数值计算	exp(v instant-vector)	e 次方
数值计算	floor(v instant-vector)	向下取整
数值计算	ln(v instant-vector)	自然对数
数值计算	log2(v instant-vector)	二进制对数
数值计算	log10(v instant-vector)	十进制对数
数值计算	round(v instant-vector, to_nearest=1 scalar)	近似值
数值计算	sqrt(v instant-vector)	平方根
统计分析	changes(v range-vector)	样本值变化次数
统计分析	delta(v range-vector)	区间向量首尾值差异
统计分析	histogram_quantile(ϕ float, b instant-vector)	计算直方图指标的分位数
统计分析	holt_winters(v range-vector, sf scalar, tf scalar)	时间序列数据平滑值
统计分析	idelta(v range-vector)	计算最新的两个样本值之间的差值
统计分析	increase(v range-vector)	区间向量最后一个样本相对于第一个样本的增长量
统计分析	irate(v range-vector)	计算区间向量的瞬时增长率
统计分析	predict_linear(v range-vector, t scalar)	预测时间序列在后续时刻的值

(续表)

类型	函数名称	功能摘要
统计分析	rate(v range-vector)	计算在时间窗口内的平均增长率
统计分析	resets(v range-vector)	计数器重置的次数
统计分析	sort(v instant-vector)	升序排列
统计分析	sort(v instant-vector)	降序排列
统计分析	<aggregation>_over_time()	某个范围内时间序列的聚合，<aggregation>可以是 avg、min、max、sum、count、quantile、stddev、stdvar 等
时间处理	day_of_month(v=vector(time()) instant-vector)	给定协调世界时（Coordinated Universal Time，UTC）时刻所在月的第几天
时间处理	day_of_week(v=vector(time()) instant-vector)	给定 UTC 时刻所在周的第几天
时间处理	days_in_month(v=vector(time()) instant-vector)	当月总天数
时间处理	hour(v=vector(time()) instant-vector)	给定 UTC 时间的当前第几个小时
时间处理	minute(v=vector(time()) instant-vector)	给定UTC时间当前小时的第几分钟
时间处理	month(v=vector(time()) instant-vector)	给定 UTC 时间当前属于第几个月
时间处理	time()	从 1970-01-01 到现在的秒数
时间处理	timestamp(v instant-vector)	每个样本的时间戳
时间处理	year(v=vector(time()) instant-vector)	给定 UTC 时间的当前年份
格式转换	absent(v instant-vector)	判断瞬时向量是否有样本
格式转换	label_join(v instant-vector, dst_label string, separator string, src_label_1 string, src_label_2 string, …)	多个标签连接为一个新标签
格式转换	label_replace(v instant-vector, dst_label string, replacement string, src_label string, regex string)	为时间序列添加额外的标签
格式转换	scalar(v instant-vector)	标量化
格式转换	vector(s scalar)	向量化

5.4 数据可视化之 Grafana

Prometheus 负责将数据进行采集和汇总，而从软件系统角度来看，用户往往还需要将这些基础数据进行可视化，以一种更友好的方式展现系统状态。作为一款高颜值的监控绘图工具，Grafana 对 Prometheus 提供了非常强大的支持。

作为一款跨平台的工具，Grafana 可以运行在多种操作系统之上，也可以使用 Docker 进行快速部署：

```
docker run -d -p 3000:3000 grafana/grafana
```

默认 Grafana 监听在 3000 端口之上，默认的登录信息是 admin/admin。

5.4.1 创建 Prometheus 数据源

未经配置的 Grafana 启动时，并没有选择数据来源。通过下列的配置，可以将 Grafana 可视化的数据源选择为 Prometheus。

- 点击 Grafana 的图标以打开侧边栏。
- 点击侧边栏中的“Data Sources”。
- 点击“Add new”。
- 在 Type 中选择“Prometheus”。
- 设置 Prometheus 的服务器的 URL（例如，http://localhost:9090/）。
- 按需调整其他配置项（例如，关闭代理访问）。
- 点击“Add”，一个新的数据源就配置完成了。

5.4.2 创建数据可视化图形

通过以下步骤完成 Grafana 图形的构建。

- 点击图形标题，然后打开“Edit”。
- 在“Metrics”标签页中，选择所创建的 Prometheus 数据源。
- 在“Query”中输入 PromQL 表达式，在“Metrics”中可以查询指标名称。
- 使用“Legend format”输入框以对时间序列的图例名称进行格式化。例如：若只想显示一条查询数据的方法和状态标签，可以在“Legend format”中输入 {{method}} - {{status}}。具体的图例格式化语法待补充。
- 调整坐标轴、显示风格、时间范围等以优化图形显示。

网站上包含大量的用户分享的 dashboard 样板。下载这些样板的 JSON 文件，并把其中的“datasource:”项修改为所构建的 Prometheus 数据源，然后通过 Dashboards->Home->Import 等步骤，即可快速完成 dashboard 的安装。

5.5 告警系统之 AlertManager

管理员通常希望得到关于系统正在发生的异常事件的及时通知，在 Prometheus 生态里，这可以通过 AlertManager 工具来实现。根据设定的告警规则，Prometheus 将告警信息发送给 AlertManager，而 AlertManager 负责将这些信息进行归类，屏蔽或静音，并通过邮件、PagerDuty[⑥]等方式对外发送通知。

---

⑥ PagerDuty 是一款在服务器出问题时自动发送提醒信息的软件。提醒方式包括屏幕显示、电话呼叫、通知、电邮通知等。无人应答时，它还会自动将提醒级别提高。

AlertManager 的核心特性如下。

- 归类：将相似特性的告警信息分组聚合为一条通知，这在同时发生大量故障时特别有用。假设集群中运行了大量的服务，此时发生了网络故障，有一半的服务访问不了数据库。根据设定的告警规则，Prometheus 将为每个服务发送一条“数据库无法访问”的告警，有大量的告警会被送到 AlertManager。但是，管理员希望在一个页面上知道有哪些服务受到了影响。因此通过配置 AlertManager，使得这些告警可以根据信息关键字进行聚合，而只发送一条压缩后的通知。
- 屏蔽：当某些告警已经发送后，可以抑制其他特性的告警继续发送。例如当某个集群被发现是不可访问时，那么再给隶属这一集群的大量服务发送“服务不可访问”告警就不必要了。
- 静音：可以在特定的时间内将告警静音。静音在配置时基于匹配规则，当有新增的告警时，将检查是否与配置的条件匹配，如果匹配，将不发送这些告警。静音的规则通过 AlertManager 的 Web 界面进行设置。
- 高可用：AlertManager 支持高可用的配置，通过“--cluster-listen-address”“--cluster-peer”等选项部署多个示例实现。这些 AlertManager 可以互相发现彼此，确保多个 AlertManager 收到相同告警信息时，只发送一个告警通知。需要注意的是，不要在 Prometheus 和 AlertManager 之间配置负载均衡，而是将 Prometheus 指向所有的 AlertManager (更详细的说明参见第 5.5.2 节)。

在构建一套告警系统时，有以下 3 个主要步骤：

- 安装、配置和部署 AlertManager；
- 配置 Prometheus，使之与 AlertManager 进行通信；
- 在 Prometheus 中创建告警规则。

5.5.1　安装和部署

AlertManager 采用 Go 语言编写，安装和部署可以使用下列命令完成：

```
$ GO15VENDOREXPERIMENT=1 go get github.com/prometheus/alertmanager/cmd/...
$ cd $GOPATH/src/github.com/prometheus/alertmanager
$ alertmanager --config.file=<your_file>
```

也可以使用已经编译好的 Docker 镜像完成：

```
docker run -d -P quay.io/prometheus/alertmanager
# 这里默认使用的启动命令为：
# /bin/alertmanager --config.file=/etc/alertmanager/alertmanager.yml \
# --storage.path=/alertmanager
# 如果需要修改配置文件，可以通过挂载一个新的配置到容器内来实现
```

AlertManager 启动时需要指定特定的配置文件，通过配置文件实现对告警行为的控制。配置文件以 yaml 格式编写，其中包含对全局配置、模板列表、路由树、屏蔽规则、接收器等的说明。

```
# 1. 全局配置
global:
  # 解决超时时间，当一次告警在这段时间内没有更新，那它会被认为已解决
  [ resolve_timeout: <duration> | default = 5m ]

  # 告警信息发送时标识的发送方邮箱
  [ smtp_from: <tmpl_string> ]
  # 邮件发送服务器地址，含端口
  # 例如：smtp.example.org:587
  [ smtp_smarthost: <string> ]
  # 默认的主机名，用于确定 SMTP 服务器
  [ smtp_hello: <string> | default = "localhost" ]
  # 邮箱登录的用户名
  [ smtp_auth_username: <string> ]
  # 邮箱认证方式使用 LOGIN 和 PLAIN
  [ smtp_auth_password: <secret> ]
  # 邮箱认证方式使用 PLAIN
  [ smtp_auth_identity: <string> ]
  # 邮箱认证方式使用 CRAM-MD5
  [ smtp_auth_secret: <secret> ]
  # 与 SMTP 通信是否需要建立安全连接，默认需要
  [ smtp_require_tls: <bool> | default = true ]

  # 当通知接收器为 Slack、victorops、微信等时的 API 设置
  [ slack_api_url: <secret> ]
  [ victorops_api_key: <secret> ]
  [ victorops_api_url: <string> | default = "https://alert.victorops.com/integrations/generic/20131114/alert/" ]
  [ pagerduty_url: <string> | default = "https://events.pagerduty.com/v2/enqueue" ]
  [ opsgenie_api_key: <secret> ]
  [ opsgenie_api_url: <string> | default = "https://api.opsgenie.com/" ]
  [ hipchat_api_url: <string> | default = "https://api.hipchat.com/" ]
  [ hipchat_auth_token: <secret> ]
  [ wechat_api_url: <string> | default = "https://qyapi.weixin.qq.com/cgi-bin/" ]
  [ wechat_api_secret: <secret> ]
  [ wechat_api_corp_id: <string> ]

  # 默认的 HTTP 客户端配置
  [ http_config: <http_config> ]

# 2. 模板列表
# 可以使用通配符，如：'templates/*.tmpl'
# 发送到接收器的信息是经过模板渲染的，默认 AlertManager 使用普通模板进行渲染
# 在其中显示告警的标签值。但如果用户需要在告警信息到来的同时附加一些如处理说明的链接，那么
# 这时需要编写更复杂的通知信息模板，并将这些模板的路径记录到下面字段中。模板文件中定义的模
# 板名称将在 receivers 字段中引用
templates:
  [ - <filepath> ... ]

# 3. 路由树
route: <route>
# 在这里首先会定义路由树的根节点，所有的告警到达 AlertManager 后，首先到达这个根节点
# 然后它会依次遍历在 routes 块中定义的子节点
```

```
# 如果匹配上的子节点中的 "continue" 属性是 true，那么它仍然会继续匹配下一个兄弟节点
# 如果 "continue" 属性为 false，那么它将停止匹配
# 当一条告警停止匹配时，将按照其当时所在的节点的配置规则进行处理

# 根节点的接受方
[ receiver: <string> ]

# 多条告警可以被归类，例如，可能希望将 cluster=A 和 alertname=LatencyHigh 的告警归类为一条通知
# 若要对所有可能的标签进行聚合，那么可以使用特殊的 '...' 标记来表示唯一的标签
# 例如，使用 group_by: ['...'] 表示所有的告警都不会被归类
[ group_by: '[' <labelname>, ... ']' ]
# 对于将被归类的告警来说，如果是初始化的告警信息，允许其等待一定时间以合并可能的后续到来的
# 告警
[ group_wait: <duration> | default = 30s ]
# 当一条通知信息已经形成，但此时仍有不断到来的告警信息被合并，允许告警信息等待一定时间以暂缓发
# 送此前的告警。这个等待时间从第一条告警到达的时刻开始计算
[ group_interval: <duration> | default = 5m ]

# 标识一条已匹配的告警是否需要继续匹配下一个兄弟节点
[ continue: <boolean> | default = false ]
# 匹配条件，要求告警的 labelname 等于相应的 labelvalue
match:
  [ <labelname>: <labelvalue>, ... ]
# 正则表达式的匹配条件
match_re:
  [ <labelname>: <regex>, ... ]

# 当一条告警已经成功发送后，同样的告警信息在一段时间内不会被重复发送
[ repeat_interval: <duration> | default = 4h ]

# 当前节点的子节点信息
# 子节点默认继承父节点的配置信息，但也可以通过重新设置来覆盖这些配置
routes:
  [ receiver: <string>]
  # 以下信息省略 ...

# 4. 屏蔽规则
# 当有一条告警信息（如 target）到来时，而此时已经有另一条告警信息（如 source）存在，那么这条新
# 告警不会被发出
# 要求这两条告警信息在设定的标签列表中的每一个标签都有相同的值
# 需要注意的是，标签缺失或标签值为空被视为同等
# 为防止告警信息被自身屏蔽，当一条信息同时匹配 target 和 source 时，它并不会被屏蔽
inhibit_rules:
  # 新到来告警信息的匹配条件
  target_match:
    [ <labelname>: <labelvalue>, ... ]
  target_match_re:
    [ <labelname>: <regex>, ... ]

  # 已存在告警信息的匹配条件
  source_match:
    [ <labelname>: <labelvalue>, ... ]
```

```
  source_match_re:
   [ <labelname>: <regex>, ... ]

  # 两条告警信息必须具有的相同标签值列表
  [ equal: '[' <labelname>, ... ']' ]

# 5. 接收器
# AlertManager 支持多种类型的接收器，如邮件、Slack、微信等
# 可以在这里配置多个接收器（它们在路由树中被引用）
# 每个接收器可以具有一种或多种通知方式
# 如果默认提供的通知方式不能满足，建议使用自由度很高的 webhook 模式进行配置
receivers:
  # 每个接收器必须有一个唯一的命名
  name: <string>

  # 通知发送方式的配置
  email_configs:
   [ - <email_config>, ... ]
  hipchat_configs:
   [ - <hipchat_config>, ... ]
  pagerduty_configs:
   [ - <pagerduty_config>, ... ]
  pushover_configs:
   [ - <pushover_config>, ... ]
  slack_configs:
   [ - <slack_config>, ... ]
  opsgenie_configs:
   [ - <opsgenie_config>, ... ]
  webhook_configs:
   [ - <webhook_config>, ... ]
  victorops_configs:
   [ - <victorops_config>, ... ]
  wechat_configs:
   [ - <wechat_config>, ... ]
```

5.5.2 配置 Prometheus 使之与 AlertManager 进行通信

Prometheus 通过命令行选项和配置文件进行配置，其中命令行选项定义了不可变的系统参数(如存储位置、需要保存到磁盘和内存的数据量，具体可以通过 ./prometheus -h 查询)，而配置文件定义了其所抓取的作业和示例以及所加载的规则文件。

Prometheus 可以在运行时重新加载配置，如果新配置的格式不正确，那么它将不会被应用。要重载 Prometheus 的配置，可以向其发送 SIGHUP 信号或向 url：http://port/reload 发送一个 POST 请求（要求 –web.enable-lifecycle 选项被启用）。

Prometheus 的配置文件以 yaml 形式编写，其中 alerting 字段为告警相关的配置。

```
# 和 AlertManager 相关的告警设置
alerting:
 # 当告警被发送到 AlertManager 时对其标签进行重定义，这个配置项的一个典型使用场景是：
```

```
# 当 Prometheus 进行高可用设置时，可用于确保多个 Prometheus 服务器发送的是同一项告警
alert_relabel_configs:
 [ - <relabel_config> ... ]
# 在这里设置 AlertManager 服务器地址以及通信选项
# AlertManager 服务器的地址既可以是静态配置的，也可以是通过服务发现机制动态获取的
alertmanagers:
 # 下列方式可以任选其一
 # 1. 静态配置方法
 static_configs:
  # 服务器地址，可以是多个
  targets:
   [ - '<host>' ]
  # 所有从 targets 获取的指标都会被分配的标签
  labels:
   [ <labelname>: <labelvalue> ... ]
 # 2. 服务发现方法
 # 从 Azure 虚拟机中获取服务器地址的配置选项
 azure_sd_configs:
  [ - <azure_sd_config> ... ]

 # 从 Consul 中获取服务器地址的配置选项
 consul_sd_configs:
  [ - <consul_sd_config> ... ]

 # 通过域名的方式获取服务器地址的配置选项
 dns_sd_configs:
  [ - <dns_sd_config> ... ]

 # 从 AWS EC2 中获取服务器地址的配置选项
 ec2_sd_configs:
  [ - <ec2_sd_config> ... ]

 # 从文件读取服务器地址的配置选项
 file_sd_configs:
  [ - <file_sd_config> ... ]

 # 从谷歌云的 GCE 中获取服务器地址的配置选项
 gce_sd_configs:
  [ - <gce_sd_config> ... ]

 # 从 Kubernetes 的 REST 中获取服务器地址的配置选项
 kubernetes_sd_configs:
  [ - <kubernetes_sd_config> ... ]

 # 从 Marathon 中获取服务器地址的配置选项
 marathon_sd_configs:
  [ - <marathon_sd_config> ... ]

 # 从 Nerve 中获取服务器地址的配置选项
```

```
nerve_sd_configs:
  [ - <nerve_sd_config> ... ]

# 从 Serverset 中获取服务器地址的配置选项
serverset_sd_configs:
  [ - <serverset_sd_config> ... ]

# 从 Triton 中获取服务器地址的配置选项
triton_sd_configs:
  [ - <triton_sd_config> ... ]
```

5.5.3 在 Prometheus 中创建告警规则

在 Prometheus 中，可以使用 PromQL 表达式定义告警规则，后端对这些触发规则进行周期性计算，当满足触发规则时将这些告警发送给外部服务器 (在这里，服务器指的是 Prometheus 关联的 AlertManager)。用户可以通过 Prometheus 的 Web 界面查看这些告警规则以及告警的触发状态。当告警达到 AlertManager 后，根据 AlertManager 配置的管理规则，对这些告警进行进一步的处理，如聚合、屏蔽等，而后通过设定的发送方式将告警信息发送到接收方。

(一) 定义告警规则

一个典型的告警规则如下。

```
groups:
- name: example
  rules:
  - alert: NvidiaMemoryLeak
    expr: nvidiasmi_memory_leak_count > 0
    for: 2m
    labels:
      servity: page
    annotations:
      summary: "nvidia memory leak from {{$labels.instance}} detected"
    description: "found nvidia memory leak from {{$labels.instance}} minor number {{$labels.minor_number}}"
```

在告警规则文件中，将一组相关的规则放置在一个 group 下。在每一个 group 中可以定义多条告警规则。告警规则主要由以下几部分组成。

- alert：告警规则的名称。
- expr：基于 PromQL 表达式告警触发条件，用于计算是否有时间序列满足该条件。
- for：评估等待时间，为可选参数。用于表示只有当触发规则持续一段时间后才发送告警。在等待期间新产生告警的状态为 pending。
- labels：自定义标签，允许用户指定要附加到告警上的一组附加标签。
- annotations：用于指定一组附加信息，比如用于描述告警详细信息的文字等，annotations 的内容在告警产生时会一同作为参数发送到 AlertManager。一般为了加强 annotations 的可读性，还会在其中添加标签值，这时候会用到模板渲染，通过 {{$label.<labelname>}} 代表告警实例发生时的标签值。

为了使 Prometheus 能获取这些规则文件，需要在 Prometheus 的全局配置文件中添加规则路径的存放路径：

```
rule_files:
  [ - <filepath_glob> ... ] # 支持文件路径的模糊匹配
```

规则文件要求格式按照定义编写，要在不启动 Prometheus 进程的情况下快速检查规则文件的语法是否正确，这可以通过安装并运行 Prometheus 的 promtool 命令行工具进行校验：

```
go get github.com/prometheus/prometheus/cmd/promtool
promtool check rules /path/to/example.rules.yml
```

（二）查询告警状态

Prometheus 读取的告警规则文件以及这些告警当前的状态，可以通过 Web 界面中的 Alerts 子栏目查看。

同时对于已经发送（Firing）或产生但还没达到发送条件的告警，Prometheus 也会将它们存储到时间序列 ALERTS{} 中，作为一项监控指标，它们也可以通过 PromQL 进行查询。

5.6 小结

本章介绍了以 Prometheus 为核心的监控系统建设过程：

- Prometheus 主服务提供了基础框架和逻辑控制；
- Exporter 实现各类监控数据的采集；
- PromQL 实现各种表达式以对数据进行定制化的加工整理；
- Grafana 以一种可视化的方式优美地展现了 Prometheus 的各类数据；
- AlertManager 则接收 Prometheus 按一定规则产生的警报，合并处理后实现异常事件的告警。

作为 AI 云平台的观察者，监控系统以自动化、数量化的方式对平台进行度量和监管，保障了大型 AI 云平台系统运行的稳定性和可靠性。

参考文献

[1] 陈晓宇，杨川胡，陈啸．深入浅出 Prometheus：原理、应用、源码与拓展详解 [M]．北京：电子工业出版社，2019.

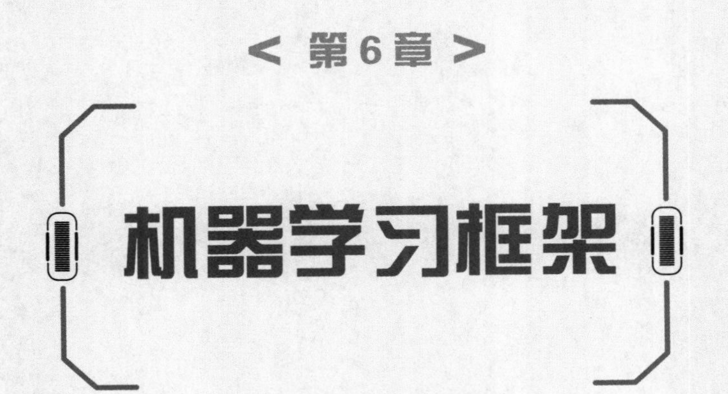

第6章 机器学习框架

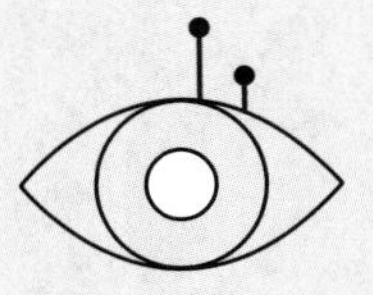

机器学习是人工智能及模式识别领域的共同研究热点，其理论和方法也被广泛应用于工程应用和科学领域。机器学习领域已有很多开源框架，工程人员可以直接在开源框架的基础上进行开发，大大简化了工作流程。此外，训练模型时离不开好的框架，一个架构简洁、易于上手、资料全面的框架可以帮助开发人员快速地处理数据、训练模型，实现模型的复现和迁移。一个通用的框架具有丰富的文档和手册，出现问题时有较好的社区帮助解决，这样可以大大加快模型的训练进程。然而，目前机器学习领域有大量的软件包，又没有明确说明每个软件包适用于何种情况，这就需要相关人员耗费大量的精力去选择。本章主要从训练智能模型时常用的一些框架着手，介绍各个库的使用范围、特点，然后引入相关示例进行简单介绍，帮助读者快速选择合适的框架。

6.1 SciPy

6.1.1 什么是 SciPy？

SciPy 是一个开源的、基于 Python 的生态系统，其致力于开发数值计算、科学和工程中常见的各个工具箱，主要有 NumPy、SciPy、Matplotlib、IPython、SymPy、Pandas 等核心库。SciPy 是一个面向应用程序开发人员和工程师的机器学习库，是 Python 中科学计算程序的核心包。它的不同子模块对应不同的应用，可以处理插值、积分、优化、图像处理、统计、常微分方程数值解的求解、信号处理等问题。它常用于有效计算 NumPy 矩阵，使 NumPy 和 SciPy 协同工作，高效解决问题。

6.1.2 SciPy 的特点

SciPy 的主要特点有以下几个。

- 使用 NumPy 开发，它的数组充分利用了 NumPy。
- SciPy 使用其特定的子模块提供了所有有效的数值程序，如优化、数值积分和许多其他程序。

- SciPy 子模块中的所有功能都有具体的文档注释。

具体的模块名可见表 6-1。

表 6-1 SciPy 模块名

模块名	应用领域
scipy.cluster	向量计算 /KMeans
scipy.fftpack	傅里叶变换
scipy.integrate	积分运算
scipy.interpolate	插值
scipy.io	数据输入输出
scipy.linalg	线性代数程序
misc	各种没有目录的实用库
scipy.ndimage	*n* 维图像处理包，包括用于图像处理的较多功能，例如滤波、傅里叶变换、图像形态学的处理
scipy.odr	正交距离回归
scipy.optimize	优化
scipy.signal	信号处理
scipy.sparse	稀疏矩阵
scipy.sparse.linalg	稀疏线性代数
scipy.sparse.linalg.dsolve	线性求解
scipy.spatial	空间数据结构和算法
scipy.special	一些特殊的数学函数
scipy.stats	统计

6.1.3 使用示例

（一）利用 scipy.io 读取文件

这里使用 SciPy 的 I/O 模块载入和保存 Matlab 文件。

```
from scipy import io as scpio
from numpy as np
x = np.ones((2,2))
scpio.savemat('matfile.mat',{'a':a})
data = scpio.loadmat('matfile.mat',struct_as_record=True)
data['a']
```

（二）数据建模和拟合

SciPy 中的 curve_fit 函数可以进行线性回归分析。下面，首先使用 $f(x)=ax+b$ 生成带有噪声的数据，然后使用 curve_fit 进行拟合。

```
import numpy as np
from scipy.optimize import curve_fit
```

```
# 创建函数 f(x) = ax + b
def func(x, a, b):
    return a*x+b


# 创建干净数据
x = np.linspace(0, 1, 10)
y = func(x, 1, 2)

# 添加噪声
yn = y + 0.5 * np.random.normal(size=len(x))

# 拟合噪声数据
popt, pcov = curve_fit(func, x, yn)

# 输出最优参数
print(" 最优值 ,popt:", popt)
print(" 估计协方差 ,pcov:", pcov)
# 最优值 popt: [1.10386434 2.37440637]
# 估计协方差 pcov: [[ 0.26896003 -0.13448002]
#  [-0.13448002  0.09463409]]
```

6.2 scikit-learn

6.2.1 什么是 scikit-learn？

由于 SciPy 只包含简单的基于 NumPy 的封装，且只有有限的科学计算函数，难以满足较多场景的需求，因此开发者们基于 SciPy 针对不同的应用领域发展出了众多的分支版本，它们被统一称为 Scikits (即 SciPy 工具包)，如 scikit-data 是针对数据分析过程专门设计的，使用更容易，scikit-image 针对图像处理，scikit-video 针对视频处理等。在这些分支版本中，最有名也是专门面向机器学习的版本就是 scikit-learn。

scikit-learn 是基于 NumPy 和 SciPy 开发的，因此需要二者的支撑。scikit-learn 由数据科学家 David Cournapeau 在 2007 年发起，是 Python 语言中专门针对机器学习应用而发展起来的一款开源框架，其主要由社区成员自发进行维护。该软件包专注于机器学习领域，不做机器学习领域之外的其他扩展，并且采用的都是经典的算法，这使得该库具有较好的稳定性与实用性。

这里简单介绍 scikit-learn 的六大功能以及 scikit-learn 的安装和运行，为后续更深入地学习 scikit-learn 提供参考。

6.2.2　scikit-learn 的六大功能

scikit-learn 的基本功能主要有分类、回归、聚类、数据降维、模型选择和数据预处理六大部分。

(1) 分类是指将给定的对象分成不同的类别，比较常见的应用场景包括目标检测和图像分类等，例如 MNIST 数据集含有 10 类标签，每幅图像是一个手写的数字字符，如果写的是 0，其类别为 0；其他也是如此。目前 scikit-learn 实现的算法涵盖较多经典算法，例如：支持向量机、最近邻、逻辑回归、随机森林、决策树以及多层感知器 (Muli-Layer Percetron，MLP) 神经网络等。需要指出的是，由于 scikit-learn 本身不支持深度学习，也不支持 GPU 加速，因此这里对于 MLP 的实现并不适合处理大规模问题。有相关需求的读者可以查看同样对 Python 有良好支持的 TensorFlow 和 PyTorch 等框架。

(2) 回归是指预测给定对象相关联的连续型目标值，最常见的应用场景如根据房屋地点、户型预测房价，根据历史股票价格预测新的股票价格，预测气温等。目前 scikit-learn 已经实现的算法包括：支持向量回归 (Support Vector Regression，SVR)、脊回归、Lasso 回归、弹性网络 (Elastic Net)、最小角回归 (Least Angle Regression，LARS)、贝叶斯回归以及各种不同的鲁棒回归算法等。由此可见，其实现的回归算法几乎涵盖了所有开发者的需求范围，而且更重要的是，scikit-learn 针对每个算法提供了详细的用例。

(3) 聚类是指自动识别具有相似属性的给定对象，并将其按照类别进行分组，即给定一组数据点，使用聚类算法将每个数据点划分为一个特定的组。聚类属于无监督学习的范畴，最常见的应用场景包括顾客细分和试验结果分组。目前 scikit-learn 已经实现的算法包括：K-means 聚类、谱聚类、均值偏移、分层聚类、DBSCAN 聚类等。

(4) 数据降维是指利用降维技术对高维度数据进行降维，从而减少需要考虑的数据维度，scikit-learn 主要实现了主成分分析 (Principal Component Analysis，PCA)、非负矩阵分解 (Nonnegative Matrix Factorization，NMF) 等数据降维算法，其主要应用场景包括可视化处理和效率提升。

(5) 模型选择是从给定参数和模型中比较、验证和选择合适的参数和模型，进而提升精度。scikit-learn 提供的模型选择算法有格点搜索、交叉验证和各种针对预测误差评估的度量函数。

(6) 数据预处理是指在处理数据前进行的一些处理，在机器学习过程中主要是指数据的归一化和特征提取，是进行后续处理的最关键一环。这里归一化是指将输入数据转换为具有零均值和单位权方差的新数据，减少数据偏差对后续处理的影响。而特征提取是指从图像、文本、电子、声音等数据中提取合适的特征表达形式，这些特征为数字变量。

总的来说，scikit-learn 实现了一整套用于数据降维、模型选择、特征提取和归一化的完整算法 / 模块，且在工程主页中为每个算法和模块都提供了丰富的参考样例和详细的说明文档，可以在一定范围内为开发者提供非常有利的帮助。

另外，scikit-learn 也有缺点，例如它不支持深度学习和强化学习 (目前这两者已经是应用非常广泛的技术了)、准确的图像分类、可靠的实时语音识别和语义理解等。此外，它也不支持图模型和序列预测，不支持 Python 之外的语言，不支持 PyPy 和 GPU 加速。

需要指出的是，如果不考虑多层神经网络的相关应用，scikit-learn 的性能表现是非常不错的。究其原因，一方面是其内部算法的实现十分高效，另一方面或许可以归功于 Cython 编译器，通过 Cython 在 scikit-learn 框架内部生成 C 语言代码的运行方式，scikit-learn 打破了大部分性能的瓶颈。

此外，应该明确的是，虽然概括地说 scikit-learn 并不适合深度学习问题，但对于某些特殊场景而言，scikit-learn 仍然是明智的选择。例如要创建连接不同对象的预测函数时，或者在未标记的数据集中为了训练模型对不同的对象进行分类时，scikit-learn 只需要通过普通的旧机器学习模型就能很好地完成任务，而并不需要建立数十层的复杂神经网络。

6.2.3 scikit-learn 示例

如前所述，scikit-learn 需要 NumPy 和 SciPy 等其他包的支持，因此在安装 scikit-learn 之前需要提前安装一些支持包，具体列表和教程可以查看 scikit-learn 的官方文档。

假定 Python 环境已经配置好，Python 包管理工具（PIP）也已配置好，在机器能够联网的情况下，安装 scikit-learn 只需要一条简单的命令：pip install scikit-learn。下面描述一个 scikit-learn 的使用示例。

此示例模拟多标签文档分类问题。数据集是按照下列规则随机生成的。

- 选择标签数量：*n*~ 泊松（n_ 标签）。
- *n* 次，选择 C 类：C~ 多项式分布（theta）。
- 选取文档长度：*k*~ 泊松（长度）。
- *k* 次，选择一个词：*w*~ 多项式（theta_c）。

在上述过程中，使用拒绝抽样来确保 *n* 大于 2，并且使得文档长度不为零。

分类时，先利用 PCA 和典型相关分析（Canonical Correlation Analysis，CCA）发现的前两个主要成分，然后对特征进行可视化，提取特征后使用 sklearn.multilass.onevsrestClassifier 元分类器，这里分类器使用两个带有线性核的支持向量机分类（Support Vector Classification，SVC）函数来学习每个类的识别模型。注意，PCA 用于执行无监督降维，而 CCA 用于执行有监督降维。

```
# 导入 NumPy 工具包
import numpy as np
# 导入 Matplotlib 画图工具
import matplotlib.pyplot as plt

# 导入数据生成函数
from sklearn.datasets import make_multilabel_classification
# 导入多分类器函数
from sklearn.multiclass import OneVsRestClassifier
# SVM 分类
from sklearn.svm import SVC
# 导入主成分分析 PCA
```

```
from sklearn.decomposition import PCA
# 导入典型相关分析
from sklearn.cross_decomposition import CCA
def plot_hyperplane(clf, min_x, max_x, linestyle, label):
    # 定义画图区域
    w = clf.coef_[0]
    a = -w[0] / w[1]
    xx = np.linspace(min_x - 5, max_x + 5)  # make sure the line is long enough
    yy = a * xx - (clf.intercept_[0]) / w[1]
    plt.plot(xx, yy, linestyle, label=label)


def plot_subfigure(X, Y, subplot, title, transform):
    # 画图函数
    if transform == "pca":
        X = PCA(n_components=2).fit_transform(X)
    elif transform == "cca":
        X = CCA(n_components=2).fit(X, Y).transform(X)
    else:
        raise ValueError

    min_x = np.min(X[:, 0])
    max_x = np.max(X[:, 0])

    min_y = np.min(X[:, 1])
    max_y = np.max(X[:, 1])

    # 利用 SVM 分类
    classif = OneVsRestClassifier(SVC(kernel='linear'))
    classif.fit(X, Y)

    plt.subplot(2, 2, subplot)
    plt.title(title)

    zero_class = np.where(Y[:, 0])
    one_class = np.where(Y[:, 1])
    plt.scatter(X[:, 0], X[:, 1], s=40, c='gray', edgecolors=(0, 0, 0))
    plt.scatter(X[zero_class, 0], X[zero_class, 1], s=160, edgecolors='b',
            facecolors='none', linewidths=2, label=u' 类别 1')
    plt.scatter(X[one_class, 0], X[one_class, 1], s=80, edgecolors='orange',
            facecolors='none', linewidths=2, label=u' 类别 2')

    plot_hyperplane(classif.estimators_[0], min_x, max_x, 'k--',
            u' 类别 1 边界 ')
    plot_hyperplane(classif.estimators_[1], min_x, max_x, 'k-.',
            u' 类别 2 边界 ')
    plt.xticks(())
    plt.yticks(())

    plt.xlim(min_x - .5 * max_x, max_x + .5 * max_x)
    plt.ylim(min_y - .5 * max_y, max_y + .5 * max_y)
```

```
    if subplot == 2:
        plt.xlabel(u' 第一个主成分 ')
        plt.ylabel(u' 第二个主成分 ')
        plt.legend(loc="upper left")


plt.figure(figsize=(8, 6))

# 生成数据
X, Y = make_multilabel_classification(n_classes=2, n_labels=1,
                                      allow_unlabeled=True,
                                      random_state=1)

plot_subfigure(X, Y, 1, u" 含无标签的样例 + CCA", "cca")
plot_subfigure(X, Y, 2, u" 含无标签的样例 + PCA", "pca")
# 进行多标签二分类
X, Y = make_multilabel_classification(n_classes=2, n_labels=1,
                                      allow_unlabeled=False,
                                      random_state=1)

plot_subfigure(X, Y, 3, u" 不含无标签的样例 + CCA", "cca")
plot_subfigure(X, Y, 4, u" 不含无标签的样例 + PCA", "pca")

plt.subplots_adjust(.04, .02, .97, .94, .09, .2)
plt.show()
```

具体的分类结果如图 6-1 所示。

需要注意的是，在图 6-1 中，“无标签样本”并不意味着我们不知道标签 (如在半监督学习中)，只是样本没有标签。

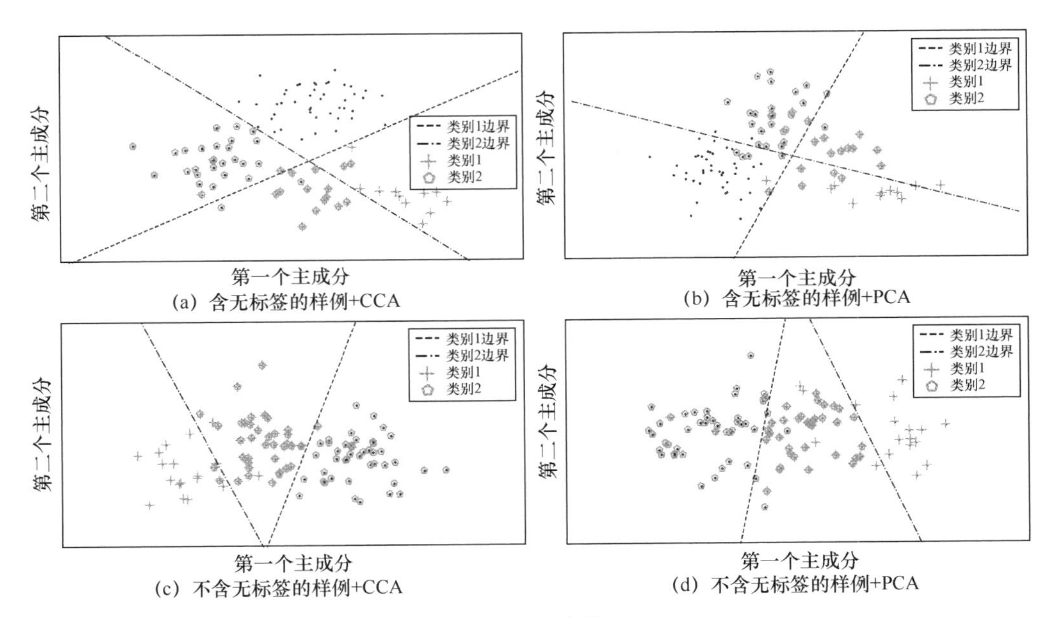

图 6-1　分类结果

6.3 Pandas

6.3.1 什么是 Pandas？

Pandas 是一个提供高性能、易于使用的分析数据结构的开源 Python 库。Pandas 基于 NumPy 开发（提供高性能的矩阵运算），是为解决数据分析任务而创建的，它还纳入了大量的库和一些标准的数据模型，提供了高效地操作大型数据集所需的工具，能使开发人员快速、便捷地处理数据。

Python 在数据挖掘和准备方面一直很出色，但在数据分析和建模方面稍差一些。Pandas 有助于弥补这一缺点，使开发人员能够在 Python 中执行整个数据分析工作流，而无需切换到更特定于领域的语言，如 R 语言。除了线性回归和面板回归之外，Pandas 没有实现重要的建模功能。详细的建模功能模块可以查看 statsmodels 和 scikit-learn。

6.3.2 Pandas 的特点

Pandas 具有以下特点。

- 一个快速的、有效的数据帧（DataFrame）对象：可用于集成索引的数据操作。
- 支持内存数据结构在不同格式之间的读取和写入，包括 CSV、text 文件、Excel、SQL 数据库、HDF5 格式。
- 智能数据对齐和丢失数据的集成处理：在计算中获得基于标签的自动对齐，并轻松地将杂乱的数据处理成有序的形式。
- 数据集的灵活重塑和旋转。
- 支持大型数据集的基于标签的智能切片、花式索引和子集。
- 可以从数据结构中插入和删除列，以实现大小可变。
- 通过引擎将数据聚合或转换为强大的组，允许对数据集执行拆分、应用、组合操作。
- 数据集的高性能合并和连接。
- 层次轴索引提供了一种直观的方式，能在低维数据结构中处理高维数据。
- 时间序列功能：日期范围生成和频率转换、移动窗口统计、移动窗口线性回归、日期移动和滞后，甚至在不丢失数据的情况下创建特定于领域的时间偏移和连接时间序列。
- 高度优化的性能，可用 Cython 或 C 语言编写关键代码。
- 在很多学术和商业领域都有应用，包括金融、神经科学、经济学、统计学、广告、网络分析等。

6.3.3 Pandas 示例

这里主要描述 Pandas 的几个数据结构，并给出相应的代码段进行描述，希望用户能够快速了解 Pandas。

(一) Series 示例

Series 为一维数组，与 NumPy 中的一维数组类似，它们与 Python 基本的数据结构 List 也很相近。Series 如今能保存不同的数据类型，包括字符串、Boolean 值、数字等。下面给出了数据为 Python 字典、Ndarray、标量（例如数值 4）的示例。

```
import Pandas as pd
s = pd.Series(data, index=index)

# data 为 Python 字典
sdict = pd.Series('b' : 1, 'a' : 0, 'c' : 2})
# data 为 Ndarray
snd = pd.Series(np.random.randn(5), index=['a', 'b', 'c', 'd', 'e'])
# data 为标量
sscaler = pd.Series(4, index=['a', 'b', 'c', 'd', 'e'])
```

当数据为字典（用 dict 表示）时，不需要设置 index，Series 索引按照字典插入顺序排序，而不是按照字母表排序，例如 sdict 变量为 [‘b’，‘a’，‘c’]，而不是 [‘a’，‘b’，‘c’] (Python version >= 3.6，Pandas version >= 0.23)。

当数据为 Ndarray 时，index 的长度必须和 data 的长度一致，如果不显示设置 index，默认会创建 [0,1,...,len(data)-1]。

当数据为标量时，必须提供 index 值，如果 index 的长度大于标量的长度，变量的值会重复，如 scaler 的值为 a 5.0, b 5.0, c 5.0, d 5.0, e 5.0。

(二) Time-Series

Time-Series 即以时间为索引的 Series。

(三) DataFrame

DataFrame 是一个二维标记的数据结构，可以具有不同类型的列。可以将 DataFrame 理解为电子表格、SQL 表或序列对象的 dict，其在 Pandas 中最常用，并接受很多不同类型的输入，如下所示：

- 1 维的 Ndarrays、lists、dicts 或 Series；
- 2 维的 numpy.ndarrays；
- 结构化或记录的 Ndarray；
- DataFrame。

下面给出 DataFrame 的一些示例。

```
d = {'one': pd.Series([1., 2., 3.], index=['a', 'b', 'c']),
    'two': pd.Series([1., 2., 3., 4.], index=['a', 'b', 'c', 'd'])}

df = pd.DataFrame(d)
```

```
'''
  one two
a 1.0 1.0
b 2.0 2.0
c 3.0 3.0
d NaN 4.0
'''
pd.DataFrame(d, index=['d', 'b', 'a'])
'''
  one two
d NaN 4.0
b 2.0 2.0
a 1.0 1.0
'''
pd.DataFrame(d, index=['d', 'b', 'a'], columns=['two', 'three'])
'''
  two three
d 4.0 NaN
b 2.0 NaN
a 1.0 NaN
'''

 d1 = {'one': [1., 2., 3., 4.],
     'two': [4., 3., 2., 1.]}
pd.DataFrame(d1)
'''
  one two
0 1.0 4.0
1 2.0 3.0
2 3.0 2.0
3 4.0 1.0
'''
```

在上面的示例中，首先构建字典 d，然后定义数据帧 df，将字典转换为索引的联合。如果有嵌套的 dict，则将它们转换为序列。如果没有传递列索引，则数据帧的列按照字典键值排序，并且按照最长的字典元素计算索引，用 NaN 填充较短的列。除了传递数据之外，数据帧还可以传递索引（行标签）和列（列标签）参数。如果使用索引或者列获得数据帧的内容，符合条件的数值将会被填充 NaN。如果没有传递轴标签，则将根据常识规则从输入数据构建轴标签。

（四）Panel

Panel 是三维数据的重要容器。术语 panel data 派生自计量经济学，也是 Pandas 的名称来源：pan (el)-da (ta)-s。3 个轴的名称旨在描述涉及面板数据的操作，特别是为面板数据的计量经济学分析提供一些语义意义，3 个轴的名称如下。

- items：轴 0，每个项目对应于内部包含的数据帧。
- major_axis：轴 1，它是每个数据帧的索引（行）。
- minor_axis：轴 2，它是每个数据帧的列。

6.4 Spark MLlib 和 Spark ML

6.4.1 什么是 Spark MLlib 和 Spark ML？

Apache Spark 是一个大数据处理框架，致力于解决大数据处理速度慢、难使用和分析复杂的问题。Apache Spark 是 2009 年由加州大学伯克利分校的 AMPLab 开发的，并在 2010 年成了 Apache 的开源项目之一。Spark 在机器学习方面的发展较快，支持当前主流的统计和机器学习算法。在现有的基于分布式架构的开源机器学习库中，MLlib 是计算效率最高的。随着 Spark 机器学习库的不断壮大，在版本更新到 1.2 后，该库被分为两个包：Spark MLlib 和 Spark ML。前者主要是提供与分布式数据集相关的元素算法 API，后者则是基于 DataFrame 提供更高层次的 API，用于构建机器学习的工作流。Spark ML 库中的 Pipeline 弥补了 Spark MLlib 库的不足，更加面向机器学习的流程，提供工作流式 API 套件，使得机器学习过程变得更加易用、简洁和高效。Spark ML Pipeline API 可以将多种机器学习算法更容易地组合成流水线，单个流水线上含有多个阶段 (Stage)，每个 Stage 可以是数据处理、特征转换、正则化、参数设置等。这种方式提供了更灵活的方法，更符合机器学习的特点，也更容易从其他语言迁移。

Spark MLlib 是 Spark 的机器学习库，旨在简化机器学习的工程实践工作，并方便扩展到更大规模。Spark MLlib 由一些通用的学习算法和工具组成，包括分类、回归、聚类、协同过滤、降维等，同时还包括底层的优化和高层的管道 API，其具有如下特征。

- 算法工具：常用的学习算法，如分类、回归、聚类和协同过滤。
- 特征化：特征提取、转化、降维和选择。
- 管道 (Pipeline)：用于构建、评估和调整机器学习管道的工具。
- 持久存储：可以从磁盘加载算法、模型和管道，并且将他们保存到磁盘中。
- 应用面广：涵盖线性代数、统计、数据处理等方向。

spark.ml 是机器学习管道高级 API，其主要包含以下功能。

- 流程控制：评估器、转换器和管道等。
- 抽取、转换和选取特征。
- 分类和回归。
- 聚类。
- 高级主题。

6.4.2 Spark 使用示例

下面示例展示了利用 Spark MLlib 库实现 K-means 聚类。K-means 聚类是常用的聚类算法，它可以将样本点聚合到已给定的几个聚类集中。Spark MLlib 实现了并行的 K-means 聚类算法，称为 K-means 聚类算法。

首先使用 SparkContext 在 Spark 应用程序中申请集群资源，创建弹性分布式数据集 (Resilient Distributed Dataset，RDD)、累加器 (Accumulators) 及广播变量等，这里使用 textFile 来加载文件创建 RDD，代码为 sc.textFile("data/mllib/KMeans_data.txt")。textFile 的参数是一个 path，这个 path 可以是一个文件路径，这时候只装载指定的文件；也可以是一个目录路径，这时候只装载指定目录下面的所有文件 (不包括子目录下面的文件)；想要获得多个文件夹下的文件，需要以通配符的形式加载文件，对数据文件夹进行整体读取。

其次使用 K-Means 函数训练模型。其具体参数说明如下。

- *K*：聚类的类别数。
- maxIterations：每次计算的最大的迭代总次数。
- initializationMode：确定算法的初始化模式，可以是随机初始化或普通初始化。
- run：算法计算的次数 (因为算法不能保证得到全局最优解，故对同一个聚类数据集进行多次计算，以得出最优结果)。
- initializationSteps：算法计算的步数。
- epsilon：用于判断 K-means 算法何时收敛的阈值。
- initialModel：每个初始聚类中心点的集合，如果提供此集合 (非空)，则算做一次计算步数。

然后定义均方误差损失，计算聚类结果。

最后对每个点计算的均方误差求和，这里使用 Python 的 map() 函数对指定序列做映射，然后利用 reduce() 函数对误差进行累加，具体代码如下。

```
from __future__ import print_function

from numpy import array
from math import sqrt

from pyspark import SparkContext
from pyspark.mllib.clustering import KMeans, KMeansModel


if __name__ == "__main__":
    sc = SparkContext(appName="KMeansExample")  # SparkContext

    # 装载和解析数据
    data = sc.textFile("data/mllib/KMeans_data.txt")
    parsedData = data.map(lambda line: array([float(x) for x in line.split(' ')]))

    # 构建聚类模型
    clusters = KMeans.train(parsedData, 2, maxIterations=10, initializationMode="random")

    # 计算均方误差
    def error(point):
```

```
    center = clusters.centers[clusters.predict(point)]
    return sqrt(sum([x**2 for x in (point - center)]))
# 返回均方误差
WSSSE = parsedData.map(lambda point: error(point)).reduce(lambda x, y: x + y)
print("Within Set Sum of Squared Error = " + str(WSSSE))

# 保存和装载模型
clusters.save(sc, "target/org/apache/spark/PythonKMeansExample/KMeansModel")
sameModel = KMeansModel.load(sc, "target/org/apache/spark/PythonKMeansExample/KMeansModel")

sc.stop()
```

6.5 XGBoost

6.5.1 什么是 XGBoost？

极端梯度提升 (eXtreme Gradient Boosting，XGBoost)，号称“夺冠的必备大杀器”，横扫机器学习竞赛罕逢敌手，在涉及非结构化数据 (图像、文本等) 的预测问题中，人工神经网络显著优于所有其他算法或框架。但当涉及中小型结构 / 表格数据时，基于决策树的算法现在被认为是最佳的，而基于决策树算法中最惊艳的，非 XGBoost 莫属。

XGBoost 是一个优化的分布式梯度增强库，具有高效、灵活和可移植的特点。XGBoost 基于并行数据增强 (也称为梯度提升迭代决策树 (Gradient Boosting Decision Tree，GBDT)、梯度提升树机 (Gradient Boosting Machine，GBM)) 改进，可以快速、准确地解决许多数据科学问题。其具有可移植性,同样的代码也可以运行在主要的分布式环境 (Hadoop、SGE、MPI) 上，加快模型训练。该库可以在装有英伟达 GPU 的机器上运行，但是只在 Linux 系统下支持多 GPU 的训练。

6.5.2 XGBoost 的特点

XGBoost 具有以下几个特点。

- 灵活性：支持回归、分类、排名和用户定义函数。
- 跨平台：适用于 Windows、Linux、MacOS 以及多个云平台。
- 多语言：支持 C++、Python、R、Java、Scala、Julia 等语言。
- 效果好：赢得许多数据科学和机器学习挑战，已应用于多家公司的生产过程。
- 云端分布式：支持多台计算机上的分布式训练，包括 AWS、GCE、Azure 和 YARN 集群，可以与 Flink、Spark 和其他云数据流系统进行集成。

6.5.3　XGBoost 功能和示例

在使用 xgb.train() 对模型进行训练时，必须要设置以下参数。

- general parameters：一般类型参数，主要控制在提升（Boosting）过程中使用哪一种助推器（Booster），常用的 Booster 有树模型（Tree Model）和线性模型（Linear Model）。
- booster parameters：用于设置使用哪一种 Booster 模型。
- task parameters：学习任务参数，用于控制学习的场景，比如在回归问题中会使用不同的参数控制排序。

下面从具体的参数名称、参数可选择范围等方面介绍上述 3 个参数的设置。

（1）general parameters

- booster：有两种模型可以选择，分别为 gbtree 和 gblinear。其中 gbtree 使用基于树的模型进行提升计算，gblinear 使用线性模型进行提升计算。默认值为 gbtree。
- silent：取 0 时表示打印运行时信息，取 1 时表示以缄默方式运行、不打印运行时信息。默认值为 0。
- nthread：XGBoost 运行时的线程数。默认值是当前系统可以获得的最大线程数。
- num_pbuffer：XGBoost 自动设置，无需用户设置。表示预测缓冲区的大小，通常设置为训练实例的数量。缓冲区用于保存最后一个步骤的预测结果。
- num_feature：Boosting 过程中用到的特征维数。该参数由 XGBoost 自动设置，无需用户设置。

（2）booster parameters

该参数也叫作 xgboost-unity 参数，对于 booster 参数来说，bst 前缀可以省略，其包含 Tree Booster 参数和 Liner Booster 参数。

Tree Booster 参数具体介绍如下。

- eta：更新过程中用到的收缩步长。在每次提升计算之后，算法会直接获得新特征的权重。eta 通过缩减特征的权重使提升计算过程更加保守。默认值为 0.3，取值范围为 [0,1]。
- gamma：在树的叶子节点上进行进一步分区所需的最小损失。该值越大，算法越保守。默认值为 0，取值范围为 [0, ∞)。
- max_depth：树的最大深度。默认值为 6，取值范围为 [1, ∞)。
- min_child_weight：子节点中最小的样本权重。如果一个叶子节点的样本权重和小于 min_child_weight，则拆分过程结束。在现行回归模型中，这个参数是指建立每个模型所需要的最小样本数。该值越大算法越保守，取值范围为 [0, ∞)。
- max_delta_step：允许重量估计时每棵树的最大步幅增量，默认值为 0。如果该值设置为 0，则表示没有约束。如果将该值设置为正值，将使得更新步骤更加保守。通常不需要这个参数，但当类别极不平衡时，它可能有助于逻辑回归。将其设置为 1~10 可能有助于控制更新。取值范围为 [0, ∞)。
- subsample：用于训练模型的子样本占整个样本集合的比例。如果设置为 0.5，XGBoost

将从整个样本集合中随机抽取 50% 的子样本建立树模型，这能够防止过拟合。默认值为 1。取值范围为 (0,1]。

- colsample_bytree：对特征采样的占比，用来控制树的每一级的每一次分裂。默认值为 1，取值范围为 (0,1]。

Linear Booster 参数具体介绍如下。

- lambda：L2 正则化的权重，默认值为 0。
- alpha：L1 正则化的权重，默认值为 0。
- lambda_bias：L2 偏置项的正则化的权重，默认值为 0。

Dart Booster 比 Tree Booster 增加了以下 5 个参数。

- sample_type：采样方式。
- normalize_type：正则化方式。
- rate_drop：表示舍弃上一轮树的比例。默认值为 0，取值范围为 [0.0, 1.0]。
- one_drop：表示是否有树被舍弃。当值不为 0 时，表示至少舍弃一棵树。默认值为 0。
- skip _drop：跳过舍弃树的程序的概率。默认值为 0，取值范围为 [0.0, 1.0]。

（3）task parameter

objective 定义学习任务及相应的学习目标，默认值为 reg:linear，其可以选择下面几种参数。

- reg:linear：使用线性回归模型。
- reg:logistic：使用逻辑回归模型。
- binary:logistic：二分类的逻辑回归问题，输出的结果为概率。
- binary:logitraw：二分类的逻辑回归问题，输出的结果为得分。
- count:poisson：计数问题的泊松回归，输出结果为泊松分布。在泊松回归中，max_delta_step 的默认值为 0.7。
- multi:softmax：采用 softmax 目标函数处理多分类问题，同时需要设置参数 num_class（类别个数）。
- multi:softprob：同 softmax，但是输出的结果为 ndata×nclass 的向量，可以将该向量重新调整成 ndata 行 nclass 列的矩阵，其中每行数据表示该样本属于每个类别的概率。
- rank:pairwise：采用评分机制进行训练。

eval_metric 为评估指标，具体参数如下。

- rmse：最小均方误差，用于回归问题。
- logloss：表示负对数似然函数。
- error：二值分类误差。由 (分类错误的情况) / (所有需要分类的个数) 计算而来，通常用于分类问题。如果用于预测，预测的结果大于 0.5，则分为正类，否则为负类。
- merror：表示多分类错误率，由 (分类错误的情况) / (所有分类情况) 计算而来。
- mlogloss：多分类负对数似然函数。
- auc：排序评价曲线下方区域。
- ndcg：归一化折损累计增益。

- map：平均准确率。
- ndcg@n：前 n 类累积收益。
- map@n：前 n 类平均准确率。

为了便于理解上述参数设置和概念，这里我们选择一个二分类问题，对蘑菇特征——是否有毒进行判别。该项目文件夹如下所示。

```
agaricus-lepiota.data # 数据
agaricus-lepiota.fmap # 映射关系
agaricus-lepiota.names # 数据介绍
mapfeat.py # 特征变换
mknfold.py # 数据拆分
tran.py # 训练模型
```

数据来自 Mushrooms，数据包括蘑菇的形状、颜色等特征以及是否有毒的标签。原始数据存放在 agaricus-lepiota.data 里，内容如下所示。它有 23 列，其中第一列是标签（Label）列，p 表示有毒，e 表示没有毒。后面的 22 列是 22 个特征对应的特征值。

```
p,x,s,n,t,p,f,c,n,k,e,e,s,s,w,w,p,w,o,p,k,s,u
e,x,s,y,t,a,f,c,b,k,e,c,s,s,w,w,p,w,o,p,n,n,g
e,b,s,w,t,l,f,c,b,n,e,c,s,s,w,w,p,w,o,p,n,n,m
p,x,y,w,t,p,f,c,n,n,e,e,s,s,w,w,p,w,o,p,k,s,u
e,x,s,g,f,n,f,w,b,k,t,e,s,s,w,w,p,w,o,e,n,a,g
...
```

agaricus-lepiota.fmap 文件里存放特征映射关系，比如蘑菇头形状（Cap-Shap）为钟型（Bell）的用 b 表示，圆锥型（Conical）的用 c 表示；蘑菇头颜色（Cap-Color）为棕色（Brown）的用 n 表示，浅黄色（Buff）的用 b 表示等。共 22 个特征映射，对应 agaricus-lepiota.data 里的第 2 ～ 23 列（第 1 列为标签），具体如下所示。

```
1. cap-shape: bell=b,conical=c,convex=x,flat=f, knobbed=k,sunken=s
2. cap-surface: fibrous=f,grooves=g,scaly=y,smooth=s
3. cap-color: brown=n,buff=b,cinnamon=c,gray=g,green=r, pink=p,purple=u,red=e,white=w,yellow=y
4. bruises: bruises=t,no=f
5. odor: almond=a,anise=l,creosote=c,fishy=y,foul=f, musty=m,none=n,pungent=p,spicy=s
6. gill-attachment: attached=a,descending=d,free=f,notched=n
7. gill-spacing: close=c,crowded=w,distant=d
8. gill-size: broad=b,narrow=n
9. gill-color: black=k,brown=n,buff=b,chocolate=h,gray=g,green=r,orange=o,pink=p,purple=u,red=e,
   white=w,yellow=y
10. stalk-shape: enlarging=e,tapering=t
11. stalk-root: bulbous=b,club=c,cup=u,equal=e, rhizomorphs=z,rooted=r,missing=?
12. stalk-surface-above-ring: fibrous=f,scaly=y,silky=k,smooth=s
13. stalk-surface-below-ring: fibrous=f,scaly=y,silky=k,smooth=s
14. stalk-color-above-ring: brown=n,buff=b,cinnamon=c,gray=g,orange=o,pink=p,red=e,white=w,yellow=y
15. stalk-color-below-ring: brown=n,buff=b,cinnamon=c,gray=g,orange=o,pink=p,red=e,white=w,yellow=y
16. veil-type: partial=p,universal=u
17. veil-color: brown=n,orange=o,white=w,yellow=y
18. ring-number: none=n,one=o,two=t
19. ring-type: cobwebby=c,evanescent=e,flaring=f,large=l, none=n,pendant=p,sheathing=s,zone=z
20. spore-print-color: black=k,brown=n,buff=b,chocolate=h,green=r, orange=o,purple=u,white=w,yellow=y
```

```
21. population: abundant=a,clustered=c,numerous=n, scattered=s,several=v,solitary=y
22. habitat: grasses=g,leaves=l,meadows=m,paths=p, urban=u,waste=w,woods=d
```

mapfeat.py 为把原始数据 agaricus-lepiota.data 转换成 LibSVM 格式的数据文件的脚本。在 LibSVM 中，每一行表示一个实例，其中第一列是标签。在二分类中，1 表示正样本，0 表示负样本。后面每一列都是一个 key:value 的键值对。如下所示，第一行的“101”表示编号为 101 的特征，“1.2”表示该特征的特征值。

```
1 101:1.2 102:0.03
0 1:2.1 10001:300 10002:400
```

通过执行命令 python mapfeat.py，把原始数据转换成 LibSVM 格式，并存放在 agaricus.txt 里。

agaricus.txt 文件格式如下，第一列的 1 表示正样本（有毒），0 表示负样本（无毒）。第一行第二列的 3 表示第 3 个特征，即 cap-shap 是否为 convex，1 表示是（原始数据用 x 表示）。第三列的 1 表示第 10 个特征，即 cap-surface 是否为 smooth，1 表示是（原始数据用 s 表示），以此类推。这里特征值为 126，由于前面 22 个特征值总共包含 126 维特征，这里只列出对应特征为 1 的值。具体的顺序是按照文件 agaricus-lepiota.fmap 中的特征顺序进行排列的。

```
1 3:1 10:1 11:1 21:1 30:1 34:1 36:1 40:1 41:1 53:1 58:1 65:1 69:1 77:1 86:1 88:1 92:1 95:1 102:1 105:1 117:1 124:1
0 3:1 10:1 20:1 21:1 23:1 34:1 36:1 39:1 41:1 53:1 56:1 65:1 69:1 77:1 86:1 88:1 92:1 95:1 102:1 106:1 116:1 120:1
...
```

下面的命令将数据随机分成训练集（agaricus.txt.train）和测试集（agaricus.txt.test）两部分，80% 的数据分配给训练集，20% 的数据分配给测试集。

```
python mknfold.py agaricus.txt 1
mknfold.py
import sys
import random

if len(sys.argv) < 2:
    print ('Usage:<filename> <k> [nfold = 5]')
    exit(0)

random.seed( 10 )

k = int( sys.argv[2] )
if len(sys.argv) > 3:
    nfold = int( sys.argv[3] )
else:
    nfold = 5

fi = open( sys.argv[1], 'r' )
ftr = open( sys.argv[1]+'.train', 'w' )
fte = open( sys.argv[1]+'.test', 'w' )
for l in fi:
# 随机生成 1 到 5 之间的整数，如果生成值为 1，则写入测试集。
    if random.randint( 1 , nfold ) == k:
        fte.write( l )
    else:
        ftr.write( l )
```

```
fi.close()
ftr.close()
fte.close()
执行命令 python train.py 对模型训练。train.py 文件内容如下。
#!/usr/bin/python
import numpy as np
import scipy.sparse
import pickle
import xgboost as xgb

# 从文本文件中装载训练数据和测试数据
dtrain = xgb.DMatrix('../data/agaricus.txt.train')
dtest = xgb.DMatrix('../data/agaricus.txt.test')

# 参数定义
param = {'max_depth':3, 'eta':1, 'silent':1, 'objective':'binary:logistic'}
# 定义验证集，查看训练效果
watchlist = [(dtest, 'eval'), (dtrain, 'train')]
num_round = 4
bst = xgb.train(param, dtrain, num_round, watchlist)

# 结果预测
preds = bst.predict(dtest)
labels = dtest.get_label()
print('error=%f' % (sum(1 for i in range(len(preds)) if int(preds[i] > 0.5) != labels[i]) / float(len(preds))))
bst.save_model('0001.model')
# 存储模型
bst.dump_model('dump.raw.txt')
# 这个方法能帮助我们看到基分类器的决策树如何选择特征进行分裂节点
bst.dump_model('dump.nice.txt', 'featmap.txt')
```

运行程序，可以看到训练集中有 6541 个示例，测试集为 1583 个示例。经过 4 次迭代训练后训练误差为 0.00214，评估误差为 0.001263。

```
$ python train.py
[21:25:18] 6541x126 matrix with 143902 entries loaded from agaricus.txt.train
[21:25:18] 1583x126 matrix with 34826 entries loaded from agaricus.txt.test
[0]    eval-error:0.015793    train-error:0.014524
[1]    eval-error:0    train-error:0.001223
[2]    eval-error:0.001895    train-error:0.003211
[3]    eval-error:0.001263    train-error:0.00214
```

查看生成的 dump_model，其能帮助我们看到基分类器的决策树是如何选择特征进行分裂节点的，下面分别是 dump.nice.txt 和 featmap.txt 文件，结合两者可以看出该树的构建。0 表示根节点，1 表示以 stalk-root=club 为特征的节点，2 表示以 spore-print-color=green 为特征的节点。

```
booster[0]:
0:[odor=none] yes=2,no=1
  1:[stalk-root=club] yes=4,no=3
    3:[stalk-root=rooted] yes=8,no=7
      7:leaf=1.89899647
      8:leaf=-1.94736838
```

```
    4:[bruises?=bruises] yes=10,no=9
      9:leaf=1.78378379
      10:leaf=-1.98135197
  2:[spore-print-color=green] yes=6,no=5
    5:[stalk-surface-below-ring=scaly] yes=12,no=11
      11:leaf=-1.9854598
      12:leaf=0.938775539
    6:leaf=1.87096775
```

featmap.txt 文件存储特征 id 和特征名称的对应关系。对应关系的具体格式为：< 特征 id> < 特征名称 = 特征值 > <q or i or int>，上述格式解释如下。

- 特征的 id 排序从 0 开始升序。
- i 表示二选一的特征。
- q 为数量值，如年龄、时间，这个值可以是空。
- int 为整型特征，它的决策边界也应该是整型。

featmap 文件具体内容如下。

```
0  cap-shape=bell  i
1  cap-shape=conical   i
2  cap-shape=convex    i
3  cap-shape=flat  i
4  cap-shape=knobbed   i
5  cap-shape=sunken    i
6  cap-surface=fibrous i
7  cap-surface=grooves i
8  cap-surface=scaly   i
9  cap-surface=smooth  i
...
```

6.6 TensorFlow

6.6.1 什么是 TensorFlow ？

TensorFlow 是谷歌开源的一个深度学习数值计算库，其采用数据流图 (Data Flow Diagram，DFD) 的方式构建模型。节点 (Nodes) 在图中表示数学操作，图中的线 (Edges) 则表示在节点间相互联系的多维数据数组，即张量 (Tensor)。TensorFlow 最初是由谷歌大脑小组 (隶属于谷歌机器智能研究机构) 的研究员和工程师们开发出来的，用于机器学习和深度神经网络方面的研究。目前 TensorFlow 是深度学习领域比较流行的框架之一。其在开源的网页 GitHub 上，有高达 141000 颗星。该库具有灵活的架构，能够在多种平台上开展计算，如 Linux、MacOS、Windows、Android 等，此外它也支持如 CPU、GPU、移动设备等硬件设备。

6.6.2 TensorFlow 的特点

TensorFlow 由 C++ 语言开发，支持众多语言接口（如 Python、Java、C 语言等），在学术界基本使用 Python 进行数据处理，TensorFlow 对 Python 语言支持较好，因此也促进了 TensorFlow 库的流行。TensorFlow 库具有以下特点。

（1）灵活性。TensorFlow 采用数据流图的形式构建模型，用节点和边的有向图来描述数学计算。节点一般表示数学操作，也可以用来表示模型的输入和输出，或者是读取 / 写入持久变量的终点。边表示节点之间的输入 / 输出关系，这些数据线为数组，即张量。张量从边流过沟通两个节点，这是这个工具取名为 TensorFlow 的原因。所有张量准备好后，节点将被分配到各种计算设备完成异步并行运算。

（2）便捷性。TensorFlow 并不是仅为神经网络训练而准备的，只要计算可以表示为数据流图，就可以使用 TensorFlow。由于 TensorFlow 对 C++ 核心功能进行封装，提供了丰富易用的 Python 接口，便于用户构建图，用户可以直接写 Python/C++ 程序，也可以使用 Pycharm 和 TensorBoard，将权值和代码进行可视化。

（3）可移植性。TensorFlow 可以在 CPU 和 GPU 上运行，也可以在多种设备上运行，如台式机、服务器、手持移动设备等。TensorFlow 还可以在 Docker 容器内运行，且部署简单。同时 TensorFlow 具有多个版本（轻量化版本、稳定版、快速尝鲜版），在一个版本上编写代码，可以迅速迁移到其他版本。如果想要以服务的形式部署，可以使用 TensorFlow Serving，快速将模型部署到实际的生产环境中。

（4）丰富的模型结构。由于 TensorFlow 版本发布较早，加上谷歌推出 GoogLeNet 网络，研究学者也基于 TensorFlow 开发新的算法，形成了 TensorFlow 的标准模型库，该模型库涵盖主流深度网络模型，用户可以随时获得对应模型的权值和代码，并快速应用到自己的实际生产中，提升开发效率。

（5）性能最优化。TensorFlow 可以支持大规模的分布式训练，运行性能较快。例如，用户可以使用 TensorFlow 的线程、队列、异步操作将手边硬件的计算潜能全部发挥出来。TensorFlow 通过将图中的计算元素分配到不同设备上，让 TensorFlow 管理这些不同副本，进而实现模型的分布式训练。

6.6.3 TensorFlow 使用示例

这里使用 TensorFlow 训练模型，在 MNIST 数据集上对图像进行分类。该示例中描述如何使用 TensorFlow 进行简单的分类。

MNIST 数据集是一个手写数字照片集，包含 10 个类别的数据，分别是手写的数值 0 到 9，60000 个训练样本，10000 个测试样本。具体展示效果如图 6-2 所示。

每张图片大小为 28×28 像素，图像内容为对应的标签；比如，图 6-2 中第一行数字的标签为：0，4，1，9，2，1，3，1，4，3。

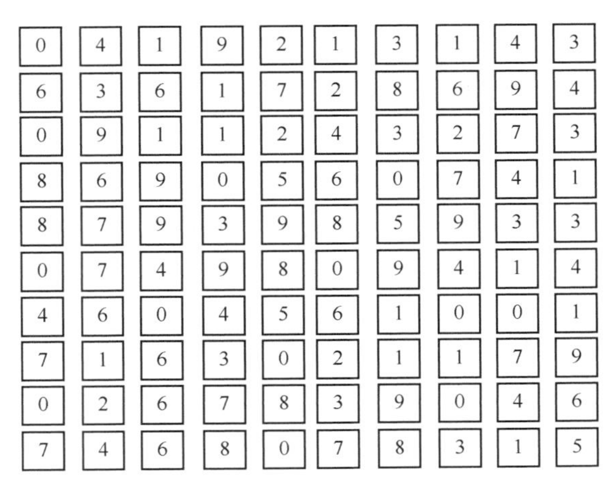

图 6-2 MNIST 数据集展示

(1) 数据导入

```
import input_data
Mnist = input_data.read_data_sets("./data/", one_hot=True)
```

下载的数据集被分为 4 个文件：train-images-idx3-ubyte.gz、train-labels-idx1-ubyte.gz、t10k-images-idx3-ubyte.gz、t10k-labels-idx1-ubyte.gz。分别为 60000 张训练图像及对应的标签，10000 张测试图像及对应的标签。这里将图像标记为 $\boldsymbol{x}$，$\boldsymbol{x}$ 为 60000×784 维向量，标签标记为 y。训练数据集和测试数据集都包含对应的标签，训练数据集的标签为 xs，测试数据集的标签为 ys。这里标签数据表示为 one-hot 向量，一个 one-hot 向量只有类别标签位是 1，其余各维度都是 0。这里 ys 为 N 行、n 列的矩阵，n 为 10，矩阵中每一行只有与标签序号对应的位置的元素为 1，其余元素为 0。比如 MNIST 数据集的标签是介于 0 到 9 的数字。

(2) 模型创建

下面的代码演示了如何创建一个 4 层的感知机模型。输入层维度为 784，隐含层 1 (h1) 为 256 维，隐含层 2 (h2) 为 256 维，输出层为 10 维。

X 和 Y 是占位符，使用 TensorFlow 的 placeholder 进行定义，类型为 float，形状为 [None, 784]，表示列是 784 维，行根据具体计算得出。 weights 和 biases 为多层感知机的参数，这里通过字典的方式定义，weights 里面 h1 表示第一层隐含层的权值参数，biases 里面 h1 表示第一层隐含层的偏置参数。Variable 定义具体的变量。 multilayer_perceptron 函数创建感知机模型，首先定义 layer_1，由加法 (Add) 操作和乘法 (Matmul) 函数组成，输入为 x，权值为 weights[‘h1’], biases[‘b1’]。

```
# 模型参数设置
n_hidden_1 = 256 # 隐含层 1 的神经元个数
n_hidden_2 = 256 # 隐含层 1 的神经元个数
n_input = 784 # 数据输入维数 ( 图像形状 : 28*28)
n_classes = 10 # 模型输出维数 ( 类别个数: 0-9 )


# 模型输入
```

```
X = tf.placeholder("float", [None, n_input])
Y = tf.placeholder("float", [None, n_classes])

# 模型的权值文件和偏置项
weights = {
    'h1': tf.Variable(tf.random_normal([n_input, n_hidden_1])),
    'h2': tf.Variable(tf.random_normal([n_hidden_1, n_hidden_2])),
    'out': tf.Variable(tf.random_normal([n_hidden_2, n_classes]))
}
biases = {
    'b1': tf.Variable(tf.random_normal([n_hidden_1])),
    'b2': tf.Variable(tf.random_normal([n_hidden_2])),
    'out': tf.Variable(tf.random_normal([n_classes]))
}

# 创建模型
def multilayer_perceptron(x):
    # 隐含层 1，256 个神经元
    layer_1 = tf.add(tf.matmul(x, weights['h1']), biases['b1'])
    # 隐含层 2，256 个神经元
    layer_2 = tf.add(tf.matmul(layer_1, weights['h2']), biases['b2'])
    # 输出层
    out_layer = tf.matmul(layer_2, weights['out']) + biases['out']
    return out_layer

# Construct model
logits = multilayer_perceptron(X)
```

（3）损失函数构建

神经网络的训练包含两个步骤：前向传播和反向传播。前向传播是根据前向传播逐层计算中间结果，然后给出输出结果的过程。反向传播是误差反向传播的过程，首先比较前向传播计算的预测与真值，计算误差，然后按照顺序对各个隐含层反向传播误差，更新参数，完成一次反向传播。这里选择交叉熵损失函数。具体代码如下。

```
# 损失函数和优化器
loss_op = tf.reduce_mean(tf.nn.softmax_cross_entropy_with_logits(
    logits=logits, labels=Y))
# 学习率
learning_rate = 0.001
optimizer = tf.train.AdamOptimizer(learning_rate=learning_rate)
train_op = optimizer.minimize(loss_op)
```

loss_op 为损失函数，表示使用 softmax 交叉熵损失函数，然后计算均方差。learning_rate 为学习率，表示调整参数速率。optimizer 为优化函数，这里选用 AdamOptimizer。learning_rate 控制参数学习速率，较大的值（如 0.3）在学习率更新前会有更快的初始学习，而较小的值（如 1.0×10^{-5}）会令训练收敛效果更好。train_op 为训练策略，表示最小化损失函数。

（4）模型训练

构建完模型，选择好损失函数后，就可以开始进行模型训练。由于 TensorFlow 的运行机制属于“定义”与“运行”相离，因此从操作层面可以抽象成两种：构造模型和模型运行。

前面模型构建和损失函数构建都是构造模型，模型训练属于模型运行。TensorFlow 使用会话(Session) 启动构建的模型，具体如下所示。

```
training_epochs = 15  # 迭代次数
batch_size = 100  # batch_size
display_step = 1  # 每隔几次 epoch 输出一次结果

# 变量初始化
init = tf.global_variables_initializer()

with tf.Session() as sess:
  sess.run(init)

  # 迭代训练
  for epoch in range(training_epochs):
    avg_cost = 0.
    total_batch = int(Mnist.train.num_examples/batch_size)
    # 向模型输入数据
    for i in range(total_batch):
      batch_x, batch_y = Mnist.train.next_batch(batch_size)
      # 运行反向 op 和 loss_op
      _, c = sess.run([train_op, loss_op], feed_dict={X: batch_x, Y: batch_y})
      # 计算平均损失
      avg_cost += c / total_batch
    # 显示训练中信息
    if epoch % display_step == 0:
      print("Epoch:", '%04d' % (epoch+1), "cost={:.9f}".format(avg_cost))
  print("Optimization Finished!")
  # 测试模型
  pred = tf.nn.softmax(logits)  # 对输出应用 softmax
  correct_prediction = tf.equal(tf.argmax(pred, 1), tf.argmax(Y, 1))
  # 统计准确率
  accuracy = tf.reduce_mean(tf.cast(correct_prediction, "float"))
  print("Accuracy:", accuracy.eval({X: Mnist.test.images, Y: Mnist.test.labels}))
```

- init：初始化所有变量。
- with 部分：创建回话，进行迭代训练，迭代训练次数为 15 次，通过 sess.run 进行网络节点的运算，利用 feed 机制将真实的数据输入占位符中对应的位置 {X: batch_x, Y: batch_y}，然后每执行一次 epoch，将训练损失打印出来。
- 测试模型：每次迭代后，利用准确率评价模型的好坏。首先对输出应用 softmax 函数，然后找到正确的预测值，使用 tf.argmax 计算某个 Tensor 对象在某一维上的数据最大值所在位置的索引值，比如 tf.argmax(pred, 1) 返回的是模型对于任一输入图像预测到的标签值，而 tf.argmax(Y,1) 代表正确的标签，可以用 tf.equal 来检测我们的预测是否与真实标签匹配 (索引位置一样表示匹配)。correct_prediction 这行代码会给出一组布尔值，如果为"True"，表示预测结果为真，反之为假。有了结果后就可以计算分类准确率，这里可以把布尔值转换成浮点数，然后取平均值。例如 [True, False, True, True] 会变成 [1, 0, 1, 1] ，取平均值后得到 0.75。最后在 Session 中评估分类准确率的值。tensor.eval(feed_dict=None,

session=None)，feed_dict 就是用来赋值的，格式为字典型，用来表示 Tensor 被填入的值，这里表示 {X: Mnist.test.images, Y: Mnist.test.labels}，X 表示测试护具，Y 表示测试标签；Session 用来计算这个 Tensor 的 Session，可以省略，表示使用默认的 Session。accuracy.eval() 函数返回值为准确率。

6.7　PyTorch

6.7.1　什么是 PyTorch？

PyTorch 是由脸书开源的深度学习框架。Torch 是用 Lua 语言编写的，类似 NumPy 的张量操作库，其对 GPU 具有较好的支持，但是 Lua 语言比较小众，使用者比较少，这才促成了 PyTorch。PyTorch 是在 Torch 的基础上使用 Python 重写的一个全新库，与 Torch 具有相同的底层，如 TH、THC、THNN 和 THCUNN 等，并且它们将继续共享这些库，只是 PyTorch 上层使用 Python 封装，Torch 上层使用 Lua 封装。

PyTorch 更像 NumPy 的替代产物，不仅继承了 NumPy 的众多优点，还支持 GPU 计算，在计算效率上要比 NumPy 有更明显的优势；不仅如此，PyTorch 还有许多高级功能，比如拥有丰富的 API、可以快速完成深度神经网络模型的搭建和训练、可用于自然语言处理等应用程序。所以 PyTorch 一经发布，便受到了众多开发人员和科研人员的追捧和喜爱，成为 AI 从业者的重要工具之一。

PyTorch 的核心概念是 Tensor 和自动求导机制。Tensor 是一种高层次架构，其在 PyTorch 中负责存储基本数据，PyTorch 也针对 Tensor 提供了相对丰富的函数和方法，所以 PyTorch 中的 Tensor 与 NumPy 的数组具有极高的相似性，在 PyTorch 中定义的 Tensor 数据类型可以在 GPU 上运算 (只需要对变量做一些简单的类型转换就能轻易实现)。PyTorch 的自动求导机制是通过 autograd 包实现的。autograd 包为张量上的所有操作提供了自动求导功能。 它是一个在运行时定义的框架，这意味着反向传播是根据具体的代码来确定如何运行的，并且每次迭代的梯度可以是不同的。

torch.Tensor 是这个包的核心类。如果设置 requires_grad 为 True，那么将会追踪所有对于该张量的操作。完成计算后，通过调用 backward() 函数自动计算所有的梯度，这个张量的所有梯度将会自动积累到 grad 属性。下面通过一个示例说明 PyTorch 的自动求导过程。

示例代码的数学解析过程如下。

（1）表达式内容为

$$y = x + 3,\ z = 2 \times y \times y,\ \mathrm{out} = 1/9\sum_{i=1}^{9} z_i = 32$$

（2）计算 $\frac{\partial out}{\partial x_i}=\frac{4(x+3)}{9}$，由于$x$等于1，因此 $\frac{\partial out}{\partial x_i}=\frac{16}{9}=1.7778$

具体的示例代码如下。首先是导入 Torch 包，利用 Tensor 构建一个 $\boldsymbol{x}$。假设 $\boldsymbol{x}$ 是 3×3 的全 1 的矩阵，将 Tensor 设置为需要执行梯度计算，利用程序输出结果为 tensor([[1.,1.,1.],[1.,1.,1.],[1.,1.,1.]], requires_grad=*True*)。构建表达式 y，结果为 tensor([[4.,4.,4.], [4.,4.,4.],[4.,4.,4.]], grad_fn=<AddBackward0>)。z 的结果为 tensor([[32.,32.,32.], [32.,32.,32.],[32., 32.,32.]],grad_fn=<MulBackward0>)。构建误差标量 out，输出类型为 tensor([[32.], grad_fn=<MeanBackward1>)，然后调用 out 的反向传播函数，进行反向传播，这里输出 out 为一个标量 (Scalar)，out.backward() 等于 out.backward(torch.tensor(1))。

```
import torch
x = torch.ones(3,3,requires_grad=True)
print(x)
y = x + 3
print(y)
print(y.grad_fn)
z = 2 * y**2
out = z.mean()
print(out)
out.backward()
print(x.grad)
```

6.7.2 PyTorch 的特点

PyTorch 特点如下：

- 支持 Python 调用；
- 支持基于 CUDA 的 GPU 计算，也支持纯 CPU；
- 支持多 GPU 多机器；
- 支持模型加载；
- 动态神经网络；
- 可以直接调试，查看变量内容；
- 支持多进程。

6.7.3 PyTorch 使用示例——MNIST 分类

（一）数据导入

这里使用 MNIST 数据集，PyTorch 使用 DataLoader 装载数据，首先使用 Dataset 对数据集进行封装，然后将封装过的数据加载到 DataLoader 类中。PyTorch 提供的常用操作有：batch_size (每个 batch 的大小)、shuffle (是否进行 shuffle 操作)、num_workers (加载数据的时候使用几个子进程)。这里，直接使用 PyTorch 自带的 datasets.MNIST 类装载数据集，然后填充到 DataLoader 类中，这里分别将训练集和测试集装载到 train_loader、test_loader 中。利用

transforms.Normalize 对原始的数据进行归一化，将会把 Tensor 正则化。即：Normalized_image=(image-mean)/std；利用 transforms.ToTensor 将一个取值范围是 [0,255] 的 PIL.Image 或者形状为 (H, W, C) 的 numpy.ndarray，转换成形状为 [C, H, W]、取值范围是 [0, 1.0] 的 torch.FloadTensor；利用 transforms.Compose 将多个 transform 组合起来使用。具体代码如下。

```
train_loader = torch.utils.data.DataLoader(
        datasets.MNIST('./data', train=True, download=True,
                       transform=transforms.Compose([
                           transforms.ToTensor(),
                           transforms.Normalize((0.1307,), (0.3081,))
                       ])),
        batch_size=args.batch_size, shuffle=True, **kwargs)
test_loader = torch.utils.data.DataLoader(
    datasets.MNIST('./data', train=False, transform=transforms.Compose([
                       transforms.ToTensor(),
                       transforms.Normalize((0.1307,), (0.3081,))
                   ])),
    batch_size=args.test_batch_size, shuffle=True, **kwargs)
```

（二）模型创建

创建模型时，使用 torch.nn.Module 类，该类是所有网络的基类。基于 Module 类可以快速地构建自定义模型，下面的示例在搭建网络时也继承这个类。模型构建时，需要定义网络结构和前向传播函数，网络结构定义神经网络架构，前向传播函数定义网络连接方式。

这里搭建一个含有两个卷积层、两个全连接层的深度神经网络，第一个卷积层的输入通道数为 1，输出通道数为 10，卷积核大小为 5，卷积步长为 1，卷积核空洞为 1，组设置为 1，偏置项设为 True。第二个卷积层输入通道数为 10，输出通道数为 20，其余参数与第一个卷积层一致。在卷积层后面是两个全连接层，第一个全连接层参数为 300，第二个全连接层参数为 50，最后输出 10 类预测结果。模型创建的代码如下。

```
import torch
import torch.nn as nn
import torch.nn.functional as F
class Net(nn.Module):
    def __init__(self):
        super(Net, self).__init__()
        self.conv1 = nn.Conv2d(1, 10, kernel_size=5, stride=1, padding=0, dilation=1, groups=1, bias= True)
        self.conv2 = nn.Conv2d(10, 20, kernel_size=5, stride=1, padding=0, dilation=1, groups=1, bias=True)
        self.conv2_drop = nn.Dropout2d() # drop 层，随机将输入张量中整个通道设置为 0。对于每次前向调用，
        # 被置 0 的通道都是随机的
        self.fc1 = nn.Linear(300, 50) # 全连接层
        self.fc2 = nn.Linear(50, 10) # 全连接层

    def forward(self, x):
        x = F.relu(F.max_pool2d(self.conv1(x), 2))
        x = F.relu(F.max_pool2d(self.conv2_drop(self.conv2(x)), 2))
        x = x.view(-1, 320) # 返回一个有相同数据但大小不同的 tensor
        x = F.relu(self.fc1(x))
```

```
        x = F.dropout(x, training=self.training)
        x = self.fc2(x)
        return F.log_softmax(x, dim=1)
```

（三）损失函数构建

在进行模型训练时，需要一定的评价标准进行指引。PyTorch 将损失函数封装在 torch.nn.functional 函数下，提供负的对数最大似然损失函数 nll_loss、交叉熵损失函数 cross_entropy、KL 散度 kl_div 等损失函数。这里使用交叉熵损失函数，该函数使用了 log_softmax 和 nll_loss 函数，其输入的第一个参数 output 为二维数组，二维数组的维度为 (N,C)，其中，N 是 Batch 的大小，C 是类别的个数；第二个参数 target 是一个 N 维向量，其取值范围是 $[0, C-1]$；第三个参数 weight 用于指定每个类别占 loss 的权重；最后一个参数为 size_average，默认情况下，size_average 是 mini-batchloss 的平均值，然而，如果 size_average=False，则 size_average 是 mini-batchloss 的总和。具体代码如下。

```
loss = F.cross_entropy(output, target, weight=None, size_average=True)
```

（四）模型训练

模型构建完毕且选择好评价标准后，开始对模型进行训练。首先将模型装载到设备中，然后构建一个 optimizer 对象，这个对象能够保持当前参数状态，并基于计算得到的梯度进行参数更新。torch.optim 是一个实现了各种优化算法的库，支持大部分常用的方法，并且接口具备足够的通用性，使得未来能够集成更加复杂的方法。这里选择随机梯度下降（Stochastic Gradient Descent，SGD）优化方法设置 optimizer 的参数选项、学习率、动量等。

然后对模型进行迭代优化。首先获取数据，然后将优化器内的梯度设置为零，将数据输入模型并计算损失函数，最后将损失函数误差反向传播，利用 optimizer 进行迭代优化。这个方法会更新所有的参数，最后获取具体的损失输出。具体代码如下。

```
def train(args, model, device, train_loader, optimizer, epoch):
    model.train()
    for batch_idx, (data, target) in enumerate(train_loader):
        data, target = data.to(device), target.to(device) # 获取数据和标注
        optimizer.zero_grad() # 优化器清零
        output = model(data) # 获取模型输出
        loss = F.cross_entropy(output, target) # 计算损失函数
        loss.backward() # 损失函数误差反向传播
        optimizer.step() # 优化迭代
        if batch_idx % args.log_interval == 0: # 输出信息
            print( 'Train Epoch: {} [{}/{} ({:.0f}%)]\tLoss: {:.6f}'.format(
                epoch, batch_idx * len(data), len(train_loader.dataset),
                100. * batch_idx / len(train_loader), loss.item()))

model = Net().to(device)
optimizer = optim.SGD(model.parameters(), lr=args.lr, momentum=args.momentum)

for epoch in range(1, args.epochs + 1):
    train(args, model, device, train_loader, optimizer, epoch)
```

6.8 其他

6.8.1 Apache MXNet

（一）什么是 Apache MXNet？

Apache MXNet 是由李沐开源的深度学习库，后由亚马逊公司支持。与 TensorFlow 类似，Apache MXNet 也是基于数据流图开发的，它能最大限度地提高效率和生产力，并专门为多 GPU 联合训练提供良好的配置。与 Lasagne 和 Blocks 一致，Apache MXNet 含有更高级别的模型构建块，并且可以在较多硬件上运行。它也允许用户混合符号和命令式编程，具有多语言支持、多设备分布式训练功能。Apache MXNet 的核心是一个动态依赖调度程序，可以动态地自动并行化符号和命令操作。最重要的是，Apache MXNet 的图形优化层使得符号执行速度更快、内存效率更高。Apache MXNet 便携且轻巧，可有效扩展到多个 GPU 和多台机器。

（二）Apache MXNet 的特点

Apache MXNet 具有以下特性。

- 灵活的编程模型：支持命令式编程和声明式编程，在命令式编程方面提供张量运算，在声明式编程方面提供符号表达，用户可以灵活选择实现方式。
- 较强的可移植性：可运行于 CPU、GPU、集群、服务器、工作站甚至移动智能手机。
- 多语言支持：以 C++ 语言为主，以 Python、R、Julia、Matlab 和 JavaScript 为辅。
- 分布式训练：支持在多 CPU/GPU 设备上的分布式训练，可充分利用大规模计算的优势，加快模型训练速度。
- 性能优化：核心为优化的 C++ 后端引擎，可支持并行 I/O 和计算，使得性能最大化。
- 云端友好：可与亚马逊云无缝连接，可直接与 S3 兼容，此外也兼容 HDFS 和 Azure 架构。

6.8.2 Caffe

（一）什么是 Caffe？

Caffe 是由加州大学伯克利分校的贾扬清等人开发的一个开源的深度学习框架，该框架采用高效的 C++ 语言实现，并内置 Python 和 Matlab 接口，以供开发人员使用 Python 或 Matlab 来开发和部署以深度学习为核心算法的应用。

Caffe 提供了一个用于训练、测试、微调和开发模型的完整工具包，而且拥有完善的文档示例。它也是研究人员和其他开发者进入尖端机器学习的一个理想起点，这使得它在短时间内就能用于产业开发。Caffe 中的数据结构是以 Blobs-Layers-Net 形式存在的。其中，Blobs 通过 4 维向量形式（num，channel，height，width）存储网络中所有权重、激活值以及正向反向的数据。作为 Caffe 的标准数据格式，Blobs 提供了统一的内存接口。Layers 表示的是神经网络中的具体层（例如卷积层、ReLU 层等），是 Caffe 模型的本质内容和执行计算的基本单元，Layers 接收底层输入的 Blobs，向高层输出 Blobs，在每层实现前向传播及后向传播。Net 是多个层连接在一起组成的有向无环图，包含最初的数据层到最后的损失层。

（二）Caffe 的特点

Caffe 的特性和优点主要体现在以下几个方面。

- Caffe 完全用 C++ 语言来实现，便于移植，并且无硬件和平台的限制，适用于商业开发和科学研究。
- Caffe 提供了许多训练好的模型，通过微调（Fine-Tuning）这些模型，在不用重写大量代码的情况下，就可以快速、高效地开发出新的应用，这也是当下应用软件开发的趋势。
- 支持 GPU 训练。
- 模块性：Caffe 本着尽可能模块化的原则，使新的数据格式、网络层和损失函数容易扩展。
- 表示和实现的分离：Caffe 模型的定义用 Protocl Buffer 语言写成配置文件，只在代码运行时解析网络权值。
- Python 和 Matlab 结合：Caffe 提供了 Python 和 Matlab 相结合的接口。

6.8.3 CNTK

（一）什么是 CNTK？

Microsoft Cognitive Toolkit（CNTK）是微软出品的开源深度学习工具包，它通过有向图将神经网络描述为一系列计算步骤。在这个有向图中，叶子节点表示输入值或网络参数，而其他节点表示对输入矩阵的操作。CNTK 允许用户轻松实现和组合流行的模型类型，如深度玻尔兹曼机、卷积神经网络和循环网络。它实现了随机梯度下降、误差反向传播，能跨多个 GPU 和服务器进行自动微分和并行化。

（二）CNTK 的特点

CNTK 具有以下特点：

- 支持 python、C#、Java 和 C++ 调用；
- 支持 64 位 Linux 系统和 64 位 Windows 系统；
- 支持开放神经网络交换（Open Neural Network Exchange，ONNX）；
- 支持基于 CUDA 的 GPU 计算，也支持纯 CPU 运算；
- 支持多 GPU 多机器；
- 支持模型加载；
- 支持 keras 调用。

CNTK 提供模型编辑语言（Model Editing Language，MEL）功能，其可以使用一组提供的命令修改现有的训练好的网络，还提供一些函数以便捷地修改网络，且可以使用网络描述语言定义新的元素。CNTK 在语法上类似于脚本语言，但不是编程语言，而是一个修改现有网络的简单方法。

CNTK 网络需要用到两个脚本：一个用于控制训练和测试参数的配置文件，另一个用于构建网络的网络定义语言（Network Definition Language，NDL）文件。

下面是 MEL 的一个脚本，首先是装载一个深度神经网络模型，设置其为默认模型；然后利用 Copy 命令创建另外一个层，设置 L4 的输入为 L3，L4 与顶层输出层相连；使用网络定义语言对特征进行均值方差归一化处理，并设置数据为 L1 层的输入；最后保存修改的模型。

```
model1 = LoadModel("c"\models\mymodel.dnn", format=cntk)
SetDefaultModel(model1)
DumpModel(model1, "c"\temp\originalModel.dmp", includeData = true)

Copy(L3.*, L4.*, copy=all)

SetInput(L4.*.T, 1, L3.RL)
SetInput(CE.*.T, 1, L4.RL)

meanVal = Mean(features)
invstdVal = InvStdDev(features)
inputVal = PerDimMeanVarNormalization(features,meanVal,invstdVal)

SetInput(L1.BFF.FF.T, 1, inputVal)

SaveModel("c\models\mymodel4HiddenWithMeanVarNorm.dnn")
```

这里以 CNTK 构建一个两层网络模型为例，展示 CNTK 网络模型的语言规则，如下所示。

```
SDim=784
HDim=256
LDim=10
B0=Parameter(HDim)
W0=Parameter(HDim, SDim)
features=Input(SDim)
labels=Input(LDim)
Times1=Times(W0, features)
Plus1=Plus(Times1, B0)
RL1=RectifiedLinear(Plus1)
B1=Parameter(LDim, 1)
W1=Parameter(LDim, HDim)
Times2=Times(W1, RL1)
Plus2=Plus(Times2, B1)
CrossEntropy=CrossEntropyWithSoftmax(labels, Plus2)
ErrPredict=ErrorPrediction(labels, Plus2)
FeatureNodes=(features)
LabelNodes=(labels)
CriteriaNodes=(CrossEntropy)
EvalNodes=(ErrPredict)
OutputNodes=(Plus2)
```

6.8.4 Theano

（一）什么是 Theano？

Theano 由 LISA 实验室编写，目的是支持高效机器学习算法的快速发展。Theano 是以希腊数学家的名字命名的。Theano 根据伯克利然间套件（Berkly Software Distribution，BSD）许可证发布，是一个 Python 库，允许用户定义、优化和评估数学表达式，尤其是对于多维数组（numpy.ndarray）的表达式有较高的效率。Theano 将计算机代数系统（Computer Algebra System，CAS）的各个方面与优化编译器的各个方面结合，为许多数学运算生成定制的 C 代码。将计算机代数与优化编译结合，对于复杂数学表达式重复评估且评估速度至关重要的任务尤其有用。对于涉及大量数据的问题来说，Theano 可以达到与手工制作的 C 语言相媲美的速度。此外，同时用 C 语言编写时，Theano 代码在 GPU 上的运算运行效率比 CPU 快一个数量级。

Theano 支持符号微分，且对每个运算符都定义梯度运算，形成运算流图的符号运算符。当某个参数的梯度需要计算时，Theano 就会反向遍历节点，每个节点都返回一系列扩展计算图的符号运算符。Theano 的编译器针对这些符号表达式提供了优化，如公共子表达式消除、常量折叠、常量传播、合并相似子图、避免重复计算、使用内存别名避免计算、在各种环境中插入高效的 BLAS 操作（例如 GEMM）。

2017 年 10 月，Yoshua Bengio 教授在一封邮件中表示他们将会停止对 Theano 的更新，接下来，会以最低成本对 Theano 进行为期一年的维护，之后就将彻底与 Theano 告别。Theano 官方网页在 2017 年 11 月 27 日之后不再更新。虽然 Theano 不再更新，但其核心思想被继承了下来，正如 Yoshua Bengio 所说"多年以来，我们都以 Theano 的创新深感自豪，其创新也正被其他框架继承和优化。比如，把模型表示为数学表达式，重写计算图以更好地利用内存、获得更优性能，GPU 上的透明执行，更高阶的自动微分，正在全部成为主流"。

（二）Theano 的特点

Theano 具有以下特点：

- 支持 Python 和 NumPy；
- 支持自动微分；
- 仅支持单个机器的单卡；
- 停止更新维护；
- 运行模型前需编译大量的计算图，编译时间较长；
- 对预训练模型支持不够好。

6.9 小结

PyTorch 由脸书公司提供支持，TensorFlow 由谷歌公司提供支持。在学术方面，学者们主要使用 PyTorch 和 TensorFlow 这两个基础框架进行深度学习模型训练，TensorFlow 库拥有较全面的代码和模型权值，且拥有较丰富的语言接口，能够较好地支持分布式，缺点是入门难，缺少直观的使用方式，而 Keras 弥补了这一缺点。PyTorch 比较容易理解，风格类似于 NumPy，可以直接调试，且易于上手，拥有大量新的学者。作者认为：未来深度学习仓库将呈现两大巨头鼎立的局面，而其他的会慢慢消失。

参考文献

[1] CHEN T, GUESTRIN C. XGBoost: a scalable tree boosting system[C]//The 22nd ACM SIGKDD International Conference. New York: ACM Press, 2016: 785-794.

[2] 赵永科 . 深度学习 : 21 天实战 Caffe[M]. 北京 : 电子工业出版社 , 2016.

[3] ABADI M, BARHAM P, CHEN J, et al. TensorFlow: a system for large-scale machine learning[C]//The 12th Symposium on Operating Systems Design and Implementation. [S.l.:s.n.], 2016: 265-283.

[4] LECUN Y, BOTTOU L. Gradient-based learning applied to document recognition[J]. Proceedings of the IEEE, 1998, 86(11): 2278-2324.

[5] KETKAR N. Deep learning with python, a hands-on introduction[M]. [S.l.:s.n.], 2017.

[6] PASZKE A, GROSS S, MASSA F, et al. PyTorch: an imperative style, high-performance deep learning library[C]//The Neural Information Processing Systems Conference. [S.l.:s.n.], 2019: 8024-8035.

[7] 邢梦来 , 王硕 , 孙洋洋 , 等 . 深度学习框架 PyTorch 快速开发与实战 [M]. 北京 : 电子工业出版社 , 2018.

[8] CHEN T Q, LI M, LI Y T, et al. MXNet: a flexible and efficient machine learning library for heterogeneous distributed systems[C]//Neural Information Processing Systems Workshop on Machine Learning Systems. [S.l.:s.n.], 2015.

[9] SEIDE F, AGARWAL A. CNTK: Microsoft’s open-source deep-learning toolkit[C]//The 22nd ACM SIGKDD International Conference on Knowledge Discovery and Data Mining. New York: ACM Press, 2016.

[10] DEBORAH L. Theano[M]// [S.l.]: Blackwell Publishing Ltd, 2011.

[11] JIA Y, SHELHAMER E, DONAHUE J, et al. Caffe: convolutional architecture for fast feature embedding[C]//The 22nd ACM international conference on Multimedia. New York: ACM Press, 2014: 675-678.

第7章

分布式并行训练

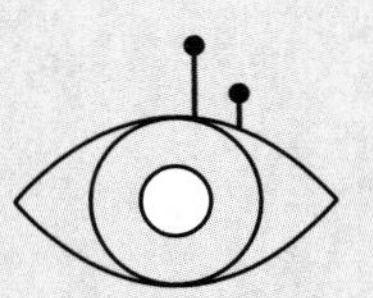

7.1 并行训练概述

传统的机器学习算法开发人员已经习惯使用串行的算法流程解决可控场景下的简单智能化任务。近年来，随着大数据和深度学习技术的崛起和发展，机器学习算法的水平已经提升到了前所未有的层次。但是，也带来了海量数据和超大计算量的挑战。一个典型案例就是我们之前提到的，2012 年 AlexNet 网络采用 GPU 并行计算的方式大大提高了 ImageNet 超大图像数据集分类的准确率。

随着数据集的越来越大和深度神经网络（Deep Neural Network，DNN）的复杂性的增加，深度学习算法的算力和内存都需要按比例增加。当前，典型的图像公开数据集 MSCOCO 有 19 GB 的数据量，ImageNet 已经达到了 TB 量级，而工业场景的数据规模会更大，并且每天都在不断产生海量数据。在算法层面，为了处理复杂的场景，深度神经网络结构也变得越来越复杂，现在网络结构深度达到上百层是很常见的情况，模型参数量可达到上百 MB，训练时间也从原来传统方法的小时级发展到了现在的几星期。

加速模型训练和推理往往可以从算法优化、并行计算、硬件优化设计等几个角度开展。其中，算法优化、并行计算与硬件加速器密切相关。今天，要想训练出一个指标具有竞争力的 DNN 模型，本质上需要高性能计算设备甚至集群的帮助。而要充分利用高性能计算设备，我们还需要在不同方面改进 DNN 的训练机制和推理机制以增加并发性。在实际并行训练系统中，优化算法、并行计算策略以及与硬件的结合适配往往都是需要一并考虑的。

按照计算节点的数量划分，通常可以把并行训练分为单机并行和多机并行两种。

单机并行指在单计算节点上的并行性。并行性在当今的计算机体系结构中无处不在。由于开发者使用的单机一般是一个多核系统，程序员可以采用多进程编程，也可以采用多线程编程，或者是采用两者相结合的方式进行编程。在多进程编程中，进程间的资源（如内存等）是不共享的；而在多线程之间，资源则是可以共享的。

现在的通用 CPU 已针对一般的运算任务进行了优化，包括 PC 的桌面应用程序和数据中心服务器的后台任务。而不同于“一般的运算任务”，机器学习任务通常是计算密集型的，大型的机器学习任务一般并不适合在通用 CPU 上运行，而是需要专门的加速器，例如图形处理器（GPU）和现场可编程逻辑门阵列（FPGA）等已经在高性能计算（HPC）领域中使用了十多年的加速设备。这些高性能计算设备的架构是专门为处理 HPC 工作负载中的高数据并行性而设计的，从而专注于计算吞吐量来有针对性地提高计算密集型任务的效率。现在，大多数机器学习算法研究人员已经开始使用 GPU 或 FPGA 等加速器进行并行计算。

从多机并行的角度来说，训练大型模型是一项计算密集型任务，因此，单个机器通常不能在期望的时间内完成该任务。为了进一步提高工作效率，可以采用分布式计算的策略，利用具备网络连接的多台机器并行开展计算任务。从 2015 年左右开始，带有 GPU 等加速器的分布式内存架构已成为各种规模的机器学习的默认选项。

对于分布式并行计算来说，除了多台机器之间共享的实际计算成本之外，还增加了通信开销和多机同步的成本。一个高效的分布式计算系统需要尽量限制通信开销，并充分利用系统中可用的计算能力。与单机内存访问相比，分布式计算系统中的通信时延和通信带宽都要差得多。李沐在其论文中对此做了对比分析。例如，单机内存访问的时延的量级为 100 ns，而数据中心中多机之间的访问时延的量级为 0.1~1 ms。个人计算机的内存带宽约为 400 Gbit/s，而 Amazon AWS 提供的典型网络带宽只有 10 Gbit/s。并且，有限的通信带宽还要被所有的计算机和所有运行的任务共享。在实际中，通信开销与网络连接的方式息息相关，不同的网络连接技术提供了不同的性能。例如，以太网和 InfiniBand 都能提供高带宽，但 InfiniBand 具有更低的时延和更高的消息速率。专用的 HPC 互联网络可以实现更高的性能。当然，通过网络在多节点之间通信，要比在单机内通信慢。

此外，分布式系统中的各节点的计算能力可能有差异，或者要运行异构计算任务，因此，各个节点完成任务的速度不同。在这种情况下，如果算法需要在多机间同步，那么同步机制也是一个必须要研究的问题。总之，良好的系统设计需要减少通信开销和机器同步的影响。

本章重点对深度学习的并行训练的相关知识点进行介绍。

7.2　并行编程工具

在并行计算任务中，选择并行学习算法所需要的编程技术取决于计算设备的体系结构。

在单机并行场景中，针对通用处理器，可以选择简单的 thread 线程编程或 OpenMP。在 GPU 等计算加速器上，需要使用特殊语言编程，例如 NVIDIA 的 CUDA、OpenCL。在 FPGA 上，则可能需要使用 VHDL 或 Verilog 等硬件设计语言。当然，并行编程的技术细节通常隐藏在原语库调用中（例如，cuDNN 或 MKL-DNN）。

在多机并行训练场景中，需要掌握和精通通信机制和通信技术。开发者可以使用简单的通信机制，例如基于 TCP/IP 的 Socket 套接字编程、基于 TCP/HTTP 的 RPC 远程过程调用编程或远程直接数据存取（RDMA），也可以使用更方便的库，例如信息传递接口（MPI）或 MapReduce。MPI 是一个专注于提供可移植性能的低级库，而 MapReduce 是一个更注重程序员生产力的更高级别的工具。使用 MapReduce 可以轻松地将并行任务安排到多个处理器以及分布式环境中。在深度学习发展早期,研究人员就已经对 MapReduce 进行了潜在应用的研究，这些研究涉及了各种机器学习问题，在一定程度上满足了从单处理器学习转向分布式系统的需求。虽然 MapReduce 模型最初成功地应用于深度学习，但它的通用性反而阻碍了针对深度神经网络进行专门的优化。因此，当前主要利用高性能通信接口（如 MPI）来实现细粒度并行性功能。

在单机并行训练场景中，因为英伟达公司的 GPU 的先发优势，CUDA 和 cuDNN 无疑是应用最广泛的编程工具；而随着深度学习中多节点分布式并行编程的发展和开发者的评估，大约从 2016 年开始，MPI 已经成为分布式深度学习中应用最广泛的通信标准。

实际上，从更高的应用层面来看，主流的深度学习框架（如 TensorFlow、PyTorch、MXNet 等）和分布式深度学习框架（如 Horovod）已经提供了比较完备的单机并行和多机并行功能的封装，算法研究人员可以方便地调用。TensorFlow、PyTorch、MXNet 这类基础的深度学习框架已经在前面章节进行了介绍，这里重点介绍 Horovod 框架的特点。

Horovod 最初是由 Uber 开源的只基于 TensorFlow 的分布式训练框架。随着该框架的发展，Horovod 现在已经演变成了基于 TensorFlow、Keras、PyTorch 和 MXNet 的分布式训练框架。它与 TensorFlow、Keras、PyTorch 和 MXNet 并不是替代关系，虽然这些深度学习框架也有自己支持分布式训练的 API，但大多是基于参数服务器机制的，而 Uber 在其内部使用中发现，MPI 模型要比使用参数服务器的 Distributed TensorFlow 简单得多，并且需要更改的代码更少。因此设计了基于 MPI 模型的 Horovod 框架，并扩展到 Keras、PyTorch 以及 MXNet 上。除了易于使用，Horovod 的效率也很高。图 7-1 表示在 128 台 4GPU 卡服务器上完成的 Horovod 基准测试。

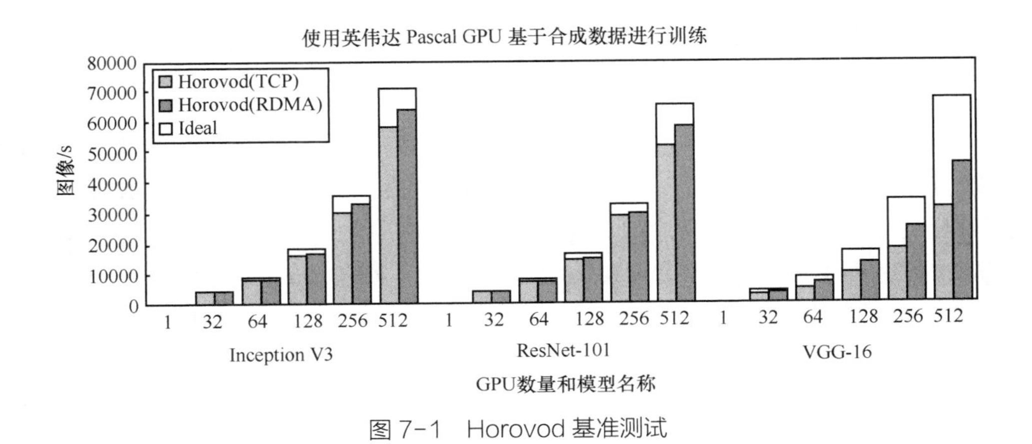

图 7-1　Horovod 基准测试

由图 7-1 可知，Horovod 为 Inception V3 和 ResNet-101 实现了 90%的扩展效率，并为 VGG-16 实现了 68%的扩展效率。

7.3　深度学习中的并行

7.3.1　算法并行优化

神经网络的每一层基本都是在 4 维张量上进行操作的，并且这些操作具有高度的局部性，存在许多并行化处理的机会。在大多数情况下，可以直接进行并行化计算（例如池化操作）。研究人员也已经开发了针对不同算子的并行性算法。其中，由于卷积操作在卷积神经网络（Convolutional Neural Network，CNN）中所占的计算量很大，因此对卷积操作的研究最为集中，如图 7-2 所示。

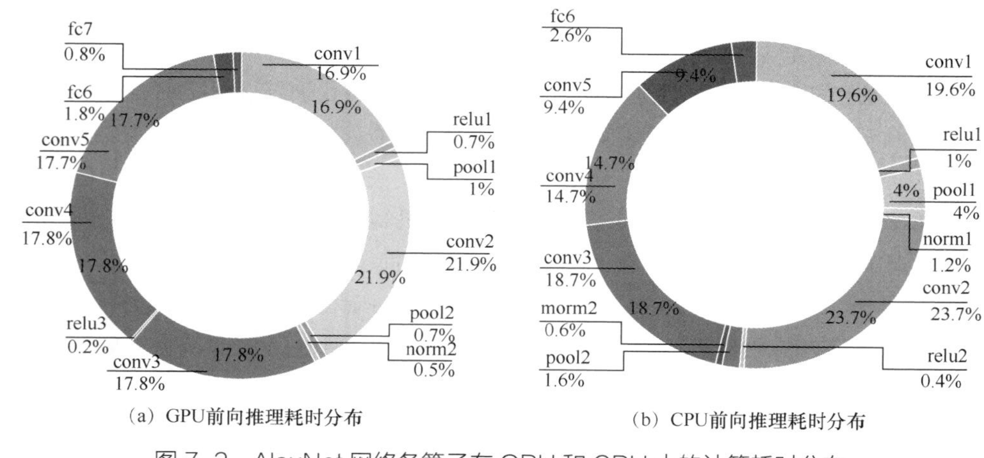

（a）GPU前向推理耗时分布　　（b）CPU前向推理耗时分布

图 7-2　AlexNet 网络各算子在 GPU 和 CPU 中的计算耗时分布

下面，我们以卷积算子为例，对并发性进行分析。

直观来看，可以直接按卷积的公式实现卷积操作：通过滑窗的方式计算卷积核与相应图像区域的互相关，这是最直接、最简单的方法。但是，该方法不容易实现大规模加速，因为直接卷积方法无法充分利用向量处理器（例如英特尔的 AVX 寄存器）和多核架构（如 GPU）的计算资源，这些架构更适用于并行乘 - 加操作。因此，通常情况下不采用这种方法。

目前主流的卷积实现方法包括基于 im2col 的卷积算法、基于快速傅里叶变换（Fast Fourier Transform，FFT）的卷积算法和基于 Winograd 的卷积算法。

基于 im2col 的卷积算法通过将输入矩阵转化为具有冗余的 Toeplitz 矩阵将卷积操作转化成矩阵乘法操作，进而提高多通道多核卷积的计算效率。目前几乎所有的主流计算框架（包括 Caffe、MXNet 等）都实现了该方法。该方法把整个卷积过程转化为了通用矩阵乘法（GEMM）操作，而 GEMM 在各种基本线性代数子程序（BLAS）库中都是被极致优化的，因此一般来说，GEMM 执行速度较快。虽然这种操作对处理器很友好，但转换后的 GEMM 方法会消耗大量的内存或显存空间，因此并不是很好的解决方式。

基于快速傅里叶变换 (FFT) 的卷积算法利用时域的卷积操作等价于频域的乘积操作这一特性，将卷积操作在频域中转换为简单矩阵乘法操作。在这种方法中，数据和卷积核都使用 FFT 进行变换、相乘，并对相乘结果应用逆快速傅里叶变换 (IFFT) 得到卷积结果。采用这种方法，在一次 mini-batch 迭代中，只需对卷积核进行一次变换即可复用这个变换结果。

但是，基于 FFT 的卷积算法会产生内存开销，当卷积核比输入矩阵小 (例如 3×3) 时，存储器开销变得非常高。因此，使用的卷积核越大，对 FFT 越有利。与 GEMM 算法相比，基于 FFT 的卷积算法的性能提升了 16 倍。

目前另一个流行的卷积算法是基于 Winograd 的卷积算法，该方法是基于 Coppersmith-Winograd 算法提出的，其原理是通过降低耗时运算操作 (如乘法)，相应增加非耗时运算操作 (如加法) 以达到减少算法时间复杂度的目的。由于 Winograd 卷积的运算次数与卷积核尺寸的平方成正比，因此将卷积分解为平铺的小卷积之和来降低计算量。该方法比较适用于小卷积核 (例如，3×3) 问题，随着小卷积核在目前流行的网络中应用得越来越多，Winograd 卷积的应用也越来越广泛。

上述卷积实现的并发效率主要与卷积核大小以及图像大小有关。这与许多研究的实验结果一致：没有“一刀切”的卷积实现算法。另外，理论上分析得出的算法计算复杂度并不总是足以推断实际的绝对性能，例如理论分析表明 Direct 和 im2col 方法表现出相同的并发性，但实际上在许多情况下，im2col 由于处理器利用率和内存重用度高而计算更快。另外，数据布局也会影响卷积性能。将数据从 $N \times C \times H \times W$ 张量转置到 $C \times H \times W \times N$，也可以更快地计算卷积和池化算子。研究表明，这种方法能将单个算子的性能提高 27.9 倍，将整个 AlexNet 网络的性能提高 5.6 倍。

每种卷积算法都有其特有的一些优势，有些算法在卷积核大的情况下效率较高，有些算法对内存使用效率较高。因此，为了达到最优的计算效率，可以预先进行一些简单的优化测试，在每一个卷积层中选择最合适的卷积算法，决定好每层的卷积算法之后，再运行整个网络，这样就会提升效率。

DNN 的运算基础库 (如 cuDNN 和 MKL-DNN) 提供了各种卷积方法和数据布局方式。为了提高模型的卷积运算效率，这些库提供了在给定张量大小和存储器约束的情况下选择性能最佳算法的功能。在实际运行中，这些库可以调用所有卷积方法并选择最快的方法。

例如在 PyTorch 中，当使用 GPU 进行深度模型训练时，我们常常会使用如下命令在代码中设置 cudnn.benchmark 的标志位：

```
torch.backends.cudnn.benchmark = True
```

设置这个标志位可以让内置的 cuDNN 自动寻找最适合当前配置的高效算法，来达到优化运行效率的目的。因为 PyTorch 底层调用 cuDNN 库进行基础的卷积运算，而默认 torch.backends.cudnn.benchmark=False。设置这个标志位为 True，我们就可以在 PyTorch 中对模型里的卷积层进行预先的优化，也就是在每一个卷积层中测试 cuDNN 提供的所有卷积算法，然后选择其中最快的卷积算法。这样在模型启动时，只要多花一点预处理时间，就可以较大幅度地减少训练时间。

7.3.2　网络并行优化

在神经网络中，充分利用并发性不仅可以有效地优化算子运算，而且可以从不同维度同时优化整个网络的计算过程。下面，我们讨论 4 种典型的并行策略：按输入样本并行（数据并行）、按网络结构并行（模型并行）、按网络层并行（流水线并行）和混合并行。

（一）数据并行

在深度学习的主流优化算法——mini-batch 随机梯度下降（Stochastic Gradient Descent，SGD）算法中，每次以 N 个训练样本组成一个 mini-batch 进行处理。由于大多数算子在样本数 N 上是独立的，因此一个直接的并行化方法是将一个 mini-batch 的计算任务划分到多个计算资源上，多个计算资源针对不同的数据执行相同的计算。这种方法直观并且有着悠久的历史（如经典的 SIMD），被称为数据并行。今天，绝大多数深度学习框架都支持数据并行，并支持使用单个 GPU、多个 GPU 或多 GPU 节点集群等多种并行情况。数据并行如图 7-3 所示。

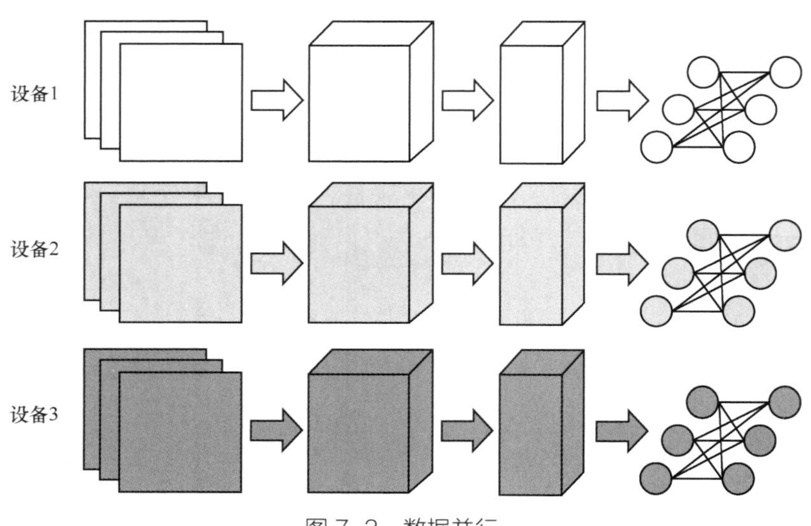

图 7-3　数据并行

以 PyTorch 的数据并行 API：torch.nn.DataParallel 函数进行单机多卡并行训练为例，数据并行的过程如图 7-4 所示。

在前向传播过程中，首先将 mini-batch 分配到要执行计算的每个 GPU 设备中；其次将当前模型参数复制到每个 GPU 中；然后在各个 GPU 中，针对自己得到的数据，并行进行前向传播；最后在 GPU-1 上汇总输出模型。

在后向传播过程中，首先在 GPU-1 中计算模型对整个 mini-batch 的损失和对应的梯度值；其次将梯度值对应分配到各自的 GPU 设备中；然后并行进行反向传播（网络层后向梯度计算）；最后在 GPU-1 上规约梯度，更新模型参数。

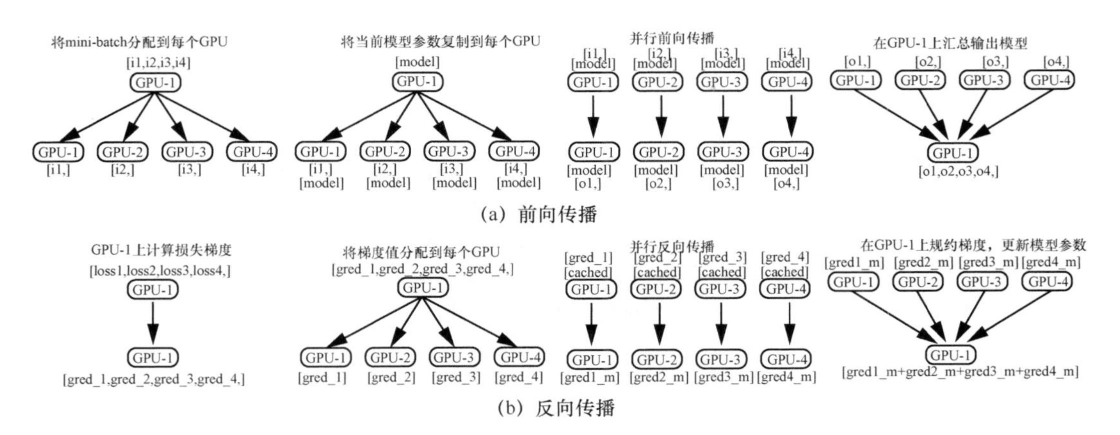

(a) 前向传播

(b) 反向传播

图 7-4 数据并行处理流程

数据并行性的伸缩度往往由 mini-batch 的大小定义，mini-batch 越大，硬件的利用率越高，并行加速效率越高。我们可以将选择较好的 mini-batch 看作一个优化问题，但是它的优化空间比较复杂，因为 mini-batch 不仅影响并行加速效率，也影响模型的准确性。一般来说，mini-batch 不应太小，mini-batch 太小会导致网络的并发性降低；反之也不能太大，如果 mini-batch 太大，一旦超过某一阈值就会发生准确性衰减，模型输出的质量就得不到保障。

为了兼顾训练的并行性和模型的准确性，研究人员做了大量工作。最近的工作成功地将 mini-batch 的大小增加到了 8 KB、32 KB，甚至 64 KB，将训练 ImageNet 这种超大训练集的时间压缩在分钟级，而并没有明显地降低精度。例如，日本富士通（Fujitsu）一度宣布他们打破了 ImageNet 的训练速度记录 —— 在优化的 MXNet 深度学习框架上使用 2048 个 GPU；在 ImageNet 上使用大小为 81920 的 mini-batch，74.7 s 就训练好了 ResNet-50 网络，验证准确度达到了 75.08%。取得这些成果，得益于研究人员为了兼顾训练的并行性和模型的准确性，得出的诸多技巧（Trick），包括：使用特定学习率调整策略、使用模型预热（Warm-up）策略、将批大小和梯度方差进行关联控制、在训练过程中适应性地增加 mini-batch 大小等。在这些策略下，虽然泛化问题仍然存在，但已经不像在先前的工作中那样严重。

除此之外，处理数据并行性的扩展还需要特别注意的一个问题是批量归一化（Batch Normalization，BN）运算，它在使用中会进行充分的同步操作。由于某些深度神经网络架构需要多次使用 BN，因此成本较高。目前流行的 BN 实现方式大多采用对较大 mini-batch 中小的子集（例如，32 个样本）进行独立地标准化来提高并行效率。

总的来说，这样的工作的确有效地拓展了可选的 mini-batch 尺寸的上限，但仍然无法解除上限的制约。

在 PyTorch 中基于单机多 GPU 数据并行开展模型训练比较方便，只需对定义的模型类进行如下设置，框架就会在多个 GPU 上以数据并行的方式进行后续的模型训练：

```
model = torch.nn.DataParallel(model).cuda()
```

（二）模型并行

DNN 训练的第二个并行策略是模型并行，在这种情况下，每一个 mini-batch 的样本将被复制到所有处理器中，并且 DNN 的不同部分将在不同的处理器上进行计算。直观的模型并行如图 7-5 所示。

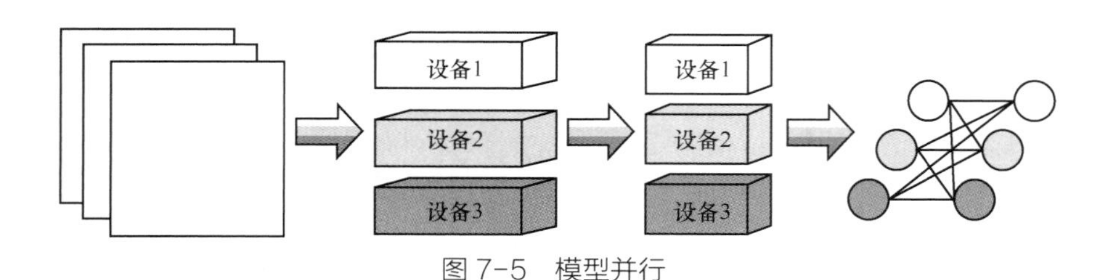

图 7-5 模型并行

模型并行的一个显著好处是能够对难以在单 GPU 中存储和处理的更大的网络模型进行训练。由于整个网络模型没有存储在同一个地方，可以节省存储器资源，但代价是在每个层处理之后会引起额外的通信开销。

由于深度网络架构具有层间的相互依赖性，引入的通信开销将会影响并行训练的整体性能。例如，全连接层中上一层的所有神经元会连接到下一层的所有神经元，所以全连接层会产生全部通信。

为了降低全连接层中的通信开销，有方法提出将冗余的划分方式引入神经网络。该划分网络的方法使得每个处理器负责两倍的神经元 (具有重叠)，以增大每个处理器的计算量作为代价来降低通信开销。另一种减少全连接层中的通信开销的方法是使用针对 DNN 修改的 Cannon 矩阵乘法算法。在小规模多层全连接网络上，Cannon 矩阵乘法算法比简单的划分策略效率更高。

对于卷积神经网络来说，卷积操作的模型并行性效率较低。如果通过特征通道在处理器之间划分样本，则每个卷积必须从其他处理器获得所有结果，进行求和操作，这明显增加了通信开销。为了缓解这个问题，研究人员引入了局部连接网络 (Locally Connected Networks, LCN)。在执行卷积运算的同时，LCN 为每个区域定义了多个局部滤波器，从而避免与每个处理器都进行通信。

（三）流水线并行

流水线并行也被称为层并行，它根据网络深度划分网络模型，将不同的层分配给特定的处理器，以流水线的方式执行计算任务。谷歌将其机器翻译模型的每个 LSTM 层都分配给一个不同的 GPU。GPU 1 完成第一个句子的计算层 1 后，它将其输出传递给 GPU 2。与此同时，GPU 1 获取下一个句子并开始训练。在层并行机制中，每个层被分配了一个 GPU，因此，GPU 之间的工作负载不平衡。层并行如图 7-6 所示。

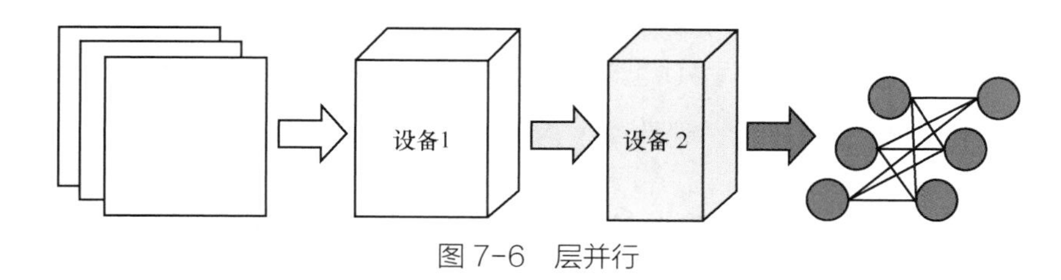

图 7-6 层并行

层并行的通信开销一般要比数据并行大。这一点可以通过定性分析来理解：从数据并行的介绍中可以看出，数据并行过程中，除了对模型输入和输出进行拆分合并的通信开销外，主要传递的是网络层的参数和参数的梯度向量；而层并行的通信开销主要传递的是各层激活值和各层激活值的梯度向量。激活值和激活值的梯度向量往往比网络层参数（对于广泛使用的卷积层而言，其参数可能只有 64×3×3 维）和参数的梯度向量要大。

层并行相对于数据并行和模型并行有几个优点：(a) 无需在前向评估和反向传播期间将所有参数存储在所有处理器上，这点和模型并行性一样；(b) 处理器之间（在层边界处）有固定数量的通信点，并且发生通信的源处理器和目标处理器始终是已知的。此外，由于特定的处理器始终计算特定的层，因此权重可以一直保持在高速缓存中，以减少内存往返读写。然而，层并行的缺点是：数据必须以特定的速率到达才能充分利用该系统，并且会产生与处理器数量成比例的延迟。

（四）混合并行

混合并行可以结合数据并行和模型并行等多种并行方案的优点，进一步提高并行效率，如图 7-7 所示。在著名的 AlexNet 中，大多数计算是在卷积层中执行的，但大多数参数属于全连接层。其混合并行方法是在卷积层部分使用数据并行，在全连接层部分使用模型并行。将 AlexNet 映射到多 GPU 节点，当单独使用数据并行或模型并行时，4 个 GPU 相对单 GPU 的加速比约为 2.2。使用这种混合方法，8 个 GPU 相对单 GPU 可以实现高达 6.25 的加速比，精度损失不到 1%。

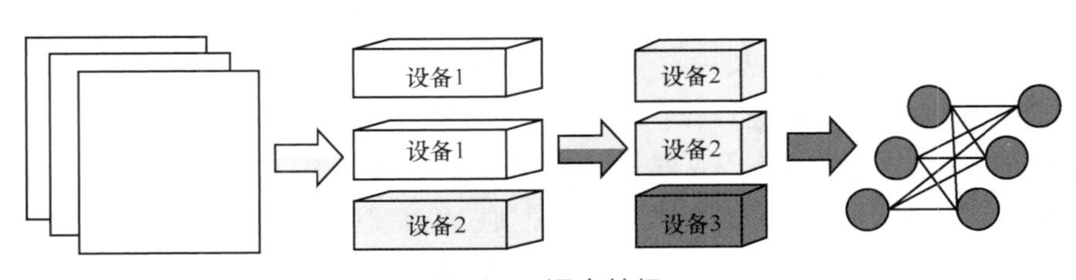

图 7-7 混合并行

7.3.3 分布式训练优化

前面主要讨论只有一个权重副本的并行训练算法，其隐含的限制是它的最新值对所有处理器都是直接可见的。在分布式集群环境中，可能存在独立运行的多个随机梯度下降算法的训练实例，具有多个权重副本。在运行过程中，节点之间需要不断进行通信，包括将数据和模型信息分发到节点中以及将节点产生的信息进行汇总和处理，因此必须调整整体算法。

（一）同步 vs 异步

将训练过程中更新的权重 w 对每个节点进程可见的算法称作一致模型方法。这类方法通过直接将计算任务划分到多个节点来创建分布式的数据并行任务，其中，所有节点在任务执行过程中都需要大量的同步工作，各节点在获取新的 mini-batch 输入之前必须将该节点更新的值和信息传递给其他节点。为了支持分布式数据并行 SGD，可以设置参数存储区，从参数存储区中读取 mini-batch SGD 训练算法中的参数权重，更新时也将新的参数权重写入参数存储区。这种方式会导致整个系统的通信开销过大，阻碍了训练规模的伸缩性。为了解决这一问题，研究人员放松了同步这一限制，提出不一致模型。一个典型的不一致模型异步随机梯度下降算法是 Hogwild! 共享内存算法，Hogwild! 共享内存算法最初是为共享存储器架构而设计的，但后来被扩展到分布式存储器系统。这个算法使用新颖的理论分析，无需任何同步锁机制，并且允许在参数更新中出现一定程度的冲突，大大提高了收敛速度。Hogwild! 共享内存算法被证明可以在稀疏学习问题上收敛，并且有近似线性的规模伸缩性。

为了在不同步的情况下仍能保证正确性，研究人员在一致模型和不一致模型之间找到了折中，提出延迟同步并行（Stale-Synchronous Parallelism，SSP）算法。在 SSP 算法中，当其中一个节点的滞后已经达到最大值时，通过执行全局同步步骤强制对梯度滞后进行截断。这种方法在异构环境中尤其有效。另外。这种分布式异步处理还具有即时添加和删除计算节点的优势，允许用户添加更多资源，引入节点冗余或者删除低效的节点。

在实际中，主要使用的模型一致性方法能够采用同步的形式处理 32~50 个节点，而异步/SSP 策略则能处理更大的集群和异构环境。

（二）集中 vs 分散

常见的分布式计算架构一般有集中式网络架构和分散式网络架构两种。采用集中式网络架构还是分散式网络架构取决于多种因素，包括网络拓扑、带宽、通信时延、参数更新频率和容错性。典型的集中式网络架构的主要代表是参数服务器（Parameter Server，PS）架构，而分散式网络架构的主要代表是 AllReduce 架构。在进行参数通信后，集中式网络架构的参数更新由 PS 执行，而分散式网络架构的参数更新由每个节点分别计算。

在 PS 架构中有两类节点：服务器（Server）节点和客户端（Client）节点。图 7-8 展示了 PS 架构的拓扑结构。Server 节点可以是同一个节点也可以是多个节点，它们维护着全局共享参数的存储分区。多个 Server 节点的情况下，它们通过彼此通信进行参数的复制 / 迁移操作来实现可靠性和扩展性。Client 节点执行大部分计算，每个 Client 节点通常会在本地存储一部分训练数据，以计算局部统计信息（例如梯度）。Server 节点主要执行统计和全局聚合步骤。在每个迭代过程中，Client 节点从 Server 节点中获得参数，随后将计算的梯度返回给 Server 节点，Server 节点对从 Client 节点传回的梯度进行聚合，然后更新参数，并将新的参数广播给 Client 节点。在这个过程中，Client 节点仅与 Server 节点通信，来更新和检索共享参数。

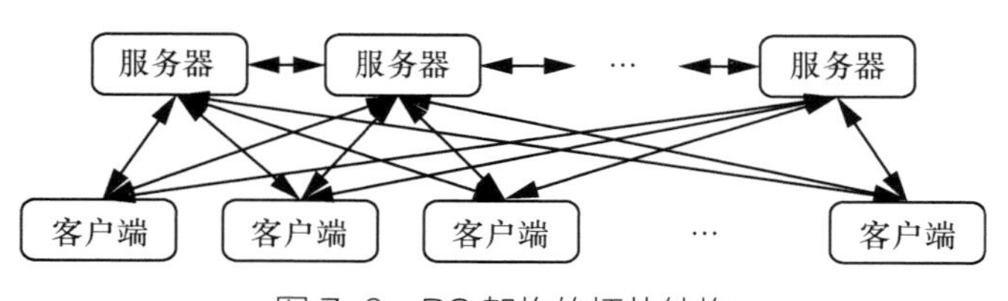

图 7-8　PS 架构的拓扑结构

然而，近年来的实践表明，采用 PS 架构的分布式机器学习系统，通常会遇到网络的问题，随着 Client 数量的增加，其加速比会迅速地恶化，而改进的 AllReduce 方案，能有效地控制网络通信量，使其不随着 Client (GPU) 的增加而增加，而是近似为恒定值。所以，采用改进的 AllReduce 方案的案例越来越多。

最为典型的 AllReduce 方案是 Ring Allreduce 算法。百度研究院的硅谷人工智能实验室将高性能计算领域中著名的 Ring Allreduce 算法引进深度学习领域，显著提高了基于 GPU 训练的神经网络模型的训练速度，有效缓解了通信瓶颈。实验表明，与使用单个 GPU 相比，Ring Allreduce 算法可以在 40 个 GPU 上将示例神经网络的训练速度提高 31 倍。

在 Ring Allreduce 算法中，集群中的 GPU 节点被组织成一个环状拓扑结构，每个 GPU 有一个左邻和一个右邻，每个 GPU 有序地只从左邻接收数据，并发送给右邻。即每次梯度每个 GPU 只获得部分梯度更新，一个完整的 Ring 完成后，每个 GPU 都获得了完整的参数。该算法分两个步骤进行：第一步，执行 scatter-reduce 操作，在 scatter-reduce 步骤中，GPU 将交换数据，使每个 GPU 可得到最终结果的一个块；第二步，执行 allgather 操作，在 allgather 步骤中，GPU 将交换这些块，以便所有 GPU 得到完整的最终结果。Ring Allreduce 架构如图 7-9 所示。

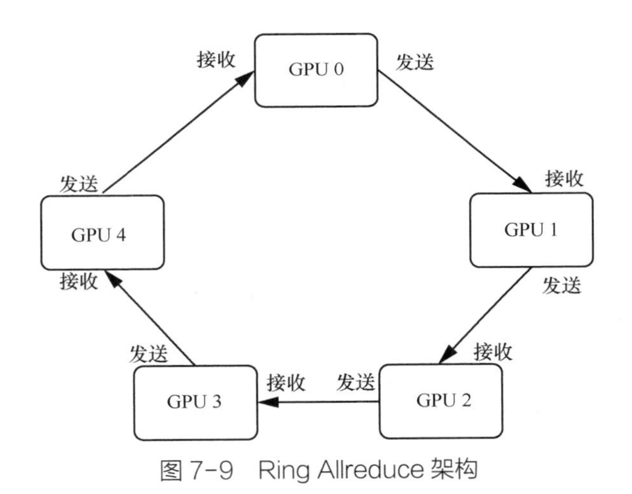

图 7-9 Ring Allreduce 架构

由于 Ring AllReduce 算法具有良好的性能，Uber 的 Horovod 的分布式深度学习工具包直接采用了该算法，PyTorch 框架的多机多卡的计算模型也采用了该算法。英伟达集群通信库 (NVIDIA Collective Communications Library，NCCL) 也采用了 Allreduce 方案，但其采用的是 Undirectional-Ring 的单向环算法，同样也可以实现同步时间与 GPU 卡的个数无关。

（三）分布式训练示例

多机多 GPU 的情况稍微复杂些。这里我们以 PyTorch 和 Horovod 为例，对多机多 GPU 的数据并行的训练代码示例进行讲解。

(1) PyTorch 多机多 GPU 分布式训练官方代码

```
# 导入需要的包
import torch
import torch.nn as nn
import torch.nn.parallel
```

```
import torch.backends.cudnn as cudnn
import torch.distributed as dist
import torch.optim
import torch.multiprocessing as mp
import torch.utils.data
import torch.utils.data.distributed
import torchvision.transforms as transforms
import torchvision.datasets as datasets
import torchvision.models as models
# 参数解析
model_names = sorted(name for name in models.__dict__
    if name.islower() and not name.startswith("__")
    and callable(models.__dict__[name]))

parser = argparse.ArgumentParser(description='PyTorch ImageNet Training')
parser.add_argument('-a', '--arch', metavar='ARCH', default='resnet18',
            choices=model_names,
            help='model architecture: ' +
                ' | '.join(model_names) +
                ' (default: resnet18)')
parser.add_argument('-j', '--workers', default=4, type=int, metavar='N',
            help='number of data loading workers (default: 4)')
parser.add_argument('--epochs', default=90, type=int, metavar='N',
            help='number of total epochs to run')
parser.add_argument('--start-epoch', default=0, type=int, metavar='N',
            help='manual epoch number (useful on restarts)')
parser.add_argument('-b', '--batch-size', default=256, type=int,
            metavar='N',
            help='mini-batch size (default: 256), this is the total batch size of all GPUs on the current node
when using Data Parallel or Distributed Data Parallel')
parser.add_argument('--lr', '--learning-rate', default=0.1, type=float,
            metavar='LR', help='initial learning rate', dest='lr')
parser.add_argument('--momentum', default=0.9, type=float, metavar='M',
            help='momentum')
parser.add_argument('--wd', '--weight-decay', default=1e-4, type=float,
            metavar='W', help='weight decay (default: 1e-4)',
            dest='weight_decay')
parser.add_argument('-p', '--print-freq', default=10, type=int,
            metavar='N', help='print frequency (default: 10)')
parser.add_argument('--resume', default='', type=str, metavar='PATH',
            help='path to latest checkpoint (default: none)')
parser.add_argument('-e', '--evaluate', dest='evaluate', action='store_true',
            help='evaluate model on validation set')
parser.add_argument('--pretrained', dest='pretrained', action='store_true',
            help='use pre-trained model')
parser.add_argument('--world-size', default=-1, type=int,
            help='number of nodes for distributed training')
parser.add_argument('--rank', default=-1, type=int,
            help='node rank for distributed training')
parser.add_argument('--dist-url', default='tcp://224.66.41.62:23456', type=str,
            help='url used to set up distributed training')
parser.add_argument('--dist-backend', default='nccl', type=str,
```

```
            help='distributed backend')
parser.add_argument('--seed', default=None, type=int,
            help='seed for initializing training. ')
parser.add_argument('--gpu', default=None, type=int,
            help='GPU id to use.')
parser.add_argument('--multiprocessing-distributed', action='store_tru',
            help='Use multi-processing distributed training to launch N processes per node, which has N GPUs. This is the
fastest way to use PyTorch for either single node or multi node data parallel training')

best_acc1 = 0

# 主函数
def main():
  args = parser.parse_args()

  #args.gpu 指定特定序号 GPU 训练，如指定，则禁用并行训练
  if args.gpu is not None:
    warnings.warn('You have chosen a specific GPU. This will completely disable data parallelism.')

  if args.dist_url == "env://" and args.world_size == -1:
    args.world_size = int(os.environ["WORLD_SIZE"])

  args.distributed = args.world_size > 1 or args.multiprocessing_distributed

  ngpus_per_node = torch.cuda.device_count()# 得到每个节点的 GPU 数量
  if args.multiprocessing_distributed:
    # 如果采用多机多卡并行，每个节点会启动 ngpus_per_node 个进程，args.world_size 原为分布式
    # 节点数量，在这种情况下需要更新为所有进程数
    args.world_size = ngpus_per_node * args.world_size
    # 使用 torch.multiprocessing.spawn 启动分布式进程：main_worker 进程函数，
    # 如果是多进程分布式
    # 训练，则每个节点启动 ngpus_per_node 个 main_worker 进程
    mp.spawn(main_worker, nprocs=ngpus_per_node, args=(ngpus_per_node, args))
  else:
    # 如果不是多机多卡，则只简单调用 main_worker 函数
    main_worker(args.gpu, ngpus_per_node, args)
# 训练进程函数
def main_worker(gpu, ngpus_per_node, args):
  global best_acc1
  args.gpu = gpu# 在多机多卡训练时，该值为 None

  if args.distributed:
    if args.dist_url == "env://" and args.rank == -1:
      args.rank = int(os.environ["RANK"])
    if args.multiprocessing_distributed:
      # 对于多进程分布式训练，rank 调整为所有进程的全局序号
      args.rank = args.rank * ngpus_per_node + gpu
    # 分布式训练初始化
    dist.init_process_group(backend=args.dist_backend, init_method=args.dist_url,world_size=args.world_
size, rank=args.rank)
  # 创建模型
```

```
if args.pretrained:
    print("=> using pre-trained model '{}'".format(args.arch))
    model = models.__dict__[args.arch](pretrained=True)
else:
    print("=> creating model '{}'".format(args.arch))
    model = models.__dict__[args.arch]()

if args.distributed:
    # 多机单卡时 , DistributedDataParallel 需要调用 set_device, scope, 否则
    # DistributedDataParallel 会使用所有 GPU
    if args.gpu is not None:
        torch.cuda.set_device(args.gpu)
        model.cuda(args.gpu)
        args.batch_size = int(args.batch_size / ngpus_per_node)
        args.workers = int((args.workers + ngpus_per_node - 1) / ngpus_per_node)
        model = torch.nn.parallel.DistributedDataParallel(model, device_ids=[args.gpu])
    else:
        # 如果采用多机多卡训练，DistributedDataParallel 将会拆分 batch_size 并分配到所有可用的 GPU 上
        model.cuda()
        model = torch.nn.parallel.DistributedDataParallel(model)# 分发模型
elif args.gpu is not None:
    # 采用单卡训练的情况
    torch.cuda.set_device(args.gpu)
    model = model.cuda(args.gpu)
else:
    # 采用单机多卡训练的情况，DataParallel 将会拆分 batch_size 并分配到所有可用的 GPU 上
    if args.arch.startswith('alexnet') or args.arch.startswith('vgg'):
        model.features = torch.nn.DataParallel(model.features)# 分发模型
        model.cuda()
    else:
        model = torch.nn.DataParallel(model).cuda()

# 定义损失函数和优化器
criterion = nn.CrossEntropyLoss().cuda(args.gpu)

optimizer = torch.optim.SGD(model.parameters(), args.lr,
                            momentum=args.momentum,
                            weight_decay=args.weight_decay)

cudnn.benchmark = True

# 数据加载
traindir = os.path.join(args.data, 'train')
valdir = os.path.join(args.data, 'val')
normalize = transforms.Normalize(mean=[0.485, 0.456, 0.406],
                                 std=[0.229, 0.224, 0.225])

train_dataset = datasets.ImageFolder(
    traindir,
    transforms.Compose([
        transforms.RandomResizedCrop(224),
        transforms.RandomHorizontalFlip(),
```

```
            transforms.ToTensor(),
            normalize,
        ]))

    if args.distributed:
        #DistributedSampler 可以使进程将 Distributed Sampler 实例作为 DataLoader 采样器传递，加载原始
        # 数据集的专有子集
        train_sampler = torch.utils.data.distributed.DistributedSampler(train_dataset)
    else:
        train_sampler = None

    train_loader = torch.utils.data.DataLoader(
        train_dataset, batch_size=args.batch_size, shuffle=(train_sampler is None),
        num_workers=args.workers, pin_memory=True, sampler=train_sampler)

    val_loader = torch.utils.data.DataLoader(
        datasets.ImageFolder(valdir, transforms.Compose([
            transforms.Resize(256),
            transforms.CenterCrop(224),
            transforms.ToTensor(),
            normalize,
        ])),
        batch_size=args.batch_size, shuffle=False,
        num_workers=args.workers, pin_memory=True)

    for epoch in range(args.start_epoch, args.epochs):
        if args.distributed:
            train_sampler.set_epoch(epoch)
        adjust_learning_rate(optimizer, epoch, args)

        # 训练一个 epoch
        train(train_loader, model, criterion, optimizer, epoch, args)

        if not args.multiprocessing_distributed or (args.multiprocessing_distributed
                and args.rank % ngpus_per_node == 0):
            save_checkpoint({
                'epoch': epoch + 1,
                'arch': args.arch,
                'state_dict': model.state_dict(),
                'optimizer' : optimizer.state_dict(),
            }, is_best)

# 功能函数
def train(train_loader, model, criterion, optimizer, epoch, args):
    batch_time = AverageMeter('Time', ':6.3f')
    data_time = AverageMeter('Data', ':6.3f')
    losses = AverageMeter('Loss', ':.4e')
    top1 = AverageMeter('Acc@1', ':6.2f')
    top5 = AverageMeter('Acc@5', ':6.2f')
    progress = ProgressMeter(
        len(train_loader),
        [batch_time, data_time, losses, top1, top5],
```

```
        prefix="Epoch: [{}]".format(epoch))

    # 切换训练模式
    model.train()

    end = time.time()
    for i, (images, target) in enumerate(train_loader):
        # measure data loading time
        data_time.update(time.time() - end)

        if args.gpu is not None:
            images = images.cuda(args.gpu, non_blocking=True)
        target = target.cuda(args.gpu, non_blocking=True)

        # 计算输出
        output = model(images)
        loss = criterion(output, target)

        # 计算准确率并记录损失
        acc1, acc5 = accuracy(output, target, topk=(1, 5))
        losses.update(loss.item(), images.size(0))
        top1.update(acc1[0], images.size(0))
        top5.update(acc5[0], images.size(0))

        # 计算梯度并执行 SGD 步骤
        optimizer.zero_grad()
        loss.backward()
        optimizer.step()

        # 计算单次迭代时间
        batch_time.update(time.time() - end)
        end = time.time()

        if i % args.print_freq == 0:
            progress.display(i)

def save_checkpoint(state, is_best, filename='checkpoint.pth.tar'):
    """ 保存 checkpoint 文件 ""
…
class AverageMeter(object):
    """ 变量更新自动管理类 """
    …
def adjust_learning_rate(optimizer, epoch, args):
    """ 设置基础学习率，每 30epochs 衰减因子 0.1"""
    …
def accuracy(output, target, topk=(1,)):
    """ 计算 topk 的准确率 """
    …
```

该代码实例中，主要用到了 PyTorch 的分布式通信工具包：torch.distributed。该工具包提供了一种类似 MPI 的接口，用于跨多机器网络交换张量数据。

使用该通信工具包调用任何其他方法之前，需要调用如下初始化函数对整个分布式进程组进行初始化。该函数将阻塞程序等待所有进程的加入。

```
torch.distributed.initprocessgroup(backend, init_method=None, timeout=datetime.timedelta(0, 1800), world_size=-1, rank=-1, store=None, group_name=")
```

- Backend：要使用的通信后端。根据构建时的配置，支持 NCCL、Gloo 和 MPI 这 3 种不同的通信方式。
- init_method：指定如何初始化进程组的统一资源定位符（URL）。
- world_size：参与作业的进程数。
- rank：当前进程的标识符。
- store：所有 Worker 都可以访问的键 / 值存储，用于交换连接 / 地址信息。与 init_method 互斥。
- timeout：针对进程组执行操作的超时阈值，默认值为 30 min。这仅适用于 Gloo 通信后端。
- group_name：组名。

该初始化函数涉及通信后端的概念。PyTorch 官网中指出，目前版本的 PyTorch 主要有 3 种通信后端：NCCL、Gloo 和 MPI。NCCL 只用于分布式 GPU 训练，Gloo 主要用于分布式 CPU 训练。Gloo 也可以用于分布式 GPU 训练，但是性能没有 NCCL 好。一般情况下使用 MPI，但 PyTorch 默认是不支持 MPI 的，只有在源码安装 PyTorch 时才能选择支持 MPI。因此，在使用多机多卡分布式 GPU 训练时，我们默认只使用 NCCL 作为 PyTorch 的通信后端。

NCCL 的全称为 NVIDIA 集群通信库，是一个可以实现多个 GPU、多个节点间聚合通信的库，在 PCIe、NVLink、InfiniBand 上可以实现较高的通信速度。NCCL 高度优化和兼容了 MPI，并且可以感知 GPU 的拓扑，促进多 GPU 多节点的加速，最大化 GPU 的带宽利用率，所以深度学习框架的研究员可以利用 NCCL 的这个优势，在多个节点内或者跨节点间充分利用所有可利用的 GPU。目前 NCCL 已经集成在 TensorFlow、PyTorch、MXNet 等深度学习框架中，用于加速多 GPU 系统的深度学习训练。NCCL 利用通信环在所有的 GPU 中移动数据、进行归约。

分布式的初始化主要有 3 种方式：TCP 初始化、共享文件初始化和环境变量初始化。在初始化的过程中，除了主进程的 IP 和端口号，还需要确定两个重要的参数：world_size 和 rank。world_size 代表进程的总数，一般情况下就是节点的个数；rank 则代表当前节点的进程序号，0 表示主进程。

- TCP 初始化：通过进程数和主进程 IP、端口号来初始化。样例代码如下。

```
torch.distributed.init_process_group(backend, init_method= 'tcp://10.1.1.20:23456', rank=args.rank, world_size=4)
```

- 共享文件初始化：利用共享文件系统进行初始化。样例代码如下。

```
torch.distributed.init_process_group(backend, init_method= 'file:///mnt/nfs/sharedfile',world_size=4, rank=args.rank)
```

- 环境变量初始化：读取环境变量中的配置，主要获取以下 4 个变量。主进程的端口（masterport）、主进程的 IP（masteraddr）、进程数（world_size）和当前进程序号（rank）。样例代码如下。

```
torch.distributed.init_process_group(backend, init_method= 'env://')
```

初始化完成后，可以调用分布式训练的主要函数：

```
model = torch.nn.parallel.DistributedDataParallel(model)
```

该函数适用于单节点（多 GPU）和多节点数据并行训练，尤其适合在具有多个进程，每个进程在单个 GPU 上运行的场景。这是目前使用 PyTorch 进行数据并行训练的最快方法。因此，在使用时应该在具有 N 个 GPU 的每个主机上生成 N 个进程，同时确保每个进程在 0 到 $N-1$ 的单个 GPU 上单独工作。

假设在两个节点的情况下，该文件调用命令如下。

```
Node0:
python main.py -a resnet50 --dist-url 'tcp://IP_OF_NODE0:FREEPORT' --dist-backend 'nccl' --multiprocessing-distributed --world-size 2 --rank 0 [imagenet-folder with train and val folders]
Node1:
python main.py -a resnet50 --dist-url 'tcp://IP_OF_NODE0:FREEPORT' --dist-backend 'nccl' --multiprocessing-distributed --world-size 2 --rank 1 [imagenet-folder with train and val folders]
```

分布式训练的性能指标主要有吞吐量和加速比。吞吐量指一秒内平均能够处理的图像数量；在确保训练图像总数相同的条件下，加速比可以指使用不同数量的 GPU 时吞吐量的比例，也可以指训练时间的比例。在目前的任务中，我们需要重点关注加速比。结合上述分析，我们现在需要专注于 GPU 数量不同时训练图像的总量以及各自的训练时间。

在多卡模式中，由于代码实行了多进程，因此一个 epoch 处理的图像总数是单卡模式的几倍，这个倍数等于当前节点卡的数量；在多机模式中，由于使用了数据并行的分布式方法，数据集是平均分布在每个节点上的，因此训练时间要比单机模式短。

我们还测试了 1 机 2 卡、2 机 2 卡的模式。最后，结合训练的总时间以及每个 epoch 代码处理的图像总数，计算出了加速比，见表 7-1。

表 7-1　加速比计算结果

模式	测试 1	测试 2	测试 3	测试 4	测试 5
1 机 1 卡	1	1	1	1	1
1 机 2 卡	1.87	1.87	1.9	1.91	1.85
1 机 4 卡	3.9	3.86	3.96	3.98	3.87
2 机 1 卡	1.3	1.34	1.3	1.31	1.29
2 机 2 卡	3.05	3.23	3.25	3.24	3.21
2 机 4 卡	6.56	6.72	6.68	6.65	6.38

（2）Horovod 多机多 GPU 分布式训练官方示例代码

使用 Horovod 进行分布式训练，可以不依赖于某个特定的框架，将通信框架和深度学习计算框架分离，实际使用的计算框架只需要直接调用 Horovod 的接口即可。为了便于比较，这里也对基于 PyTorch 的 Horovod 分布式训练代码进行分析。Horovod 采用主从模式进行通信，假设分布式系统内有 N 个节点（rank0~rank$N-1$），rank0 为 Master 节点，其余节点皆为

Worker 节点。Master 节点上维护了一个消息队列和一个消息映射，而 worker 节点上只需维护一个消息队列。

```
# 导入需要的包
import torch
import argparse
import torch.backends.cudnn as cudnn
import torch.nn.functional as F
import torch.optim as optim
import torch.utils.data.distributed
from torchvision import datasets, transforms, models
import horovod.torch as hvd
import tensorboardX
import os
import math
from tqdm import tqdm
# 参数解析
parser = argparse.ArgumentParser(description='PyTorch ImageNet Example',
                    formatter_class=argparse.ArgumentDefaultsHelpFormatter)
parser.add_argument('--train-dir', default=os.path.expanduser('~/imagenet/train'),
            help='path to training data')
parser.add_argument('--val-dir', default=os.path.expanduser('~/imagenet/validation'),
            help='path to validation data')
parser.add_argument('--log-dir', default='./logs',
            help='tensorboard log directory')
parser.add_argument('--checkpoint-format', default='./checkpoint-{epoch}.pth.tar',
            help='checkpoint file format')
parser.add_argument('--fp16-allreduce', action='store_true', default=False,
            help='use fp16 compression during allreduce')
parser.add_argument('--batches-per-allreduce', type=int, default=1,
            help='number of batches processed locally before '
                'executing allreduce across workers; it multiplies '
                'total batch size.')

parser.add_argument('--batch-size', type=int, default=32,
            help='input batch size for training')
parser.add_argument('--val-batch-size', type=int, default=32,
            help='input batch size for validation')
parser.add_argument('--epochs', type=int, default=90,
            help='number of epochs to train')
parser.add_argument('--base-lr', type=float, default=0.0125,
            help='learning rate for a single GPU')
parser.add_argument('--warmup-epochs', type=float, default=5,
            help='number of warmup epochs')
parser.add_argument('--momentum', type=float, default=0.9,
            help='SGD momentum')
parser.add_argument('--wd', type=float, default=0.00005,
            help='weight decay')

parser.add_argument('--no-cuda', action='store_true', default=False,
            help='disables CUDA training')
parser.add_argument('--seed', type=int, default=42,
```

```
        help='random seed')

args = parser.parse_args()
args.cuda = not args.no_cuda and torch.cuda.is_available()
# 主程序
allreduce_batch_size = args.batch_size * args.batches_per_allreduce

hvd.init()
torch.manual_seed(args.seed)

if args.cuda:

    torch.cuda.set_device(hvd.local_rank())
    torch.cuda.manual_seed(args.seed)

cudnn.benchmark = True

# 如果 set > 0, 程序将会从给定的 checkpoint 继续训练
resume_from_epoch = 0
for try_epoch in range(args.epochs, 0, -1):
    if os.path.exists(args.checkpoint_format.format(epoch=try_epoch)):
        resume_from_epoch = try_epoch
        break

resume_from_epoch = hvd.broadcast(torch.tensor(resume_from_epoch), root_rank=0, name='resume_from_
epoch').item()

# 在第一个 Worker 上打印 logs
verbose = 1 if hvd.rank() == 0 else 0

# 在第一个 Worker 上输出 TensorBoard logs
log_writer = tensorboardX.SummaryWriter(args.log_dir) if hvd.rank() == 0 else None


kwargs = {'num_workers': 4, 'pin_memory': True} if args.cuda else {}
train_dataset = \
    datasets.ImageFolder(args.train_dir,
                transform=transforms.Compose([
                    transforms.RandomResizedCrop(224),
                    transforms.RandomHorizontalFlip(),
                    transforms.ToTensor(),
                    transforms.Normalize(mean=[0.485, 0.456, 0.406],
                                std=[0.229, 0.224, 0.225])
                ]))
# 使用 DistributedSampler 将数据划分到 Worker 中
train_sampler = torch.utils.data.distributed.DistributedSampler(
    train_dataset, num_replicas=hvd.size(), rank=hvd.rank())
train_loader = torch.utils.data.DataLoader(
    train_dataset, batch_size=allreduce_batch_size,
    sampler=train_sampler, **kwargs)

val_dataset = \
```

```
    datasets.ImageFolder(args.val_dir,
                         transform=transforms.Compose([
                             transforms.Resize(256),
                             transforms.CenterCrop(224),
                             transforms.ToTensor(),
                             transforms.Normalize(mean=[0.485, 0.456, 0.406],
                                                  std=[0.229, 0.224, 0.225])
                         ]))
val_sampler = torch.utils.data.distributed.DistributedSampler(
    val_dataset, num_replicas=hvd.size(), rank=hvd.rank())
val_loader = torch.utils.data.DataLoader(val_dataset, batch_size=args.val_batch_size,
                                         sampler=val_sampler, **kwargs)


# 构建标准 ResNet-50 模型
model = models.resnet50()

if args.cuda:
    model.cuda()
# 根据 GPU 数量调整学习率
# 梯度积累：按 batchs_per_allreduce 缩放学习率
optimizer = optim.SGD(model.parameters(),
                      lr=(args.base_lr *
                          args.batches_per_allreduce * hvd.size()),
                      momentum=args.momentum, weight_decay=args.wd)

# 压缩算法
compression = hvd.Compression.fp16 if args.fp16_allreduce else hvd.Compression.none

# 用 DistributedOptimizer 包装优化器
optimizer = hvd.DistributedOptimizer(
    optimizer, named_parameters=model.named_parameters(),
    compression=compression,
    backward_passes_per_step=args.batches_per_allreduce)

if resume_from_epoch > 0 and hvd.rank() == 0:
    filepath = args.checkpoint_format.format(epoch=resume_from_epoch)
    checkpoint = torch.load(filepath)
    model.load_state_dict(checkpoint['model'])
    optimizer.load_state_dict(checkpoint['optimizer'])

# 广播 parameters 和 optimizer_state
hvd.broadcast_parameters(model.state_dict(), root_rank=0)
hvd.broadcast_optimizer_state(optimizer, root_rank=0)

for epoch in range(resume_from_epoch, args.epochs):
    train(epoch)
    validate(epoch)
    save_checkpoint(epoch)
# 功能函数
def train(epoch):
    model.train()
```

```
    train_sampler.set_epoch(epoch)
    train_loss = Metric('train_loss')
    train_accuracy = Metric('train_accuracy')

    with tqdm(total=len(train_loader),
              desc='Train Epoch     #{}'.format(epoch + 1),
              disable=not verbose) as t:
        for batch_idx, (data, target) in enumerate(train_loader):
            adjust_learning_rate(epoch, batch_idx)

            if args.cuda:
                data, target = data.cuda(), target.cuda()
            optimizer.zero_grad()

            for i in range(0, len(data), args.batch_size):
                data_batch = data[i:i + args.batch_size]
                target_batch = target[i:i + args.batch_size]
                output = model(data_batch)
                train_accuracy.update(accuracy(output, target_batch))
                loss = F.cross_entropy(output, target_batch)
                train_loss.update(loss)

                loss.div_(math.ceil(float(len(data)) / args.batch_size))
                loss.backward()

            optimizer.step()
            t.set_postfix({'loss': train_loss.avg.item(),
                           'accuracy': 100. * train_accuracy.avg.item()})
            t.update(1)

    if log_writer:
        log_writer.add_scalar('train/loss', train_loss.avg, epoch)
        log_writer.add_scalar('train/accuracy', train_accuracy.avg, epoch)


def validate(epoch):
    model.eval()
    val_loss = Metric('val_loss')
    val_accuracy = Metric('val_accuracy')

    with tqdm(total=len(val_loader),
              desc='Validate Epoch  #{}'.format(epoch + 1),
              disable=not verbose) as t:
        with torch.no_grad():
            for data, target in val_loader:
                if args.cuda:
                    data, target = data.cuda(), target.cuda()
                output = model(data)

                val_loss.update(F.cross_entropy(output, target))
                val_accuracy.update(accuracy(output, target))
                t.set_postfix({'loss': val_loss.avg.item(),
```

```
                    'accuracy': 100. *val_accuracy.avg.item()})
            t.update(1)

    if log_writer:
        log_writer.add_scalar('val/loss', val_loss.avg, epoch)
        log_writer.add_scalar('val/accuracy', val_accuracy.avg, epoch)

def adjust_learning_rate(epoch, batch_idx):
    if epoch < args.warmup_epochs:
        epoch += float(batch_idx + 1) / len(train_loader)
        lr_adj = 1. / hvd.size() * (epoch * (hvd.size() - 1) / args.warmup_epochs + 1)
    elif epoch < 30:
        lr_adj = 1.
    elif epoch < 60:
        lr_adj = 1e-1
    elif epoch < 80:
        lr_adj = 1e-2
    else:
        lr_adj = 1e-3
    for param_group in optimizer.param_groups:
        param_group['lr'] = args.base_lr * hvd.size() * args.batches_per_allreduce * lr_adj


def accuracy(output, target):
    pred = output.max(1, keepdim=True)[1]
    return pred.eq(target.view_as(pred)).cpu().float().mean()


def save_checkpoint(epoch):
    if hvd.rank() == 0:
        filepath = args.checkpoint_format.format(epoch=epoch + 1)
        state = {
            'model': model.state_dict(),
            'optimizer': optimizer.state_dict(),
        }
        torch.save(state, filepath)


class Metric(object):
    def __init__(self, name):
        self.name = name
        self.sum = torch.tensor(0.)
        self.n = torch.tensor(0.)

    def update(self, val):
        self.sum += hvd.allreduce(val.detach().cpu(), name=self.name)
        self.n += 1

    @property
    def avg(self):
        return self.sum / self.n
```

● 首先调用 hvd.init() 函数进行 Horovod 的初始化，当深度学习计算框架（这里是 Pytorch）发出通信请求时，hvd 对象会将这个请求封装并放入本地 Worker 节点的消息队列。hvd.init() 函数实际上是开了一个后台线程和一个 MPI 线程。后台线程采用定时轮询的方式访问本地节点消息队列，如果非空，Worker 会将自己收到的所有张量（Tensor）通信请求发送给 Master。因为是同步 MPI，所以每个节点会阻塞以等待 MPI 完成。Master 收到 Worker 的消息后，会记录到自己的消息映射中。如果一个 Tensor 的通信请求出现了 N 次，也就意味着，所有的节点都已经发出了对该 Tensor 的通信请求，那这个 Tensor 就需要且能够进行通信。Master 节点会挑选出所有符合要求的 Tensor 进行 MPI 通信。不符合要求的 Tensor 继续留在消息 map 中，等待条件符合。决定了 Tensor 以后，Master 又会将可以进行通信的 Tensor 名字和顺序发回给各个节点。至此，所有的节点都得到了即将进行的 MPI 的 Tensor 名字和顺序，MPI 通信得以进行。

● 设置 torch.cuda.setdevice(hvd.localrank())，将一个 GPU 与一个进程绑定。

● 调用 resumefromepoch = hvd.broadcast (torch.tensor (resumefromepoch), rootrank=0, name = 'resumefrom_epoch').item()，把要从哪个 epoch 恢复训练的信息从 rank0 广播到其他 Worker 节点。rank0 是 Master 节点，负责读入 checkpoint 文件。

调 用 logwriter = tensorboardX.SummaryWriter(args.logdir) if hvd.rank() == 0 else None， 在 rank0 节点上输出 TensorBoard 日志。

● 将训练数据集和验证数据集按照 Worker 的数量进行划分

trainsampler = torch.utils.data.distributed.DistributedSampler(traindataset, numreplicas=hvd.size(), rank=hvd.rank()) trainloader = torch.utils.data.DataLoader(traindataset, batchsize=allreducebatchsize,sampler=train_sampler, **kwargs)

valsampler = torch.utils.data.distributed.DistributedSampler(valdataset, numreplicas=hvd.size(), rank=hvd.rank()) valloader = torch.utils.data.DataLoader(valdataset, batchsize=args.valbatchsize,sampler=val_sampler, **kwargs)

● 根据 Worker 数量扩大学习率。按 Worker 数量调整同步分布式训练中的有效 batch_size。这样学习率的增加与 batch_size 的增加相适应。

optimizer = optim.SGD(model.parameters(), lr=(args.baselr * args.batchesperallreduce * hvd.size()),momentum=args.momentum, weightdecay=args.wd)

● 使用 hvd.DistributedOptimizer 对计算框架原有的优化器（Optimizer）进行封装。因为分布式训练涉及梯度的同步，在每个 GPU 内的梯度计算仍然由原有的 Optimizer 计算，只是梯度同步由 hvd.DistributedOptimizer 负责。同步时可以选择是否进行数据压缩。

compression = hvd.Compression.fp16 if args.fp16_allreduce else hvd.Compression.none

optimizer = hvd.DistributedOptimizer(optimizer,namedparameters=model.namedparameters(),compression=compression,backwardpassesperstep=args.batchesper_allreduce)

● 将从 checkpoint 文件加载的模型参数和优化器状态从 Master 节点广播到 Worker 节点。

hvd.broadcastparameters(model.statedict(), rootrank=0) hvd.broadcastoptimizerstate(optimizer, rootrank=0)

7.4 小结

深度学习的世界充满了并发性。从卷积的计算到 DNN 架构的优化，训练过程的每个方面几乎都具有内在的并行性。讨论并发性的一个重要考虑是准确性和硬件利用率的折中：牺牲一些分布式系统中的数据一致性，以增加并发性，同时仍然获得合理的准确性。

基本的算子操作如今已经被高度优化，当前的研究焦点是网络层之间的优化以及整个 DNN 的优化。TensorFlow XLA、Tensor Comprehensions 和 TVM 等优化工具一次编译整个神经网络图，执行各种变换 (例如融合) 以优化执行时间，相比手动优化基本算子，以上优化工具实现了明显的性能提升。

最后，深度学习被用于解决日益复杂的问题，这也为模型并行性和不同的训练算法创造了新的机会。

参考文献

[1] BEN-NUN T, HOEFLER T. Demystifying parallel and distributed deep learning an in-depth concurrency analysis[J]. ACM Computing Surveys, 2018, 52(4).

[2] GENG T, WANG T Q, LI A, et al. FPDeep: scalable acceleration of cnn training on deeply-pipelined fpga clusters[J]. arXiv, 2019.

[3] JIA Y Q. Learning semantic image representations at a large scale[D]. Berkeley: University of California, Berkeley, 2014.

[4] LI M, LI Z, YANG Z C, et al. Parameter server for distributed machine learning[C]//NIPS 2013 Workshop on Big Learning. [S.l.:s.n.], 2013: 1-10.

[5] LI M, ANDERSEN D G, PARK J W, et al. Scaling distributed machine learning with the parameter server[C]// The 11th USENIX Conference on Operating Systems Design and Implementation. [S.l.:s.n.], 2014: 583-598.

[6] THOMAS W. Training neural nets on larger batches: practical tips for 1-gpu, multi-gpu & distributed setups[Z]. 2018.

[7] ANDREW G. Bringing hpc techniques to deep learning[Z]. 2017.

[8] PyTorch Development Team. PyTorch documentation[Z]. 2020.

[9] 刘铁岩 , 陈薇 , 王太峰 , 等 . 分布式机器学习 : 算法、理论与实践 [M]. 北京 : 机械工业出版社 , 2018.

[10] 美团算法团队 . 美团机器学习实践 [M]. 北京 : 人民邮电出版社 , 2018.

第8章 自动机器学习

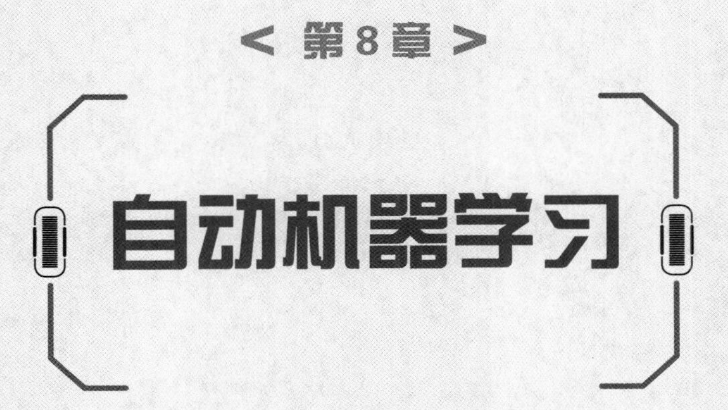

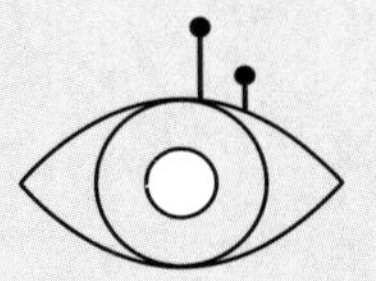

8.1 AutoML 概述

近年来，以机器学习技术为代表的智能算法已经取得了很好的成绩。例如，在体育、游戏竞技领域，AlphaGo 在围棋比赛中击败了人类冠军，AlphaStar 在星际争霸游戏上超越了 99.8% 的人类玩家；在图像识别领域，ResNet 在 ImageNet 分类比赛中超越了人类表现；人脸识别、医疗图像诊断领域也涌现了诸多模型达到甚至超过人类水平。之所以能取得这样的成就，离不开算法科学家们的开拓性的、破旧立新的研究工作。他们设计出了具有引领意义的网络模型架构，提炼出了稳定有效的特征，归纳出了一些能快速收敛的训练策略，总结出了许多参数设置和网络调试的经验。

然而，由于机器学习算法涉及的模型设计、特征设计以及超参数搜索等环节都是知识和劳动密集型的工作，因此算法开发者不得不参与机器学习算法设计的各个环节，这无疑成为了限制机器学习技术落地赋能的一个主要瓶颈。一方面，算法模型开发者会陷入繁冗复杂的模型试错和超参数搜索优化的工作中；另一方面，这些环节的高门槛限制了优秀的技术成果向更专注于业务而不擅长人工智能领域的行业迁移赋能。为了使机器学习技术更容易被应用，并节省经验丰富的算法专家有限的精力，对自动机器学习（Automated Machine Learning，AutoML）技术的需求应运而生，而且已经成为工业界和学术界都十分关注的一个热门话题。实际上，AutoML 在更早的时代就被机器学习、数据挖掘等人工智能领域的许多研究人员关注过，只是由于大数据技术的发展、算力的增加以及机器学习应用的巨大需求和技术能力的成熟，AutoML 最近才成为更加实用的技术和备受关注的焦点。

对于人工智能云平台服务提供商来说，他们的使命是让更多的人享受云平台带来的便利，帮助企业提高开发运维的效率，降低使用人工智能技术的门槛。对于算法研发者来说，如果能够降低算法的研发门槛，并将算法人员从这些机器学习的应用程序中解脱出来，就可以在业务实践中更快地部署人工智能解决方案，有效地验证和评估已部署的解决方案的性能，并使算法人员更多地关注有挑战的问题和工作。对于传统行业的企业来说，他们缺乏相应的人才和技术储备，需要 AutoML 这种端到端的黑盒式技术，从而实现只需要提供业务数据（在保障数据安全的前提下）就可以获得可用智能服务的完美 AI+ 解决方案。因此，提供 AutoML 服务是人工智能云平台的一个具有很高价值的重要能力。

AutoML 是无须人工协助就能在有限算力的约束条件下构建机器学习服务的技术。其目的是希望自动化地创造智能模型，即创造过程中繁杂的工作和流程都由计算机自动完成。如果机器学习可以被划分为经典机器学习方法和深度学习方法，相应地，广义的 AutoML 也可以划分成狭义自动机器学习和自动深度学习（Automated Deep Learning，AutoDL）。一般来说，两者还是统称为 AutoML。

关于能够对机器学习算法中的哪些环节进行自动化的问题，有必要对机器学习算法的整体流程进行归纳和拆分。在经典的机器学习中，一般需要通过人工设定特征工程、模型和优化算法来构建整个机器学习流程。随着深度学习技术的崛起，AutoDL 技术得到快速发展，与经典机器学习的流程不同，深度学习具有自动学习特征表示的能力，只需人工设计好网络架构，就能实现端到端的训练学习。因此，对于自动深度学习而言，主要的问题是解决如何自动设计网络架构。这就为 AutoML 引入了一项重要技术：神经架构搜索（Neural Architecture Search，NAS）。NAS 针对端到端的深度模型进行网络结构搜索，并同时配置特征、模型和算法。

因此，AutoML 的许多研究都集中在机器学习过程包含的这 4 个需要自动化的环节中：特征工程、模型选择、优化算法选择和神经架构搜索，如图 8-1 所示。

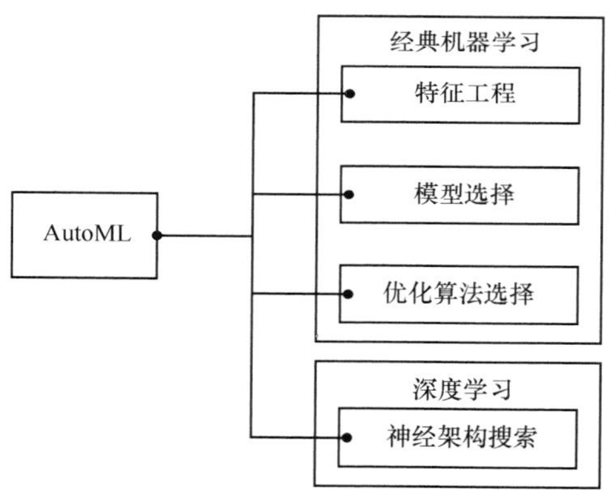

图 8-1　AutoML 的范畴

8.2　特征工程

特征工程是把任务的原始数据转化为模型输入数据的过程。在经典机器学习算法中，特征提取的质量是影响机器学习模型表现的非常重要的因素之一。好的特征表示可以显著降低模型选择的复杂度。例如经典机器学习算法中的方向梯度直方图（Histogram of Oriented Gradient, HOG）特征 + 线性支持向量机（Linear SVM）的经典组合就证明了这一点。HOG 特征在小数据集上具有较好的区分性，以至于不需要使用非线性核函数，仅和线性 SVM 搭配就能取得较好的效果。深度学习这种直接从原始数据中学习特征表示的算法的成功，也说明了特征的重要性。因此，传统 AutoML 问题的一个分支是研究特征工程，即如何从数据中自动构造特征，使后续学习的模型具有良好的性能。上述目标可以进一步分为两个子问题：从数据中创建特征和增强特征的辨别能力。但是，在经典机器学习算法中，第一个问题在很大程度上取决于应用场景和人类的专业知识，没有通用的或原则性的方法来从数据中创建特征。因此，在经典机器学习算法中，AutoML 在创建特征方面取得的进展有限，更加专注的是特征增强方法。

在许多情况下，数据的原始特征可能不够好，例如维度太高或者样本在特征空间中不可辨别。因此，人们希望对这些特征进行一些后处理以提高学习效果。这里介绍一些常用方法。

（一）压缩降维

当特征具有较大冗余或特征维度过高时，对训练样本的数量就提出了更多的要求，否则较少的训练样本无法拟合高维特征对应的模型参数，易出现过拟合现象。另外，大量劣质特征会造成模型训练困难，产生劣质输出。而且高维特征还会造成模型参数量大、运算耗时长，难以满足生产环境的时效性要求。在这些情况下，压缩降维技术就会非常有用。压缩降维可以分为特征选择类方法和特征投影类方法。

特征选择类方法尝试从原始特征中选择特征的子集，一般包含以下 3 类方法。

- 过滤法：通过设计一些特征筛选的标准对特征进行评分，高于阈值的特征被保留，低于阈值的特征被过滤。例如采用方差、相关系数、卡方检验和互信息等度量发散性或相关性的指标进行特征过滤。这类方法基于统计信息进行过滤，原理简单，运算速度较快，然而没有考虑特征之间的关联关系。

- 包装法：将特征选择问题转化为搜索问题进行处理。常用的是递归特征消除法，该方法指定一个能够描述特征权重属性的模型进行迭代训练，每次训练后，都会根据权值系数移除权重比较低的特征，此时，再根据新的特征进行下一轮训练，直至剩余特征的数量符合所需的数量。这类方法面对的搜索空间十分庞大，需要设计启发式搜索策略。

- 嵌入法：通过使用内置了特征选择机制的算法进行模型训练和特征选择。例如使用带惩罚项的基模型进行特征选择或者使用基于树的模型进行特征选择。L1 范数是一种典型的惩罚项，可用于带惩罚项的基模型。这类方法除了筛选出特征外，同时也进行了降维。随机森林和决策树是线性的树模型，它们具有对特征进行打分的机制，可用于特征选择。嵌入类方法效果最好，运算速度快，然而超参数的设置需要一定的专业知识。

常见的特征选择类方法在经典机器学习库 scikit-learn 中多有实现，开发者可以利用 scikit-learn 方便地使用特征选择算法。

特征投影类方法是将原始特征转换为新的低维空间，常用的方法有主成分分析（PCA）、线性判别分析（Linear Discriminant Analysis，LDA）和近年提出的自编码器（Autoencoder，AE）等。

- PCA 通过对一组可能存在相关性的变量进行正交变换，将该组变量转换为一组线性不相关的变量，转换后的这组变量叫作主成分。PCA 实现了从原始变量中导出少数几个主成分，使它们尽可能多地保留原始变量的信息，且彼此间互不相关。

- LDA 与 PCA 的相似之处是它们都在寻找最佳解释数据的变量的线性组合。但与 PCA 属于无监督降维技术不同，LDA 是一种需要监督信息的降维技术，它的目标特征投影后，特征的类内方差最小，类间方差最大。

- AE 是一种神经网络算法，包含编码器和解码器两部分，它的输入和学习目标是相同的，通过先编码后重构输入数据，学习有效的特征表示。训练完成后，编码器的输出即压缩后的特征。

（二）特征生成

有时将原始特征进行某种组合操作，可以显著提高算法模型的性能。特征生成是指基于一些预定义的操作从原始特征中构造新特征，例如对单个特征进行对数、平方根等基础转换，或者对两个特征进行加减乘除等操作，亦或是进行特征规范化处理等。

（三）特征编码

特征编码根据从数据中学习的一些字典重新解释原始特征。由于字典可以捕获训练数据中的协作表示，因此在原始空间中不可区分的训练样本在新空间中变得可区分。常见的例子是稀疏编码（Sparse Coding）和局部坐标编码（Local Coordinate Coding）。此外，该方法也可以被视为特征编码，其中基函数充当字典。

- 稀疏编码首先寻找一组“超完备”基向量，然后将输入向量表示为这些基向量的线性组合。由于稀疏性约束（通常是 L0 范数或者近似 L1 范数），稀疏编码要用尽量少的基向量来重构表示输入向量。

- 局部坐标编码是基于“稀疏编码的非零系数往往属于与编码数据比较接近的基”这一特点提出的。局部坐标编码强调编码时应满足局部性，因为在特定条件下，局部性比稀疏性更加必要。

如何针对任务选择合适的构造新特征的方法是传统特征工程不得不面临的一个问题。传统的特征工程需要算法科学家凭借经验找到有效的特征增加或者特征组合方式。上述特征增强方法有两种类型的搜索空间。第一类搜索空间由这些方法的超参数组成，例如在使用 PCA 时确定特征的维度以及在使用稀疏编码时确定稀疏程度。第二类搜索空间包含要生成和选择的特征（通常在特征生成中考虑这种搜索空间），例如通过搜索加号、减号和乘号等操作生成的新特征。面对这么大的搜索空间，单靠人力搜索试错的组合必然不够全面，需要自动化搜索优化方法来优化特征工程问题。

目前，开发者已提出了许多针对不同领域任务的自动化特征工程算法以及其开源工具库。

- Featuretools。Featuretools 是一个开源自动化特征工程的框架。它擅长处理关系型数据库或日志文件中常见的多表格数据。该库的核心算法是深度特征合成（Deep Feature Synthesis，DFS）算法。该算法遍历跟踪关系数据库的基本字段的关系路径，并在该路径上顺序应用数学函数（包括和、平均值和计数）生成综合特征。

- Boruta。Boruta 算法是一种特征选择算法，根据特征的重要程度选取特征。boruta_py

是 Boruta 算法的工具库。Boruta 算法对随机森林算法进行了封装，利用随机森林给出的特征重要性来迭代地移除相关度低的特征。

- Tsfresh。Tsfresh 是一个基于 Python 的时序数据特征挖掘工具包，它可以自动计算大量的时间序列特征，并提供相关评估方法，以评估此类特征分类、回归任务的重要性。
- ExploreKit。ExploreKit 通过组合原始特征生成大量的候选特征的自动化特征工程工具包。它的主体是一个迭代过程，每次迭代包括 3 个步骤：候选特征生成、候选特征排序以及候选特征评估和选择。由于搜索空间非常大，因此采用贪婪的搜索策略。在候选特征生成步骤中，通过对已经选择的特征应用运算符来构造新特征。采用的运算符包括：一元运算符 (例如，离散化、归一化)、二元运算符 (例如，加、减、乘、除) 和高阶运算符 (例如，GroupByThenMax、GroupByThenAvg)。由于 ExploreKit 能够详尽地生成候选特征，因此评估这些特征的计算量较大。为了解决这个问题，在评估和选择步骤之前，ExploreKit 使用元学习对所有候选特征进行粗略排序。在该步骤，使用关于特征工程的历史知识训练的排名分类器来快速识别有潜力的候选特征。在随后的评估步骤中，将首先考虑排序靠前的特征。最后，ExploreKit 对候选特征进行更准确的评估。如果选择的特征满足改进条件，则终止该过程。所选特征将用于在下一次迭代中生成新候选特征。

8.3 模型选择

一旦获得特征，就需要选择一种分类器或回归器来预测标签。模型选择包含两个部分：模型本身的选择以及模型超参数的设置。以分类任务为例，AutoML 需要自动选择分类器模型并设置超参数，以便获得良好的学习性能。

迄今为止，研究者们已经提出了许多优秀的分类工具，如决策树分类器、线性分类器以及深度神经网络分类器。每个分类器在数据建模中都有自己的优势和劣势，不同的分类器关联着不同的超参数。

传统上，分类器的选择及其超参数的设置通常根据人的经验并通过反复的试验来确定。这一过程繁冗耗时，且覆盖面不够全面。在 AutoML 场景中，与特征工程类似，依然是将模型选择问题转化为两个步骤：首先确定候选模型的搜索空间，如 KNN 算法、SVM 算法、AdaBoost、Decision Tree 等，并将候选分类器及其对应的超参数编码到搜索空间；然后通过各种搜索算法和策略找到合适的解。需要注意的是，不同的分类模型的超参数的属性也不相同，例如 KNN 算法通常有 3 个超参数：近邻数 k、权重 w、明可夫斯基距离公式的 p。其中，k 是离散值，另外两个都是连续值。而对于线性 SVM 算法来说，超参数变成了 4 个，其意义和属性与 KNN 算法的超参数相比明显不同。

自动模型选择方法的代表性实现是 Auto-sklearn 库，它是基于著名的 scikit-learn 机器学习库构建的，可自动为新的机器学习数据集搜索正确的学习算法，并优化其超参数。Auto-sklearn 用 Python 编写，可以直接替代 scikit-learn 分类器使用。它共包装了 15 个分类器、14 个特征预处理方法和 4 种数据预处理方法，产生了一个包含 110 个超参数的结构化搜索空间。

Auto-sklearn 框架的流程如图 8-2 所示。传统的机器学习流程为：数据预处理 - 特征预处理 - 分类器。框架的自动化机制主要包含 3 种功能：元学习（Meta-Learning）、模型集成（Build-Ensemble）、贝叶斯优化（Bayesian Optimizer，BO）。

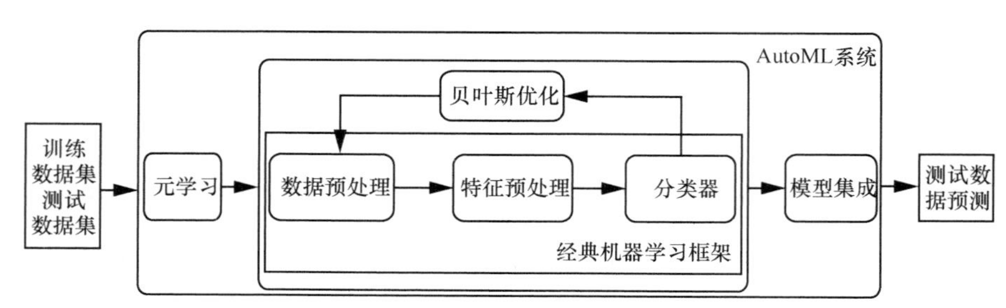

图 8-2　Auto-sklearn 框架的流程

（1）元学习

机器学习专家能从先前的任务中获得经验知识，从而掌握不同机器学习算法在不同任务中的性能。元学习可以模仿这种策略，对跨数据集的学习算法的性能进行推理。Auto-sklearn 库应用元学习方法来从给定机器学习框架中选择可能在新数据集上表现较好的实例。

这种元学习方法是对贝叶斯优化的补充。元学习可以快速给出一些有可能表现较好的实例以供选择，但是它无法提供关于性能的细粒度信息。相反，对于整个 ML 框架所涵盖的大超参数空间来说，贝叶斯优化的启动速度很慢，但是可以随着时间的推移微调性能。因此可以基于元学习选择 k 个配置，并将其结果用于贝叶斯优化的种子点，两者互补。

Auto-sklearn 库采用元学习方法热启动贝叶斯优化过程，大大提高了优化效率。

（2）贝叶斯优化

在 Auto-sklearn 库中，AutoML 过程被规约成组合算法选择和超参数优化（Combined Algorithm Selection and Hyper-parameter optimization，CASH）问题，其旨在使模型及其参数、超参数的验证损失最小化。Auto-WEKA 自动机器学习库最先提出将 AutoML 问题看作 CASH 问题进行处理，并给出解决方案。Auto-WEKA 采用基于树的贝叶斯优化算法进行模型选择和超参数优化。贝叶斯优化方法通过拟合一个概率模型来捕获超参数设置与模型性能之间的关系，然后，使用该模型选择最合适的超参数设置，评估该超参数设置的性能，并使用评估结果更新模型，从而继续迭代。

贝叶斯优化类算法有多种变体，分别在不同的场景中得到了成功的应用。Auto-sklearn 库的开发者先后对比基于高斯过程模型的贝叶斯优化算法、基于树结构的 Parzen Estimator 等优化器，最终选择了更优的基于随机森林的基于序列模型的算法配置（Sequential Model-based Algorithm Configuration，SMAC）算法作为超参数优化方法。

（3）自动模型集成

虽然贝叶斯超参数优化可以高效地找到最佳性能的超参数设置，但其实这是一个非常浪费的过程，因为搜索过程中训练的所有模型都将被丢弃，这其中也不乏一些性能几乎达到最优的模型。Auto-sklearn 建议把这些模型存储起来，并使用一种有效的后处理方法进行集成，这种自动集成构造将避免只产生单个超参数设置，因此更加健壮，更不容易过拟合。

一个很显然的经验是：模型集成通常会比单个模型的性能更好。模型集成已经是 Kaggle、ImageNet 等许多机器学习竞赛中必用的技巧了。如果参与集成的模型本身性能就很好，并且各模型的误差是不相关的，那么模型集成的效果将会特别好。然而，简单地将贝叶斯优化发现的模型进行均匀权重的集成效果并不好，相反，使用这些单个模型的预测结果来调整权重是非常重要的。BSE (Bagging Ensemble Selection) 集成算法是一个比较好的方式，它通过一个贪婪的过程，从一个空集合开始，迭代添加模型以最大化模型的集成性能。在添加过程中，每个模型都具有统一的权重，但允许重复添加同一个模型。

Auto-sklearn 官方示例：

```
import autosklearn.classification
import sklearn.model_selection
import sklearn.datasets
import sklearn.metrics
X, y = sklearn.datasets.load_digits(return_X_y=True)
X_train, X_test, y_train, y_test = \
    sklearn.model_selection.train_test_split(X, y, random_state=1)
automl = autosklearn.classification.AutoSklearnClassifier()
automl.fit(X_train, y_train)
y_hat = automl.predict(X_test)
print("Accuracy score", sklearn.metrics.accuracy_score(y_test, y_hat))
```

8.4 优化算法选择

机器学习最后的也是最耗时的步骤是模型训练，其通常涉及优化算法。经典学习模型通常面临的是凸优化问题，对于这类问题，使用各种优化算法获得的性能几乎相同。此时，计算效率是选择优化算法的主要考量。

然而，随着面临的问题越来越困难，局部极值和优化陷阱的情况越来越显著，机器学习算法也越来越复杂。例如，从支持向量机到深度学习网络，优化算法不仅是算力的主要消费者，对学习效果也有很大的影响。一旦在优化算法的选择上出现偏差，将会产生较大的试错成本。因此，优化算法选择的目标是自动找到优化算法，以平衡效率和性能。

传统上，人类根据对学习工具的理解和对训练数据的观察选择优化算法及其超参数。当通过搜索进行优化算法的自动选择时，搜索空间由优化算法的实际配置来决定。而且和分类器选择类似，优化算法同样包含优化算法的选择和超参数的设置两个问题。因此搜索空间中自然存在层次结构，因为仅当选择了相应的算法后才考虑该算法的对应超参数。

8.5 神经架构搜索

NAS 的目标是搜索适合任务的深度网络架构。NAS 是一个非常热门的研究课题，它具有不同于自动化经典机器学习的显著特点：深度神经网络可以直接学习低级感知层数据（如图像像素和语音信号），不需要进行特征设计和提取，具有端到端的特点，因此只要搜索到网络体系结构就可以实现学习目的。这相当于特征工程、模型选择、优化算法选择均由 NAS 完成。

对于深度神经网络来说，超参数主要分为两类：一类是训练参数，如学习率（Learning Rate）、批大小（Batch Size）、权值衰减（Weight Decay）等；另一类是定义网络结构的参数（如网络结构有几层、每层是什么算子、卷积中的滤波器尺寸等），这类参数具有维度高、离散且相互依赖等特点。前者的自动调优仍属于超参数优化的范畴，而后者的自动调优则归为网络架构搜索问题。

NAS 问题的搜索空间大致可分为两种：全局搜索空间和局部搜索空间。全局搜索空间分为搜索最初始的卷积核尺寸等基本元素和直接搜索层操作两种方式，一般通过选择和组合一些基本网络层操作进行。基本操作的集合是预定义好的，对于深度网络来说，卷积、池化、激活函数、跃层连接等都在基本操作集合中。这些基本操作对应的参数也可以进行离散化预定义，例如不同的卷积操作：常规卷积、分组卷积、反卷积等；不同的池化操作：最大池化（Max Pooling）、平均池化（Avg Pooling）、全局池化（Global Pooling）等。更细粒度地，卷积核大小、步长（Stride）大小等都可以预先指定。局部搜索空间搜索的是单元结构（一般称为单元（Cell）或块（Block）），对单元进行若干次堆叠拼接，从而构成网络。

神经架构搜索可以被理解为将不同的参数组合映射成不同的网络结构，与传统 AutoML 方法的不同之处在于，深度神经网络参数的组合数量是巨大的，超参数和网络结构参数会产生爆炸性的组合，在这种情况下，沿用传统 AutoML 方法中常用的常规随机搜索和网格搜索将会非常低效。目前用于神经架构搜索的方式主要有 3 种：基于强化学习的方法、基于进化算法的方法和基于梯度的方法。可据此将神经架构搜索方法分为基于强化学习的 NAS、基于进化算法的 NAS 以及基于梯度的 NAS。

8.5.1 NAS 综述

2016 年，谷歌首先发表论文，使用循环神经网络（Recurrent Neural Network，RNN）作为控制器网络来采样生成描述网络结构的字符串（主要描述 conv 层的超参数，包括卷积核的高（Height）、卷积核的宽（Width）、卷积核在 Height 方向上的滑动步长、卷积核在 Width 方向上的滑动步长、卷积核数量），对该字符串对应的网络结构进行训练并评估其准确性，同时使用强化学习策略梯度（Policy Gradient）算法学习控制器的参数，使之能产生准确率更高的网络结构，产生的网络在图像分类和语言建模任务上超越了此前手工设计的网络。其搜索出的网络在 CIFAR 10 数据集上的错误率为 3.65%，比当时的最先进模型（State Of The Art，SOTA）的错误率低 0.09%。虽然该论文提出的算法的错误率得到了降低，但耗费的算力却是巨大的：该算法使用了 800 个 GPU，训练了 28 天。

鉴于巨大的算力耗费，后续许多以强化学习作为搜索策略的研究都聚焦在解决搜索速度这个问题上。其中，NASNet 方法定义了一种结构化的搜索空间，由搜索整个卷积神经网络（CNN）结构转而搜索一个 CNN cell，将这些 CNN cell 按照人为设定的网络框架组合起来，构成一个 CNN 结构。在 CIFAR-10 数据集上，NASNet 比 SOTA 模型 DenseNet 的精度更高，且在相同的硬件环境下，NASNet 的速度要比 NAS 方法的速度快 7 倍。

后续提出的 ENAS（Efficient Neural Architecture Search）方法通过权重共享（Weight Sharing）的方法加速了训练，在 1 个 1080ti 上仅用 0.45 天就搜索到了最优结构，并且精度相比于 NASNet 下降了 0.9%。NAS 方法的一个计算瓶颈在于：上一轮子网络的训练结果并没有在下一轮网络训练中利用起来。ENAS 的核心思想是权重共享，它将 NAS 的过程看作在有向无环图（Directed Acyclic Graph，DAG）中寻找子图的过程，通过对采样到的子图里的卷积等操作进行权重共享来避免从头训练，从而极大地加速了 NAS 的过程。

除了强化学习以外，NAS 研究人员也采用了进化算法作为搜索策略。AmoebaNet 搜索空间和 NASNet 搜索空间基本一致，只是采用了进化算法作为搜索策略，提出了锦标赛选择（Tournament Selection）算法的变体：基于年龄的进化选择算法，在进化中选择比较年轻的模型，进而更好地进行网络结构的探索。AmoebaNet 在 ImageNet 数据集和 CIFAR-10 上都获得了 SOTA 效果，但依然消耗了大量算力，其用 450 块 GPU 跑了 20 K 个候选网络结构。

可微架构搜索（Differentiable Architecture Search，DARTS）方法和 ENAS 比较像，也是从 DAG 中找子图，并且同样采用了权重共享策略。搜索算法则是采用了基于梯度的可微分的优化方式。DARTS 将所有候选网络结构可以看作包含 N 个有序节点的有向无环图，节点代表特征图（Feature Map），连接节点的有向边代表算子操作。DARTS 方法中最关键的是将候选操作使用 softmax 函数进行混合，这样就将搜索空间变成了连续空间，目标函数成为了可微函数。然后基于梯度下降的优化方法去寻找最优结构参数，相较于不可微的方法提高了效率。搜索结束后，这些混合的操作会被权重最大的操作替代，形成最终的网络结构。DARTS 搜索一次只需要 1 GPU/ 天。

之前的基于强化学习和遗传算法的方法都需要耗费大量资源。因此，除了搜索策略外，也有许多关于加速 NAS 的研究。除了前面提到的权重共享，还有网络态射（Network Morphism）和代理模型预测方法。所谓网络态射就是将网络进行变形，同时保持其功能不变。这样的好处是变形后可以重用之前训练好的权重，而不用重新训练。另外，在 NAS 中最费时的过程是对候选模型的训练，而训练的目的是评估该候选模型结构的精度。为了得到某个网络模型的精度而又不花费太多训练时间，可以使用代理模型预测候选网络结构的精度，进而指导网络结构的搜索。渐进式神经网络结构搜索（Progressive Neural Architecture Search，PNAS）是代理模型预测的代表性方法。

从重新使用训练好的网络的角度出发，网络态射法可看作从小网络开始，然后做加法，进而得到大网络架构。而另一种比较受关注的思路是从大网络开始做减法，如 One-Shot Architecture Search 方法，这类方法基于搜索空间构建了一个超级网络，并使用 One-Shot 训练来生成性能良好的子模型。SMASH、ENAS、One-Shot、DARTS、ProxylessNAS、FBNet 等网络都采用了 One-Shot Architecture Search 的思路。

8.5.2　细分领域的 NAS 应用

近几年国内外针对 NAS 在搜索策略与如何加速搜索上的研究，大多对图像分类任务进行实验，利用在公开数据集上的评测指标来说明新方法的优劣。表 8-1 通过多种算法在 CIFAR-10 图像分类数据集上评测指标，给出了人工设计的 CNN 与 NAS 搜索生成的 CNN 的比较结果。可以看出，NAS 搜索生成的 CNN 具有更小的深度和更少的参数，具有与人工设计的 CNN 相当的性能。

表 8-1　人工设计的 CNN 与 NAS 搜索生成的 CNN 对比

CNN 生成方式	网络	深度	参数量 /M	误差
人工设计	AlexNet	5	0.4	11.21%
	VGG16	16	138	6.44%
	ResNet	1001	10.2	4.62%
	DenseNet	190	25.6	3.46%
NAS 搜索生成	NASNet	39	37.4	3.65%
	NASNet-A	—	27.6	2.40%
	Block-QNN	22	39.8	3.54%
	ENAS	20	4.6	2.89%
	PNAS	15	3.2	3.41%

NAS 不仅应用到了分类问题上，在其他多种任务应用上也有明显的进展。本节着眼在成熟的图像领域，对 NAS 在图像增强、图像分割和目标检测 3 个任务上的应用进行介绍。

（一）NAS 与图像增强结合

在讨论如何加大机器学习流程中的主要环节的自动化程度之余，研究者也没有放松对流程中的其他环节自动化问题的探索，如数据增强领域。构建深度神经网络往往需要大量的训练样本，以提高模型的泛化能力，保证在验证集上的误差随着训练集误差的减少而减少，避免过拟合。 数据增强 / 扩充是实现此目的的一种非常强大的方法。增强数据将代表更全面的可能数据点集，从而使训练集和验证集之间的距离最小。虽然数据增强并不是唯一可以避免过拟合的手段（如正则化、迁移学习、预训练等方式也可以避免过拟合），但该方法是从问题的根源解决过拟合问题。

对包含分类、分割、检测等众多任务在内的大量研究已经提出了许多数据增强的方法，包括几何变换、图像翻转、颜色空间变换、图像裁剪、平移旋转、噪声注入、核滤波器、混合图像、随机擦除、特征空间增强、对抗训练、基于生成对抗网络 (Generative Adversarial Network，GAN) 的增强、神经风格转移等。面对如此众多的图像增强方法，在特定任务中如何选择合适的增强算法、以怎样的操作顺序、如何设置每个增强算法中的超参数，这些问题都需要通过自动搜索合适的数据增强策略来解决。

2018 年，谷歌提出自动数据增强算法——AutoAugment。该算法采用强化学习算法来学习给定数据集的最优数据增强策略。AutoAugment 算法学习包含多个 (一般是 5 个) 子策略，每个子策略由选择图像变换的概率和变换幅度两个操作组成。因此，强化学习被用作图像增强操作的离散搜索算法。AutoAugment 的强化学习搜索空间包括了 16 种增强操作，加上每种操作从 0 到 1 以 0.1 为间隔的 11 个离散概率值以及从 0 到 9 的 10 个等间距幅值，共有 $(16\times11\times10)^{10}\approx2.9\times10^{32}$ 种可能。面对如此庞大的搜索空间，简单搜索策略难以处理，需要强化学习这种高级算法进行有效的搜索。在训练 AutoAugument 时，采用的是与 NASNet 类似的训练方式：采用 RNN 作为控制器，采用强化学习的策略梯度法对控制器进行更新。最终，AutoAugment 得到的增强策略在 CIFAR-10、CIFAR-100、SVHN 和 ImageNet 数据集上都达到了比较高的精确度。

之后，研究人员发现，AutoAugment 虽然在许多图像识别任务上具有显著增强的性能，但是，即使对于相对较小的数据集，AutoAugment 也需要数千小时的 GPU 时间才能完成搜索。因此，研究人员又提出一种名为 Fast AutoAugment 的算法，该算法通过基于密度匹配的更有效的搜索策略找到有效的增强策略。与 AutoAugment 相比，Fast AutoAugment 算法将搜索时间加速了几个数量级，同时在图像识别任务数据集 (包括 CIFAR-10、CIFAR-100、SVHN 和 ImageNet) 上实现了与其他算法相当的性能。

（二）NAS 与图像分割结合

与分类任务相比，分割任务往往依赖于高分辨率，要求输入图像的尺寸更大。由于需要对不同尺度的目标进行检测，并进行像素级别的分类，经典的分割网络往往需要特殊的结构 (如 U-Net、空洞卷积、ASPP、FPN 等) 来提取多尺度上下文信息，这给 NAS 带来了更大的挑战。只是简单地移植分类任务的 NAS 方法并不凑效，在实际研究中，需要构建更松弛、更通用的搜索空间，以捕捉高分辨率导致的架构变体；另外，面向分割任务的神经网络搜索也对搜索技术的效率提出了更高的要求。

2019 年，李飞飞等人提出的 Auto-DeepLab 以 DeepLab 结构为目标，搜索出了当时语义分割 SOTA 模型。这也是将 NAS 从图像分类任务扩展到密集图像预测任务的一个成功尝试。Auto-DeepLab 将搜索空间划分为包括内部单元级和外部网络级的两级分层结构搜索空间。然后构建与两级分层架构搜索完全匹配的连续松弛。引入连续松弛的好处是可以将控制不同隐层状态的连接强度的标量变成可微计算图的一部分，这样就可以通过梯度下降方法进行有效的优化。优化方法完全可以借鉴 DARTS 这种可微分架构搜索方法。

（三）NAS 与目标检测结合

NAS 与目标检测任务结合的代表性工作是 EfficientDet 网络。EfficientDet 可以看作 EfficientNet 分类网络在目标检测上的扩展。EfficientNet 基于许多卷积网络通过增加网络层来提高性能这一现象，探索了如何设计一个原则性的方法来增大 ConvNets，使其具有更好的准确率和效率。经验研究表明,平衡好网络的宽度、深度和图像分辨率的关系是一个决定性因素。研究人员利用 NAS 设计出的一个新的、与 MNASNet 相似的基线网络，并提出了一种简单但有效的尺度变换方法，借助混合系数来对网络的宽度、深度和图像分辨率进行协同缩放；通过选取不同的混合系数，扩大基线网络，进而获得一个模型家族 EfficientNetB0-B7，达到了比之前的卷积网络更好的性能。其中 EfficientNet-B7 在 ImageNet 上达到了最好的水平：top-1 准确率达到 84.4%、top-5 准确率达到 97.1%，其模型大小仅为之前最好模型大小的 5/32，推理速度比之前最好模型的推理速度快了 6.1 倍。

EfficientDet 在采用 EfficientNet 作为骨干网络基础上进行了两点创新，一是在特征金字塔网络（Feature Pyramid Network，FPN）基础上进行优化，提出加权双向特征金字塔网络（Weighted Bi-Directional Feature Pyramid Network，BiFPN），实现了高效的多尺度特征融合；二是提出全方位的复合缩放（Compound Scaling）方法，该方法不仅对骨干网络进行缩放，还对 BiFPN 和预测分支网络的分辨率、深度和宽度执行统一缩放。EfficientDet-D7 只有 52 M 和 326 B FLOPS 的计算量，在 COCO 数据集上实现了当前最优的 51 mAP，准确率超越之前最优检测器，而规模仅为之前最优检测器规模的 1/4。

8.5.3　NAS 应用示例

（一）Auto-Keras

Auto-Keras 是用于自动机器学习的开源软件库，由得克萨斯 A & M 大学的 DATA Lab 和社区贡献者共同开发。Auto-Keras 提供了自动搜索深度学习模型的体系结构和超参数的功能。Auto-Keras 是一种新颖的 NAS 框架，支持贝叶斯优化，以指导网络态射机制进行有效的神经架构搜索。

虽然原理复杂，但 Auto-Keras 使用起来非常简单，代码样例如下。

```
from tensorflow.keras.datasets import mnist

import autokeras as ak

# 加载 MNIST 数据集
(x_train, y_train), (x_test, y_test) = mnist.load_data()
print(x_train.shape)  # (60000, 28, 28)
print(y_train.shape)  # (60000,)
print(y_train[:3])  # array([7, 2, 1], dtype=uint8)

# 初始化 ImageClassifier，尝试 10 个不同的模型
clf = ak.ImageClassifier(max_trials=10)
# 基于训练数据集搜索最佳模型
clf.fit(x_train, y_train, epochs=10)
# 利用搜索到的最优模型在测试集上进行预测
predicted_y = clf.predict(x_test)
print(predicted_y)
# 在测试集上对最优模型进行评估
print(clf.evaluate(x_test, y_test))
```

（二）NNI

NNI (Neural Network Intelligence) 是微软开源的自动机器学习的工具包。相较于 Auto-Keras，NNI 提供了更丰富的功能以及更广泛的应用场景和环境。NNI 支持特征工程、神经网络架构搜索、超参数调优以及模型压缩等功能。它通过多种调优算法来搜索最好的神经网络结构和超参数，并支持各种训练环境，如本机、远程服务器、OpenPAI，Kubeflow、基于 K8s 的 FrameworkController (如 AKS 等)、DLWorkspace (又称 DLTS) 和其他云服务。NNI 支持大部分具有 Python 接口的主流 AI 框架，包括 PyTorch、TensorFlow、MXNet 等深度学习框架和 scikit-learn、XGBoost、LightGBM 等机器学习库。

在使用 NNI 之前，首先需要理解 NNI 定义的几个主要概念。

- 实验 (Experiment)。实验指的是一次找到模型的最佳超参数组合或最好的神经网络架构的任务，它由 Trial 和自动机器学习算法组成。
- 搜索空间。搜索空间是模型调优的范围，例如超参数的取值范围。
- 配置 (Configuration)。配置是来自搜索空间的一个参数实例，每个超参数都会有一个特定的值。
- Trial。Trial 是一次尝试，它会使用某组配置 (如一组超参数值或特定的神经网络架构)。Trial 会基于提供的配置来运行。
- Tuner。Tuner 是一个自动机器学习算法，会为下一个 Trial 生成新的配置，下一个 Trial 会使用这组配置来运行。
- Assessor。Assessor 通过分析 Trial 的中间结果 (例如测试数据集上定期的精度) 来确定 Trial 是否应该被提前终止。
- 训练平台。训练平台是 Trial 的执行环境。根据 Experiment 的配置，训练平台可以是本机、远程服务器组或其他大规模训练平台 (如 OpenPAI、Kubernetes)。

Experiment 的运行过程为：Tuner 接收搜索空间并生成配置，这些配置将被提交到训练平台上，执行的性能结果会被返回给 Tuner，最后生成并提交新的配置。

每次执行 Experiment 时，用户只需要定义搜索空间，改动几行代码，就能利用 NNI 内置的 Tuner/Assessor 和训练平台来搜索最好的超参数组合以及神经网络结构。基本分为如下 3 个步骤。

(1) 定义搜索空间

在 NNI 中，Tuner 会根据搜索空间进行采样，以生成参数和网络架构。搜索空间通过 JSON 文件进行定义。

要定义搜索空间，需要定义变量名称、采样策略的类型及其参数。搜索空间样例如下。

```
{
    "dropout_rate": {"_type": "uniform", "_value": [0.1, 0.5]},
    "conv_size": {"_type": "choice", "_value": [2, 3, 5, 7]},
    "hidden_size": {"_type": "choice", "_value": [124, 512, 1024]},
    "batch_size": {"_type": "choice", "_value": [50, 250, 500]},
    "learning_rate": {"_type": "uniform", "_value": [0.0001, 0.1]}
}
```

以“dropoutrate”为例，dropoutrate 定义了一个变量，先验分布为均匀分布，取值范围为 [0.1, 0.5]。

(2) 改动模型代码

- Import NNI。
- 在 Trial 代码中加上 import nni。
- 从 Tuner 获得参数值。

```
RECEIVED_PARAMS = nni.get_next_parameter()
```

RECEIVED_PARAMS 是一个对象，如：{"conv_size": 2, "hidden_size": 124, "learning_rate": 0.0307, "dropout_rate": 0.2029}

- 定期返回指标数据（可选）。

```
nni.report_intermediate_result(metrics)
```

指标可以是任意的 Python 对象。如果使用了 NNI 内置的 Tuner/Assessor，指标只可以是两种类型：一是数值类型，如 float、int；二是 dict 对象，其中必须有键名为 default、值为数值的项目。指标会发送给 Assessor，通常，指标是损失值或精度。

- 返回配置的最终性能。

```
nni.report_final_result(metrics)
```

指标也可以是任意的 Python 对象。如果使用了 NNI 内置的 Tuner/Assessor，指标格式和 report_intermediate_result 中的一样，这个数值表示模型的性能，如精度、损失值等。指标会被发送给 Tuner。

要启用 NNI 的应用程序接口（Application Programming Interface，API）模式，需要将 useAnnotation 设置为 false，并提供搜索空间文件的路径（即本节（1）中定义的文件）。

```
useAnnotation: false
searchSpacePath: /path/to/your/search_space.json
```

(3) 定义 Experiment 配置

创建 Experiment 需要的配置文件，配置文件的格式为 yaml。

对于特征工程来说，NNI 支持 GradientFeatureSelector、GBDTSelector 两种特征选择器。这两种特征选择器只适用于结构化数据，不适用于对图像、语音和文本数据进行处理。NNI Trial SDK 提供了对自动特征工程的支持，因此不必创建 NNI Experiment，只需在 Trial 代码中加入内置的自动特征工程算法，然后直接运行 Trial 代码即可。自动特征工程算法通常有一些超参数，如果要自动调整这些超参数，可以利用 NNI 的超参数调优，即选择调优算法（Tuner）并启动 NNI Experiment。

对于超参数调优来说，NNI 提供了许多流行的自动调优算法（Tuner）以及提前终止算法（即 Assessor），支持超参数搜索和网络结构搜索，包括基于树结构的 Parzen 估计器（Tree-structured Parzen Estimator，TPE）、随机搜索、遍历搜索、模拟退火、进化算法、基于序列模型的算法配置（SMAC）、批量调参器、遍历搜索、Hyperband 超参数优化算法、网络态射、Metis 调参器、高斯过程调参器、基于近端策略优化（Proximal Policy Optimization，PPO）的强化学习调参算法等十余种调参算法。超参数调优需要通过 NNI Experiment 来执行。

对于模型压缩来说，NNI 提供了易于使用的工具包帮助用户设计并使用压缩算法。当前版本支持基于 PyTorch 的统一接口，需要添加几行代码即可压缩模型。用户除了可以使用 NNI 内置的一些流行的模型压缩算法外，还可以通过 NNI 强大的自动调参功能来找到最好的压缩后的模型。NNI 提供了十余种内置算法 (包括剪枝和量化算法)，这些算法通过 NNI Trial SDK 提供。用户可以直接在 Trial 代码中使用，并在不启动 NNI Experiment 的情况下运行 Trial 代码。模型压缩中的超参数有不同的类型：一种类型是输入配置中的超参数，例如压缩算法的稀疏性、量化的位宽；另一种类型是压缩算法中的超参数。NNI 的超参数调优可以自动找到最佳的压缩模型。

对于神经网络架构搜索来说，一方面 NNI 提供统一的、可供用户轻松指定候选的神经体系结构，例如，可以为单个层指定多个候选操作 (如可分离的卷积操作、扩张卷积操作)，并指定可能的跳层连接，NNI 将自动找到最佳候选。另一方面，NAS 框架为其他类型的用户 (如 NAS 算法研究人员) 提供了简单的接口，以实现新的 NAS 算法。

NNI 通过统一的接口提供了两种方法来使用神经网络架构搜索。一种是一次性 (One-Shot) NAS 算法，目前，NNI 支持的 One-Shot NAS 算法包括 ENAS、DARTS、P-DARTS、SPOS 等。使用这些算法时，不需启动 NNI Experiment，在 Trial 代码中加入算法，直接运行即可。如果要调整算法中的超参数或运行多个实例，可以使用 Tuner 并启动 NNI Experiment。第二种是传统的搜索方法，搜索空间中每个子模型作为独立的 Trial 运行。各子模型的性能结果会被发送给 Tuner，由 Tuner 生成新的子模型。在此模式下，与超参数调优类似，必须启动 NNI Experiment 并为 NAS 选择 Tuner。

NNI 提供的 NAS 功能有两个关键组件：用于表示搜索空间的 API 和 NAS 的训练方法。前者为用户提供了通过搜索空间指定候选模型的方法。后者使用户可以轻松地在自己的模型上使用最新的 NAS 训练方法。

本节以 NNI 在 CIFAR-10 上的官方示例为例，说明如何使用 NNI 的 NAS 功能。

```
import torch
import torch.nn as nn
import torch.nn.functional as F
import torch.optim as optim
import torchvision
import torchvision.transforms as transforms

from nni.nas.pytorch.mutables import LayerChoice, InputChoice
from nni.nas.pytorch.darts import DartsTrainer


class Net(nn.Module):
    def __init__(self):
        super(Net, self).__init__()
# 在 conv1 上添加 nn.Conv2d(3, 6, 3, padding=1) 和 nn.Conv2d(3, 6, 5, padding=2) 两种候选操作。
# LayerChoice 操作不需要修改 forward 函数
        self.conv1 = LayerChoice([nn.Conv2d(3, 6, 3, padding=1), nn.Conv2d(3, 6, 5, padding=2)])
```

```
        self.pool = nn.MaxPool2d(2, 2)
        self.conv2 = LayerChoice([nn.Conv2d(6, 16, 3, padding=1), nn.Conv2d(6, 16, 5, padding=2)])
        self.conv3 = nn.Conv2d(16, 16, 1)
# 添加候选跳层连接，来选择最多一个选项
        self.skipconnect = InputChoice(n_candidates=1)
        self.bn = nn.BatchNorm2d(16)

        self.gap = nn.AdaptiveAvgPool2d(4)
        self.fc1 = nn.Linear(16 * 4 * 4, 120)
        self.fc2 = nn.Linear(120, 84)
        self.fc3 = nn.Linear(84, 10)

    def forward(self, x):
        bs = x.size(0)

        x = self.pool(F.relu(self.conv1(x)))
        x0 = F.relu(self.conv2(x))
        x1 = F.relu(self.conv3(x0))

        x0 = self.skipconnect([x0])
        if x0 is not None:
            x1 += x0 # 允许跳层连接
        x = self.pool(self.bn(x1))

        x = self.gap(x).view(bs, -1)
        x = F.relu(self.fc1(x))
        x = F.relu(self.fc2(x))
        x = self.fc3(x)
        return x


def accuracy(output, target):
    batch_size = target.size(0)
    _, predicted = torch.max(output.data, 1)
    return {"acc1": (predicted == target).sum().item() / batch_size}


if __name__ == "__main__":
    transform = transforms.Compose([transforms.ToTensor(), transforms.Normalize((0.5, 0.5, 0.5), (0.5, 0.5, 0.5))])
    dataset_train = torchvision.datasets.CIFAR10(root="./data", train=True, download=True, transform=
    transform)
    dataset_valid = torchvision.datasets.CIFAR10(root="./data", train=False, download=True, transform=
    transform)

    net = Net()
    criterion = nn.CrossEntropyLoss()
    optimizer = optim.SGD(net.parameters(), lr=0.001, momentum=0.9)
# DARTS 一次性 NAS 算法，使用 SGD 交替训练架构和模型权重
    trainer = DartsTrainer(net,
                    loss=criterion,
                    metrics=accuracy,
                    optimizer=optimizer,
```

```
                    num_epochs=2,
                    dataset_train=dataset_train,
                    dataset_valid=dataset_valid,
                    batch_size=64,
                    log_frequency=10)
    trainer.enable_visualization()
trainer.train()
# 将搜索到的神经网络架构导出到 JSON
    trainer.export("checkpoint.json")
```

可通过两个 NAS API LayerChoice 和 InputChoice 定义神经网络模型，而不需要编写具体的模型。例如，如果认为在第一卷积层有两种操作可能会有效，可通过 LayerChoice 为代码中的 self.conv1 赋值。同样，第二个卷积层的 self.conv2 也可以从两种操作中选择一个。此处指定了 4 个候选的神经网络。self.skipconnect 使用 InputChoice 来指定是否添加跳跃的连接。

InputChoice 可被视为可调用的模块，它接收张量数组，输出其中部分的连接、求和、平均 (默认为求和)。与 Layer Choice 一样，Input Choice 要在 __init__ 中初始化，并在 forward 中调用。稍后的例子中会展示搜索算法如何识别这些 Choice，并进行相应的准备。

LayerChoice 和 InputChoice 都是 Mutable，Mutable 表示“可变化的”。与传统深度学习层、模型都是固定的不同，使用 Mutable 的模块，其网络面对的是一组可选择的模型。

实例化模型后，需要通过 NAS Trainer 来训练模型。不同的 Trainer 使用不同的方法从指定的神经网络基本模块中搜索出最好的。NNI 提供了几种流行的 NAS 训练方法，如 DARTS、ENAS。上述代码示例以 DartsTrainer 为例，在 Trainer 实例化后，调用 trainer.train() 函数开始搜索。

用户可直接运行上述代码开始训练，搜索 (即 trainer.train()) 完成后，只需要调用 trainer.export ("final_arch.json") 就可将找到的神经网络架构导出到文件，获得搜索到的最好模型。

8.6 搜索优化和评估

8.6.1 搜索策略

本节对自动化地进行特征工程、模型选择、优化算法选择和神经架构搜索涉及的相应超参数搜索优化和评估方法进行归纳。这些问题的搜索空间特点鲜明，各不相同。这里将针对这些搜索空间，介绍不同的搜索优化技术。

(一) 简单搜索方法

简单搜索是一种朴素的搜索方法，它不会对搜索空间做出任何假设，可以单独评估搜索空间中的每个配置。常见的两种简单搜索方法是网格搜索 (也称为暴力搜索) 和随机搜索。

网格搜索是最传统的超参数调整方式。若要获得最佳的超参数设置，网格搜索必须枚举搜索空间中的每个可能配置。当搜索空间连续时，需要对搜索空间进行离散化处理。

随机搜索是指随机对搜索空间进行采样。相较于网格搜索，随机搜索在复杂高维搜索空间上的搜索效率要高得多。

简单搜索方法仅收集评估器的反馈信息，以跟踪较好的配置。由于简单搜索没有利用之前评估中获得的知识，通常效率低下。但是，由于其具有简单性，其仍然在 AutoML 中被广泛使用。

下面介绍的是 3 种利用样本进行优化的搜索方法，包括启发式搜索、基于模型的无导数优化和强化学习。它们基于先前评估的样本迭代地生成新的配置。因此，它们通常比简单搜索方法更有效。

（二）启发式搜索

启发式搜索方法通常受到生物行为和现象的启发，往往不需要找到最优解，找到较优解即可。启发式搜索方法被广泛应用于解决非凸、非平滑或甚至不连续的优化问题。大多数启发式搜索方法是基于种群的优化方法，关注如何生成种群和选择种群。这类方法在初始化时生成第一组种群，在每次迭代时，基于最后一个生成新的种群评估个体的适应度（性能）。这类方法的核心思想是如何更新种群。

一些流行的启发式搜索方法如下。

粒子群优化（Particle Swarm Optimization，PSO）算法。PSO 算法是一种演化计算技术，它的灵感来自于表现出个人和社会行为的生物群落的行为，这些生物群落包括成群的鸟类、鱼群和蜜蜂。而通过对动物社会行为进行观察，研究人员发现，在群体中成员通过探索环境和信息共享不断地演化，并以此发现作为开发算法的基础。通过加入近邻的速度匹配，并考虑了多维搜索和根据距离的加速，形成了 PSO 算法的最初版本。之后引入了惯性权重 w 来更好地控制开发（Exploitation）和探索（Exploration），形成了 PSO 算法的标准版本。

进化算法。进化算法受到生物进化的启发而提出，其生成步骤包含交叉和变异。交叉涉及上一代的两个不同的个体（祖先），它以某种方式将两个个体结合起来以产生新的个体。原则上，个体越有希望，就越有可能被选为祖先。变异则会略微改变个体以产生新的突变。交叉操作主要用于开发，变异操作主要用于探索，这两种操作互相配合，使得种群朝着性能更好的方向发展。

进化算法已应用于特征选择和生成以及模型选择，PSO 算法也已被用于模型选择、特征选择和深度网络的超参数调整。近期，进化算法更是成为了 NAS 的主要搜索算法之一，如前文提到的 AmoebaNet。在 NAS 中，进化算法的特点是对若干已训练的网络进行进化操作，发生进化的网络成为父网络。通过不同的进化方式产生若干子网络（如添加或去除一个层操作、更改层操作的超参数、增加 skip-connection 等），再训练子网络的精度，取出表现好的子网络并将其加入候选父网络中。不同的进化算法的主要区别为如何选择父网络、如何更新候选父网络以及如何产生后代。

（三）基于模型的无导数优化

这类方法中的代表算法是贝叶斯优化。贝叶斯优化通过建立概率模型、跟踪过去的评估结果来迭代更新概率模型。概率模型在数学上将超参数映射为模型性能的概率表示，最后得出效果最好的超参数组合，避免不必要的采样，因此，贝叶斯优化也称作主动优化。贝叶斯优化可能是此类别中最经典、最常用的方法，并且有完善的理论证明。常见的贝叶斯优化类搜索方法可以分为以下几类：高斯过程 (Gaussian Processes，GP)、基于树的 Parzen 估计器、随机森林 (Random Forest)。其中，基于高斯过程的贝叶斯优化算法是最流行的。贝叶斯优化已被广泛应用于 Auto-sklearn 和 Auto-WEKA 等自动调参工具包中。

基于贝叶斯优化的搜索方法往往需要消耗大量的资源及时间。因此贝叶斯优化适用于传统 AutoML，而不适用于 NAS。另外，由于贝叶斯优化的初始化存在随机性，因此效果并不稳定。

（四）强化学习

强化学习是指智能体 (Agent) 以“试错”的方式进行学习，通过与环境进行交互获得的奖赏来指导行为，其目标是使智能体获得最大的奖赏。强化学习把学习看作试探评价过程，Agent 选择一个动作用于环境，环境接收该动作后状态发生变化，同时产生一个强化信号 (奖或惩) 反馈给 Agent，Agent 根据强化信号和环境当前状态再选择下一个动作，选择的原则是使受到正强化 (奖) 的概率增大。选择的动作不仅影响立即强化值，而且影响环境下一时刻的状态及最终的强化值。强化学习被看作人工智能的通用框架，是实现通用型人工智能的重要方法。在自动机器学习中，强化学习是 NAS 中的主要搜索算法。强化学习通常将一个网络的产生作为一个智能体 (Agent) 的动作 (Action)，将搜索空间作为动作空间 (Action Space)，通过对网络的精度进行一定的转化，进而变为奖赏值 (Reward)。基于强化学习的 NAS 方法取得了目前最优的效果。

（五）基于梯度的方法

AutoML 的优化问题非常复杂，目标函数通常不可微甚至不连续。因此，梯度下降不如上面的方法那么流行。如果可以将 AutoML 转化为可微分问题，就可以通过梯度下降来优化具有连续性的超参数。梯度提供了更准确的信息，可以更高效地搜索出更准确的超参数配置。前面介绍的强化学习算法与进化算法等搜索算法实际上是在离散空间中进行搜索的，而 NAS 中基于梯度的方法将搜索空间松弛化，使其变成连续的，使得可以通过计算梯度信息来指导进行更高效的搜索。

8.6.2 评估策略

与优化方法不同，评估方法很少关心超参数配置的搜索空间。评估搜索算法得到的候选超参数配置的最简单和直接的方法是进行模型训练并评估性能，在训练集上学习模型参数，然后在验证集上测量性能。

在 AutoML 问题中，通常会生成和评估许多候选配置。直接评估方法虽然非常准确，但由于需要反复调用，算力代价通常非常大。因此，一些方法通过牺牲一些准确性来提高效率，加速整个自动机器学习的过程。

（一）采样评估

由于训练时间在很大程度上取决于训练数据的数量，因此加速评估的一个直观方法是使用训练数据的子集来训练参数，这可以通过使用样本子集、特征子集或 multi-fidelity 评估来完成。通常来说，使用的训练数据越少，评估的速度越快，但噪声也就越大。

（二）早停法

在经典机器学习中，早停法 (Early Stop) 是一种防止过度拟合的常用方法。在 AutoML 问题中，它通常用于减少低质量超参数配置的训练时间。通过在验证集上对模型性能进行监控，通常可以在模型训练的早期阶段轻松发现这种低质量的超参数配置。一旦观察到模型早期表现较差，则评估器可以终止训练，并报告较差表现以标明没有潜力的候选超参数配置。然而，这种方法也会引入噪声和偏差，因为一些具有不良的早期性能的配置在经过充分训练后可能会变得很好。

（三）参数重用

参数重用技术是指使用先前评估中训练模型的参数来热启动当前评估的模型训练，这样可以为当前的模型训练提供一个好起点，并且可以使当前模型收敛更快、性能更好。然而，由于不同的起点可能会导致收敛到不同的局部最优，因此有时会在评估中产生偏差。参数重用是迁移学习的直接应用之一。

（四）代理评估

对于比较容易量化的配置来说，一种降低评估成本的简单方法是根据过去评估的经验来建立一个可以预测给定超参数配置的性能的模型。这些模型被称为代理评估模型，使用这种方法可以避免进行大量的模型训练计算，并显著加速 AutoML。代理评估不仅可以预测学习工具的性能，还可以预测训练时间和模型参数。

直接评估由于具有简单性和可靠性，可能是 AutoML 中最常用的基本评估技术。采样评估、早停法、参数重用和代理评估从多个角度对直接评估进行了改进增强。它们可以组合在一起，从而更快、更准确地进行评估。然而，这些技术的有效性和效率取决于 AutoML 问题和数据，并且很难定量分析它们对直接评估的改进。

8.7　小结

受学术梦想和工业需求的推动，自动机器学习成为最近的热门话题。在本章中，对现有的 AutoML 方法进行了回顾。首先描述了什么是 AutoML 问题，然后介绍了 AutoML 的基本方法，并讨论了如何使用 AutoML 工具进行超参数搜索和模型设计。希望本章可以为初学者提供良好指导，并帮助展示未来的研究成果。

参考文献

[1] YAO Q M, WANG M S, JAIR E H, et al. Taking human out of learning applications: a survey on automated machine learning[J]. arXiv, 2018.

[2] 王健宗 , 瞿晓阳 . 深入理解 AutoML 和 AutoDL: 构建自动化机器学习与深度学习平台 [M]. 北京：机

械工业出版社, 2019.

[3] MATTHIAS F, AARON K, KATHARINA E, et al. Efficient and robust automated machine learning[J]. Ecological Informatics, 2016, 30: 49-59.

[4] ZOPH B, LE Q V. Neural architecture search with reinforcement learning[J]. arXiv, 2016.

[5] JIN H F, SONG Q Q, HU X. Efficient neural architecture search with network morphism[C]//International Joint Conference on Artificial Intelligence.[S.l.:s.n.], 2018.

[6] [8] CAI H, YANG J C, ZHANG W N, et al. Path-level network transformation for efficient architecture search[C]//International Conference on Machine Learning. [S.l.:s.n.], 2018.

[7] LIU H X, SIMONYAN K, YANG Y M. DARTS: differentiable architecture search[J]. arXiv, 2018.

[8] BARRET Z, VIJAY V, JONATHON S, et al. Learning transferable architectures for scalable image recognition[C]//IEEE Conference on Computer Vision and Pattern Recognition. Piscataway: IEEE Press, 2018.

[9] EKIN D C, BARRET Z, DANDELION M, et al. AutoAugment: learning augmentation strategies from data[C]//IEEE Conference on Computer Vision and Pattern Recognition. Piscataway: IEEE Press, 2019.

[10] LIM S, KIM I, KIM T, et al. Fast autoaugment[J]. arXiv, 2019.

[11] LIU C X, CHEN L C , FLORIAN S, et al. Auto-DeepLab: hierarchical neural architecture search for semantic image segmentation[C]//IEEE Conference on Computer Vision and Pattern Recognitio. Piscataway: IEEE Press, 2019.

[12] TAN M X, QUOC V L. EfficientNet: rethinking model scaling for convolutional neural networks[C]// International Conference on Machine Learning. [S.l.:s.n.], 2019.

[13] TIAN M X, PANG R M, LE Q V. EfficientDet: scalable and efficient object detection[C]//IEEE Conference on Computer Vision and Pattern Recognition. Piscataway: IEEE Press, 2019.

[14] JIN H F, SONG Q Q, HU X. Auto-Keras: an efficient neural architecture search system[J]. arXiv, 2018.

[15] Microsoft. Neural Network Intelligence documentation[Z]. 2020.

< 第9章 >

模型构建与发布

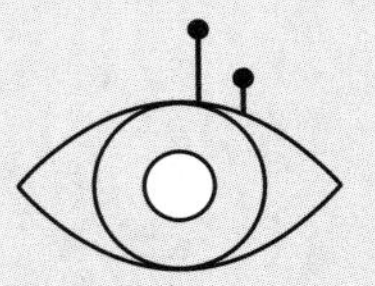

9.1 模型构建流程

模型构建流程涵盖数据采集、数据分析、模型训练、模型评估、模型打包发布等机器学习流程。本章主要探讨如何将训练好的模型打包发布成服务以及打包成服务后如何访问。从模型到服务的自动化可以加快应用的迭代更新，提升模型服务的质量，是模型不断演进更新的基本前提。此外模型训练环境与模型服务的环境一致，可以大大简化模型的构建。当前模型构建的主流方法主要有以下两种。

- 基于 TensorFlow 环境部署的方法。该方法主要是先利用 TensorFlow 训练模型并保存模型，然后使用 TensorFlow 库的预测函数 contrib.predictor 或 TensorFlow 发布的 TensorFlow Serving 提供服务。该方法基于主流的 TensorFlow 开发环境，具有操作简单、不需要集群部署、便于上手等优点，但是仅支持 TensorFlow 开发的模型。
- 基于 Seldon 部署的方法。该方法提供了较为通用的解决方案，允许用户使用任何机器学习工具包或编程语言创建模型 (如基于 Python 开发 Spark 模型、H2O 模型、R 模型等)，具有较广的适用范围。但是该方法使用起来比较复杂，需要掌握 Docker、Kubernetes 集群等相关知识。

本章主要对将这两种模型打包成服务的方法进行讲解，覆盖简单的模型构建、模型保存、模型打包、服务发布以及服务调用等。

9.2 基于 TensorFlow 构建方案

TensorFlow 是目前比较为流行的深度学习框架之一，通过它可以便捷地训练、保存模型。使用 TensorFlow 模型对外提供服务的方式有很多种，本节将介绍如何使用 SavedModel 机制来编写模型预测接口。下面以鸢尾花 (Iris) 数据集为例，分析数据装载、模型训练、模型评估、模型保存、模型服务部署的过程。

9.2.1　神经网络模型训练

（一）鸢尾花数据集

Iris 数据集包含 4 个特征和 1 个标签。

- 4 个特征分别为：花蕊长度 (Sepal Length)、花蕊宽度 (Sepal Width)、花瓣长度 (Petal Length)、花瓣宽度 (Petal Width)。
- 标签表明了 Iris 的品种，共有 3 个品种：山鸢尾 (Iris Setosa)、杂色鸢尾 (Iris Versicolor)、维吉尼亚鸢尾 (Iris Virginica)，对应的类别标签为 0、1、2。表 9-1 展示了一些样例数据。

表 9-1　Iris 数据集样例数据

花蕊长度 /cm	花蕊宽度 /cm	花瓣长度 /cm	花瓣宽度 /cm	标签（品种）
4.9	3.1	1.5	0.1	0（Iris Setosa）
5.0	2.3	3.3	1.0	1（Iris Versicolor）
4.9	2.5	4.5	1.7	2（Iris Virginica）

（二）模型训练

使用 TensorFlow 的深层神经网络模型构建一个鸢尾花的分类器。这里使用 TensorFlow 的 estimator API，该接口提供了训练模型、测试模型准确率和生成预测的方法。

- 数据装载。创建输入函数，为训练、评估、预测过程提供数据。这里数据输入的形式为 (train_x, train_y)、(test_x, test_y)，*_x 表示数据 (4.9, 2.5, 4.5, 1.7)，*_y 表示数据对应的标签 (0, 1, 2)。
- 定义特征列 (Feature Column)。特征列是一个对象，用于说明模型应该如何使用特征 (Feature) 字典中的原始输入数据。在构建评估 (Estimator) 模型时，需要向模型传输特征列表，其中包含模型使用的每个特征。tf.feature_column 模块提供了很多向模型传输数据的选项。对于 Iris 数据集来说，4 个原始特征是数值，因此我们将构建一个数值特征列表，以告知 Estimator 模型将这 4 个特征都表示为 32 位浮点值。
- 实例化模型评估。TensorFlow 中内置了很多不同类型的模型评估，包括：tf.estimator.DNNClassifier、tf.estimator.DNNLinearCombinedClassifier、tf.estimator.LinearClassifier；这里选择构建 my_model 函数，将网络和模型参数输入 estimator 函数中，my_model 函数表示构建一个含有两个隐含层，每层有 10 个单元的深度神经网络 (DNN)。
- 构建完模型后，开始训练、评估模型。这里通过调用 Estimator 模型的 train 方法来训练模型，使用 lambda 函数对 input_fn 参数进行赋值。steps 参数用来控制 train 方法在指定的训练步数 (Training Steps) 后停止训练。模型训练后，需要对模型进行评估，这里使用

evaluate 函数来评估，通过 eval_input_fn 评估函数向该函数的参数 input_fn 赋值，该函数返回验证数据和测试数据。

- 评估模型后，利用模型进行预测。经过训练与评估后，得到了一个比较好的模型，使用模型直接预测。这里创建 3 个数据 (5.1, 3.3, 1.7, 0.5)、(5.9, 3.0, 4.2, 1.5)、(6.9, 3.1, 5.4, 2.1)，对应的类别分别为 0、1、2。分别为该方法返回一个 Python 迭代器，给每一个 Example 生成一个预测结果字典。具体预测结果如下。

```
Prediction is "Setosa" (100.0%), expected "Setosa"
Prediction is "Versicolor" (99.8%), expected "Versicolor"
Prediction is "Virginica" (96.7%), expected "Virginica"
```

对应的代码如下。

```
from __future__ import absolute_import
from __future__ import division
from __future__ import print_function

import argparse
import tensorflow as tf

import iris_data

parser = argparse.ArgumentParser()
parser.add_argument('--batch_size', default=100, type=int, help='batch size')
parser.add_argument('--train_steps', default=1000, type=int,
                    help='number of training steps')

def my_model(features, labels, mode, params):
    """DNN 模型，含有 3 层隐含层，学习率设置为 0.1"""
    # Create three fully connected layers.
    net = tf.feature_column.input_layer(features, params['feature_columns'])
    for units in params['hidden_units']:
        net = tf.layers.dense(net, units=units, activation=tf.nn.relu)
    # 计算每类预测概率
    logits = tf.layers.dense(net, params['n_classes'], activation=None)

    # 给出预测值
    predicted_classes = tf.argmax(logits, 1)
    if mode == tf.estimator.ModeKeys.PREDICT:
        predictions = {
            'class_ids': predicted_classes[:, tf.newaxis],
            'probabilities': tf.nn.softmax(logits),
            'logits': logits,
        }
        return tf.estimator.EstimatorSpec(mode, predictions=predictions)

    # 计算损失函数
    loss = tf.losses.sparse_softmax_cross_entropy(labels=labels, logits=logits)

    # 计算准确率
    accuracy = tf.metrics.accuracy(labels=labels,
```

```
                    predictions=predicted_classes,
                    name='acc_op')
    metrics = {'accuracy': accuracy}
    tf.summary.scalar('accuracy', accuracy[1])

    if mode == tf.estimator.ModeKeys.EVAL:
        return tf.estimator.EstimatorSpec(
            mode, loss=loss, eval_metric_ops=metrics)

    # 创建训练操作
    assert mode == tf.estimator.ModeKeys.TRAIN

    optimizer = tf.train.AdagradOptimizer(learning_rate=0.1)
    train_op = optimizer.minimize(loss, global_step=tf.train.get_global_step())
    return tf.estimator.EstimatorSpec(mode, loss=loss, train_op=train_op)


def main(argv):
    args = parser.parse_args(argv[1:])

    # 获取数据
    (train_x, train_y), (test_x, test_y) = iris_data.load_data()
    # 定义特征列
    my_feature_columns = []
    for key in train_x.keys():
        my_feature_columns.append(tf.feature_column.numeric_column(key=key))

    # 构建具有两层隐含层的 DNN，每层有 10 个单元
    classifier = tf.estimator.Estimator(
        model_fn=my_model,
        params={
            'feature_columns': my_feature_columns,
            # 每层隐含层有 10 个单元
            'hidden_units': [10, 10],
            # 类别数量
            'n_classes': 3,
        })

    # 训练模型
    classifier.train(
        input_fn=lambda:iris_data.train_input_fn(train_x, train_y, args.batch_size),
        steps=args.train_steps)

    # 评估模型
    eval_result = classifier.evaluate(
        input_fn=lambda:iris_data.eval_input_fn(test_x, test_y, args.batch_size))

    print('\nTest set accuracy: {accuracy:0.3f}\n'.format(**eval_result))

    # 创建 3 个数据
    expected = ['Setosa', 'Versicolor', 'Virginica']
    predict_x = {
```

```
        'SepalLength': [5.1, 5.9, 6.9],
        'SepalWidth': [3.3, 3.0, 3.1],
        'PetalLength': [1.7, 4.2, 5.4],
        'PetalWidth': [0.5, 1.5, 2.1],
    }

    predictions = classifier.predict(
        input_fn=lambda:iris_data.eval_input_fn(predict_x,
                                                labels=None,
                                                batch_size=args.batch_size))
    for pred_dict, expec in zip(predictions, expected):
        template = ('\nPrediction is "{}" ({:.1f}%), expected "{}"')

        class_id = pred_dict['class_ids'][0]
        probability = pred_dict['probabilities'][class_id]

        print(template.format(iris_data.SPECIES[class_id],
                              100 * probability, expec))


if __name__ == '__main__':
    tf.logging.set_verbosity(tf.logging.INFO)
    tf.app.run(main)
```

9.2.2 神经网络模型保存

前文将模型训练好后调用 predict 方法对仿真数据进行预测，这里使用 TensorFlow 的 SavedModel 机制，将训练好的模型导出为外部文件，供后续使用或对外提供服务。SavedModel 具有语言无关特点，可以很方便地利用其他语言导入使用 Python 训练的模型。Estimator 类的导出模型函数 export_savedmodel 接收两个参数：导出目录和推理请求参数。推理请求参数定义了导出的模型会对何种格式的参数予以响应。通常，会使用 TensorFlow 的 Example 类型来表示样本和特征。例如，鸢尾花样本可以用如下形式表示，假设输入特征有 4 维，这里使用样例 (5.1, 3.3, 1.7, 0.5)，类型为浮点型。

```
# feature_coloumns
[NumericColumn(key='SepalLength', shape=(1,), default_value=None, dtype=tf.float32, normalizer_fn=None),
NumericColumn(key='SepalWidth', shape=(1,), default_value=None, dtype=tf.float32, normalizer_fn=None),
NumericColumn(key='PetalLength', shape=(1,), default_value=None, dtype=tf.float32, normalizer_fn=None),
NumericColumn(key='PetalWidth', shape=(1,), default_value=None, dtype=tf.float32, normalizer_fn=None)]
```

数据接收函数会收到序列化后的 Example 对象，将其转化成一组张量 (Tensor) 供模型使用。TensorFlow 提供了一些工具函数帮助我们完成这些转换。首先，将特征数组 (feature_columns) 转化成特征字典，作为反序列化的规格标准，再用它生成数据接收函数，代码如下。

```
# [
#     _NumericColumn(key='SepalLength', shape=(1,), dtype=tf.float32),
#     ...
# ]
feature_columns = [tf.feature_column.numeric_column(key=key)
```

```
            for key in train_x.keys()]

# {
#     'SepalLength': FixedLenFeature(shape=(1,), dtype=tf.float32),
#     ...
# }
feature_spec = tf.feature_column.make_parse_example_spec(feature_columns)

# 构建接收函数，并导出模型。
serving_input_receiver_fn = tf.estimator.export.build_parsing_serving_input_receiver_fn(feature_spec)
export_dir = classifier.export_savedmodel('export', serving_input_receiver_fn)
# export/1560915113/saved_model.pb
# export/1560915113/variables
# export/1560915113/variables/variables.data-00000-of-00002
# export/1560915113/variables/variables.data-00001-of-00002
# export/1560915113/variables/variables.index
```

其中，导出的模型文件 saved_model.pb 是 SavedModel 的协议缓冲区（Protocol Buffer），包含原始模型的图形结构（MetaGraphDeg）。变量（Variables）文件夹用于保存训练学习到的权重。

9.2.3　使用命令行工具检测 SavedModel

TensorFlow 提供的命令行工具可用于检测导出模型的内容，通过 save_model_cli 命令的查看参数选项，可以清楚地看到模型的输入 / 输出名称、数据类型、形状以及方法名称。如果想要查看模型结构图、权值文件、输入 / 输出结构，可以利用 save_model_cli 命令的运行参数（Run）调用预测函数，输出结果。首先，输出类别 0、1、2；然后，输出对每个类别的预测概率，分别为 9.9904507e-01、9.5485902e-04、1.2572777e-15，其中类别 0 的预测概率约为 0.99，具体代码如下。

```
$ saved_model_cli show --dir .\export\1560914078\ --tag_set serve --signature_def serving_default
The given SavedModel SignatureDef contains the following input(s):
  inputs['inputs'] tensor_info:
      dtype: DT_STRING
      shape: (-1)
      name: input_example_tensor:0
The given SavedModel SignatureDef contains the following output(s):
  outputs['classes'] tensor_info:
      dtype: DT_STRING
      shape: (-1, 3)
      name: dnn/head/Tile:0
  outputs['scores'] tensor_info:
      dtype: DT_FLOAT
      shape: (-1, 3)
      name: dnn/head/predictions/probabilities:0
Method name is: tensorflow/serving/classify

$ saved_model_cli run --dir ./export/1560914078 --tag_set serve --signature_def serving_default  --input_examples "inputs
=[{'SepalLength':[5.1],'SepalWidth':[3.3],'PetalLength':[1.7],'PetalWidth':[0.5]}]"
```

```
Use standard file APIs to check for files with this prefix.
Result for output key classes:
[[b'0' b'1' b'2']]
Result for output key scores:
[[9.9904507e-01 9.5485902e-04 1.2572777e-15]]
```

注意在 Linux 环境下和 Windows 环境下的引号问题。在 Windows 环境下，外部使用双引号，内部使用单引号，否则会报错——找不到花蕊长度参数（SepalLength），这是由于不同操作系统的命令行解析规则不同，saved_model_cli 命令将引号内部的参数直接解析为花蕊长度参数。

9.2.4 使用 contrib.predictor 提供服务

tf.contrib.predictor.from_saved_model 方法能够将导出的模型加载到内存中，生成一个预测函数，方便调用，具体如下面代码所示。

```
import argparse
import tensorflow as tf
import pandas as pd

# 从导出目录中加载模型，并生成预测函数
predict_fn = tf.contrib.predictor.from_saved_model('./export/1560914078/')

# 使用 Pandas 数据框定义测试数据
inputs = pd.DataFrame({
    'SepalLength': [5.2, 6.1, 5.9],
    'SepalWidth': [3.1, 3.2, 2.9],
    'PetalLength': [1.6, 4.1, 5.5],
    'PetalWidth': [0.3, 1.6, 2.2],
})

# 将输入数据转换成序列化后的 Example 字符串
examples = []
for index, row in inputs.iterrows():
    feature = {}
    for col, value in row.iteritems():
        feature[col] = tf.train.Feature(float_list=tf.train.FloatList(value=[value]))
    example = tf.train.Example(
        features=tf.train.Features(
            feature=feature
        )
    )
    examples.append(example.SerializeToString())

# 开始预测
predictions = predict_fn({'inputs': examples})
# 展示预测结果
print(predictions)
# {
#   'classes': array(
```

```
#    [[b'0', b'1', b'2'],
#    [b'0', b'1', b'2'],
#    [b'0', b'1', b'2']],
#    dtype=object),
#  'scores': array(
#    [[9.9896145e-01, 1.0382985e-03, 2.0793799e-07],
#     [3.6266743e-04, 9.9816054e-01, 1.4768183e-03],
#     [4.6742780e-08, 3.5431854e-05, 9.9996448e-01]],
#     dtype=float32)
# }
```

对结果按照数据和类别进行整理，可以得到模型预测结果，见表 9-2。

表 9-2　模型预测结果

花蕊长度 /cm	花蕊宽度 /cm	花瓣长度 /cm	花瓣宽度 /cm	类别标签	预测概率
5.2	3.1	1.6	0.3	0	0.998
6.1	3.2	4.1	1.6	1	0.998
5.9	2.9	5.5	2.2	2	0.999

本质上，from_saved_model 方法会使用 saved_model.loader 机制将导出的模型加载到一个 TensorFlow 会话中，读取模型的输入参数、输出参数信息，生成并组装好相应的张量，最后调用会话的运行函数（session.run）来获取结果。对应这个过程，我们编写了上面示例代码，读者也可以直接参考 TensorFlow 的源码 saved_model_predictor.py。此外，saved_model_cli 命令也使用了相同的模型导入流程。

9.2.5　使用 TensorFlow Serving 提供服务

基于 TensorFlow 训练完模型后，直接利用 TensorFlow 进行部署，此时模型需要重新加载，推理速度较慢。为了解决这个问题，谷歌提出了 TensorFlow Serving。TensorFlow Serving 是一个用于机器学习模型部署的高性能开源库，主要解决模型推理时的速度问题。它可以将训练好的机器学习模型部署到线上，使用谷歌远程过程调用（Google Remote Procedure Call，gRPC）作为接口接受外部调用，其支持模型热更新与自动模型版本管理。部署好 TensorFlow Serving 后，用户不需要为线上服务操心，只需要关心线下模型训练。TensorFlow Serving 可以将训练好的模型直接上线。这里我们使用 TensorFlow Serving 并基于 SavedModel 对外提供服务。

这里使用容器方式安装 TensorFlow Serving，也可以使用其他方式，具体见 TensorFlow Serving 的 GitHub 官方仓库。部署完成后就可以使用文件传输命令 curl 进行调用。

```
# 从 TensorFlow 镜像仓库下载 serving 镜像
docker pull tensorflow/serving

# 下载 serving 仓库
git clone https://github.com/tensorflow/serving

# 启动 TensorFlow Serving 服务和 RESTful 端口
```

```
docker run -d -p 8501:8501 \
  -v "$(pwd)/export:/models/iris_model" \
  -e MODEL_NAME=iris_model
  tensorflow/serving

# 启动后出现下面日志
2019-11-09 06:48:12.545248: I tensorflow_serving/model_servers/server.cc:85] Building single TensorFlow model file config:  model_name: iris_model model_base_path: /models/iris_model
2019-11-09 06:48:12.545714: I tensorflow_serving/model_servers/server_core.cc:462] Adding/updating models.
2019-11-09 06:48:12.545747: I tensorflow_serving/model_servers/server_core.cc:573]  (Re-)adding model: iris_model
2019-11-09 06:48:12.646321: I tensorflow_serving/core/basic_manager.cc:739] Successfully reserved resources to load servable {name: iris_model version: 1560914078}
2019-11-09 06:48:12.646351: I tensorflow_serving/core/loader_harness.cc:66] Approving load for servable version {name: iris_model version: 1560914078}
2019-11-09 06:48:12.646366: I tensorflow_serving/core/loader_harness.cc:74] Loading servable version {name: iris_model version: 1560914078}
2019-11-09 06:48:12.646396: I external/org_tensorflow/tensorflow/cc/saved_model/reader.cc:31] Reading SavedModel from: /models/iris_model/1560914078
2019-11-09 06:48:12.647986: I external/org_tensorflow/tensorflow/cc/saved_model/reader.cc:54] Reading meta graph with tags { serve }
2019-11-09 06:48:12.650135: I external/org_tensorflow/tensorflow/core/platform/cpu_feature_guard.cc:142] Your CPU supports instructions that this TensorFlow binary was not compiled to use: AVX2 FMA
2019-11-09 06:48:12.669998: I external/org_tensorflow/tensorflow/cc/saved_model/loader.cc:202] Restoring SavedModel bundle.
2019-11-09 06:48:12.778708: I external/org_tensorflow/tensorflow/cc/saved_model/loader.cc:151] Running initialization op on SavedModel bundle at path: /models/iris_model/1560914078
2019-11-09 06:48:12.784489: I external/org_tensorflow/tensorflow/cc/saved_model/loader.cc:311] SavedModel load for tags { serve }; Status: success. Took 138085 microseconds.
2019-11-09 06:48:12.784927: I tensorflow_serving/servables/tensorflow/saved_model_warmup.cc:105] No warmup data file found at /models/iris_model/1560914078/assets.extra/tf_serving_warmup_requests
2019-11-09 06:48:12.785223: I tensorflow_serving/core/loader_harness.cc:87] Successfully loaded servable version {name: iris_model version: 1560914078}
2019-11-09 06:48:12.788932: I tensorflow_serving/model_servers/server.cc:353] Running gRPC ModelServer at 0.0.0.0:8500 ...
[warn] getaddrinfo: address family for nodename not supported
[evhttp_server.cc : 238] NET_LOG: Entering the event loop ...
2019-11-09 06:48:12.791168: I tensorflow_serving/model_servers/server.cc:373] Exporting HTTP/REST API at:localhost:8501 ...
```

启动后可以看到访问的模型为 iris_model，版本号为 export 文件夹下的文件夹名称。通过后面的日志可以看到保存的模型在容器中的路径为 /models/iris_model/1560914078，这是因为挂载路径为 $(pwd)/export:/models/iris_model，将主机的 export 路径挂载到容器中的 /models 路径，而 export 路径下含有如下内容。

```
export/1560915113/saved_model.pb
export/1560915113/variables
export/1560915113/variables/variables.data-00000-of-00002
export/1560915113/variables/variables.data-00001-of-00002
export/1560915113/variables/variables.index
```

从上面的日志还可以看到，访问 gRPC 的端口为 0.0.0.0:8500，访问 HTTP/REST 的端口为

localhost:8501。

访问模型路由获取模型的状态，具体如下，展示了模型的版本号、状态等。

```
curl http://localhost:8501/v1/models/iris_model
{
 "model_version_status": [
  {
   "version": "1560914078",
   "state": "AVAILABLE",
   "status": {
    "error_code": "OK",
    "error_message": ""
   }
  }
 ]
}
```

访问模型元信息（Metadata）路由，可以获取模型元数据，如模型签名、模型用途。模型用途又包括分类、预测等，分类使用 classify 路由，预测使用 predict 路由。其中，分类的输出有两种：得分（Score）和类别（Classes）。Score 返回各个类别的期望值，Classes 返回各个类别的离散值。

```
{
"model_spec":{
 "name": "iris_model",
 "signature_name": "",
 "version": "1560914078"
},
"metadata": {"signature_def": {
 "signature_def":
 {
  "predict": {...},
  "classification":{...},
  "serving_default":{}
 }}}
}
```

利用 HTTP/REST 方式可以获得服务调用结果，这里以分类为例，其接口描述如下，具体可以查看 TensorFlow 官方 API 说明。

```
{
 // optional 参数，服务签名
 // 如果不设置则使用默认签名
 "signature_name": <string>,

 // optional 参数，所有示例共享的参数
 // Features that appear here MUST NOT appear in examples (below).
 "context": {
  "<feature_name3>": <value>|<list>
  "<feature_name4>": <value>|<list>
 },
```

```
//示例列表
"examples": [
  {
   //示例 1
   "<feature_name1>": <value>|<list>,
   "<feature_name2>": <value>|<list>,
   ...
  },
  {
   //示例 2
   "<feature_name1>": <value>|<list>,
   "<feature_name2>": <value>|<list>,
   ...
  }
  ...
 ]
}
```

具体步骤为：首先调用 classify 路由，然后发送数据 {"examples":[{"SepalLength":[5.1],"SepalWidth":[3.3],"PetalLength":[1.7],"PetalWidth":[0.5]}]}，分别为花蕊长度、花蕊宽度、花瓣长度、花瓣宽度 4 个特征，返回结果表示属于标签 0（山鸢尾）的概率为 0.996432066。这里不能调用 predict 路由，否则会出错。

```
curl http://localhost:8501/v1/models/iris_odel:classify -X POST -d '{"examples":[{"SepalLength":[5.1],"SepalWidth":[3.3],"PetalLength":[1.7],"PetalWidth":[0.5]}]}'
{
  "results": [[["0", 0.996432066], ["1", 0.00356692262], ["2", 9.10753386e-07]]
  ]
}
```

9.3 基于 Seldon Core 的模型部署

Seldon Core 专注于在 Kubernetes 上部署机器学习模型，允许在生产过程中管理复杂的运行时（Runtime）服务图。Seldon Core 是 Seldon 服务部署项目的核心，主要用于解决在生产中机器学习模型服务化的难点。

机器学习部署面临很多挑战。Seldon Core 旨在解决这些挑战。Seldon Core 的高级目标是允许数据科学家使用任何机器学习工具包或编程语言来创建模型，例如基于 Python 语言创建 TensorFlow 模型、scikit-learn 模型、Spark 模型、H2O 模型、R 模型。

在部署时，通过表述性状态传递（Representational State Transfer，REST）和 gRPC 自动暴露机器学习模型，以便将其集成到需要预测的业务应用程序中。允许将复杂运行时服务图部署为微服务。这些图由以下模块组成。

- Model：运行时接口执行机器学习模型。
- Routers 路由器：将 API 请求转到子图，例如 A/B 测试。

- Combiners 组合器：组合子图的响应，例如模型的组合。
- Transformers 变压器：转换请求或响应，例如转换特征请求。

Seldon Core 主要负责模型的全生命周期管理，其主要特点如下：

- 不停机更新运行时服务图；
- 自动缩放；
- 实时监测；
- 安全认证。

9.3.1 Seldon Core 安装

Seldon Core 提供了多种部署形式，这里选择基于 Kuberentes 的部署，主要利用 Kuberentes 的 Helm 包管理工具部署 Seldon Core。从官方网站下载对应的 Seldon 安装文件，解压后在 seldon-helm-chart 下执行下面命令，安装 Seldon Core。

```
$ helm install ./seldon-core-crd --name seldon-core-crd --set usage_metrics.enabled=true --namespace kubeflow
$ helm install ./seldon-core --name seldon-core --namespace kubeflow
$ helm install ./seldon-core-analytics --name seldon-core-analytics \
  --set grafana_prom_admin_password=password \
  --set persistence.enabled=false \
  --namespace kubeflow
root@test:~/Documents/kubeflow/v1alpha1/seldon/kubeflow-base-v1a1_1.9.1$ kubectl get pods -n kubeflow
NAME                                        READY   STATUS    RESTARTS  AGE
alertmanager-deployment-7f9dc7d76f-7g8sg                1/1     Running     0     1h
ambassador-7bf65d677f-dpcmv                         1/2     CrashLoopBackOff  313    1d
ambassador-7bf65d677f-n9tj4                        1/2     CrashLoopBackOff  314    1d
ambassador-7bf65d677f-tl8kc                        1/2     Running       315    1d
grafana-prom-deployment-7b45fb85d4-w88c4                1/1     Running     0     1h
iris-master-wfah-0-1blme                   1/1     Running     0     1d
locust-master-1-k84tq                    1/1     Running     1     1h
locust-slave-1-bg8kv                     1/1     Running     2     1h
mnist-master-0nj2-0-voayd                   1/1     Running     0     1d
prometheus-deployment-6fdfcdffbb-pw4qf              1/1     Running     0     1h
prometheus-node-exporter-2bfw6                    1/1     Running     0     1h
prometheus-node-exporter-869f2                    1/1     Running     0     1h
prometheus-node-exporter-fjp7g                    1/1     Running     0     1h
prometheus-node-exporter-znt56                    1/1     Running     0     1h
redis-df886d999-zhm5b                     1/1     Running     0     1h
seldon-apiserver-b599db849-mbbfk                   1/1     Running     0     1h
seldon-cluster-manager-7f7bd47545-cnrls                1/1     Running     0     1h
sklearn-iris-deployment-sklearn-iris-predictor-8678c799-b6ftf  2/2     Running     0     8m
spartakus-volunteer-578498664f-gh5ng                 1/1     Running     0     2d
tf-hub-0                          1/1     Running     0     1d
tf-job-dashboard-7fcfc5fc5d-f6tfz                   1/1     Running     0     1d
tf-job-operator-75897f474d-6hg4q                    1/1     Running     0     1d
```

9.3.2 Seldon Core使用示例

成功部署Seldon Core后,下面以简单的示例说明,如何使用Seldon Core打包自己的模型,然后利用Seldon Core将其部署到集群中，以提供RESTful形式的服务。

(一)封装运行时预测模型

这一步主要是将训练好的模型封装到Docker中，以便部署。

Seldon Python包装器的功能是使模型变成一个符合Seldon内部API的容器化的微服务。包装一个模型有以下两个要求。

- 所有在运行时使用的文件都需要放入同一个目录中。
- 需要一个包含标准化Python类的文件，这个Python类将作为运行时预测的入口点。

另外，如果使用特定的Python库，则需要将对应的Python库列在一个文件（requirement.txt）中，该文件将被Python包管理工具（PIP）使用，以便在Docker镜像中自动安装依赖库。

文件夹目录具体如下。

```
sklearn_iris
  -- IrisClassifier.py
  -- requirements.txt
  -- IrisClassifier.sav
```

这里使用sklearn_iris模型文件夹，它位于seldon-core/examples/models/目录下。上述3个文件作用如下。

- IrisClassifier.py：模型的入口。它需要包含一个与文件同名的Python类，这里为IrisClassifier，其实现了一种被称为预测的方法。该方法以多维数组（X）和字符串列表（特征名）为参数，并返回一个预测的numpy数组。IrisClassifier.py文件的具体内容如下。首先是导入依赖包，然后构建IrisClassifier类并且定义预测函数。

```
from sklearn.externals import joblib

class IrisClassifier(object): # The file is called IrisClassifier.py

  def __init__(self):
    self.model = load_model( 'IrisClassifier.sav' )

  def predict(self,X,feature_names):
    """ X is a 2-dimensional numpy array, feature_names is a list of strings.
    This methods needs to return a numpy array of predictions."""
    return self.model.predict_proba(X)
```

- requirements.txt：构建镜像时需要的安装包，具体内容如下。

```
scikit-learn==0.19.0
scipy==0.18.1
```

- IrisClassifier.sav：分类的模型文件。

(二)封装模型

在需要进行封装的文件夹下执行下面命令，生成build文件夹。

```
docker run -v /home/test/seldon-core-test/sklearn_iris:/my_model seldonio/core-python-wrapper:0.7 /my_model IrisClassifier 0.1 quelle
```

进入 build 文件夹，构建 Docker 镜像，具体如下。

```
cd /path/to/model/dir/build
./build_image.sh
./push_image.sh
```

封装模型命令如下。

```
docker run -v /path:<model_path> seldonio/core-python-wrapper:0.7
    <model_path>
    <model_name>
    <image_version>
    <docker_repo>
    --out-folder=<out_folder>
    --service-type=<service_type>
    --base-image=<base_image>
    --image-name=<image_name>
    --force
    --persistence
    --grpc
```

其中，必须的字段如下。

- model_path：容器内模型文件夹路径。
- model_name：模型类的名称和文件。在这个示例中为 IrisClassifier。
- image_version：创建镜像版本号。
- docker_repo：容器的仓库地址。

可选的字段如下。

- out-folder：需要创建的包含输出文件的文件夹。默认为 ./build。
- service-type：模型将要使用的 Seldon 服务 API 的类型。默认为模型（MODEL）。其他选项包括路由（ROUTER）、融合（COMBINER）、变换（TRANSFORMER）等。
- base-image：构建镜像时从哪个基础镜像构建。默认为 python:2。
- image-name：设置的 Docker 镜像名称。默认为小写的 model_name。
- force：当这个标志出现时，如果 build 文件夹已经存在，则将重写。默认情况下不重写。
- persistence：当这个标志出现时，模型将被持久化，模型的状态将在 Redis 上定期保存。
- grpc：当这个标志出现时，模型将使用 gRPC 接口，而不是默认的 REST 接口。

此外，也可以使用命令 -h --help 获取帮助信息，进而设置参数。

（三）部署模型

可以通过 Kubernetes 的命令管理工具 kubectl 部署模型。在原始的文件夹中，含有以下内容。

```
keras_mnist
  -- build
  -- IrisClassifier.py
  -- requirements.txt
  -- IrisClassifier.sav
```

在 build 子文件夹下执行下面的命令，以 REST 形式将模型部署到集群中，部署可能会花费几秒时间，出现 created 时即部署成功。

```
$ kubectl apply -f sklearn_iris_deployment.json -n kubeflow
seldondeployment.machinelearning.seldon.io "seldon-deployment-example" created
```

（四）测试模型

将模型部署到集群后，需要知道对应服务的 IP 地址和服务端口号才能访问，这里的 IP 地址可以是集群中任意一台机器的 IP 地址，端口号通过命令 PORT=$(kubectl get svc -l app=seldon-apiserver-container-app -o jsonpath= '{.items[0].spec.ports[0].nodePort}' -n kubeflow) 获取，该命令表示以 JSON 形式解析部署的 scikit-learn 服务，获取对应的服务端口。获取 IP 地址和服务端口号后，在命令行输入以下命令：SERVER=${IP}:${PORT}，可以获得访问服务的地址。

访问服务时还需要认证，可以通过下面的命令获取密钥，以便访问服务。

```
TOKEN=`curl -s -H "Accept: application/json" \
  oauth-key:oauth-secret@${SERVER}/oauth/token -d grant_type=client_credentials | jq -r '.access_token'
```

服务的端口和密钥都知道后就可以访问部署的服务了，具体命令如下。向具体服务发送待推理数据，这里发送的数据为 [5.1, 3.5, 1.4, 0.2]，表示鸢尾花的花蕊长度为 5.1 cm，花蕊宽度为 3.5 cm，花瓣长度 1.4 cm，花瓣宽度为 0.2 cm。模型预测完成后，返回类型为类别标签 0 的概率为 0.879616489561751，即山鸢尾的概率为 0.879616489561751；返回类型为类别标签 1 的概率为 0.12030753790661743，即杂色鸢尾的概率为 0.12030753790661743；返回类别标签 2 的概率为 1.0813137225507737e-5，即维吉尼亚鸢尾的概率为 1.0813137225507737e-5。这说明该鸢尾属于山鸢尾。

```
$ curl -s -H "Content-Type:application/json" -H "Accept: application/json" -H "Authorization: Bearer $TOKEN"
${SERVER}/api/v0.1/predictions -d
 '{"meta":{},"data":{"names":["sepal length (cm)","sepal width (cm)", "petal length (cm)","petal width (cm)"],"
ndarray":[[5.1,3.5,1.4,0.2]]}}'
{
  "meta": {
    "puid": "t8k31oku07h2ro7rg3j6oveau6",
    "tags": {
    },
    "routing": {
    }
  },
  "data": {
    "names": ["t:0", "t:1", "t:2"],
    "ndarray": [[0.8796816489561571, 0.12030753790661743, 1.0813137225507737e-5]]
  }
}
```

9.4 小结

在人工智能领域，模型训练完成之后可以预测新的数据，为了能够实时地处理新的数据，需要将训练好的模型部署成服务。服务可以是以后台形式启动的程序 (用于监控某个文件夹)，也可以是以 REST 接口形式启动的程序，使用 REST 形式便于前端展示，可以更好地支撑其他软件开发。本章主要介绍了模型训练完成后如何发布成服务等相关内容，首先利用 TensorFlow 将模型部署成服务的形式，可以使用 contrib.predictor 形式，也可以使用 TensorFlow Serving 形式。随后介绍了利用开源软件 Seldon 将封装好的模型部署到 Kubernetes 集群中，以 REST 和 gRPC 的形式提供服务，方便用户调用。

参考文献

[1] OLSTON C, FIEDEL N, GOROVOY K, et al. TensorFlow-Serving: Flexible, High-Performance ML Serving[J]. arXiv, 2017.

[2] 闫健勇 , 龚正 , 吴治辉 , 等 . Kubernetes 权威指南 : 从 Docker 到 Kubernetes 实践全接触 [M]. 北京 : 电子工业出版社 , 2017.

[3] ABADI M, AGARWAL A, BARHAM P, et al. TensorFlow: large-scale machine learning on heterogeneous distributed systems[J]. arXiv, 2015.

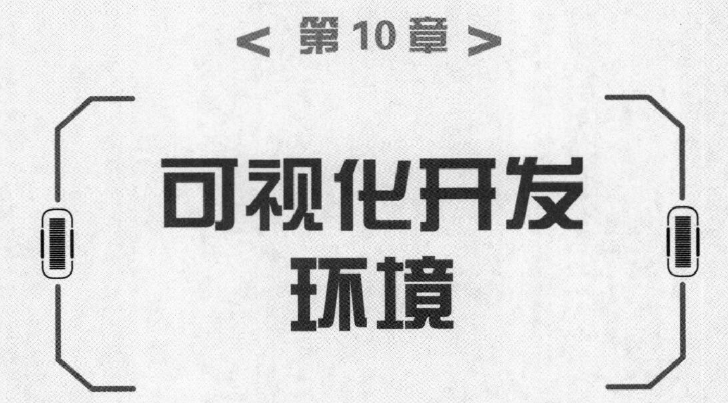

第10章 可视化开发环境

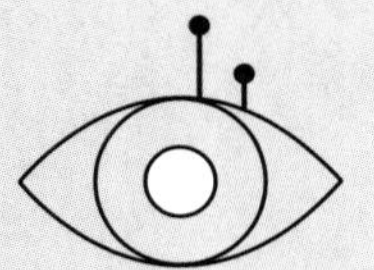

工欲善其事，必先利其器，充分了解代码编写工具可以帮助我们快速上手，辅助我们进行模型设计与开发。本章主要介绍在使用人工智能云平台训练模型时涉及的集成开发环境(IDE)。IDE 是用于提供程序开发环境的应用程序，一般包括代码编辑器、编译器、调试器和图形用户界面等工具,集成了代码编写、分析、编译、调试等功能的一体化的开发软件服务套件。所有具备这一特性的软件或者软件套 (组) 都可以叫集成开发环境，如微软的 Visual Studio 系列，Borland 的 C++ Builder、Delphi 系列，Jupyter Notebook 及 JupyterLab 等。

在模型训练阶段，一个好的可视化界面有助于理解模型、参数，通过可视化训练过程中的参数，可实时查看模型训练进度，形象而具化，能有效监控训练进度，快速调整模型训练方案。这里主要介绍 TensorFlow 的可视化工具 TensorBoard，它的作用就是把复杂的神经网络训练过程可视化，以便更好地理解、调试并优化程序。TensorBoard 可以将训练过程中的各种绘制数据展示出来，包括标量 (Scalar)、图片 (Image)、音频 (Audio)、计算图 (Graph)、数据分布 (Distribution)、直方图 (Histogram) 和嵌入式向量 (Embedding)。

10.1 Jupyter Notebook

Jupyter Notebook (之前被称为 IPython Notebook) 是一个交互式笔记本，但是这款笔记本和通常理解的笔记本不同，它是一个交互式的开发工具。在 Jupyter Notebook 交互界面编写好程序之后，会在下面显示输出结果，如果绘图，则会在下面直接给出结果图像，在真正意义上达成了代码结果实时预览。此外，它支持远程访问，可以解决远程开发问题，不用在本地配置开发环境，在远程端配置好开发环境，然后利用本机的浏览器就可以访问，无需配置环境就可以编写代码。它还支持运行 40 多种编程语言，如 Python、R 语言等。Jupyter Notebook 的本质是一个 Web 应用程序，便于创建和共享文学化程序文档，支持实时代码、数学方程、可视化和纯文本格式的标记语言 Markdown。Jupyter Notebook 也可以用于数据清理和转换、数值模拟、统计建模、机器学习等。

使用 Anaconda 安装 Python 时会自带 Jupyter Notebook，用户只需要去 Anaconda 的官方网站下载对应版本进行安装即可。这里描述在 Windows 系统中安装完 Anaconda 后 Jupyter

Notebook 的启动过程；打开 Windows 的 cmd，输入 jupyter-notebook.exe，可以看到下面的日志输出。这里主要介绍 Jupyter Notebook 程序的安装位置、当前启动位置、如何访问等。

```
PS F:\pai\cloud-platform\code> jupyter-notebook.exe
[I 22:10:06.048 NotebookApp] The port 8888 is already in use, trying another port.
[I 22:10:06.126 NotebookApp] JupyterLab extension loaded from D:\ProgramFiles\anaconda3\lib\site-packages\jupyterlab
[I 22:10:06.127 NotebookApp] JupyterLab application directory is D:\ProgramFiles\anaconda3\share\jupyter\lab
[I 22:10:06.130 NotebookApp] Serving notebooks from local directory: F:\pai\cloud-platform\code
[I 22:10:06.130 NotebookApp] The Jupyter Notebook is running at:
[I 22:10:06.130 NotebookApp] http://localhost:8889/?token=9c046a48a4b3ea04098b16a394ddee333ad34b7de0819125
[I 22:10:06.130 NotebookApp] Use Control-C to stop this server and shut down all kernels (twice to skip confirmation).
[C 22:10:06.523 NotebookApp]
  # 利用浏览器打开下面这个文件，或者将下面的 URL 复制粘贴到浏览器中，以便访问 notebook
  To access the notebook, open this file in a browser:
    file:///C:/Users/test/AppData/Roaming/jupyter/runtime/nbserver-17464-open.html
  Or copy and paste one of these URL:
    http://localhost:8889/?token=9c046a48a4b3ea04098b16a394ddee333ad34b7de0819125
```

通过浏览器打开上述 URL，在“Password or token”输入框中，输入上述 token 值，点击“Log in”按钮登录界面。

Jupyter Notebook 主窗口显示的路径一般位于其启动时的路径之下，展示的内容是启动路径下的文件夹和文件，点击文件夹或文件前面的小方框可以将其删除。

若要创建一个新的 Jupyter Notebook 文件或者文件夹，只需要点击“New”，在下拉选项中选择启动的类型即可。

这里启动 Python Notebook 进行演示，点击“New”，然后选择“Python 3”，得到一个新的 Jupyter Python 文件界面。

Jupyter Pychon 文件界面由以下部分组成。

- 文件名称，这里为 Untitled，表示未命名，可以修改。
- 主工具栏，包括 File、Edit、View、Insert、Cell 等。
- 快捷图标，包括保存、代码块插入、剪切、复制、粘贴、导出、重载、重启内核等。
- 中间为文件的主要部分，是代码和文字的编辑区。
- 其他详细的功能可以点击“Help”菜单进行查看。

在主区域 (编辑区) 可以看到一个个单元 (Cell)。每个 Jupyter Notebook 都由多个 Cell 组成，每个 Cell 有不同的功能。

第一个 Cell 代码运行过程如图 10-1 所示，以“In[ ]”开头，表示这是一个代码单元。在代码单元里，可以输入任何代码并执行。例如，键盘输入“2+2”，然后点击运行按钮，或者按“Shift+Enter”组合键，代码将运行，并显示结果。同时，切换到新的 Cell 中。

Jupyter Notebook 有一个非常有趣的特性，即 Cell 之间是有联系的，后面的 Cell 可以使用前面的 Cell 值。若要修改前面的值时，可以点击“Cell”菜单下面的“Run all”，重新运行所有 Cell，以此来更新整个文档。需要使用不同参数，而又不想逐个运行 Cell 时，可以这样

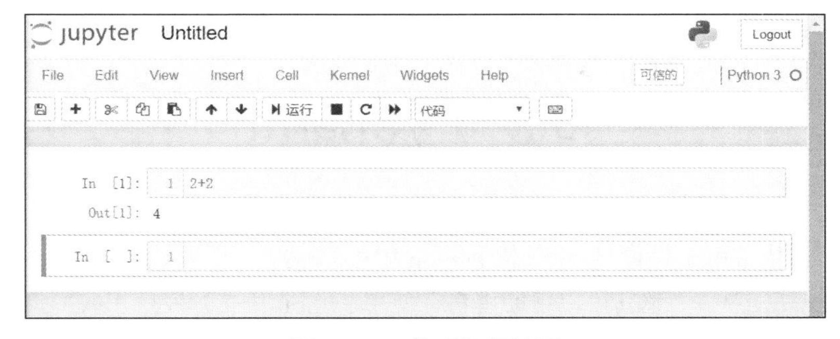

图 10-1　代码运行过程

快速运行程序。

有时需要在两个 Cell 中添加 Cell，这时只需要点击“Insert”菜单，选择“Insert Cell Above”，就会在当前 Cell 上方插入一个新的 Cell，可以在新的 Cell 中添加代码。

需要添加代码注释时，选择当前 Cell，点击“代码”下拉菜单，出现代码、标记、原生 NBConvert、标题选项，这里选择“标记”，就会显示为文档。运行程序时，注释会单独显示，双击注释可以进行修改。

添加标题时，会显示原生的 Markdown 语言，以便给每个代码类型的 Cell 添加注释。集体操作为在相应的位置添加 Cell，将其类型改为“标记”，然后重新运行 Cell，就可以丰富代码，并形成详细的说明。

此外，Jupyter 也推出了最新的数据科学计算工具 JupyterLab。与 Jupyter Notebook 相比，JupyterLab 功能更全、操作更简便。该工具具有模块化的界面 (如图 10-2 所示)，左侧为文档列表，右侧显示打开的文件，可以在一个窗口中同时打开多个文件，并进行快速切换；支持 Python 直接输入代码的交互形式，写完代码后可以直接执行并获得运行结果，简化了 Python 代码调试；此外，还支持多文档的视图，编辑文档后可以及时查看结果。

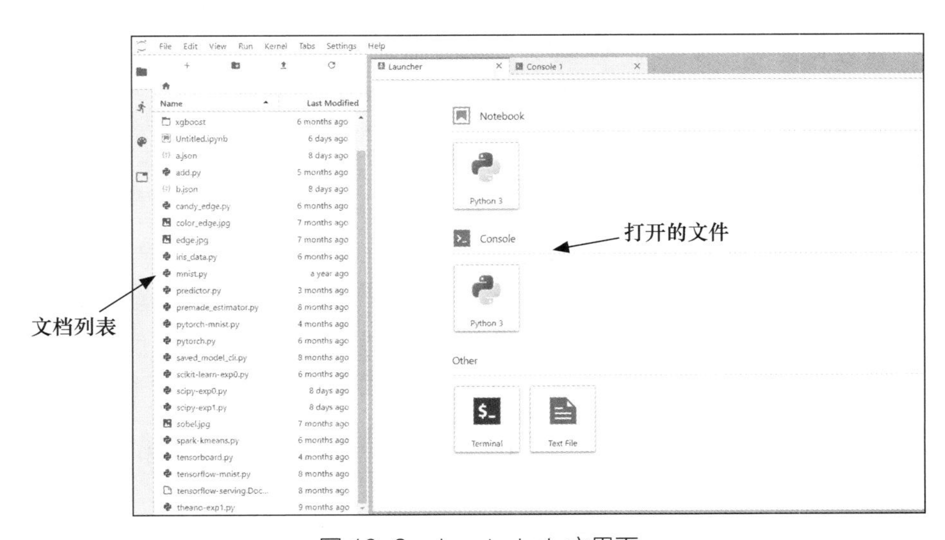

图 10-2　JupyterLab 主界面

10.2 PyCharm

PyCharm 是由 JetBrains 打造的一款 Python IDE，VS2010 的重构插件 Resharper 就出自 JetBrains。PyCharm 带有一整套可以帮助用户在使用 Python 语言开发应用时提高效率的工具，比如调试、语法高亮（Syntax High Lighting）、Project 管理、代码跳转、智能提示、自动完成、单元测试、版本控制。此外，PyCharm 提供了一些高级功能，用于支持 Django 框架下的专业 Web 开发。

在进行深度学习模型开发时，为了在一个机器上部署多个不同的环境，便于迁移更新，最佳的解决方法是在 Linux 机器中安装 Docker，然后基于 Docker 构建模型训练的开发环境。而使用 Windows 系统的电脑需要远程连接到服务器或者工作站上进行开发，这里主要介绍如何使用 PyCharm 连接 Docker 内的远程编译环境进行开发，具体步骤如下。

（1）在使用 Windows 系统的电脑上安装 PyCharm，打开 PyCharm，然后点击“File”菜单，找到“New Project”，新建一个工程，命名为“untitled”，点击“Create”，就会新建一个 Python 工程。

（2）选择远程端代码存储位置，具体步骤为：Tools->Deployment->Configuration。

（3）点击“Configuration”，设置远程端名称，这里设置为 untitled，Type 选择 SFTP。

（4）点击“OK”按钮，配置远程工程，选择“Connection”界面，填写相关内容，如图 10-3 所示。

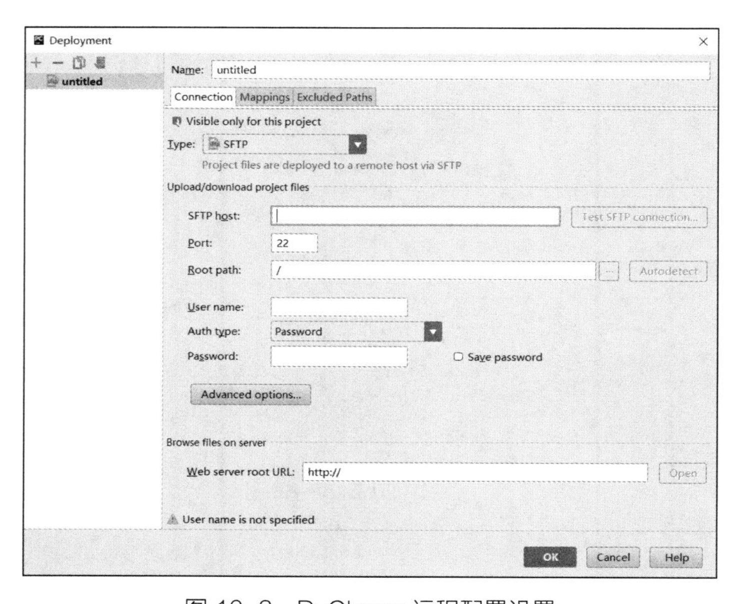

图 10-3　PyCharm 远程配置设置

● SFTP host：远程主机 IP 地址。

● Port：端口号为 SSH 需要连接的端口，如果 Docker 将容器内的 22 端口映射到 20002，则需要将 22 端口修改为 20002。

● Root path：远程工程放置的位置。

● User name：远程主机或者 Docker 的登录用户名。

● Password：远程主机或者 Docker 的登录密码。

（5）设置远程端映射路径（Deployment path on server），此路径与上一步骤中的 Root path 组合成最终的远程代码路径，一般在 Root path 中设置完整的工程路径，此处只输入“/”，如图 10-4 所示。

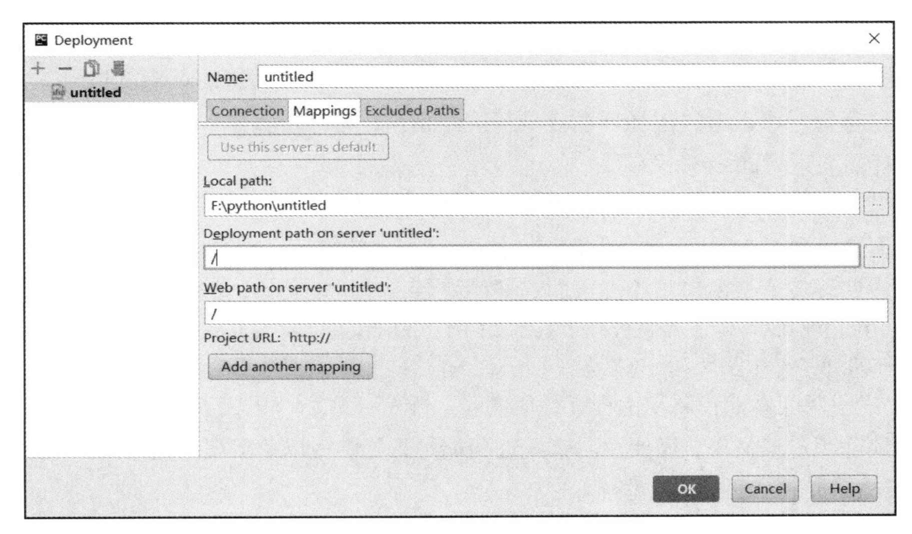

图 10-4　PyCharm 远程映射路径

（6）PyCharm 默认选择本机的 Python 编译器，这里需要设置远程端编译环境，首先点击“File”菜单，然后选择“Settings”，最后选择“Project:untitled”。

（7）点击“Projects Interpreter”，然后点击界面右上角的齿轮图标，在弹出的对话框中选择“Add Remote”。

（8）在弹出的“Configure Remote Python Interpreter”对话框中选择“SSH Credentials”，如图 10-5 所示。

● Host：表示 Python 编译器所在机器的 IP 地址，端口号为 SSH 需要连接的端口，如果 Docker 将容器内的 22 端口映射到 20002，则需要将 22 端口修改为 20002。

● User name：表示远程主机或者 Docker 的登录用户名。

● Auth type：认证类型，默认选择密码。

● Password：远程主机或者 Docker 的登录密码。

● Python interpreter path：远程主机内的 Python 路径，或者 Docker 容器中 Python 的位置（默认路径即可）。

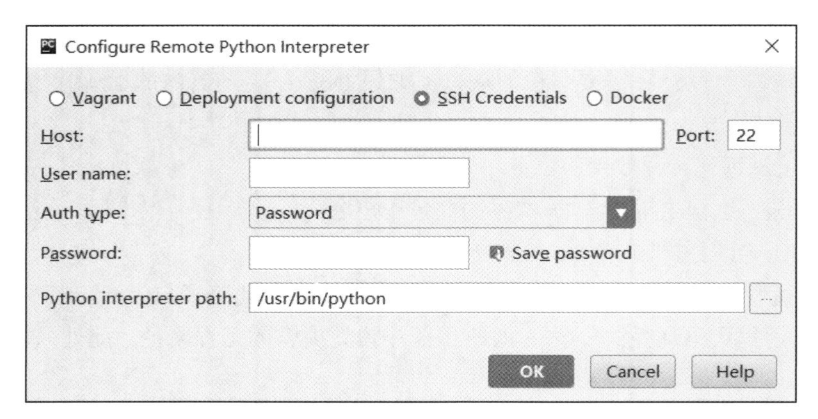

图 10-5　PyCharm 远程编译器认证配置

（9）添加环境变量。有时需要远程连接主机或者容器，若远程的环境变量缺失，则会导致程序无法运行，可以通过添加环境变量解决此问题，具体步骤如下。

- 选择需要运行的 py 文件。
- 单击工具栏右侧“main”的下拉按钮，点击“Edit Configurations”。
- 在配置界面“Configuration”的“Environment variables”一栏中，点击右侧的“…”按钮，在弹出的环境变量窗口中添加下面的环境变量，这里以英伟达的 DUDA 环境变量为例。

```
LD_LIBRARY_PATH=/usr/local/cuda/extras/CUPTI/lib64:/usr/local/cuda/extras/CUPTI/lib64:/usr/local/nvidia/lib:/usr/local/nvidia/lib64
```

（10）为了保证本地代码和远程端代码同步，配置完成后可以设置本地代码自动上传，如果在本地删除了一些文件，需要及时查看远程端是否删除，以免出现问题，具体设置步骤为：Tools->Deployment->Automatic Upload。

10.3　Visual Studio Code

微软在 2015 年 4 月 30 日的 Build 开发者大会上正式宣布了 Visual Studio Code（VSCode）项目：一个运行于 MacOS X、Windows 和 Linux 之上的，针对现代 Web 和云应用的跨平台源代码编辑器。Visual Studio Code 是使用 node.js 语言编写的，定位为现代 Web 和云应用的跨平台源代码编辑器。该编辑器集成了所有现代编辑器应该具备的特性，包括语法高亮、可定制的热键绑定（Customizable Keyboard Bindings）、括号匹配（Bracket Matching）以及代码片段收集（Snippets）。

VSCode 是一个轻量级的编译器，默认通过打开文件夹的功能来打开对应的工程，打开新建窗口时，会列举出最近打开的工程，方便用户对最近打开的工程进行编辑和修改。

10.3.1 资源管理器

资源管理器展示了打开的工程文件信息，包括打开的编辑器、当前工程的名称、打开的当前文件的大纲等。点击资源管理器可以隐藏对应的窗口，再次点击资源管理器便可以查看对应的窗口。

(1)“打开的编辑器”界面展示了窗口中打开的文件，将鼠标移到打开的编辑器栏目时，会显示相应的提示，如保存、关闭所有编辑器。

(2) 当前工程窗口显示了工程中的相关文件以及文件夹，将鼠标移到打开工程的栏目时，会显示新建文件、新建文件夹、刷新资源管理器以及在资源管理器中折叠文件夹等信息。

(3) 大纲标题栏显示了当前打开文档的目录大纲，可以按照名称、位置、类型排序。

10.3.2 搜索

搜索菜单栏方便搜索相关内容，英文搜索时，点击对应的“Aa”框，实现区分大小写搜索；点击“Ab”框实现全词匹配；也可以点击最右侧框进行正则表达式搜索。搜索框如图 10-6 所示。

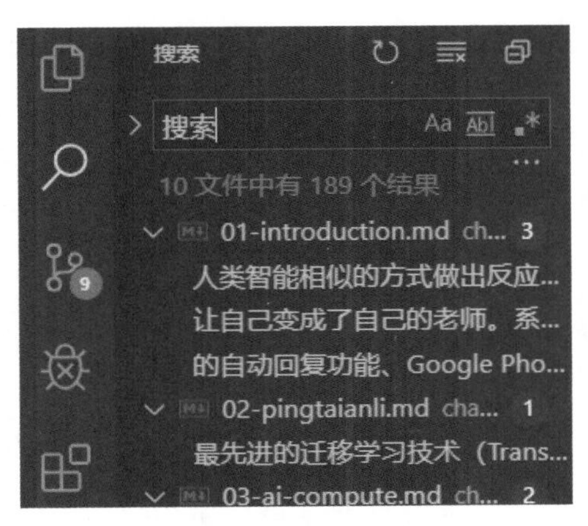

图 10-6 搜索框界面

10.3.3 源代码管理器

源代码管理器的菜单栏展示了文件的修改与变动。如图 10-7 所示，“M”表示修改文件，“9+”表示该文件存在的问题数量。编写 md 文件时，可以使用 Markdown 文件标准 (markdownlint) 帮助显示文件中的问题，方便进行修改。“U”表示文件已被创建，但是 Git 还未将其添加到追踪列表中。“A”表示利用 git add 命令将文件添加到追踪列表。

点击右上角“…”图标会显示与 Git 操作相关的信息，如拉取、同步、推送、发布分支、全部提交等。

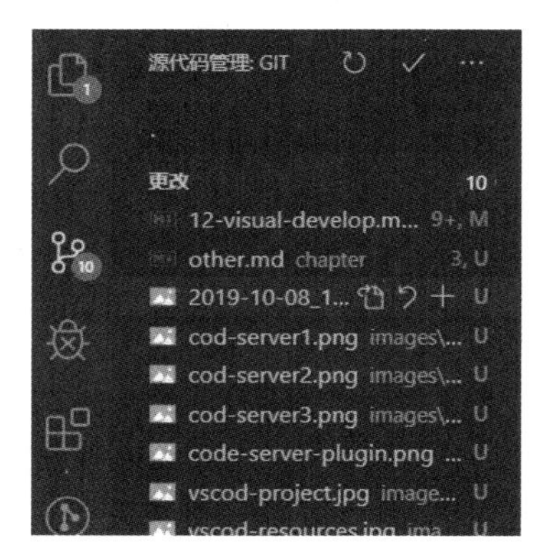

图 10-7　源代码管理器的文件状态界面

将鼠标移到相应的文件上时会显示 3 个图标，第 1 个图标表示打开文件，点击后会在主界面中显示该文件以前的版本和现在版本的区别；第 2 个图标表示放弃更改，会将当前的修改撤回；第 3 个图标表示暂存当前的更改，类似 git stash 命令，用于将当前工作区的修改暂存，就像堆栈一样，可以随时将某一次缓存的修改重新应用到当前工作区。

10.3.4　调试

调试窗口显示了正在调试代码的相关信息，包括变量状态（代码中规定的变量，用户不能自定义）和用户监视的变量状态（可以是代码中多个变量的组合，用户可以定义）以及调用堆栈的情况。在调试窗口最上面的菜单栏中打开设置文件，即打开 VSCode 的配置文件 launch.json，可以通过修改文件改变代码运行设置，具体参考 launch.json 的文件说明。

launch.json 文件内容如下。

```
{
  // 使用 IntelliSense 了解相关属性
  // 悬停以查看现有属性的描述
  "version": "0.2.0",
  "configurations": [
    {
      "name": "(gdb) Launch", // 配置名称，将会在启动配置的下拉菜单中显示
      "type": "cppdbg", // 配置类型，这里只能为 cppdbg
      "request": "launch", // 请求配置类型，可以为启动（launch）或附加（attach）
      "program": "${file}", // 当前打开的文件
      "args": [], // 程序调试时传递给程序的命令行参数，一般设为空即可
      "stopAtEntry": false, // 设为 true 时程序将暂停在程序入口处，一般设置为 true
      "cwd": "${workspaceFolder}", // 当前运行任务的工作目录（启动目录）
      "console": "integratedTerminal", //
      "environment": [], // 环境变量
      "externalConsole": true, // 调试时是否显示控制台窗口，一般设置为 true，即显示控制台
     "internalConsoleOptions": "neverOpen", // 如果不设为 neverOpen，调试时会跳到 " 调试控制台 "
  // 选项卡
      "MIMode": "gdb", // 指定连接的调试器，可以为 gdb 或 lldb。但目前 lldb 在 Windows 下没有预
  // 编译好的版本
```

```
        "miDebuggerPath": "gdb.exe", // 调试器路径，Windows 下后缀不能省略，Linux 下则去掉
        "setupCommands": [ // 用处未知
          {
            "description": "Enable pretty-printing for gdb",
            "text": "-enable-pretty-printing",
            "ignoreFailures": false
          }
        ],
        "preLaunchTask": "Compile" // 调试会话开始前执行的任务，一般为编译程序。与 tasks.json 的
    // label 相对应
      }
    ]
```

10.3.5 扩展插件

Visual Studio Code 拥有丰富的插件，用户可以去 Visual Studio Code 的官网下载，然后按照 Visual Studio Code 的方式安装插件。

插件窗口会显示已启用插件和已禁用插件两个栏目，点击具体的插件可以显示详细信息。点击该窗口右上角"…"图标会显示更多信息，包括显示已安装扩展、显示过时的扩展、显示启用的扩展等。

安装 Visual Studio Code 扩展插件的方式有多种，第一种是利用 VSIX 安装。从官网下载对应的 VSIX 插件，在上述的插件窗口点击右上角的"…"，选择"从 VSIX 安装…"，选择下载好的扩展插件，点击安装即可。

第二种方式是在线安装 VSCode 扩展插件。直接在扩展窗口输入想要安装的插件名称，例如输入"c++"，点击右上角的"…"图标，选择相应的排序依据，点击确认，(在连网情况下)会显示对应的插件，点击"Install"按钮安装即可。

安装过后会显示管理小图标。点击管理小图标，会显示与插件相关的操作，如禁用、卸载、安装另一个版本等。

第三种方式是使用命令行。这种安装方式适合已经下载了很多插件，需要在另外一台机器上快速安装同样的集成开发环境的场景，具体是在命令行执行下面的命令。

```
code --install-extension shd101wyy.markdown-preview-enhanced-0.4.3.vsix
```

可以复制上面的命令，并替换后面插件，这样便可以一次性安装多个插件。

第四种方式是直接在启动 VSCode 时制定对应的插件路径。VSCode 插件被默认安装在 C:\Users\$(user)\.vscode\extensions 路径下，可以利用 code --extensions-dir=path 制定扩展软件包的路径，这样可以直接将已经配置好的插件复制到另外一台机器上，直接指定启动目录，而不用再次安装。

10.3.6 管理

管理窗口在 VSCode 编辑器左下方，主要负责 VSCode 的相关设置，包括命令面板、设置、

扩展、键盘快捷方式、颜色主题、文件图标主题等快捷功能。

（1）点击命令面板（或按“Ctrl+Shift+P”组合键）会弹出命令窗口，可以在命令窗口中输入与命令相关的字符进行检索，执行相关命令。

（2）点击设置，会弹出设置窗口。可以按照类别进行文本编辑器、工作台、窗口、功能、应用程序、扩展等设置；也可以在搜索设置中输入对应名称进行设置。

（3）点击扩展，会跳转到扩展窗口。

（4）点击键盘快捷方式，会显示对应的快捷方式窗口，点击对应的功能可以进行修改。

（5）点击颜色主题，选择不同的主题颜色，也可以点击“安装其他颜色主题…”。

（6）点击文件图标主题，可以选择不同的文件图标，使得用户在查看文件项目时，能够更清晰地看到相应的文件。

10.3.7 VSCode 开发 Python

安装 Python 插件时，首先点击扩展插件，输入“python”，点击安装 Python，然后点击重新加载，启动对应的插件。

设置 Python 编译器时，点击调试图标，打开 launch.json 文件，出现“Select a debug configuration”界面，选择“Python File”。

执行操作后，会在左下角显示默认的 Python 编译器版本，也会在当前的工程文件夹下生成 .VSCode 文件夹，该文件夹含有 VSCode 的配置文件 launch.json，生成的 launch.json 文件比较简单，含有下面几个选项。

```
{
  "version": "0.2.0", //launch.json 版本
  "configurations": [
    {
      "name": "Python: 当前文件 ", // 表示在调试菜单栏显示的名称
      "type": "python", // 表示 Python 开发语言
      "request": "launch", // 表示 launch 请求
      "program": "${file}", // 表示获取当前打开的文件
      "console": "integratedTerminal"// 表示在终端执行
    }
  ]
}
```

若想要修改执行程序时的 Python 编译器，可以输入 "pythonPath": "D:/ProgramFiles/anaconda3/python"，指定特定的 Python 版本。

如果想要指定参数，可以通过输入 "args": ["--a", "2", "--b", "3"]，添加特定的启动参数，其中“--a”表示参数，“2”表示 a 的值。

运行 Python，新建 Python 文件，命名为 add.py，按 F9 键添加断点，按 F5 键进行调试。可以在调试界面左上角看到对应的变量，可以在监视菜单栏添加需要监视的变量。调试界面左下角显示了调用堆栈情况，表示在代码文件中的具体位置。在调试界面左下角底端可以看到具体的执行命令。

10.4 code-server

code-server 是一个网页浏览的编辑器，号称界面像素级仿制 VSCode。code-server 由 Coder Technologies 公司开源，只要在服务器端配置好它，就可以在任何浏览器上使用 VScode。code-server 向开发者提供通过浏览器远程编辑代码的能力，对 Chrome 浏览器支持较好。

10.4.1 code-server 安装

在 code-server 的主页上找到二进制文件安装包的链接，点击后跳转到下载页面，找到需要下载的版本下载即可。这里以 code-server2.1523-vsc1.38.1-linux-x86_64.tar.gz 为例，具体的运行环境为 CentOS7，操作系统内核版本为 3.10.0-514.el7.x86_64。

然后将对应的文件解压，将文件夹下面的 code-server 复制到 /usr/bin/ 文件夹下，并赋予可执行权限，具体命令如下。

```
[test@test4 ~]$ tar -xzvf code-server2.1485-vsc1.38.1-linux-x86_64.tar.gz
code-server2.1485-vsc1.38.1-linux-x86_64/
code-server2.1485-vsc1.38.1-linux-x86_64/README.md
code-server2.1485-vsc1.38.1-linux-x86_64/LICENSE.txt
code-server2.1485-vsc1.38.1-linux-x86_64/code-server
[test@test4 ~]$ cp code-server2.1485-vsc1.38.1-linux-x86_64/code-server /usr/bin/code-server
[test@test4 ~]$ sudo chmod +x /usr/bin/code-server
```

如果是 Ubuntu 系统，执行完上面步骤就结束了。如果 CentOS7 使用的 GCC 版本过低，会导致运行 code-server 时出现下面问题，此时更新 libstdc++.so.6 的静态库链接便可修复该问题。

```
[test@test4 yum.repos.d]$ code-server
code-server: /lib64/libstdc++.so.6: version 'GLIBCXX_3.4.20' not found (required by code-server)
code-server: /lib64/libstdc++.so.6: version 'GLIBCXX_3.4.21' not found (required by code-server)
code-server: /lib64/libstdc++.so.6: version 'CXXABI_1.3.9' not found (required by code-server)
[test@test4 lib64]$ gcc --version
gcc (GCC) 4.8.5 20150623 (Red Hat 4.8.5-36)
Copyright (C) 2015 Free Software Foundation, Inc.
This is free software; see the source for copying conditions.  There is NO
warranty; not even for MERCHANTABILITY or FITNESS FOR A PARTICULAR PURPOSE.
```

更新 libstdc++.so.6 静态库的流程如下。

- 将 lib64.tar.gz 解压，找到对应的 libstdc++.so.6.0.25 文件，将文件复制到 /usr/libe64/ 文件夹下。
- 删除原有的软链接 rm -rf libstdc++.so.6。
- 创建新的软链接 ln -s libstdc++.so.6.0.25 libstdc++.so.6。
- 执行 code-server --port 8443 命令，在浏览器输入 ip:port。

10.4.2　code-server 启动

启动 code-server 时会自动分配端口，若机器中的 8080 端口被占用，则需要设置其他端口。具体的启动命令如下。其中，port 指定浏览器中输入的端口号，extensions-dir 指定安装的插件位置，可以直接从 VSCode 的安装目录中复制，也可以利用命令行安装。

```
code-server --port 8443 --extensions-dir /opt/code-server/extensions
```

启动后不需要任何密码就可以访问 code-server。如果需要认证才能访问，可以在启动时添加参数 auth，此时输入密钥后才能访问 code-server。

```
[test@test4 extension]$ code-server --port 8446 --auth password
info  Server listening on http://localhost:8446
info    - Password is de84bea9a4560beaab7a3760
info    - To use your own password, set the PASSWORD environment variable
info    - Not serving HTTPS
```

访问 http://ip:8446 时，复制上面的 Password 信息 de84bea9a4560beaab7a3760 并粘贴到图 10-8 所示的输入框中，确认后便可进入 code-server 界面。

图 10-8　code-server 认证界面

10.4.3　code-server 安装插件

（一）使用 VSIX 安装

code-server 原生支持 VSCode 的插件，可以直接去 VSCode 官网下载，然后按照 VSCode 的方式进行安装。

（二）使用命令行安装

从 VSCode 官网上下载 VSIX 文件，然后利用命令行安装，具体命令如下。

```
[test@test4 extensions]$ code-server --install-extension yzhang.markdown-all-in-one-2.4.2.vsix
```

如果想要安装多个 VSIX 插件，则要先将所有 VSIX 插件放到单个文件夹下，然后利用 ls 命令查看所有插件，在每个插件名前面添加 code-server --install-extension 命令，具体命令如下。

```
[test@test4 extensions]$ code-server --install-extension yzhang.markdown-all-in-one-2.4.2.vsix
[test@test4 extensions]$ code-server --install-extension shd101wyy.markdown-preview-enhanced-0.4.3.vsix
[test@test4 extensions]$ code-server --install-extension VisualStudioExptTeam.vscodeintellicode-1.1.8.vsix
```

（三）从已有的扩展文件夹安装

在一台机器上配置好 code-server 后，可以将该机器中已安装插件的 extensions 路径内的插件包压缩，并将压缩包放置到 /opt/code-server/extensions 路径下。该路径下包含多个插件包，具体如下。通过执行命令 code-server --port 8443 --extensions-dir /opt/code-server/extensions 启动服务，可以将下面的插件加载到软件中。

```
[test@test4 extensions]$ ls
42crunch.vscode-openapi-1.8.13
ivory-lab.jenkinsfile-support-0.4.4
rafaelmaiolla.remote-vscode-1.1.0
alanwalk.markdown-toc-1.5.6
james-yu.latex-workshop-8.1.1
redhat.vscode-yaml-0.5.3
bierner.markdown-mermaid-1.2.0
james-yu.latex-workshop-8.2.0
seedess.vscode-remote-editor-0.0.1
davidanson.vscode-markdownlint-0.30.2
kelvin.vscode-sshfs-1.16.3
shd101wyy.markdown-preview-enhanced-0.4.3
```

在浏览器中输入 ip:8443，能够看到 code-server 已部署成功，然后点击插件，可以查看到插件已经安装成功。

（四）code-server 命令行解释

在命令行输入 code-server –help 后会出现对应的帮助命令，命令解释如下。

```
[test@test4 code-server]$ code-server --help
code-server 2.1523-vsc1.38.1

Usage: code-server [options][paths...]

Options
 --locale <locale>            // 使用地点 (e.g. en-US or zh-TW)
 --user-data-dir <dir>        // 制定用户数据的文件夹，可以被多个 code-server 实例使用
 -v --version                 // 显示版本信息
 -h --help                    // 输出帮助信息
 --telemetry                  // 显示 VSCode 的事件
 --base-path                  // 使用主机访问时需要添加的路由，默认为 ip:8080
 --cert                       // 认证路径
 --cert-key                   // 认证路径的 key
 --extra-builtin-extensions-dir    // 额外的 builtin 扩展文件夹
 --extra-extensions-dir       // 额外的 builtin 扩展插件文件夹
 --format                     // 版本的格式，允许值为 json
 --host                       //Server 的主机 IP 地址
 --auth                       // 认证方式，允许值为 password
 --open                       // 启动时打开浏览器
 --port                       // 访问 code-server 时的端口号，默认为 8080
 --socket                     // 以 socket 方式监听
```

扩展管理的命令及其解释如下。

```
 --extensions-dir <dir>            // 设置扩展插件的根路径
 --list-extensions                 // 列出扩展插件
 --show-versions                   // 使用 --list-extension 时，显示安装插件的版本号
 --category                        // 使用 --list-extension 时，对扩展插件按照类别分类
```

```
--install-extension <extension-id | path-to-vsix>  // 安装插件，可以使用 --force 避免提示
--uninstall-extension <extension-id>             // 卸载插件
--enable-proposed-api <extension-id>             // 使得 API features for extensions 可用
```

故障排除的命令及其解释如下。

```
--verbose                        // 打印详细的信息
--log <level>                    // 使用的日志类别，默认为 info，可以设置的值为 critical、error、
//warn、info、debug、trace、off
-s --status                      // 显示进程信息和诊断信息
--disable-extensions             // 禁用所有扩展插件
--disable-extension <extension-id>    // 禁用特定插件
```

可以使用 -v 参数显示版本号，具体命令如下。其中，“2.1523-vsc1.38.1”中的“2.1523”表示 code-server 版本，“vsc1.38.1”表示 VSCode 版本号为 1.38.1。

```
[test@test4 extension]$ code-server -v
info  2.1523-vsc1.38.1
info  22058c5f861d6f39bc42a768d5cb65ffdf696ed1
info  x64
```

显示安装插件，具体命令如下。

```
[test@test4 extension]$ code-server --port 8446 --extensions-dir=/opt/code-server/extensions --list-extensions
42Crunch.vscode-openapi
AlanWalk.markdown-toc
bierner.markdown-mermaid
```

按照类别查看已安装插件，具体命令如下。可以按照插件的类别显示，如主题插件、代码排版插件等。

```
[test@test4 extension]$ code-server --port 8446 --extensions-dir=/opt/code-server/extensions --list-extensions
--category
Possible Categories:
"programming languages"
snippets
linters
themes
debuggers
formatters
keymaps
"scm providers"
other
"extension packs"
"language packs"
```

- “programming languages”表示编程语言类扩展。
- 带 snippets 的一般是代码提示类扩展。
- 带 linters 的一般是代码提示类扩展。
- 带 viewer 的一般是代码运行预览类扩展。
- 带 support 的一般是代码语言支持。
- 带 document 的一般是参考文档类扩展。
- 带 Formatt 的一般是代码格式化整理扩展。

显示插件时也会显示具体版本，具体如下。

```
[test@test4 extension]$ code-server --port 8446 --extensions-dir=/opt/code-server/extensions --list-extensions
--show-versions
42Crunch.vscode-openapi@1.8.13
AlanWalk.markdown-toc@1.5.6
bierner.markdown-mermaid@1.2.0
```

显示登录时的主机和端口号，如果不输入 host，则会显示 http://localhost:8446，输入 host 后会显示具体的 IP 地址和端口号，可以让其他用户了解连接启动 code-server 编辑器的方式。

```
[test@test4 extension]$ code-server --port 8446 --host 192.168.50.89
info  Server listening on http://192.168.50.89:8446
info    - No authentication
info    - Not serving HTTPS
```

10.5 TensorBoard

TensorBoard 是 TensorFlow 自带的可视化结构管理及调试优化网络的工具。在学习深度学习网络框架时，需要更直观地查看各层网络结构和参数，从而更好地调试优化网络。TensorBoard 可以显示网络结构，也可以显示训练及测试过程中各层参数的变化情况。

TensorBoard 是可视化 TensorFlow 模型的训练过程的工具，安装好 TensorFlow 后 TensorBoard 也就安装好了。TensorBoard 能够有效地展示 TensorFlow 运行过程中的计算图、各种指标随着时间的变化趋势以及训练中使用到的数据信息。在深度学习问题中，网络往往是很复杂的，为了方便调试参数以及调整网络结构，我们需要将计算图可视化，以便能够更好地进行下一步决策。

TensorBoard 通过一些操作先将数据记录到文件中，然后读取文件，从而完成作图，关键的几个步骤如下。

(1) summary：在定义计算图时，在适当的位置加上一些 summary 操作。

(2) merge：在训练时可能加了多个 summary 操作，此时需要使用 tf.summary.merge_all 将这些 summary 操作合成一个操作，由它来产生所有 summary 数据。

(3) run：没有执行运行命令时，定义的计算图是不会执行的（仅进行定义）；执行运行命令时，需要通过 tf.summary.FileWrite() 指定一个目录告诉程序把产生的文件放到指定位置，然后使用 add_summary() 将某一步的 summary 数据记录到文件中。

(4) 模型开始训练后，通过在命令行使用 tensorboard –logdir=path/to/log-directory 命令来启动 TensorBoard，按照提示在浏览器中打开页面，注意把 path/to/log-directory 替换成文件存储路径，便可以查看到相应信息。

TensorBoard 可以记录与展示以下数据形式。

- 标量：存储和显示诸如学习率和损失等单个值的变化趋势。
- 图像：对于输入是图像的模型，显示某一步输入模型的图像。

- 音频：显示可播放的音频。
- 计算图：显示代码中定义的计算图，也可以显示每个节点的计算时间、内存使用等情况。
- 数据分布：显示模型参数具体值随迭代次数的变化情况。
- 方图：显示模型变量每一步的分布，位置越靠前，结果越新。
- 入向量：在 3D 或者 2D 图中展示高维数据。
- 本（Text）：显示保存的一小段文字。

这里举一个简单的模型优化示例，目标函数为 $y=0.4x+0.5$，使用梯度下降法求取权值 0.4 和偏置 0.5。具体步骤如下。

（1）使用随机函数随机生成 200 个数据作为输入数据 x，然后利用 y=0.4x+0.5 生成真值 y。

（2）创建需要预测的权值 weight 和 bias，并初始化。

（3）创建目标表达式 y_prediction=weight×x+bias，这里的 x 为输入数据。

（4）创建损失函数，这里使用均方误差损失。

（5）使用梯度下降优化损失函数进行优化。

具体代码如下。

```
import tensorflow as tf
import numpy as np
# 准备原始数据，输入为 x，真值为 y
with tf.name_scope('data'):
    x_data = np.random.rand(200).astype(np.float32)
    y_data = 0.4*x_data+0.5
# 创建参数，并将参数写入 event 事件
with  tf.name_scope('parameters'):
    weight = tf.Variable(tf.random_uniform([1], -1.0, 1.0))
    tf.summary.histogram('weights', weight)
    bias = tf.Variable(tf.zeros([1]))
    tf.summary.histogram('bias', bias)
# 获取预测值
with  tf.name_scope('y_prediction'):
    y_prediction = weight*x_data+bias
# 计算损失，并将损失写入 event 中
with  tf.name_scope('loss'):
    loss = tf.reduce_mean(tf.square(y_data-y_prediction))
    tf.summary.scalar('loss', loss)
# 创建梯度下降优化器
optimizer = tf.train.GradientDescentOptimizer(0.05)
# 迭代训练最小化损失
with  tf.name_scope('train'):
    train = optimizer.minimize(loss)
# 初始化所有变量
with tf.name_scope('init'):
    init = tf.global_variables_initializer()
# 创建一个 Session
sess = tf.Session()
# 将所有输出合并
merged = tf.summary.merge_all()
```

```
# 确定 event 输出路径，输出 sess 的图
writer = tf.summary.FileWriter('./code/logs', sess.graph)
sess.run(init)
## 迭代训练，迭代 100 次，每次都将结果输出到 event 中
for step in range(100):
    sess.run(train)
    result = sess.run(merged)
    writer.add_summary(result, step)
```

程序运行结束后，利用 TensorBoard 查看网络结构图、损失曲线等。具体命令为 tensorboard --logdir=./code/logs/，通过在浏览器中输入 http://localhost:6006 访问具体的页面。点击 TensorBoard 界面的“下载”按钮，可以将图像保存为 svg 格式的文件，点击“CSV”或者“JSON”，可以将该图保存为对应格式的文件，用于后续画图。

点击 TensorBoard 界面菜单栏中的“GRAPHS”按钮，显示该优化函数的具体流程 (如图 10-9 所示)，每个方框表示一个操作域 (Scope) (Scope 的名称在代码中给出，Scope 的连接关系由箭头给出)，这里 parameters 的用途有 3 个，第 1 个是计算 y_prediction，第 2 个是全局参数初始化，第 3 个是用于训练时的梯度反向传播。

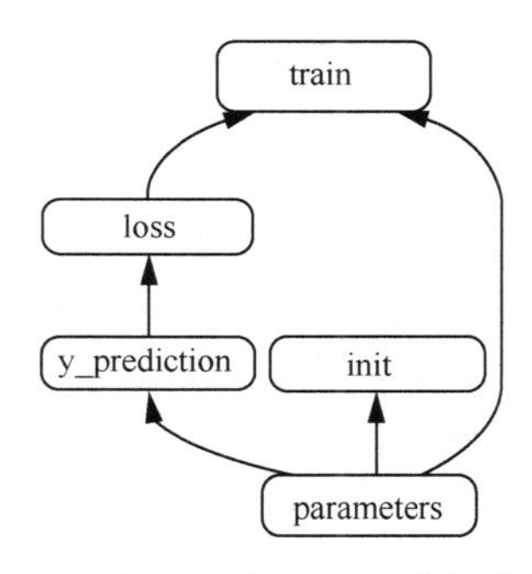

图 10-9 TensorBoard 界面显示的优化函数具体流程

点击 TensorBoard 界面菜单栏中的“DISTRIBUTIONS”按钮，展示每个参数随着迭代次数的变化情况，如图 10-10 所示。图 10-10 中的两个曲线图分别表示 bias 和 weights 随着训练逐渐收敛，最终分别停留在 0.5 和 0.4，与目标函数 $y=0.4x+0.5$ 一致，表明预测权值与真实权值一致，优化成功。

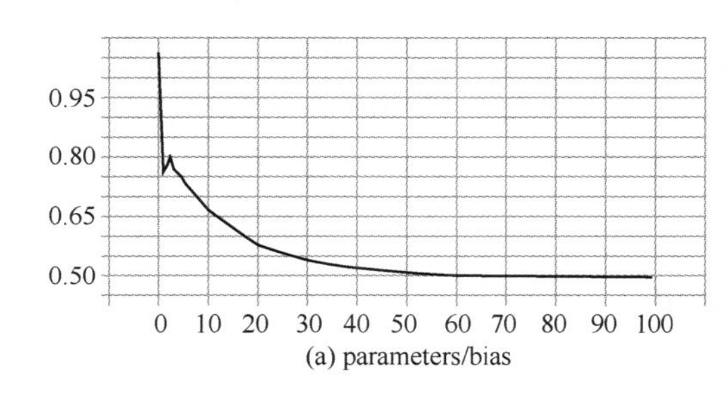

(a) parameters/bias

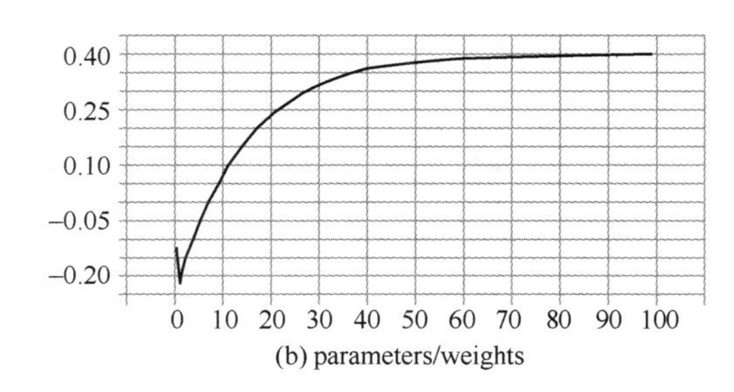

(b) parameters/weights

图 10-10 TensorBoard 界面显示的每个参数分布曲线

点击 TensorBoard 界面菜单栏中的“HISTOGRAMS”按钮，展示每个变量的直方图分布，如图 10-11 所示，其中，纵轴表示迭代次数，横轴表示取值，可以看出不同参数随着迭代次数的收敛趋势。

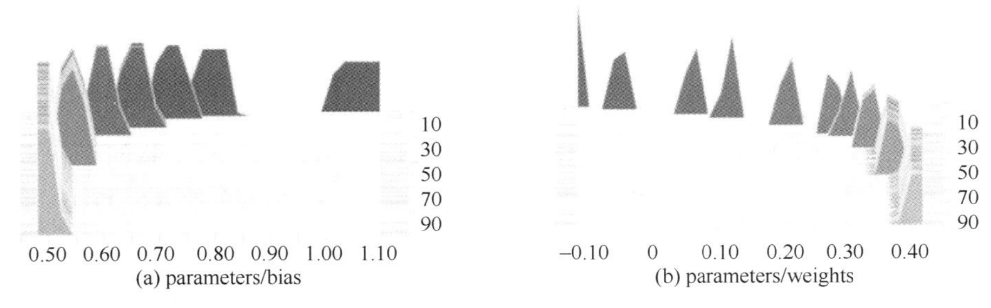

图 10-11　TensorBoard 界面显示的每个参数直方图

如果在程序中定义了输出图像，可以查看图像的输出结果 (图像目标检测结果或语义分割结果)。通过 TensorBoard 可以快速看到网络训练过程中的权值变化、是否随着迭代次数改变，或者输出结果是否正常。

这里仅仅展示了使用 TensorBoard 对网络模型、权值参数、训练过程可视化。PyTorch 可以使用 TensorBoardX 可视化，具体内容可以参考相关网站。

10.6　小结

本章主要讲述了 Jupyter NoteBook、VSCode、PyCharm、code-server 等集成开发环境，以及它们适用的场景。Jupyter NoteBook 和 code-server 适合在部署了 Windows 系统的电脑上使用，在 Linux 系统上开发的人员，通过浏览器可以直接获得 Linux 系统命令，从而可以直接在编辑器中使用 Linux 系统命令行，方便快捷。VSCode 是一个轻量级的编辑器，具有丰富的扩展功能，适合搭建本地开发环境。PyCharm 是专门针对 Python 语言的集成开发环境，其专业版具有较为丰富的功能，能够更好地支持 Docker 内 Python 的运行，因此也更适用于在 Windows 系统上开发连接远程服务器。面对如此多的集成开发环境，可以选择 PyCharm 专业版，如果没有 PyCharm 专业版，可以选择 code-server。关于模型训练过程的可视化，本章介绍了 TensorBoard，TensorBoard 可以展示不同的数据形式，从而帮助我们了解模型的训练过程。

参考文献

[1]　杨保华，戴王剑，曹亚仑 . Docker 技术入门与实战 [M]. 北京：机械工业出版社，2015.

第11章 DIGITS 实践

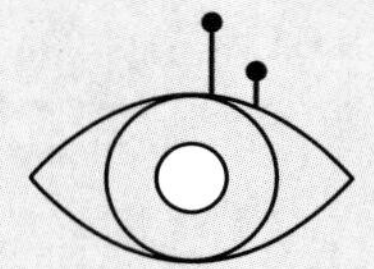

Deep Learning GPU Training System（DIGITS）是由英伟达公司开发的一个基于浏览器交互的深度学习 GPU 训练系统，整合了 Caffe、TensorFlow 等深度学习开发工具，使得深度神经网络设计、训练和可视化等任务变得简单。基于浏览器的接口，DIGITS 可以实时地展示网络结构、训练过程，方便快捷地修改网络结构，加快神经网络设计的速度。DIGITS 是开源软件，其代码托管在 GitHub 仓库中，开发人员可以依据它进行扩展和自定义。

DIGITS 提供了一个对用户友好的培训和分类界面，只需点击几下就可以对 DNN 进行训练。它作为可以通过 Web 浏览器访问的 Web 应用程序运行。在主界面可以快速创建图像数据集，为模型训练做准备。一旦有了数据，就可以配置网络模型并开始训练，训练完成后可以通过推理接口输出预测结果。DIGITS 集成了 Caffe、PyTorch 和 TensorFlow，支持使用 cuDNN 的 GPU 加速，大大减少了训练时间。然而 DIGITS 不具有大规模分布式集群管理调度的能力，主要部署在单机或工作站上，称得上是智能训练平台，但不是云平台。

11.1 DIGITS 配置

11.1.1 DIGITS 安装

本节使用 Docker 镜像的方式部署 DIGITS，机器安装的操作系统为 CentOS 1611，显卡为 NVIDIA GeForce GTX 1080，CUDA 的版本为 CUDA 8.0，DIGITS 的版本为 DIGIT 5.0，需要提前在机器中安装 Docker 和 NVIDIA-Docker。基础环境安装完成后，利用命令 docker pull nvidia/digits:5.0 从 DockerHub DIGITS 仓库中下载镜像，然后利用以下命令启动镜像。

```
nvidia-docker run -it -p 5000:5000 -v /jobs:/jobs /data:/data  nvidia/digits:5.0
```

也可以利用仓库中提供的 Dockerfile 文件构建镜像，命令为 docker build -t nvidia/caffe-digits:5.0，Dockerfile 文件的内容如下。

```
# Start with cuDNN base image
FROM  nvidia/caffe:0.15
```

```
ENV DIGITS_VERSION 5.0

LABEL com.nvidia.digits.version="5.0"

RUN apt-get update && apt-get install -y --no-install-recommends \
        torch7-nv=0.9.99-1+cuda8.0 \
        graphviz \
        g++ \
        git \
        python-dev \
        python-pip \
        python-six \
        python-requests \
        python-flask \
        python-gevent \
        python-flaskext.socketio \
        python-flaskext.wtf \
        python-wtforms \
        python-pydot \
        python-lmdb \
        python-pil \
        python-skimage \
        python-matplotlib \
        python-caffe-nv \
        caffe-nv \
        gunicorn \
        nginx \
        libprotobuf-dev && \
    rm -rf /var/lib/apt/lists/*

RUN pip install git+git://github.com/nvidia/digits.git@v5.0.0

VOLUME /data
VOLUME /jobs

ENV DIGITS_JOBS_DIR=/jobs
ENV DIGITS_LOGFILE_FILENAME=/jobs/digits.log

EXPOSE 5000

CMD ["python", "-m", "digits"]
```

11.1.2 DIGITS 启动

利用 Docker 构建完镜像 nvidia/caffe-digits:5.0 后，为了使用 NVIDIA CUDA，需要使用 NVIDIA Docker 启动。这里设置启动容器名称为 digits，将主机端口 8888 映射到容器端口 5000，将数据存储文件夹 /home/username/data 和 job 存储文件夹 /home/username/jobs 分别映射到容器内的 /data 文件夹和 /jobs 文件夹，具体的启动命令如下。

```
nvidia-docker run  -d --name digits -p 8888:5000 -v /home/username/data:/data:rw -v /home/username/jobs:/
```

```
jobs nvidia/caffe-digits:5.0
```

然后在主机上打开一个网页浏览器，在界面中输入 192.168.0.58:8888，其中机器 IP 为 192.168.0.58:8888，DIGITS 部署成功。

11.2 DIGITS 示例

本节主要介绍 DIGITS 的两个示例：MNIST 图像分类示例及图像语义分割示例，通过这两个示例了解 DIGITS 关于分类和语义分割的使用方式。

11.2.1 图像分类

这里我们使用简单的 MNIST 数据集展示 DIGITS 的图像分类流程。

首先下载 MNIST 数据集，然后将其放到目录 /home/username/data 文件夹下，具体如下。

```
train-images-idx3-ubyte.gz
train-labels-idx1-ubyte.gz
t10k-images-idx3-ubyte.gz
t10k-labels-idx1-ubyte.gz
```

在容器的 /root/digits 路径下执行如下命令，将图像提取为符合 DIGITS 格式的文件。

```
/digits# python -m digits.download_data mnist /data/
Uncompressing file=train-images-idx3-ubyte.gz ...
Uncompressing file=train-labels-idx1-ubyte.gz ...
Uncompressing file=t10k-images-idx3-ubyte.gz ...
Uncompressing file=t10k-labels-idx1-ubyte.gz ...
Reading labels from /data/train-labels.bin ...
Reading images from /data/train-images.bin ...
Reading labels from /data/test-labels.bin ...
Reading images from /data/test-images.bin ...
Dataset directory is created successfully at '/data/
```

查看 /home/username/data 目录，若含有以下文件，则说明数据准备完成。

```
├──── t10k-images-idx3-ubyte.gz
├──── t10k-labels-idx1-ubyte.gz
├──── test
├──── test-images.bin
├──── test-labels.bin
├──── train
├──── train-images.bin
├──── train-images-idx3-ubyte.gz
├──── train-labels.bin
└──── train-labels-idx1-ubyte.gz
```

然后在浏览器中输入 192.168.0.58:8888，访问 DIGITS 主页面，单击“Dataset”按钮，点击“Images”下拉按钮，选择“Classification”。

点击“Classification”按钮后，进入图像分类数据集创建界面，如图 11-1 所示。

MNIST 数据集为灰度图，这里设置图像类型为 Grayscale，图像大小设置为 28×28；图像大小变换选择 Squash，表示当图像大小不是 28×28 时，将图像大小变为 28×28，点击“See example”，可以看到变换后的图像形状。

在图像文件夹页面，设置训练图像路径为 /data/train，每类最小样本数为 2，最大样本数为空，用于验证的图像所占比例为 25%，用于测试的比例为 0。

在数据后台选择 LMDB 格式，这时 Caffe 后台将数据转换为 LMDB 格式并进行存储，图像编码选择 PNG。数据集名称为 MNIST。点击图 11-1 中的“Create”按钮，创建数据集 MNIST；然后自动跳转到数据集创建页面，该页面显示了详细的信息，包括 Job 类型、Job 进度、Job 包含的任务（如文件夹解析（Parse Folder）、创建 DB（Create DB）等）。界面中间会显示类别信息以及每个类别包含多少样本数据。

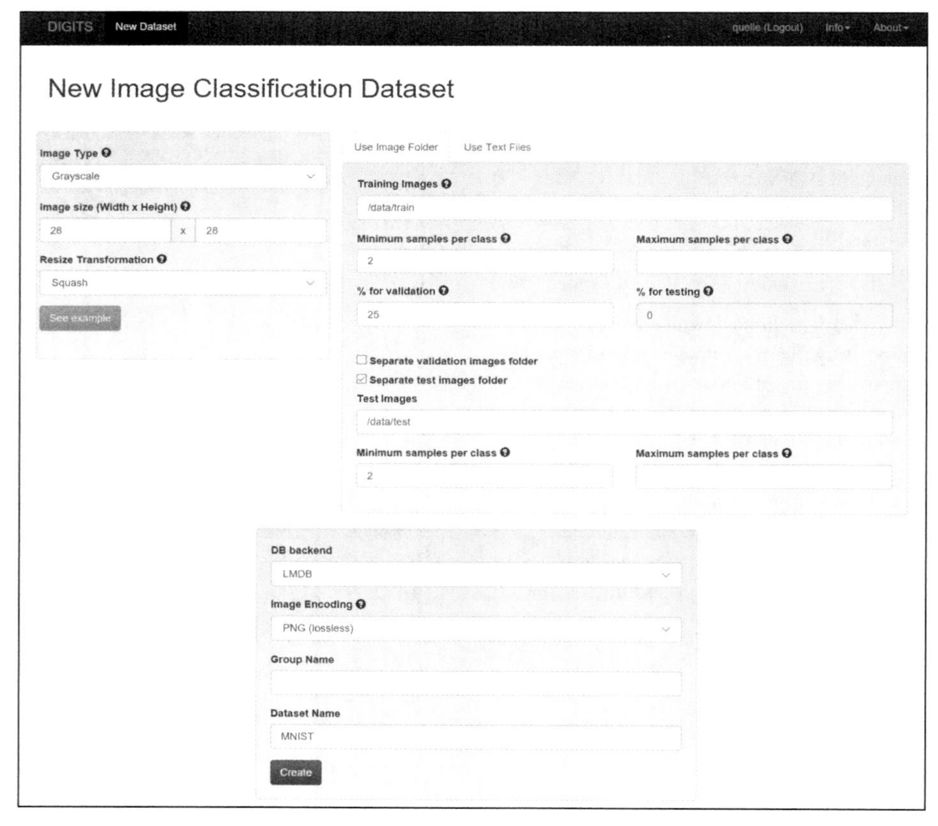

图 11-1　图像分类数据集创建界面

在数据集创建界面点击“Explore the db”，进入具体的数据显示页面，该页面展示样本数据的样式。可以设置每页显示多少样本，以及选择查看具体某一页的样本图像。显示样本时，也会显示样本的类别标签。

创建完数据集后，可以回到主页面。接着创建图像分类模型，界面如图 11-2 所示。图像分类模型创建界面共含有 3 个模块：第一个模块是数据集选择模块，这里选择上面创建的 MNIST 数据集，点击“MNIST”就会展示训练集、验证集、测试集等样本数量；第二个模块是模型训练超参数设置模块，包括训练的迭代次数、模型快照、Batchsize、学习率，以及数据的预处理等；第三个模块是模型选择模块，这里选择 LeNet 网络框架，接着给模型设置名称，这里设置为 mnist，点击“Create”按钮，将会进入模型训练页面。

模型训练界面展示该任务的存储、训练参数文件、模型的数据，以及任务状态。在模型的存储部分，包含 Job 的存储文件夹、Caffe 网络结构、模型的超参数设置文件 solver.prototxt、模型训练日志，点击对应的文件可以下载；模型训练界面还会实时显示模型训练损失、验证集损失、测试损失，以及学习率的变化情况；点击具体的横轴曲线标题，可以设置对单独的一个曲线显示或者不显示。通过观察学习率曲线，可以方便地调整参数，从而训练出更好的模型。

图 11-2　图像分类模型创建界面

点击模型训练界面中的“View Large”按钮，可以看到具体的分类曲线。

在主页也可以查看正在运行的任务，点击任务名称可以跳转到对应的运行界面。

运行完成后，点击模型，进行推理，具体如图 11-3 所示。首先选择基于推理的模型，这里选择 Epoch 为 300 的模型，选择测试单幅图像，可以直接设置图像的路径（需要是 DIGITS 能够访问的具体路径），也可以上传单幅图像，点击“Classify One”对单幅图像进行分类。DIGITS 也支持对多幅图像进行分类，分类方式有两种：一种是提供需要推理的图像列表，另一种是设置需要推理的图像集的文件夹，点击“Classify Many”按钮，进入推理界面。

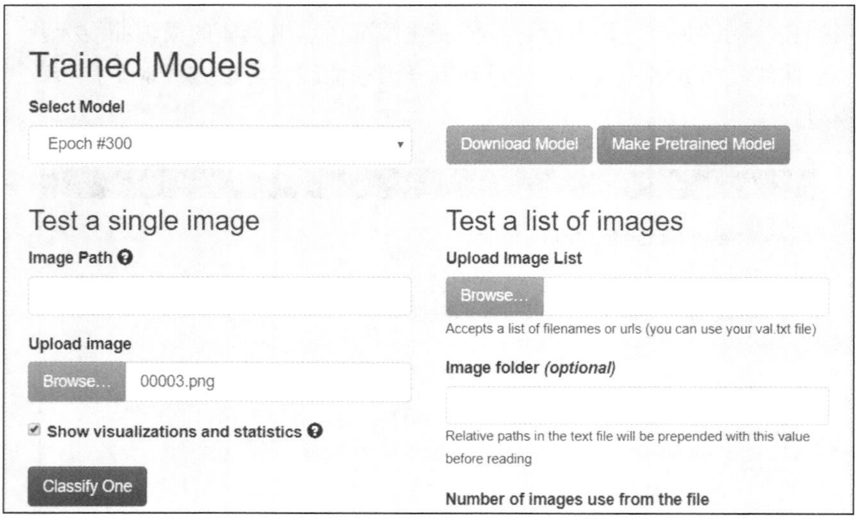

图 11-3　推理设置界面

推理界面主要展示了对该图像的预测结果，以及将该图像输入推理模型时模型的权值、特征图的可视化。例如，输入手写字符为 0 的图像，对网络数据进行可视化，具体包括数据层、第一层卷积层的权值、经过第一层卷积后的特征图和池化后的特征图，第二层卷积层的权值、经过第二层卷积后的特征图和池化后的特征图以及后面的全连接层和 softmax 分类层。

DIGITS 不仅支持对单幅图像的推理，也支持对多幅图像的推理。对多幅图像的推理以文件配置的形式执行。配置文件的格式如下，第一列表示图像路径（/dota/test/*0000*.png），第二列表示类别标签。

```
/data/test/7/00000.png 7
/data/test/2/00001.png 2
/data/test/1/00002.png 1
/data/test/0/00003.png 0
```

多幅图像分类参数设置界面如图 11-4 所示。上传上述配置文件，设置文件内有效的图像数量（默认所有），以及每一幅图像的前 N 个预测结果。

点击“Classify Many”按钮即可获得多幅图像的分类结果。

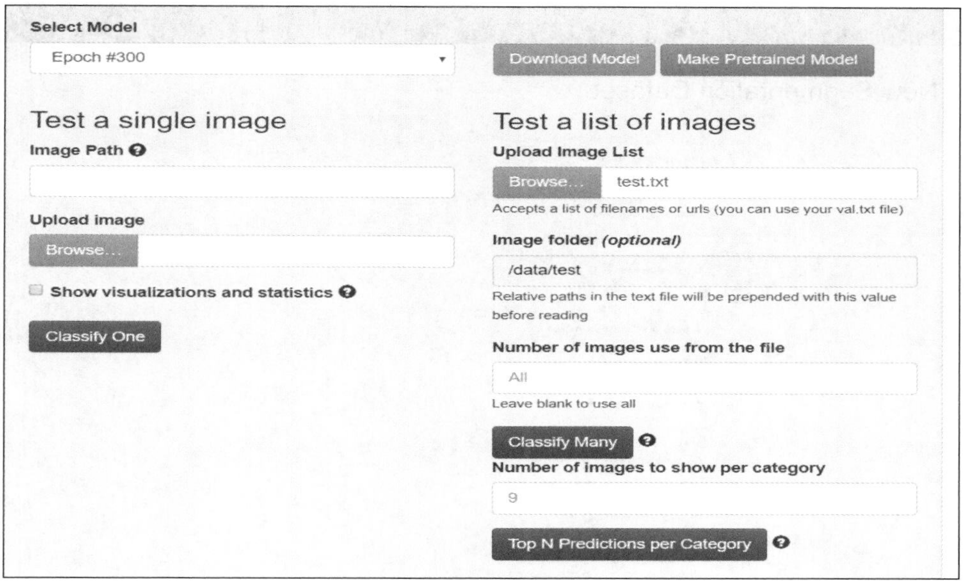

图 11-4 多幅图像分类参数设置界面

11.2.2 语义分割

本节将探索图像分割这一主题。对于 Vaihingen 遥感图像数据集图像中的车辆、建筑物、树木、草坪和道路等多类地物目标，将使用 DIGITS 训练神经网络进行识别和定位。图像语义分割是指对图像中的像素点进行分类。

（一）数据集创建

语义分割数据集的准备工作：下载 Vaihingen 数据集，该数据集包含 16 张宽幅图像，每幅图像都含有正射影像和相应的高程数据，正射影像的三通道分别为近红外、红、绿（Near Infrared、Red、Green）通道，分辨率为 0.9 m，高程数据的采样距离为 0.9 m。实验随机选取 12 幅图像作为训练集，剩余 4 幅作为测试集。为了便于训练，对大图进行裁剪，裁剪尺寸为 256×256。在 DIGITS 主页，选择创建图像语义分割数据集，具体设置如图 11-5 所示，特征图像文件夹为图像所在文件夹，标签文件夹为对应图像的真值文件夹，这里采用颜色标记，因此需要编写从颜色到类别标签的映射文件 colormapspecific.txt。点击创建数据集，进入数据集创建界面。

colormapspecific.txt 文件内格式如下，每一行的行号为一个类别对应的标签，数值表示颜色信息，例如第 0 类的 Portable Network Graphic(PNG) 颜色为（255,255,255）。

```
255 255 255
0 0 255
0 255 255
0 255 0
255 255 0
255 0 0
```

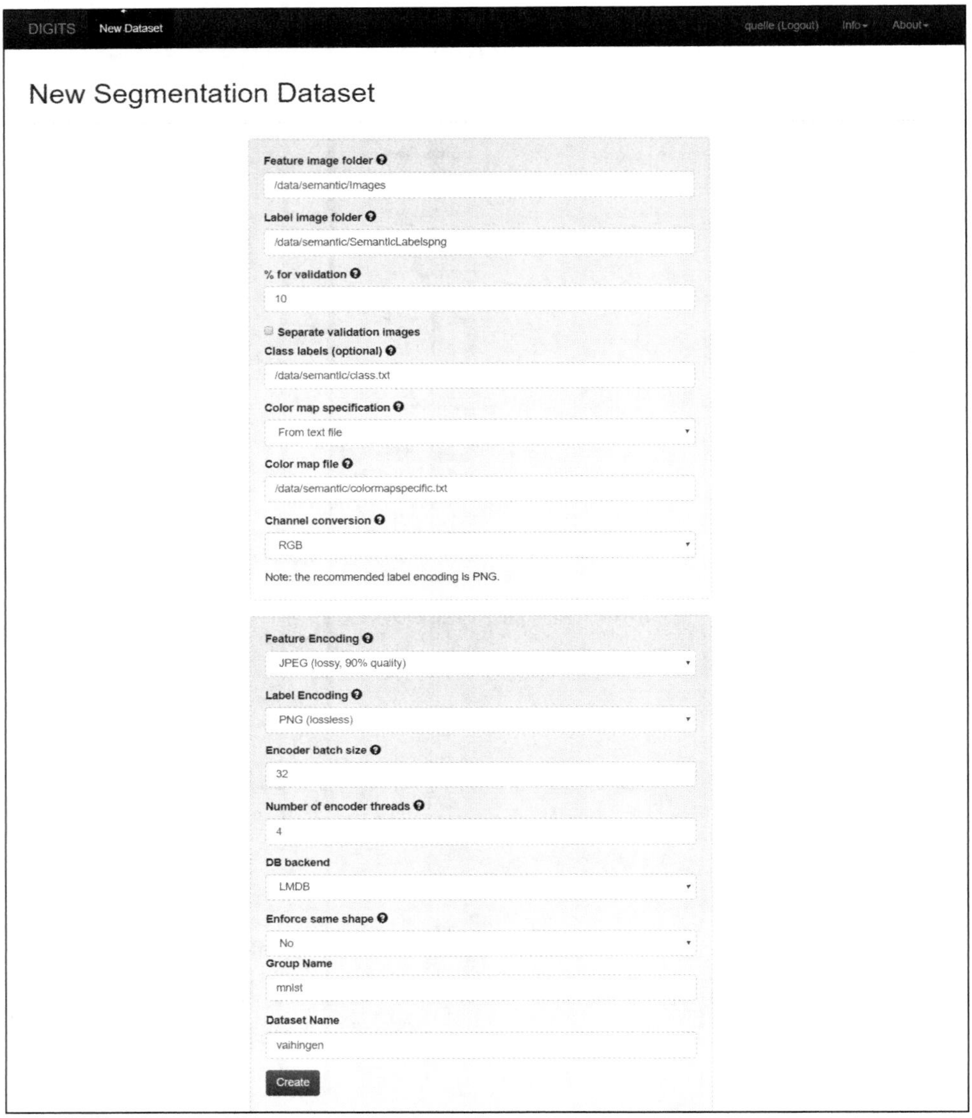

图 11-5 语义分割数据集创建界面

class.txt 内容如下，显示对应的像素分类结果。

```
#0: impervisou surfaces
#1: building
#2: low vegetation
#3: tree
#4: car
#5: background
```

数据集创建界面显示了训练集、验证集、测试集的创建进度，点击对应的日志可以查看相应信息，包括 Job 类型、Job 进度（Initialized、Running、Done、Failed）、Job 包含的任务。这里 Job 主要包含创建训练集 DB、创建验证集 DB 和创建测试 DB 任务，每个任务都会显示进度，所有任务都运行完成后，Job 状态显示为 Done。

点击数据集创建界面中的“Explore the db”可以查看数据集信息。

点击数据集创建界面中的“labels DB”下的“Explore the db”按钮可以查看数据集真值信息。

（二）创建实验

在 DIGITS 主界面点击“Models”选项，接着点击右侧的“New Model”按钮，新建 Images Segmentation，进入语义分割界面。准备预训练的模型，将模型文件 VGG16.caffemodel 和模型描述文件 VGG16.prototxt 放到文件夹 /data/semantic/base_net 下，需要保证模型文件和模型描述文件的名称一致。

语义分割界面如图 11-6 所示，首先选择数据集，这里使用前文创建的 Vaihingen 数据集，然后设置模型的超参数，包括训练迭代次数 (Training epochs)、模型镜像间隔 (Snapshot interval)、验证间隔 (Validation interval)、批大小 (Batch size)、基础学习率 (Base Learning Rate) 等。

- Training epochs：一个 epoch 表示使用训练集中的全部样本训练一次，计算方式为所有训练样本的一个正向传递和一个反向传递。
- Snapshot interval：模型镜像，表示经过多少次迭代后保存一次模型权值。
- Validation interval：表示每训练多少个 epoch 进行一次模型验证。

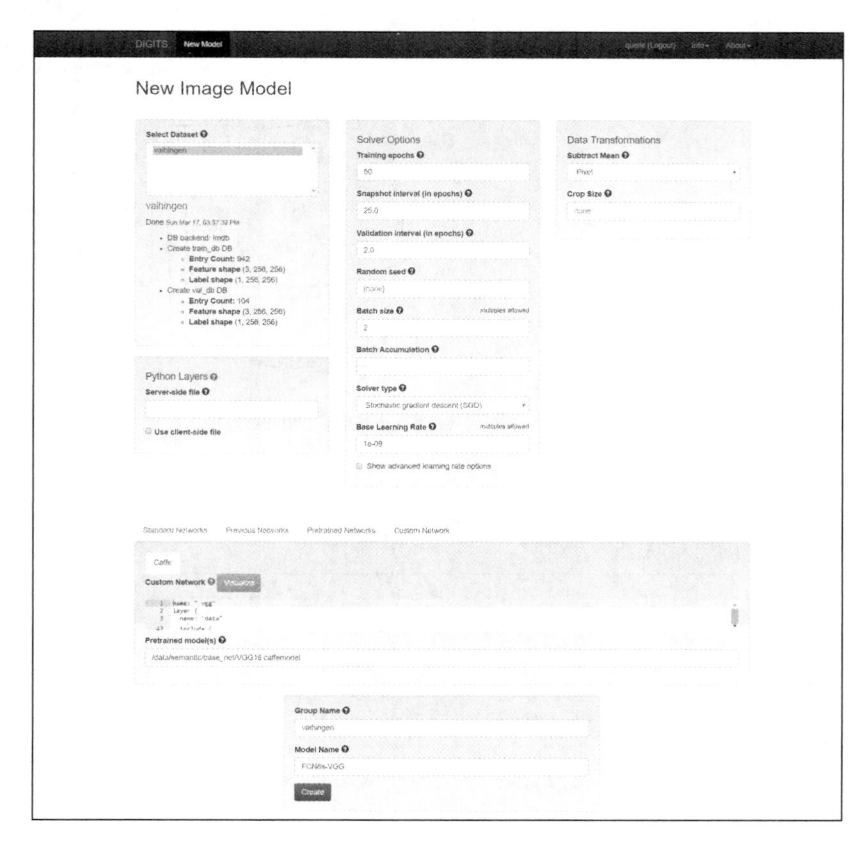

图 11-6 语义分割界面

● Batch size：批大小。在深度学习中，一般采用 SGD 训练，即每次训练在训练集中取 Batch size 个样本。

● Base Learning Rate：基础学习率，也被称为步长，控制更新参数时的误差使用量。

在选择模型方面，这里使用全卷积神经网络（Fully Convolutional Network，FCN）模型，具体框架如图 11-7 所示。该模型包含两个部分：特征编码提取图像特征；特征解码对特征上采样，并生成预测结果图。左侧为特征编码部分，不断地进行卷积和降采样，并提取图像特征；右侧对特征上采样，并将结果送入分类器，产生像素分类结果。这里使用 VGG16（VGG Team）模型，相比较于 VGG，VGG16 将全连接层替换为全卷积层，以便产生图像像素分类结果；然后添加了多层的跳跃结构，对于每一层的特征图，先经过卷积核为 1×1 的卷积，然后经过 ReLU 激活函数，将输出的特征图直接上采样到与输入图像相同的分辨率，第 3 层、第 4 层、第 5 层的上采样率分别为 8 倍、16 倍、32 倍，使用反卷积的形式实现上采样。对于上采样后的特征图，采用逐像素求和的方式进行特征融合，最后将融合层输入 softmax 层，产生最后的像素点预测结果。

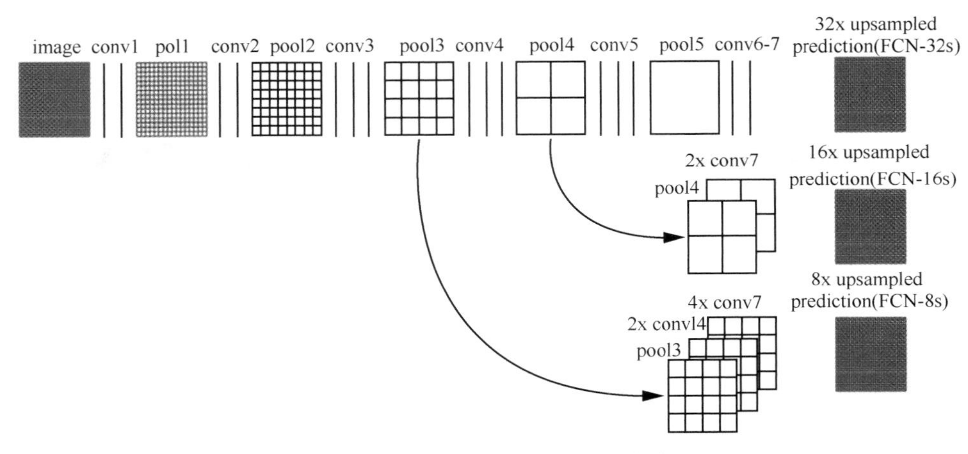

图 11-7　全卷积神经网络模型框架

从 fcn.berkeleyvision.org 仓库下载对应的 voc-fcn8s 的 train.prototxt 文件，对其进行简单修改，具体如下。

（1）替换数据层

将数据层替换为下面数据的结构层。

```
name: "vgg"
layer {
  name: "data"
  type: "Data"
  top: "data"
  include {
    phase: TRAIN
  }
  data_param {
```

```
    batch_size: 1
    backend: LMDB
  }
}
layer {
  name: "label"
  type: "Data"
  top: "label"
  include {
    phase: TRAIN
  }
  data_param {
    batch_size: 1
    backend: LMDB
  }
}
layer {
  name: "data"
  type: "Data"
  top: "data"
  include {
    phase: TEST
  }
  data_param {
    batch_size: 1
    backend: LMDB
  }
}
layer {
  name: "label"
  type: "Data"
  top: "label"
  include {
    phase: TEST
  }
  data_param {
    batch_size: 1
    backend: LMDB
  }
}
# data preprocessing
layer {
  # Use Power layer in deploy phase for input scaling
  name: "shift"
  bottom: "data"
  top: "data_preprocessed"
  type: "Power"
  power_param {
    shift: -116.0
  }
}
```

(2) 修改全连接层并初始化权值

为了避免全连接层权值为 0，需修改全连接层权值复制方式，添加卷积值初始化，这里使用均值为 0、方差为 0.1 的高斯分布初始化滤波器参数。将 fc7 修改为 fc7_new，避免赋值时出现错误。

```
layer {
  name: "score_fr"
  type: "Convolution"
  bottom: "fc7_new"  // 命名修改
  top: "score_fr"
  param {
    lr_mult: 1
    decay_mult: 1
  }
  param {
    lr_mult: 2
    decay_mult: 0
  }
  convolution_param {
    num_output: 6
    pad: 0
    kernel_size: 1
    weight_filler{  // 权值初始化
    type:"gaussian"
    std:0.1
    }
    bias_filler{
    type:"constant"
    value:0.0}
  }
}
```

(3) 修改输出类别

修改预测结果层，将 21 类预测结果修改为分类类别的个数，这里分类类别为 6。具体参考 VGG 文件。

添加 group，Caffe Convolution 层的 convolution_param 参数字典中有一个 group 参数，表示将对应的输入通道与输出通道数进行分组。比如输入数据大小为 90×100×100×32，其中 90 是数据批大小，100×100 是图像数据大小，32 是通道数，要经过一个 3×3×48 的卷积，group 默认是 1，全连接的卷积层；如果 group 是 2，那么对应地要将输入的 32 个通道分成两个 16 的通道，即将输出的 48 个通道分成两个 24 的通道。对于输出的两个 24 的通道，第一个 24 通道与输入的第一个 16 通道进行全卷积，第二个 24 通道与输入的第二个 16 通道进行全卷积。在极端情况下，输入输出通道数相同，比如为 24，group 大小也为 24，那么每个输出卷积核只与输入的对应的通道进行卷积。

```
layer {
  name: "upscore8_sem"
  type: "Deconvolution"
  bottom: "fuse_pool3_sem"
```

```
  top: "upscore8_sem"
  param {
   lr_mult: 0
  }
  convolution_param {
   num_output: 6
   group:6 // 添加 group
   bias_term: false
   kernel_size: 16
   stride: 8
   weight_filler{
   type:"gaussian"
   std:0.1
   }
   bias_filler{
   type:"constant"
   value:0.0}
  }
}
```

模型训练时，选择预训练模型，可以使用 VGG 模型进行初始化。

（三）模型训练界面

模型训练界面显示了与模型训练相关的信息，包括模型文件、日志信息、数据集信息、Job 状态、硬件状态，以及模型训练信息。点击模型可以复制 Job，如果想要停止运行中的模型，可以点击“Abort Job”或“Delete Job”。

在 DIGITS 中利用随机权重初始值方法得到训练集 / 验证集的损失率和准确率。

（四）模型推理

模型训练完成后，点击模型，会出现基于模型进行推理的界面，支持单幅图像推理和利用图像列表进行推理，具体如图 11-8 所示。这里主要描述单幅图像的推理。选择“Upload image”，点击“Test One”，进入推理界面，生成结果。

多幅图像模型推理的设置界面如图 11-9 所示。

11.3 DIGITS 源码解析

本节主要介绍 DIGITS 平台的代码框架，通过分析 DIGITS 源码来深入了解 DIGITS 架构。DIGITS 是基于 Flask 和 Jinja2 实现的，具有明显的 Flask 程序框架结构，主要构建了基础的 Task 类、Job 类、Scheduler 类、Form 类等。Task 类主要是一个个具体的小任务，由数据集解析、数据集拆分等功能组成，各个具体的 Task 任务是在基础类 class Task(StatusCls) 上构建的，Task 类位于 digits 文件夹下的 task.py 文件中；Job 类则是 Task 类的组合，完成整个分类任务，包括数据预处理、模型训练、模型推理等具体任务，其在 Job 基础类上进行构建，逐步继承

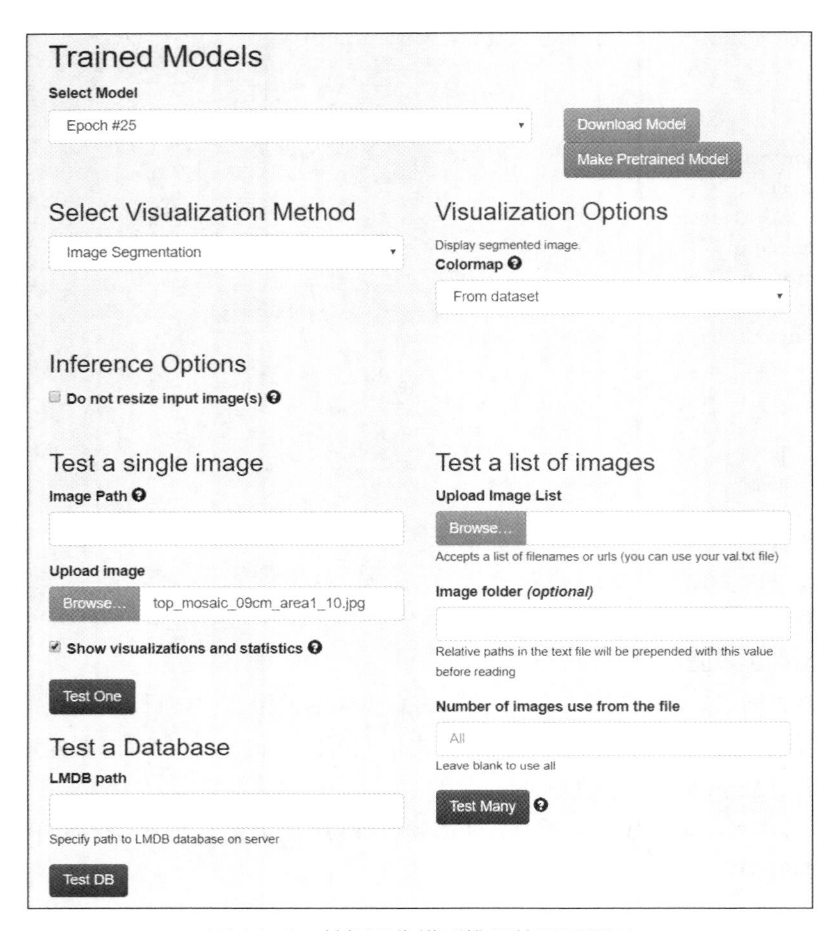

图 11-8　单幅图像模型推理的设置界面

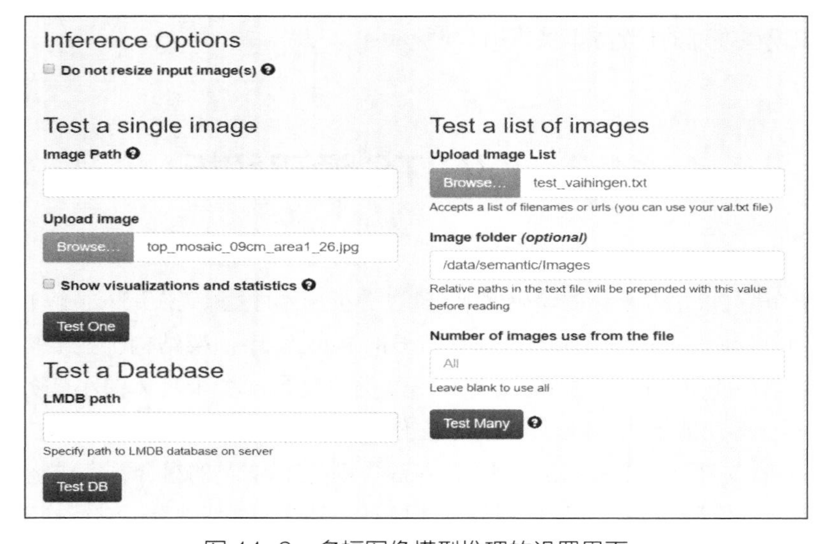

图 11-9　多幅图像模型推理的设置界面

出用于创建神经网络的 ModelJob 和用于模型推理的 InferenceJob；Form 类是 Flask 提供的表单，可把一个表单中的元素定义为 1 个类，前端显示的具体页面的内容都会对应一个后台的类，如数据集创建的 DatasetForm 表单。下面先看看源代码主目录，以便对 DIGITS 代码功能实现有个直观的印象。

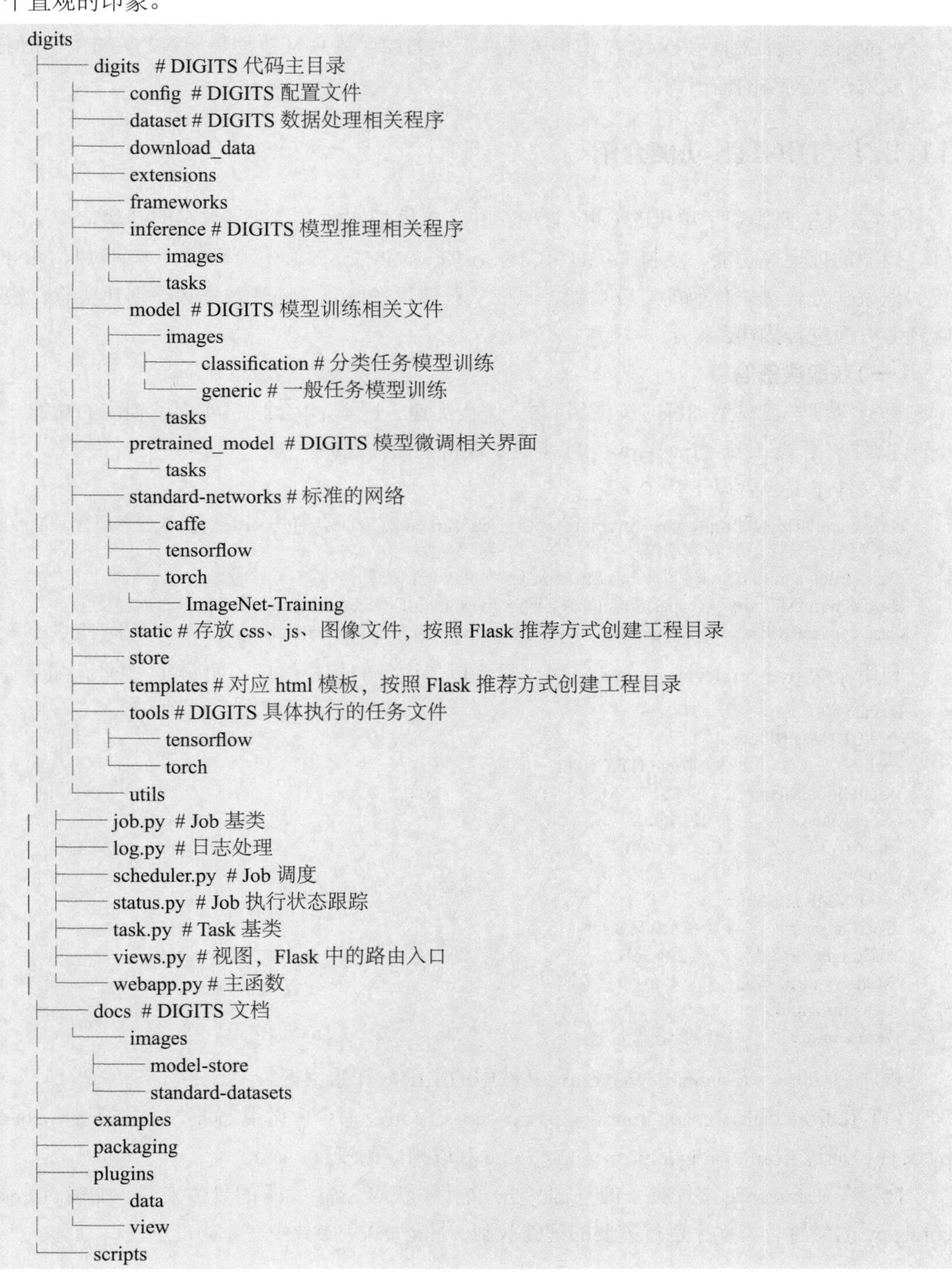

```
digits
├── digits  # DIGITS 代码主目录
│   ├── config  # DIGITS 配置文件
│   ├── dataset # DIGITS 数据处理相关程序
│   ├── download_data
│   ├── extensions
│   ├── frameworks
│   ├── inference # DIGITS 模型推理相关程序
│   │   ├── images
│   │   └── tasks
│   ├── model  # DIGITS 模型训练相关文件
│   │   ├── images
│   │   │   ├── classification # 分类任务模型训练
│   │   │   └── generic # 一般任务模型训练
│   │   └── tasks
│   ├── pretrained_model  # DIGITS 模型微调相关界面
│   │   └── tasks
│   ├── standard-networks # 标准的网络
│   │   ├── caffe
│   │   ├── tensorflow
│   │   └── torch
│   │       └── ImageNet-Training
│   ├── static # 存放 css、js、图像文件，按照 Flask 推荐方式创建工程目录
│   ├── store
│   ├── templates # 对应 html 模板，按照 Flask 推荐方式创建工程目录
│   ├── tools # DIGITS 具体执行的任务文件
│   │   ├── tensorflow
│   │   └── torch
│   └── utils
│   ├── job.py  # Job 基类
│   ├── log.py  # 日志处理
│   ├── scheduler.py  # Job 调度
│   ├── status.py  # Job 执行状态跟踪
│   ├── task.py  # Task 基类
│   ├── views.py  # 视图，Flask 中的路由入口
│   └── webapp.py # 主函数
├── docs  # DIGITS 文档
│   └── images
│       ├── model-store
│       └── standard-datasets
├── examples
├── packaging
├── plugins
│   ├── data
│   └── view
└── scripts
```

- digits 文件夹包含工程主目录，是 DIGITS 的核心模块，提供模型的训练、保存、推理等功能。
- docs 文件夹包含 DIGITS 的帮助文档，包括 API、系统安装、CUDA 安装、Caffe 安装等。
- examples 文件夹包含 DIGITS 提供的示例代码及代码说明。
- plugins 文件夹展示 DIGITS 的相关插件，例如如何将 babi 数据集导入 DIGITS，如何查看生成式对抗网络的输出等。

11.3.1　DIGITS 功能介绍

DIGITS 主要实现了单机的 GPU 管理，并在单机工作站上实现了数据的创建、模型的训练、模型的推理等功能，支持 DIGITS、TensorFlow、PyTorch 等主流环境。本节对照 DIGITS 代码框架，分析每块代码的对应功能，主要从获取设备信息、创建数据集、创建实验、模型管理等方面进行描述。

（一）获取设备信息

进行深度学习模型训练时，使用 GPU 进行加速，这里 DIGITS 也实现了相应的功能，如 digits 文件夹下的 device_query.py 文件实现了设备查询功能。

该文件主要包含以下几个类。

```
class c_cudaDeviceProp(ctypes.Structure) # 通过 cudaart.cudaGetDeviceProperties() 获取设备属性，包括显
# 卡型号、显存、时钟频率等
class struct_c_nvmlDevice_t(ctypes.Structure) # 存储 nvml 信息
class c_nvmlMemory_t(ctypes.Structure) # 通过 nvml.nvmlDeviceGetMemoryInfo() 获得内存信息
class c_nvmlUtilization_t(ctypes.Structure) # 通过 nvml.nvmlDeviceGetUtilizationRates() 获取设备使用率
```

利用命令 python device_query.py 可以看到以下设备的相关信息，如 GPU 型号、显示等。

```
Device #0:
>>> CUDA attributes:
  name                GeForce GTX 1080
  totalGlobalMem          8513585152
  clockRate             1809500
  major               6
  minor               1
>>> NVML attributes:
  Total memory            8119 MB
  Used memory             204 MB
  Memory utilization        1%
  GPU utilization          0%
  Temperature             42℃
```

程序启动时，从 digits-devserver.py 文件中的主函数开始执行。

（1）在 from digits.webapp import app, socketio, scheduler 命令中调用 digits 文件夹下的 webapp.py 文件，通过 from .config import config_value 获取相应的设置。

（2）在 digits/config 文件夹下的 __init__.py 文件中获取 cofig_value 的具体来源，加载 current_config.py 的配置，将程序运行需要的配置放到 config_value 函数中。

(3) 通过 config_value['gpu_list'] 命令调用 digits/config 文件夹下的 gpu_list.py 文件，获取设备的型号和设备个数。

(二)创建数据集

创建数据集是进行模型训练的第一步，DIGITS 创建数据集时对数据集有格式的要求，只要建立如下形式的目录结构即可，在数据主目录下是各个类别标签，在类别标签文件夹下存放的是每个类别的数据。

```
image-data # 数据集主目录
├──── 0  #
├──── 1
├──── 2
......
```

这里以前面的 MNIST 图像分类任务数据集创建为例，描述后台代码的运行过程。操作流程如下。

(1) 在首页中选择 Dataset 界面，点击右侧新建数据集，选择图像，选择“Classification”，进入 New Image Classification Dataset 界面。

(2) 在新建分类数据集页面输入图像类型，选择图像文件夹创建，创建数据类型选择 LMDB 图像编码格式。

(3) 点击创建，显示创建数据集进度，完成一个数据集创建任务。

代码流程如下。

(1) 在首页中，进入 digits/views.py 中的 home 函数，显示相关的任务选择，当选择创建 Images Classification 任务时，处理函数跳转到 digits.dataset.images.classification.views.new 函数（表示 digits/dataset/images/classification/views/new.py 文件），该函数会初始化 ImageClassificationDatasetForm 类，ImageClassificationDatasetForm 类是继承 Flask 的 Form 表单，主要功能是获取创建数据集时的各个参数，如图像类型、数据集创建方式、图像编码方式等。

(2) 点击创建按钮，首先实例化 ImageClassificationDatasetForm 类，获取前端填写的参数，如果选择 clone，则直接从 clone 的 Job 中获取数据，然后验证提交的数据是否符合规范。

(3) 实例化 ImageClassificationDatasetJob 类，该类的主要功能是创建图像分类数据集 Job，其定义在 digits.dataset.images.classification.job 文件下。创建该类时从 Form 表单中获取数据并初始化，然后判断是从文件夹还是文件中获取数据。接着将 Form 表单中的内容存到 Job 中，方便后面直接从 Job 中获取数据。

(4) Scheduler 类将 Job 添加到执行列表中，前端页面跳转到 Job 详细页面，显示 Job 的具体状态。

(三)创建实验

这里以前面的 MNIST 图像分类实验为例，描述后台代码运行过程。操作流程如下。

(1) 在首页中选择 Model 界面，点击右侧新建数据集，选择图像，选择“Classification”，进入 New Image Classification 界面，该界面包含数据集选择、Python 层、模型参数和优化设置、数据变换、网络定义等模块。

(2) 在新建图像分类模型页面，选择数据集，填写模型参数和优化设置、网络模型。

(3) 点击创建，显示模型训练进度，完成一个模型训练创建任务。

代码流程如下。

(1) 在首页中，进入 digits/views.py 中的 home 函数，显示相关的任务选择，当选择创建 Images Classification 任务时，处理函数跳转到 digits.model.images.classification.views.new 函数，该函数会初始化 ImageClassificationModelForm 类，ImageClassificationModelForm 类是继承 Flask 的 Form 表单，主要功能是存储创建分类任务时的各个参数，如数据集、模型迭代次数、网络模型参数等。

(2) 点击创建按钮，实例化 ImageClassificationModelForm 类，利用 get_dataset 获取数据集信息，利用 get_standard_networks() 函数获取标准网络的网络结构，如 LeNet、AlexNet、GoogLeNet 等；get_default_standard_network() 默认获得 AlexNet 网络模型；get_previous_networks() 是为了获取上一个 Job 的网络。如果选择 clone，则直接从 clone 的 Job 中获取数据，然后验证提交的数据是否符合规范。利用 Scheduler 获取数据 Job，判断 Job 是否存在，如果存在，则获取学习率和批大小等参数。

(3) 清空 Job，实例化 ImageClassificationModelJob 类，该类的功能是创建图像分类数据集 Job，其定义在 digits.model.images.classification.job 文件下，给 Job 对象赋值，首先判断网络是标准网络、已有的网络，还是用户自定义的网络，从不同的地方获取网络模型。然后获得模型优化策略 lr_policy（'fixed' 'step' 'multistep' 'exp' 'inv' 'poly' 'sigmoid'），根据不同的策略获取参数，从配置文件中获取 GPU 设备列表，查看是否有可用的 GPU 设备。

(4) 将模型训练任务添加到 Jobs 的 Tasks 任务列表中，将 Job 添加到 Jobs 列表，Jobs 是为了获取与模型训练相关的每个 Job 信息而建立的；Scheduler 对象将 Job 添加到执行列表中，前端页面跳转到 Job 详细页面，显示 Job 的具体状态。

（四）模型管理

这里以前面的 MNIST 图像分类实验为例，描述后台代码运行过程。操作流程如下。

(1) 在首页中选择 Model 界面，选择训练好的模型，跳转到显示模型训练具体信息的页面，在页面中间可以看到“Trained Models”选项，它下面含有“Infernece”选项，可以选择测试单幅图像、测试数据集，也可以选择测试图像列表，这里以测试单幅图像为例，点击展示可视化和统计信息。

(2) 点击测试单幅图像，显示模型推理结果。

代码流程如下。

(1) 选择模型训练结果，进入模型推理界面。首先进入的是 digits/views.py 文件中的 show_job，程序需要判断展示的是模型还是数据，如果是模型，进入 digits.model.views.show，展示具体的模型信息。在这个 show 函数中进一步判断是否为图像分类任务，如果是，则进入 model.images.classification.views.show 函数，渲染模型展示和对应的模型推理界面；如果不是，则进入一般的模型展示。

(2) 在模型推理界面，选择分类单个模型，进入 model.images.classification.views.classify_

one 函数。首先获得模型 Job 名称，判断图像输入类型是图像路径还是文件，根据 snapshot_epoch 获取迭代的模型，实例化图像推理 Job，将实例化的 inference_job 添加到 Scheduler 类中，等待模型推理完成。

(3) 模型启动推理，解析推理数据，返回输入、输出和可视化内容，页面跳转到单幅图像推理界面，显示模型推理结果，如原始图像、推理结果，以及图像内每层特征的可视化结果。

11.3.2 类继承关系

DIGITS 的后台分为如下 3 个部分。

(1) Scheduler 类：主程序启动时，启动 Scheduler 的 start 函数，利用 gevent 启动一个主线程，负责监视 Job 有序字典，协调作业的执行，监管 Job 类的初始化、运行、完成、错误等状态。

(2) Job 类：该类位于对应文件夹下的 job.py 文件中。将深度学习训练任务按照数据、模型、推理等封装成 Job 类，便于统一管理。

(3) Task 类：在单独的可执行文件中运行计算量大的操作，通过解析可执行文件的输出格式来获取处理进度，其基类在 task.py 文件中。

(一) Scheduler

Scheduler 类位于 digits 文件夹下的 scheduler.py 文件中，负责资源的调度，是整个程序的骨架、任务的集散地。其包含 5 个具体的类属性。

- self.jobs：存储 Job，使用 OrderedDict 管理 Jobs，OrderedDict 是 dict 的子类，其最大特点是可以“维护”添加 key-value 对的顺序。简单来说，就是确保先添加的 key-value 对排在前面，后添加的 key-value 对排在后面。
- self.verbose：详细错误信息输出标志位，如果设置为 true，则输出详细错误信息。
- self.resources：追踪资源的使用，是 Resource() 类的列表，存储使用的资源信息。
- self.running：标志位，表示程序是否在运行，默认为 False。
- self.shutdown：停止 Scheduler，利用 gevent.event.Event() 初始化，其通过 flag 的 True/False 值控制一个 greenlet 与多个 greenlet 同步，Event instance 的初始 flag 是 False。但这种同步是一次性的，即 set() 设置 flag 为 True 对之前因为 wait() 阻塞的 greenlet 都有效，对 set() 之后再次设置 wait() 的 greenlet 无效。

Scheduler 类含有十几种方法，这里主要介绍与 Job 密切相关的一些方法。

- load_past_jobs(self)：装载以前的 Jobs。
- add_job(self, job)：将当前 Job 添加到 Scheduler 中。
- get_job(self, job_id)：根据 Job 的 ID 查找 Job，如果找不到，则返回 None。
- get_related_jobs(self, job)：获得与当前 Job 相关的 Jobs，例如模型训练时与其相关的数据集 Job。
- abort_job(self, job_id)：抛弃当前 Job，例如启动一个 Job 后，发现参数配置错误，可以立刻终止，不会删除 Job 的具体运行文件。
- delete_job(self, job)：删除当前 Job，会清空 Job 文件夹下的全部内容。

- running_dataset_jobs(self)：获取当前正在运行的 Dataset Job。
- completed_dataset_jobs(self)：获取当前运行完成的 Dataset Job。
- running_model_jobs(self)：获取当前正在运行的模型的 Job。
- completed_model_jobs(self)：获取当前运行完成的模型的 Job。
- start(self)：启动 Scheduler，启动成功则返回 True。
- stop(self)：停止 Scheduler，停止成功则返回 True。
- main_thread(self)：主线程，负责监控 current_jobs 里面的 Job，更新 Jobs 的状态，并且将 Job 中的 Task 放到 Jobs 处理的队列中。
- sigterm_handler(self, signal, frame)：Gunicorn 利用 SIGTERM 停止所有线程。
- task_error(self, task, error)：Task 出错时执行。
- reserve_resources(self, task, resources)：为 Task 保留资源。
- release_resources(self, task, resources)：为 Task 释放资源。
- run_task(self, task, resources)：执行一个 Task。
- emit_gpus_available(self)：调用 socketio.emit 查看 GPU 的可用性。

（二）Job

Job 是 DIGITS 的核心基类，负责数据集创建、模型训练推理等核心的处理流程，其基类位于 digits 文件夹下的 job.py 文件中，其继承了 StatusCls。StatusCls 集成了 Python 的 object 类，存储 Job 和 Task 的状态和更新记录，子类可以声明 on_status_update() 回调。在基类 Job 中只定义类通用的方法，具体如下。

- load(cls, job_id)：根据 job_id 载入 Job。
- json_dict(self, detailed=False)：以 JSON 格式返回 Job 的状态。
- id(self)：返回 Job 的 ID。
- dir(self)：返回 Job 存储的文件夹。
- path(self, filename, relative=False)：返回文件的路径。
- path_is_local(self, path)：确定 path 本地可访问。
- name(self)：Job 的名称。
- notes(self)：Job 的其他说明。
- job_type(self)：虚函数，表示当前 Job 的类型，方便处理不同 Job。
- status_of_tasks(self)：返回当前 Job 中 Task 的状态，包括 ERROR、ABORT、RUN、WAIT、INIT、DONE 等。
- runtime_of_tasks(self)：返回从第一个任务开始到最后一个任务停止之间的时间，单位为 s。
- on_status_update(self)：当 StatusCls.status.setter 被使用时，会调用该方法，用于更新 Job 的状态。
- abort(self)：中止 Job，并停止所有正在运行的任务。
- save(self)：将 Job 保存到磁盘中的 pickle 文件中。

- disk_size_fmt(self)：返回一个人类可读的字符串，该字符串表示规范化的文件大小。
- get_progress(self)：根据 Task 的任务进度计算 Job 的进度。
- emit_progress_update(self)：调用 socketio.emit 更新 Task 和 Job。
- wait_completion(self)：等待 Job 完成。
- is_persistent(self)：返回表示该 Job 是否被保存的值。
- is_read_only(self)：如果这个 Job 可以被编辑，返回 False。

后面又派生出多个 Job 类，包括 Dataset、Model 和 Inference 下面的类，具体的类继承如图 11-10 所示。

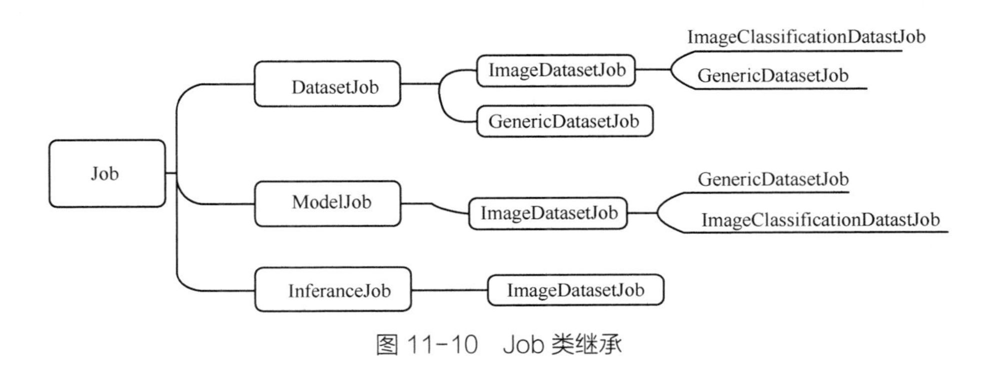

图 11-10　Job 类继承

DatasetJob 继承了 Job 类，主要功能是创建数据集，添加了关于数据集信息的获取的函数，便于子类继承、更改。

- get_backend(self)：返回 DB backend。
- get_entry_count(self, stage)：返回 entries 的数量。
- get_feature_db_path(self, stage)：返回 DB 的绝对路径。
- get_feature_dims(self)：返回特征的维度。
- get_label_db_path(self, stage)：返回 label 的绝对路径。
- get_mean_file(self)：返回均值文件。

ImageDatasetJob 继承了 DatasetJob，在原始数据的基础上添加了图像变换格式、图像变换名称。ImageClassificationDatasetJob 继续对 Job 进行扩充，添加具体的与图像相关的任务。

- create_db_tasks(self)：创建 DB 任务，调用 Task 中的 CreateDBtask。
- get_backend(self)：子类重写 get_backend 函数，返回 DB backend。
- get_encoding(self)：返回 DB 编码格式。
- get_compression(self)：返回 DB compression。
- get_entry_count(self, stage)：子类重写，返回 entries 的数量。
- get_feature_dims(self)：子类重写，返回图像的维度。
- get_feature_db_path(self, stage)：子类重写，返回特征 DB 的绝对路径。
- get_label_db_path(self, stage)：子类重写，返回 label DB 的绝对路径。
- get_mean_file(self)：子类重写，返回均值文件。

- job_type(self)：返回 Image Classification Dataset 任务标识。
- json_dict(self, verbose=False)：获取当前 Job 的详细信息。
- parse_folder_tasks(self)：返回 Job 的所有 ParseFolderTasks 任务。
- test_db_task(self)：返回创建测试集的任务。
- train_db_task(self)：返回创建训练集的任务。
- val_db_task(self)：返回创建验证集的任务。

ModelJob、InferenceJob 与 ImageDatasetJob 类似。总之，通过 Job 类的不断实例化，可以实现数据、模型、推理等工作。这使得数据、模型、推理的共同之处，以及装载、保存、启动等函数都在基类中实现，后面只需要扩充与具体 Job 相关的子函数即可，提升了代码的整洁度，同时也更好地利用了几者之间共同的特性。

（三）Task

Task 是 DIGITS 平台执行任务的基本单元，负责与系统交互、模型训练、模型推理以及数据文件夹解析等。Task 类继承如图 11-11 所示，最基础的类是 Python 的 object 类，基于此定义 StatusCls 类，用于存储 Task 的历史状态。

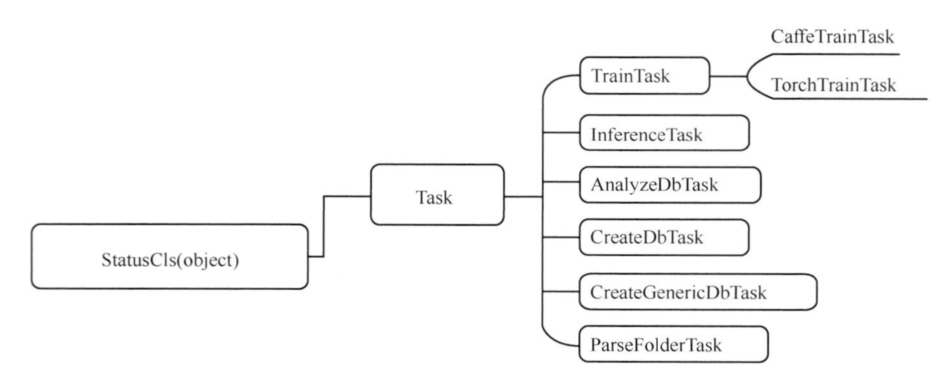

图 11-11 Task 类继承

Task 类是各个具体任务的基类，负责定义通用属性和方法，具体的属性如下。

- self.pickver_task = PICKLE_VERSION：pickle 的版本号。
- self.job_dir = job_dir：Job 对应的文件夹。
- self.job_id = os.path.basename(job_dir)：Job 的 ID。
- self.parents = None：父类。
- self.exception = None：异常处理。
- self.traceback = None：跟踪程序处理。
- self.aborted = gevent.event.Event()：终止 Task 的标志位，利用 gevent.event.Event() 初始化。

具体的方法如下。

- getstate(self)：由于一些对象类型（如文件对象）不能进行 pickle。处理这种不能 pickle 的对象的实例属性时，需要使用特殊的方法（_getstate_() 和 _setstate_ ()）来修改类实例的状态。

使用 pickle 处理 Task 的实例时，Python 将调用该实例的 _getstate_ () 方法。

- setstate(self, state)：在 unpickle 时，Python 将经过 unpickle 的值作为参数传递给实例的 _setstate_() 方法。在 _setstate_() 方法内，可以根据经过 pickle 的名称和位置信息来重建文件对象，并将该文件对象分配给这个实例的 logfile 属性。
- set_logger(self)：设置 DIGITS 的 log。
- name(self)：Task 的具体任务，这里提供可继承模板。
- html_id(self)：返回 html_id。
- on_status_update(self)：当 StatusCls.status.setter 被调用时，更新 Task 的状态。
- path(self, filename, relative=False)：返回给定文件的路径。
- ready_to_queue(self)：如果父任务都完成，则返回 True。
- offer_resources(self, resources)：检查可用资源，并返回一组请求的资源，输入是 scheduler.resources。
- task_arguments(self, resources, env)：利用 subprocess.Popen 启动 Task 时的输入参数。
- before_run(self)：Task 启动之前做的具体任务，在具体子类中实现。
- run(self, resources)：启动 Task；所有的子类任务的启动都通过该函数。
- abort(self)：终止 Task。
- preprocess_output_digits(self, line)：利用正则化处理 DIGITS 的 log 输出。
- process_output(self, line)：处理具体任务的输出，在子类中实现。
- est_done(self)：返回 Task 的估计执行时间。
- after_run(self)：Task 运行之后执行的操作，如日志解析。
- after_runtime_error(self)：处理 Task 运行之后出现的错误。
- emit_progress_update(self)：调用 socketio.emit 更新 Task 任务状态，并且更新 Job 的状态。

Task 类中的 task_arguments 是 Task 启动不同运行程序的关键函数，例如启动文件夹解析、数据的 DB 创建等。这里以文件夹解析 Task 为例，其具体的类在 digits/dataset/tasks/parse_folder.py 文件下，为 ParseFolderTask，该类的 task_arguments 函数重载基类的函数，设置特定的启动参数 args，调用 tools 文件夹下的 parse_folder.py 文件，执行具体的操作，子类的 task_arguments 生成参数之后，都会回到 Task 类的 run 函数，利用命令行的形式启动相应的程序，执行具体的任务。

```
args = [sys.executable, os.path.join(
    os.path.dirname(os.path.dirname(os.path.abspath(digits.__file__))),
    'tools', 'parse_folder.py'),
        self.folder,
        self.path(utils.constants.LABELS_FILE),
        '--min=%s' % self.min_per_category,
        ]
```

TrainTask 类继承自 Task 类，主要是为子类定义需要的方法，该 Task 负责模型的训练，具体的方法如下。

- offer_resources(self, resources)：具体实例化 Task 类中的 offer_resources，确定是否使用 GPU。

- before_run(self)：如果 GPU 可用，则调用 gpu_socketio_updater 发送状态信息。
- gpu_socketio_updater(self, gpus)：启动新线程，利用 socketio 发送 GPU 的可用信息。
- send_progress_update(self, epoch)：利用 sockerio 发送当前 Task 的处理进度。
- save_train_output(self, *args)：保存训练模型的输出。
- save_val_output(self, *args)：保存验证模型的输出。
- save_output(self, d, name, kind, value)：保存训练模型和验证模型的输出，如果当前 epoch 所有的输出都被保存，则返回 True。
- after_run(self)：运行完后杀死 GPU 线程。
- detect_snapshots(self)：检查保存的 snapshots。
- snapshot_list(self)：返回保存的 snapshot 列表。
- est_next_snapshot(self)：返回完成下一个 snapshot 的估计时间。
- can_view_weights(self)：返回是否可以可视化地给出模型的结构。
- view_weights(self, model_epoch=None, layers=None)：可视化模型权值。
- can_view_activations(self)：执行模型推理后是否可以可视化激活值，如果可以，则返回 True。
- infer_one(self, data, model_epoch=None, layers=None)：对数据执行单次模型推理。
- can_infer_many(self)：如果 Task 可以推理多个输入，则返回 True。
- infer_many(self, data, model_epoch=None)：推理多个输入。
- get_labels(self)：获取真值 label，从 labels_file 读取 labels，以 List 形式返回。
- lr_graph_data(self)：返回 C3.js 可读的学习率数据。
- combined_graph_data(self, cull=True)：返回 C3.js 可读的训练 / 验证输出。
- get_framework_id(self)：返回用于训练的 framework 的 ID。
- get_model_files(self)：返回模型文件路径。
- get_network_desc(self)：返回网络描述。

CaffeTrainTask 继承自 TrainTask，使得 Task 任务与具体的深度学习开发环境结合，实现 Caffe 模型的训练，程序运行时，通过 isinstance() 判断两个类型是否相同，进而进入不同的具体函数处理过程中。

- set_mode(gpu)：设置 GPU 运行。
- name(self)：返回当前 Task 名称，具体为“Train Caffe Model”。
- before_run(self)：重载 Task 类的 before_run 函数，执行变量赋值，以及文件保存。
- get_mean_image(self, mean_file, resize = False)：返回均值图像。
- get_mean_pixel(self, mean_file)：返回均值像素。
- set_mean_value(self, layer, mean_pixel)：设置均值。
- set_mean_file(self, layer, mean_file)：从文件中获得均值。
- save_files_classification(self)：保存 solver、train_val 和 deploy 文件到磁盘中，针对图像分类任务。

- save_files_generic(self)：保存 solver、train_val 和 deploy 文件到磁盘中，针对一般任务。
- make_generic_data_layer(self, db_path, orig_layer, name, top, phase)：用于创建数据层，返回 layerParameter。
- iteration_to_epoch(self, it)：返回 epoch 次数。
- task_arguments(self, resources, env)：生成 Caffe 命令行选项，或者在某些情况下生成 pycaffe 的 Python 脚本。返回字符串列表。
- _pycaffe_args(self, gpu_id)：辅助生成 pycaffe Python 脚本。
- process_output(self, line)：重载 Task 中的 process_output，处理 Caffe 模型训练的输出。
- preprocess_output_caffe(self, line)：获取输出行并根据 Caffe 的输出格式对其进行分析；返回（时间戳、级别、消息）或（无、无、无）。
- new_iteration(self, it)：更新当前的迭代次数。
- send_snapshot_update(self)：利用 socketio 发送 snapshot list 参数。
- after_run(self)：重载 Task 的 after_run。
- after_runtime_error(self)：重载 TrainTask 类的 after_runtime_error。
- detect_snapshots(self)：重载 detect_snapshots，获取 snapshots 列表，用于模型推理。
- est_next_snapshot(self)：重载 est_next_snapshot，返回完成下一个 snapshot 的估计时间。
- can_view_weights(self)：重载 can_view_weights，返回值为 False。
- infer_one(self, data, snapshot_epoch=None, layers=None, gpu=None)：重载推理单个输入。
- infer_one_image(self, image, snapshot_epoch=None, layers=None, gpu=None)：推理单幅图像。
- get_layer_visualizations(self, net, layers= 'all')：返回网络中的可视化层。
- get_layer_statistics(self, data)：返回特定层的统计信息（均值、方差、直方图），直方图是 [y, x, tricks]。
- infer_many(self, data, snapshot_epoch=None, gpu=None)：重载函数，推理多个输入。
- infer_many_images(self, images, snapshot_epoch=None, gpu=None)：推理多幅图像，返回一个有序字典。
- has_model(self)：判断是否有模型可用，如果有，则返回 True。
- get_net(self, epoch=None, gpu=-1)：返回 caffe.Net 的实例。
- get_transformer(self)：返回一个 caffe.io.Transformer 的实例。
- get_model_files(self)：重载函数，返回 model 文件。
- get_network_desc(self)：重载函数，返回网络的描述信息。
- net_sanity_check(net, phase)：网络合法性检查。

（四）Form 类

Form 类继承自 Flask 的表单类，Form 表单是 Web 应用中最基础的部分，DIGITS 使用的是 WTF 表单，其使用规则为把一个表单中的元素定义为 1 个类。在 DIGITS 中，Form 类的继承如图 11-12 所示。构建好 Form 类后，可以直接将前端的数据保存在 Form 表单中，方便获取，然后在具体的 Job 实例化时，通过 Form 表单的数据值赋值。

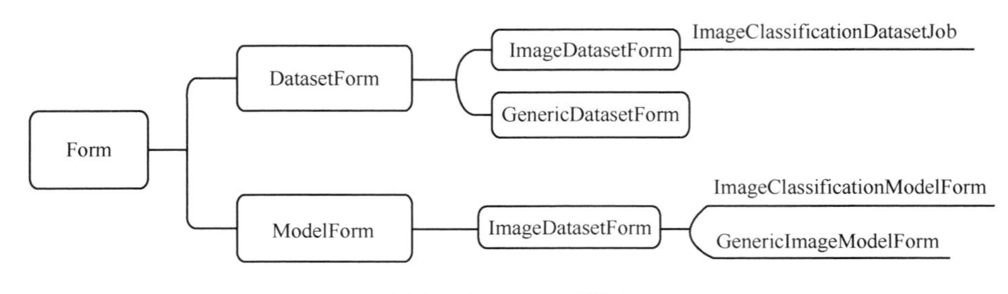

图 11-12　Form 类继承

下面以 DatasetForm 类为例描述 Form 类的使用。DatasetForm 在 dataset 文件夹的 forms.py 文件中，是专门用于定义表单的类。例如下面的 DatsetForm 类，定义了 dataset_name，在 new.html 中定义了 form.dataset_name，用户可以获取变量值，最后在 view.py 视图中，可以通过 form.datase_name.data 获取对应的值。

下方代码表示在 dataset 文件夹的 forms.py 文件中基于 Form 类构建 DatasetForm 类。

```
class DatasetForm(Form):
    """
    Defines the form used to create a new Dataset
    (abstract class)
    """
    dataset_name = utils.forms.StringField(u'Dataset Name',
        validators=[DataRequired()]
        )
```

下方代码表示 new.html 中 dataset_name 变量的定义和变量值获取方式。

```
<div class="row">
    <div class="col-sm-6 col-sm-offset-3 well">
        <div class="form-group{{mark_errors([form.dataset_name])}}">
            {{ form.dataset_name.label }}
            {{ form.dataset_name(class='form-control') }}
        </div>
        <input type="submit" name="create-dataset" class="btn btn-primary" value="Create">
    </div>
</div>
```

下方代码表示在 view.py 中获取 dataset_name 的值的方式。

```
job = GenericImageDatasetJob(
        username    = utils.auth.get_username(),
        name        = form.dataset_name.data,
        mean_file   = form.prebuilt_mean_file.data.strip(),
        )
```

11.4　小结

本章主要介绍了单机环境下以网页形式进行深度学习模型训练的软件 DIGITS。该软件部署简单，界面简洁易上手，适合新手学习深度学习处理流程，也适合教学使用，只需要按照标准的数据格式整理数据，然后根据 DIGITS 提供的模型进行模型训练，依据网页提供的训练损失、权值展示，查看模型训练的效果，快速地训练新的模型。训练完成后，可以利用推理功能验证训练的模型。整个流程以网页形式操作，方便快捷。然而，该框架是在一个环境下安装 Caffe、TensorFlow 以及 PyTorch，面临多个框架依赖库不匹配问题，更新版本比较麻烦。此外，在实际应用中，模型都是在不断更新的，在 DIGITS 中添加新的网络层比较困难，做定制化服务也比较困难。因此 DIGITS 只适用于简单的演示、教学任务。

参考文献

[1] JIA Y Q, SHELHAMER E, DONAHUE J, et al. Caffe: convolutional architecture for fast feature embedding[J]. arXiv: 1408.5093, 2014.

[2] 格林布戈 . Flask Web 开发 [M]. 北京 : 人民邮电出版社 , 2015.

[3] 杨保华 , 戴王剑 , 曹亚仑 . Docker 技术入门与实战 [M]. 北京 : 机械工业出版社 , 2015.

[4] 海特兰德 , 司维 , 曾军崴 , 等 . Python 基础教程 [M]. 北京 : 人民邮电出版社 , 2014.

[5] GERKE M, ROTTENSTEINER F, WEGNER J D, et al. ISPRS semantic labeling contest[C]//PC-Photogrammetric Computer Vision. [S.l.:s.n.], 2014.

[6] SHELHAMER E, LONG J, DARRELL T. Fully convolutional networks for semantic segmentation[J]. IEEE transactions on Pattern Analysis and Machine Intelligence, 2015, 39(4): 640-651.

[7] 赵永科 . 深度学习 : 21 天实战 Caffe [M]. 北京 : 电子工业出版社 , 2016.

第12章 Kubeflow实践

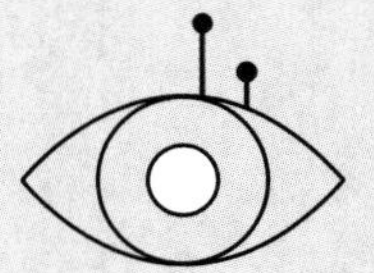

12.1 什么是 Kubeflow？

Kubeflow 是一个运行在 Kubernetes 集群上的机器学习工作流的开源项目，其致力于使机器学习在 Kubernetes 集群上变得部署简单、可移植和可扩展，无论用户在什么环境中运行 Kubernetes，都可以运行 Kubeflow。

Kubeflow 主要提供在生产系统中简单部署大规模机器学习模型的功能，利用 Kubernetes，它可以实现以下功能。

- 简单、可重复、可移植地部署。
- 利用微服务提供松耦合的部署和管理。
- 按需扩大规模。

Kubeflow 是基于 Kubernetes 的机器学习工具集，它提供一系列的脚本和配置来管理 Kubernetes 的组件。

Kubeflow 包含 3 个部分：代码编写、深度学习训练控制器和模型部署模块。

- 代码编写模块主要提供在线代码编写功能，由 JupyterHub 和 Jupyter Notebook 两个模块组成。JupyterHub 负责管理 Jupyter Notebook，利用代理的方式使得多用户与指定的计算环境远程交互；Jupyter Notebook 是一个交互式计算环境，用户可以在同一个界面中编写代码、添加注释、运行代码，运行结果会在代码块下显示，达到代码、结果和文档统一管理。
- 深度学习训练控制器模块 (tensorflow-operator、pytorch-operator、mxnet-opterator、caffe2-opterator) 使用户可以便捷地使用 CPU 或者 GPU，动态地调整资源的大小。此外，其通过提供多种深度学习环境控制器来支撑多种深度学习训练环境。
- 模型部署模块主要是将训练好的模型封装成服务，提供 TensorFlow Serving 和 Seldon Core 两种部署方式。TensorFlow Serving 负责将训练好的 TensorFlow 模型导入 Kubernetes 中；Seldon Core 专注于在 Kubernetes 上部署广泛的机器模型，允许在生产过程中管理复杂的运行时 (Runtime) 服务图。

12.2　Kubeflow 部署

这里部署的 Kubeflow 版本为 v0.2.1，部署 Kubeflow 前需要部署一个 Kubernetes 集群，这里选择的版本为 v1.14.4。然后需要一个使用 ksonnet 命令行工具生成 Kubeflow 的安装文件，并将其转换为 yaml 文件格式。

（1）Kubernetes 集群

以 3 个工作站为例进行 Kubernetes 集群部署，每个工作站都安装 Ubuntu16.04 系统，IP 地址分别设置为 192.168.0.6、192.168.0.7、192.168.0.8。将 192.168.0.6 作为 Master 节点，其余两个作为 Node 节点。Kubernetes 部署版本为 v1.14.4，具体的部署步骤可参考 Kubernetes 官网教程。

（2）ksonnet

ksonnet 是一个扩展 Kubernetes 配置的命令行工具，其以 JSON 模板语言 Jsonnet 为基础，在不同的集群和环境中提供具有组织结构和特定特征的管理配置。可以在 GitHub 网站的 ksonnet 仓库中下载，这里选择 ks_0.11.0_linux_amd64.tar.gz，在 Master 节点执行如下命令。

```
# 解压缩
$tar xzvf ks_0.10.0_linux_amd64.tar.gz
$cd ks_0.10.0-alpha.1_linux_amd64/
# 复制到执行文件夹
$sudo cp ks /usr/local/bin/
# 添加执行权限
$sudo chmod +x /usr/local/bin/ks
```

（3）获取 Kubeflow 相关镜像

这里先使用 ksonnet 获取对应的配置、文件，然后使用 ks show 将 ks 工程转换为 yaml 配置文件，具体在 Master 节点下执行如下命令。

```
# 1. 创建 Kubeflow 命名空间
NAMESPACE=Kubeflow
kubectl create namespace ${NAMESPACE}     #(kubectl 创建命名空间：名字为 Kubeflow)

# 设定使用的 Kubeflow 版本号
VERSION=v0.2.1          # Kubeflow 版本号

# 2. 初始化 ksonnet 环境
APP_NAME=my-Kubeflow
ks init ${APP_NAME}            # 初始化 ksonnetapp，产生文件夹 my-Kubeflow
cd ${APP_NAME}
ks env set default --namespace ${NAMESPACE} # 设置特定的环境字段 (name, namespace, server)

# 3. 安装 Kubeflow 组件，从 Kubeflow 中寻找 components，放置在 my-Kubeflow\vendor\Kubeflow 文件夹下
# 添加 Kubeflow 仓库
ks registry add Kubeflow GitHub.com/kubeflow/kubeflow/tree/${VERSION}/Kubeflow
```

```
# 在 Kubeflow 中寻找 components，放置在 my-Kubeflow\vendor\Kubeflow 文件夹下
ks pkg install kubeflow/core@${VERSION}
ks pkg install kubeflow/tf-serving@${VERSION}
ks pkg install kubeflow/tf-Job@${VERSION}

# 4. 创建 Kubeflow 的核心组件
# 创建 ks，描述 Kubeflow-core：生成 my-Kubeflow\components\Kubeflow-core.jsonnet
# 第一个参数 Kubeflow-core：生成 mainfest 的标准模板
# 第二个参数 Kubeflow-core：生成 Kubeflow-core.jsonnet 具体文件

ks generate Kubeflow-core Kubeflow-core
ks generate centraldashboard centraldashboard
ks generate tf-Job-operator tf-Job-operator
# 如果 Kubeflow 运行在具体的云平台上，则需要设置具体的 PLATFORM 参数 PLATFORM=
# <aks|acsengine>
# ks param set Kubeflow-core cloud ${PLATFORM}

# 设置参数
# 启动匿名集使用
ks param set Kubeflow-core reportUsage true
ks param set Kubeflow-core usageId $(uuidgen)
ks param set Kubeflow-core jupyterHubServiceType NodePort

# 部署 Kubeflow，有两种部署方式：使用 ks 部署和使用 kubectl 部署
# 使用 ks 部署时直接在 my-Kubeflow 文件夹执行如下命令
# ks apply <env-name> [-c <component-name>] [--dry-run] [flags]
ks apply default -c Kubeflow-core
```

若使用 kubectl 部署，会对 Kubeflow 的组成有更直观的认识。首先执行如下命令生成 Kubeflow.yaml 文件，然后使用 kubectl create 命令部署 Kubeflow，部署的命名空间为 Kubeflow。这里的 Kubeflow.yaml 文件是 Kubernetes 创建环境的基础文件，具体可参考 Kubernetes 下 yaml 文件格式的设置进行理解。

```
ks show default > Kubeflow.yaml
kubectl create -f Kubeflow.yaml -n Kubeflow
```

部署时由于 gcr.io 仓库不能访问，需要使用特殊手段获取仓库，推荐使用 DockerHub 获取 google 镜像。可以通过查看 Kubeflow.yaml 文件准备相关镜像，v0.2.1 版本的 Kubeflow 需要的镜像见表 12-1。

表 12-1 v0.2.1 版本的 Kubeflow 需要的镜像

镜像	镜像功能
gcr.io/kubeflow/jupyterHub-k8s:v20180531-3bb991b1	JupyterHub 管理 Notebook
gcr.io/kubeflow-images-public/tf_operator:v0.2.1	TensorFlow 分布式运行控制器，生成 tf_dashboard，用于查看正在运行的 TFJob
gcr.io/kubeflow-images-public/centraldashboard:v0.2.1	JupyterHub，tf_dashboard 和 k8s_dashboard 的控制面板组合页面

（续表）

镜像	镜像功能
quay.io/datawire/ambassador:0.37.0	一个开源的基于 Envoy Proxy 的 Kubernetes 原生的微服务 API 网关（API Gateway）
quay.io/datawire/statsd:0.37.0	一个简单的网络守护进程，基于 Node.js 平台，通过 UDP 或者 TCP 方式侦听各种统计信息（包括计数器和定时器），并发送聚合信息到后端服务
gcr.io/kubeflow-images-public/tensorflow-1.4.1-notebook-CPU:v0.2.1	TensorFlow CPU 运行环境
gcr.io/kubeflow-images-public/tensorflow-1.4.1-notebook-gpu:v0.2.1	TensorFlow GPU 运行环境

将镜像加载到 Kubernetes 机器上，利用 kubectl 命令可以查看部署情况，Kubeflow 的各个服务如下。NAME 表示服务名称；TYPE 表示访问方式；CLUSTER-IP 表示集群 IP 地址，EXTERNAL-IP 表示外部 IP 地址；PORT(S) 表示容器端口与外部端口的映射关系，例如 80:32180 表示可以使用集群节点 IP 地址的 32180 端口访问相应的服务；AGE 表示服务启动时间。

```
test@test:~$ kubectl get svc -n Kubeflow
NAME        TYPE      CLUSTER-IP     EXTERNAL-IP  PORT(S)       AGE
ambassador      ClusterIP  10.108.50.63    <none>      80/TCP        1d
ambassador-admin  ClusterIP  10.107.71.35    <none>      8877/TCP       1d
centraldashboard  NodePort   10.100.236.251   <none>      80:32182/TCP   1d
k8s-dashboard    ClusterIP  10.96.49.136    <none>      443/TCP       1d
tf-Hub-0       ClusterIP  None         <none>      8000/TCP      1d
tf-Hub-lb      NodePort   10.105.122.8    <none>      80:32180/TCP    1d
tf-Job-dashboard  NodePort   10.104.133.100  <none>      80:32181/TCP    1d
```

Ambassador 是一个开源的基于 Envoy Proxy 的 Kubernetes 原生的微服务 API 网关。Ambassador 从一开始就支持多个独立的团队，这些团队需要为终端用户快速发布、监视和更新服务。其还具有 Kubernetes 入口控制器和负载平衡器的功能。

- 自助服务。Ambassador 是为了使开发人员能够直接管理服务而设计的。这要求系统不仅要易于使用，而且要提供安全防护功能，防止产生意外的操作问题。
- 操作友好。Ambassador 被作为 Envoy Proxy 的一个 sidecar 过程，并与 Kubernetes 直接整合 Envoy。因此，所有路由、故障转移、健康检查都由经过考验和验证的系统来处理。
- 专为微服务设计。Ambassador 集成了团队开发所需的微服务特性，包括身份验证、速率限制、可观察性、路由、TLS 终止等。

Ambassador 对应的镜像为：quay.io/datawire/ambassador:0.37.0；quay.io/datawire/statsd:0.37.0。

Centraldashboard 是 Kubeflow 的监控软件，提供 Kubeflow 中的分布式训练模型的监控信息、各个实验的运行列表。在 v2.0 版本中，Centraldashboard 只支持实验的查看，实验的删除还有待开发。

tf-Hub-0 表示利用 StatefulSet 启动的 tf-Hub pod，StatefulSet 是为了解决有状态服务的问题而设计的（Deployments 和 ReplicaSet 是为无状态服务设计的），StatefulSet 具有如下几个特性。

- 稳定的持久化存储，即 Pod 重新调度后还能访问相同的持久化数据，这基于 PVC 实现。
- 稳定的网络标志，即 Pod 重新调度后其 PodName 和 HostName 不变，这基于 Headless Service（即没有 Cluster IP 的 Service）实现。
- 有序部署、有序扩展，即 Pod 是有顺序的，在部署或者扩展时要依据定义的顺序依次进行（即从 0 到，在某个 Pod 运行前，之前的所有 Pod 必须都是 Running 或 Ready 状态），这基于 init containers 实现。
- 有序收缩、有序删除（即从到 0）。

利用有状态部署 StatefulSet 可以保证 tf-Hub-0 容器重新调度后还能访问原先的存储，具有稳定的网络标志。其对应的镜像为：gcr.io/kubeflow/JupyterHub-k8s:v20180531-3bb991b1。

Kubeflow 启动后，所有相关的 Pod 如下，tf-Job-operator 表示 tf-operator，利用 Kubernetes 的 CustomResourceDefination（CRD）进行定义，支撑 TensorFlow 的分布式计算。

```
test@test:~$ kubectl get pods -n Kubeflow
NAME                                         READY   STATUS    RESTARTS   AGE
ambassador-9f658d5bc-97bxk                   2/2     Running   0          1d
ambassador-9f658d5bc-g6q84                   2/2     Running   0          1d
ambassador-9f658d5bc-lbzcg                   2/2     Running   1          1d
centraldashboard-67b7f4d5c8-62wqg            1/1     Running   0          1d
spartakus-volunteer-5f4f9f4f6d-rb9z9         1/1     Running   0          1d
tf-Hub-0                                     1/1     Running   0          1d
tf-Job-dashboard-644865ddff-9pvx4            1/1     Running   0          1d
tf-Job-operator-v1alpha2-75bcb7f5f7-t8jjm    1/1     Running   0          1d
```

前文获取 Kubeflow 的镜像时，由于国内防火墙问题，无法访问 Google 服务器，因此无法获取到对应的镜像。针对这个问题，我们利用 DockerHub 网站的自动构建镜像功能，从 Google 服务器拉取对应镜像到 DockerHub 服务器，然后从 DockerHub 上下载对应镜像，具体步骤如下。

（1）首先编写 Dockerfile，名称为 centraldashborad，内容如下。

```
FROM gcr.io/kubeflow-images-public/centraldashboard:v0.2.1
```

（2）在 GitHub 上新建一个仓库，命名为 Kubeflowcontainer，将 centraldashboard 文件上传到仓库。

（3）登录 DockerHub，在“Create”下拉菜单中点击“Create Automated Build”，新建一个 Automated Build 项目。

（4）选择“Create Auto-build”选项，在 DockerHub 网页上新建 Auto-build 项目。

（5）为新建的 Auto-build 项目选择相应的 GitHub 仓库，这里选择 Kubeflowcontainer 仓库。

（6）将仓库命名为 centraldashboard，描述为 Kubeflow 的 centraldashboard 镜像，点击“Click here to customize”，填写 Kubeflowcontainer 仓库内容。

（7）点击创建按钮，进入创建镜像仓库页面，在该界面的 Build Settings 菜单中点击 Trigger 进行构建，在 Build Details 菜单中查看构建信息，在 Dockerfile 菜单中查看 Dockerfile 信息，在 Tags 菜单中查看构建的镜像标签，在 Repo Info 菜单中查看仓库信息，在 Collaborators 菜单中添加合作用户，在 Settings 菜单中删除仓库。

(8) 在创建镜像仓库界面点击“Repo Info”按钮，查看镜像下载方式：docker pull quelle/centraldashboard。

(9) 下载相应镜像 docker pull quelle/centraldashboard:v0.2.1。

(10) 对下载的镜像重新打上标签。

```
docker tag quelle/centraldashboard:v0.2.1 gcr.io/kubeflow-images-public/centraldashboard:v0.2.1
```

12.3 JupyterHub

12.3.1 JupyterHub 定义

JupyterHub 是一种工具，可以快速利用云计算基础设施来管理一个 Hub (也可以称为主机)，该 Hub 可以让用户与指定的计算环境远程交互。JupyterHub 提供了一种有效的方式来规范一个团队的计算环境 (例如对于学习同一个课程的学生，可以使用 JupyterHub 统一学习环境)，并且允许用户通过浏览器远程访问该 Hub。

12.3.2 JupyterHub 子系统

JupyterHub 包含 3 个子系统，共同为一个组中的用户提供一个单用户笔记本服务器 (Jupyter Notebook Server)。3 个主要子系统如下所示。

(1) Hub：管理用户账号、认证，使用 spawner 协调 Jupyter Notebook Server。

(2) http 代理：将 browser 的请求代理到 Jupyter Notebook Server 上。

(3) Jupyter Notebook Server：用户登录时，为系统上的每个用户启动专用的、单用户的 Jupyter Notebook Server，启动单用户笔记本服务器的对象被称为 spawner。

12.3.3 JupyterHub 子系统交互

用户在浏览器中输入 IP 地址或 JupyterHub 的域名，就能访问 JupyterHub 主页，登录后选择资源，就可以在线编写代码。JupyterHub 实现这一流程时，具体包含如下 4 个部分。

(1) JupyterHub 启动一个 Http Proxy，监听 localhost:8000 端口。

(2) Proxy 将所有请求发给 Hub。

(3) Hub 处理用户的登录，并启动一个 Jupyter Notebook Server。

(4) Hub 配置代理将 URL 指向 Jupyter Notebook Server。

Proxy 是唯一的进程监听的公共接口，负责具体的 Hub 代理服务。单用户服务器位于代理 Proxy/ 用户 /[用户名] 的后面。不同的认证器控制对 JupyterHub 的访问。默认的可插拔认证 (PAM) 使用运行 JupyterHub 的服务器的用户账户。使用此方法时，需要为系统上的每个用户创建账户。你可以使用其他认证程序进行用户登录，例如 GitHub 账户，或者你的组织拥有的任何单点登录系统。

用户登录后，spawners 控制 JupyterHub 为每个用户启动一个单独的 Jupyter Notebook Server。默认的 spawner 将在系统用户名下运行的同一台机器上启动一个 Jupyter Notebook Server，即在单独的容器中启动服务。当用户访问 JupyterHub 时，执行如下步骤。

(1) Login Data 被送到 Authenticator instance 进行验证。

(2) 如果 Login Information 是正确的，Authenticator 返回 Username。

(3) 为登录的用户启动单用户的 Jupyter Notebook Server 实例。

(4) 当单用户的 Jupyter Notebook Server 启动后，通知 Proxy 把请求转发给 /user/[username]/* 路由，跳转到单用户的 Jupyter Notebook Server。

(5) cookie 被设置在 /hub/ 路由后，包含编码的 token。

(6) 浏览器重定向到 /user/[username]，由单用户的 Jupyter Notebook Server 处理请求。

(7) 单用户的 Jupyter Notebook Server 检查 cookie；如果没有 cookie，重定向 Hub 到认证界面。

(8) 完成 Hub 认证后，浏览器重定向到 single-user server，Token 被验证并且存储到 cookie 中，用于后续的访问。

(9) 如果没有用户被验证，浏览器重定向到 /hub/login 路由，用户重新登录。

进行 Kubeflow 中的 JupyterHub 认证时，直接使用 DummyAuthenticator，不使用 JupyterHub 默认的 PAM。DummyAuthenticator 继承自 JupyterHub 的 Authenticator 类，主要对用户登录进行验证。登录认证时，首先判断该用户以前是否登录过，如果没登录过，直接返回用户名并注册到数据库；如果用户以前登录过，需要判断数据库中用户的密码和用户登录时的密码是否一致，一致就能登录成功，并跳转到资源分配界面。

具体的 DummyAuthenticator.py 文件内容如下，其使得用户可以使用任何用户名登录，而不需要提前注册。

```
from traitlets import Unicode
from JupyterHub.auth import Authenticator
from tornado import gen

class DummyAuthenticator(Authenticator):
  password = Unicode(
    None,
    allow_none=True,
    config=True,
    help="""
    Set a global password for all users wanting to log in.
    This allows users with any username to log in with the same static password.
    """
  )

  @gen.coroutine
  def authenticate(self, handler, data):
    if self.password:
      if data['password'] == self.password:
```

```
return data['username']
        return None
    return data['username']
```

登录后进入镜像选择界面，可以看到 Image、CPU、Memory、Extra Resource Limits。如果想要改变默认的镜像显示名称，需要修改 JupyterHub_config.py 文件中的 dataList 模块（见下面代码模块），将 value 值替换为自己的镜像标签，重新部署 JupyterHub 模块，这样就可以使用自己构建的环境。JupyterHub 的镜像选择界面如图 12-1 所示。

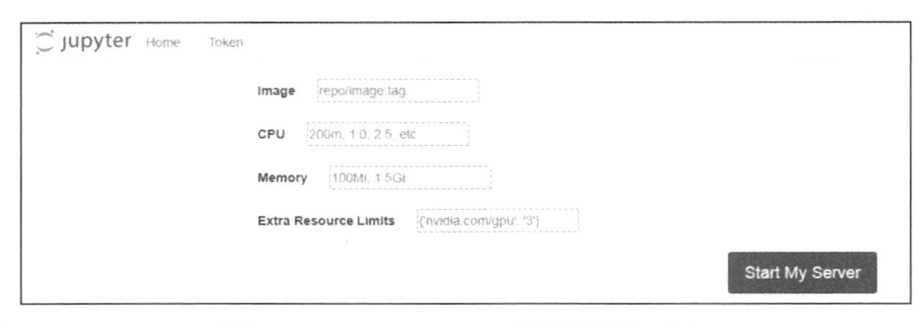

图 12-1　JupyterHub 的镜像选择界面

```
<dataList id="image">
  <option value="gcr.io/kubeflow-images-staging/tensorflow-1.4.1-notebook-cpu:v20180403-1f854c44">
  <option value="gcr.io/kubeflow-images-staging/tensorflow-1.4.1-notebook-gpu:v20180403-1f854c44">
</dataList>
```

选择完镜像后，点击“Start My Server”，JupyterHub 就会启动 Notebook，并跳转到对应的界面（类似 Jupyter Notebook 的界面），可以在该界面新建 Python 文件，运行对应的程序。

12.4　Kubeflow-operator

Kubeflow-operator 主要利用 Kubernetes 的用户自定义资源（Custom Resource Defination，CRD）实现资源的快速注册和使用，利用 Controller（这里为 tf-operator 镜像、pytorch-operator 镜像等）监听 CRD 实例（以及关联的资源）的 CRUD 事件，使得注册的资源对象达到预期的状态，然后执行相应的业务逻辑。Kubernetes 的 CRD 是对资源的定义，Controller 通过监听 CRD 的 CRUD 事件来执行自定义的业务逻辑。Kubeflow 以 Kubernetes 的 Pod/Headless Service 等基础资源为基础，通过对应的 Operator 封装更高层次的资源，实现 TensorFlow、PyTorch、MXNet 等深度学习框架的分布式训练。

12.4.1　tf-operator

（一）tf-operator 的定义

tf-operator 创建的是 TFJob CRD，TFJob 能够将 TensorFlow 的训练任务运行在 Kubernetes

的自定义资源中，提供分布式 TensorFlow 训练任务，利用 TensorFlow 官方提供的 API 进行分布式训练。TensorFlow API 提供了 Cluster、Server 以及 Supervisor3 种模式来支持模型的分布式训练。

TensorFlow 分布式训练由多个 Task 组成，每个 Task 对应一个 tf.train.Server 实例，也称为 Cluster 中的一个单独节点。作用相同的 Task 可以被划分为一个 Job，一个分布式 TFJob 通常包括以下 4 个部分：必选项有 Parameter Server（PS）和 Worker，可选项有 Chief 和 Evaluator。PS 执行与模型相关的作业，包括模型参数存储、分发、汇总、更新。Worker 执行与训练相关的作业，包括推理计算和梯度计算。Chief 主要负责训练任务的协调。Evaluator 负责在训练过程中对模型进行性能评估。

TFJob 定义通过 yaml 文件实现，详细的文件说明如下。从定义中可以看出 TFJob 是通过 Kubernetes 的 CRD 实现的，CRD 是扩展 Kubernetes 最常用的方式，用户通过 CRD 可以创建自定义的资源（如 Deployment、StatefulSet 等）。创建新的 CRD 时，Kubernetes API Server 会为每个版本创建新的 RESTful 资源路径。CRD 的权限范围可以是命名空间的，也可以是集群的，通过 CRD 中的 scope 字段进行设置。与现有的内置对象一样，若删除命名空间，则该命名空间中的所有自定义对象也会被删除。

```
apiVersion:apiextensions.k8s.io/v1beta1
kind:CustomResourceDefinition
metadata:
 name:TFJobs.kubeflow.org # 名称必须符合的格式：<plural>.<group>
spec:
 group:kubeflow.org # REST API 使用的组名称：/apis/<group>/<version>
 version:v1alpha2 # REST API 使用的版本号：/apis/<group>/<version>
 names:
  kind:TFJob # 驼峰格式的单数类型，在清单文件中使用。
  plural:TFJobs # URL 中使用的复数名称：/apis/<group>/<version>/<plural>
  singular:TFJob #kubectl 命令行中使用的资源简称
 validation:
  openAPIV3Schema:# 使用 openAPIV3Schema 进行验证
   properties:
    spec:
     properties:
      tfReplicaSpecs:# 定义 TFJob 包含 tfReplicaSpecs 字段
properties:
Chief:# 定义 tfReplicaSpecs 字段中的 Chief
 properties:
  replicas:# Chief 的 replicas 字段，数量为 1
maximum:1
minimum:1
type:integer
PS:# 定义 tfReplicaSpecs 字段中的 PS
 properties:
  replicas:# PS 的 replicas 字段，数量最小为 1
minimum:1
type:integer
Worker:# 定义 tfReplicaSpecs 字段中的 Worker
```

```
  properties:
    replicas:# Worker 的 replicas 字段，数量最小为 1
  minimum:1
  type:integer
```

- PS：作为参数服务器，PS 只保存 TensorFlow Model 的参数，一般被放在 CPU 上运行。
- Worker：作为计算节点，Worker 只执行计算密集型的图计算任务。启动 Worker 的任务称为 Job，其可被放在 GPU 上运行。一个 Job 可以有 1 ～ N 个 Worker，每个 Worker 必须包含一个 TensorFlow 的容器，进而运行 TensorFlow 任务。
- Chief：负责协调训练任务和检查模型。

在集群中执行 TensorFlow 分布式运算时，所有节点执行的代码是相同的。如果 Workers 非正常退出，可以自动重启。如果没有定义一个名称为 TensorFlow 的容器，TFJob 会自动添加一个容器到 Pod 中，这个 Pod 可为每个 PS 启动一个标准的 TensorFlow gRPC 服务器，用于 Pod 之间的通信。

对于每个重复集（replica），需要定义一个叫作 k8s PodTemplateSpec 的模板。这个模板允许定义一个容器、存储卷等创建重复集需要的资源。

根据 TFJob 规范，tfReplicaSpecs 字段包括如下 3 个内容。

（1）replicas：表示生成 TFJob 的副本数。

（2）template：一个 PodTemplateSpec，描述每个副本创建的 Pod。该 Pod 必须包含名为 TensorFlow 的容器。

（3）restartPolicy：确定 Pod 退出时是否重新启动。允许的值包括：Always、OnFailure、ExitCode、Never。

- Always：意味着将始终重新启动任务。此策略适用于参数服务器，因为它们永远不会退出，在设备发生故障时，任务会在其他设备上重新启动，继续执行。
- OnFailure：意味着如果 Pod 因为故障退出，则将重新启动 Pod。退出代码非 0 表示失败。退出代码为 0 表示成功，并且不会重新启动 Pod。
- ExitCode：表示重启行为取决于 TensorFlow 容器的退出代码。具体地，0 表示进程已成功完成，容器不会重新启动；1-127 表示永久性错误，容器不会重新启动；128-255 表示可重试错误，容器将重新启动。这项协议对 Chief 和 Worker 有利。
- Never：意味着终止的 Pod 永远不会重新启动。通常很少使用此策略，因为使用此策略时，Kubernetes 将因任一错误而（如节点异常）终止 Pod，这将阻止作业恢复。

通过上述用户资源定义，创建 TFJob，然后创建 tf-operator，tf-operator 自身以 Deployment 的方式部署，具体的 yaml 文件如下。tf-operator 启动后，通过 list-watch 不断地监听 TFJob 资源的相关事件，当收到创建 TFJob 事件时，tf-operator 依次创建 PS、Worker、Chief（Master）的 replica 资源。以 PS Replica 为例，根据 replica 的数量依次创建相同数量的 Pod，并为每个 Pod 创建 Headless Service。此外，它还生成了环境变量 TF_CONFIG 。TF_CONFIG 记录了所有 Pod 的域名和端口，最终在创建 Pod 时被注入容器中。

```
apiVersion:extensions/v1beta1
```

```
kind:Deployment
metadata:
 name:tf-Job-operator-v1alpha2
 namespace:default
spec:
 replicas:1
 template:
  metadata:
   labels:
    name:tf-Job-operator
  spec:
   containers:
   - command:
    - /opt/kubeflow/tf-operator.v1
    - --alsologtostderr
    - -v=1
    env:
    - name:MY_POD_NAMESPACE
     valueFrom:
      fieldRef:
fieldPath:metadata.namespace
    - name:MY_POD_NAME
     valueFrom:
      fieldRef:
fieldPath:metadata.name
    image:gcr.io/kubeflow-images-public/tf_operator:v0.2.1
    name:tf-Job-operator
    volumeMounts:
    - mountPath:/etc/config
     name:config-volume
   serviceAccountName:tf-Job-operator
   volumes:
   - configMap:
     name:tf-Job-operator-config
    name:config-volume
```

（二）TFJob 格式详解

TFJob 在 Kubernetes 集群中通过 yaml 文件进行定义、创建，典型的 TFJob 类型的 yaml 文件如下。

```
apiVersion:kubeflow.org/v1alpha2
kind:TFJob
metadata:
 labels:
  experiment:experiment10
 name:TFJob
 namespace:Kubeflow
spec:
 tfReplicaSpecs:
  Ps:
   replicas:1
   template:
```

```
      metadata:
        creationTimestamp:null
      spec:
        containers:
        - args:
          - python
          - tf_cnn_benchmarks.py
          - --batch_size=32
          - --model=resnet50
          - --variable_update=parameter_server
          - --flush_stdout=true
          - --num_gpus=1
          - --local_parameter_device=cpu
          - --device=cpu
          - --data_format=NHWC
          image:gcr.io/kubeflow/tf-benchmarks-cpu:v20171202-bdab599-dirty-284af3
          name:tensorflow
          ports:
          - containerPort:2222
  name:tfJob-port
          resources:{}
          workingDir:/opt/tf-benchmarks/scripts/tf_cnn_benchmarks
        restartPolicy:OnFailure
    Worker:
      replicas:1
      template:
      metadata:
        creationTimestamp:null
      spec:
        containers:
        - args:
          - python
          - tf_cnn_benchmarks.py
          - --batch_size=32
          - --model=resnet50
          - --variable_update=parameter_server
          - --flush_stdout=true
          - --num_gpus=1
          - --local_parameter_device=cpu
          - --device=cpu
          - --data_format=NHWC
          image:gcr.io/kubeflow/tf-benchmarks-cpu:v20171202-bdab599-dirty-284af3
          name:tensorflow
          ports:
          - containerPort:2222
  name:tfJob-port
          resources:{}
          workingDir:/opt/tf-benchmarks/scripts/tf_cnn_benchmarks
        restartPolicy:OnFailure
  status:
```

```
conditions:
- lastTransitionTime:2018-07-29T00:31:48Z
  lastUpdateTime:2018-07-29T00:31:48Z
  message:TFJob TFJob is running.
  reason:TFJobRunning
  status:"True"
  type:Running
startTime:2018-07-29T21:40:13Z
tfReplicaStatuses:
  PS:
    active:1
  Worker:
    active:1
```

TFJob 定义文件模板中各属性的详细信息，见表 12-2。

表 12-2 TFJob 定义文件模板中各属性的详细信息

属性名称	取值类型	是否必选	取值说明
apiVersion	String	Required	版本号，例如 kubeflow.org/v1alpha2
kind	String	Required	TFJob
metadata	Object	Required	元数据
metadata.name	String	Required	TFJob 的名称，命名规则符合 RFC1035 规范
metadata.namespace	String	Required	TFJob 所属的命名空间
metadata.labels[]	List	—	自定义标签列表
Spec	Object	Required	TFJob 的详细定义
spec.tfReplicaSpecs	Object	—	TensorFlow 的 PS 和 Worker 控制器，类似 K8s 的 ReplicaSet
spec.tfReplicaSpecs.Ps	Object	Required	参数服务器
spec.tfReplicaSpecs.Ps.replicas	Int	Required	参数服务器数量，代表受此 RS 管理的 PS 需要运行的副本数
spec.tfReplicaSpecs.Ps.template	Object	Required	用于定义 PS
spec.tfReplicaSpecs.Ps.template.metadata	Object	—	PS 的元数据
spec.tfReplicaSpecs.Ps.template.metadata.creationTimestamp	String	—	PS 的创建时间
spec.tfReplicaSpecs.Ps.template.spec	Object	—	PS 的详细定义
spec.tfReplicaSpecs.Ps.template.spec.containers[]	List	—	PS 的容器的详细定义
spec.tfReplicaSpecs.Ps.template.spec.containers[].image	String	—	容器的镜像名称
spec.tfReplicaSpecs.Ps.template.spec.containers[].name	String	—	容器的名称，命名规范符合 RFC1035 规范
spec.tfReplicaSpecs.Ps.template.spec.containers[].args[]	List	—	容器的启动命令参数列表

（续表）

属性名称	取值类型	是否必选	取值说明
spec.tfReplicaSpecs.Ps.template.spec.containers[].ports[]	List	—	容器需要暴露的端口号列表
spec.tfReplicaSpecs.Ps.template.spec.containers[].ports[].containerPort	Int	—	容器需要监听的端口号
spec.tfReplicaSpecs.Ps.template.spec.containers[].ports[].name	String	—	端口的名称
spec.tfReplicaSpecs.Ps.template.spec.containers[].resource	Object	—	资源限制和资源请求的设置，详见 Kubernetes 的 resource
spec.tfReplicaSpecs.Ps.template.spec.containers[].workingDir	String	—	容器的工作目录
spec.tfReplicaSpecs.Ps.template.spec.restartPolicy	String	—	Pod 的重启策略，可选值为 Always、OnFailure、Never
spec.tfReplicaSpecs.Worker	Object	Required	Worker，执行具体的计算任务
Status	Object	—	TFJob 的状态
status.conditions[]	List	—	TFJob 的当前状态
status.conditions[].lastTransitionTime	String	—	TFJob 从一个状态变成到另外一个状态所需的时间
status.conditions[].lastUpdateTime	String	—	TFJob 状态最近更新的时间
status.conditions[].message	String	—	向 CRD 传递的消息内容，用来表示 transition 的状态
status.conditions[].reason	String	—	唯一的，单个字的，驼峰变量表示最后 transition 的状态，例如 TFJobFailed、TFJobRunning、TFJobSuccessed
status.conditions[].status	String	—	有 3 个状态：True、False、Unknown，表示是否获取当前状态
status.conditions[].type	String	—	TFJob 的状态类型，Created 表示系统接收到 TFJob，但是还有 Pod/Service 未启动，Restarting、Running 表示 TFJob 的所有子资源（例如 Service/Pod）被成功调度、启动并且正在运行，Succeeded 表示 Job 成功完成，Failed 表示 Job 失败
status.startTime	String	—	TfJob 开始运行时间
status.tfReplicaStatuses[]	Object	—	tfReplica 的状态
status.tfReplicaStatuses.PS[]	Object	—	tfReplica 中 PS 的状态
status.tfReplicaStatuses.PS[].active	Int	—	tfReplica 中处于激活状态 PS 的数量
status.tfReplicaStatuses.PS[].failed	Int	—	tfReplica 中处于失败状态 PS 的数量
status.tfReplicaStatuses.PS[].Succeeded	Int	—	tfReplica 中处于成功状态 PS 的数量
status.tfReplicaStatuses.Worker[]	Int	—	tfReplica 中 Worker 的状态
status.tfReplicaStatuses.Worker[].active	Int	—	tfReplica 中处于激活状态的 Worker 数量

（续表）

属性名称	取值类型	是否必选	取值说明
status.tfReplicaStatuses.Worker[].failed	Int	—	tfReplica 中处于失败状态的 Worker 数量
status.tfReplicaStatuses.Worker[].Succeeded	Int	—	tfReplica 中处于成功状态的 Worker 数量

（三）TFJob 状态分析

TFJob 的运行状态用 status 字段表示，status.conditions[] 用于保存 TFJob 的当前状态，其下含有 5 个字段，具体见表 12-3。

表 12-3　TFJob 运行状态

状态	含义
lastUpdateTime	TFJob 状态最近的更新时间
lastTransitionTime	TFJob 最近从一个状态到另外一个状态的时间
message	向 CRD 传递的消息内容，表示 transition 的状态
reason	唯一的，单个字的，驼峰变量，表示最后 transition 的状态，例如 TFJobFailed、TFJobRunning、TFJobSuccessed
status	String 类型，取值为 True、False、Unknown

创建好 TFJob 后，可以利用 Kubernetes API 获得 TFJob 的状态，由表 12-2 可知 TFJob 的 type 字段有 5 种类型，具体见表 12-4。

表 12-4　TFJob.type 字段的 5 种类型

PS	Worker	TfJob.type
—	—	TFJobCreated
Running	Running	TFJobRunning
由 restartPolicy 决定	由 restartPolicy 决定	TFJobRestarting
Succeed	Succeed	TFJobSucceeded
Failed	Failed	TFJobFailed
Failed	Running	TFJobFailed

(1) 如果 TFJob 有 PS，那么 TFJob 的状态由 PS 的状态决定。

(2) 如果 TFJob 有 Worker，那么 TFJob 的状态由 Worker 的状态决定。

(3) TFJob 退出或者退出代码为 0 时，表示 TFJob 成功运行。

(4) 非 0 退出的情况下，TFJob 的状态由 replica 的 restartPolicy 决定。

- 如果 restartPolicy 策略为允许重启，那么容器会重启，TFJob 会继续执行。
- restartPolicy 的 ExitCode 是独立的。
- 如果 restartPolicy 被设置为不允许重启，非零的退出码表示 TFJob 失败，标记为 Failed。

（四）TFJob 示例

（1）代码准备

TFJob 的运行代码在 GitHub 仓库的 tf-operator 中，路径为 tf-operator/examples/dist-mnist，运行文件为 dist_mnist.py，该文件实现了 TensorFlow 的分布式训练。

（2）镜像构建

文件夹 tf-operator/examples/dist-mnist 下含有 Dockerfile 文件，在 Dockerfile 中可以看到基础镜像为 tensorflow/tensorflow:1.5.0，利用基础镜像可以构建所需的镜像，可以使用命令 docker build -f Dockerfile -t kKubeflow/tf-dist-mnist-test:1.0 进行离线构建，生成对应的镜像，并将镜像装载到调度的节点上。

（3）创建 Job

编写 Job 创建文件，这里为 tf_Job_mnist.yaml，具体如下。

```
apiVersion:"kubeflow.org/v1alpha2"
kind:"TFJob"
metadata:
 name:"example-job"
spec:
 tfReplicaSpecs:
  PS:
   replicas:2
   restartPolicy:Never
   template:
    spec:
     containers:
      - name:tensorflow
       image:kubeflow/tf-dist-mnist-test:1.0
       args:
        - --train_steps=2000
  Worker:
   replicas:2
   restartPolicy:Never
   template:
    spec:
     containers:
      - name:tensorflow
       image:kubeflow/tf-dist-mnist-test:1.0
       args:
        - --train_steps=2000
```

编写好对应的 yaml 文件后，利用 kubectl 命令 kubectl create -f tf_job_mnist.yaml -n Kubeflow 创建对应的 Job，然后利用如下命令查看对应的 Job 运行状况。查看代码后发现数据被下载到容器内的 /tmp/mnist-data 路径下。如果是离线环境，则不能从官方网站下载数据，需要提前将 MNIST 数据集放到 nfs 路径下，在 nfs 路径下是 MNIST 数据集的 4 个压缩包，通过修改 yaml 文件将数据从 nfs 路径挂载到容器内的 /tmp/mnist-data 路径下。

```
$ kubectl get TFJobs
NAME        AGE
```

```
example-job   7m
$ kubectl logs -f example-job-master-s050-0-me6p1  -n Kubeflow
2019-04-08 08:20:23.737078:I tensorflow/core/platform/cpu_feature_guard.cc:137] Your CPU supports instructions that this TensorFlow binary was not compiled to use:SSE4.1 SSE4.2 AVX AVX2 FMA
2019-04-08 08:20:23.813656:I tensorflow/stream_executor/cuda/cuda_gpu_executor.cc:892] successful NUMA node read from SysFS had negative value (-1), but there must be at least one NUMA node, so returning NUMA node zero
2019-04-08 08:20:23.813931:I tensorflow/core/common_runtime/gpu/gpu_device.cc:1030] Found device 0 with properties:
name:GeForce GTX 1080 major:6 minor:1 memoryClockRate(GHz):1.8095
pciBusID:0000:01:00.0
totalMemory:7.93GiB freeMemory:7.78GiB
2019-04-08 08:20:23.813945:I tensorflow/core/common_runtime/gpu/gpu_device.cc:1120] Creating TensorFlow device (/device:GPU:0) -&gt; (device:0, name:GeForce GTX 1080, pci bus id:0000:01:00.0, compute capability:6.1)
E0408 08:20:23.920887038       1 ev_epoll1_linux.c:1051]     grpc epoll fd:24
2019-04-08 08:20:23.927496:I tensorflow/core/distributed_runtime/rpc/grpc_channel.cc:215] Initialize GrpcChannelCache for Job ps -&gt; {0 -&gt; p20190408-082019-6bc250de-ps-0.Kubeflow.svc.cluster.local:2222}
2019-04-08 08:20:23.927531:I tensorflow/core/distributed_runtime/rpc/grpc_channel.cc:215] Initialize GrpcChannelCache for job worker -&gt; {0 -&gt; localhost:2222}
2019-04-08 08:20:23.927984:I tensorflow/core/distributed_runtime/rpc/grpc_server_lib.cc:324] Started server with target:grpc://localhost:2222
2019-04-08 08:20:34.496457:I tensorflow/core/distributed_runtime/master_session.cc:1004] Start master session 9cd7b5bbc6a2d557 with config:device_filters: "/Job:ps" device_filters: "/Job:Worker/task:0" allow_soft_placement:true
batch_size:50
Job_name :Worker
task_index :0
Extracting /tmp/mnist-data/train-images-idx3-ubyte.gz
Extracting /tmp/mnist-data/train-labels-idx1-ubyte.gz
Extracting /tmp/mnist-data/t10k-images-idx3-ubyte.gz
Extracting /tmp/mnist-data/t10k-labels-idx1-ubyte.gz
Worker 0:Initializing session...
Worker 0:Session initialization  complete.
Start training with pretrained Model..
Training begins @ 1554711637.033765
1554711637.733923:Worker 0:training step 0 done (global step:0 train_steps:2000)     train accuracy:0.040000 loss:2.301629
test accuracy:0.302400
1554711638.625437:Worker 0:training step 1 done (global step:1 train_steps:2000)     train accuracy:0.280000 loss:2.183972
……
1554712739.582886:Worker 0:training step 1906 done (global step:1906 train_steps:2000)     train accuracy:0.600000     loss:1.867246
1554712740.158290:Worker 0:training step 1907 done (global step:1907 train_steps:2000)     train accuracy:0.540000     loss:1.921147
1554712793.819560:Worker 0:training step 2000 done (global step:2000 train_steps:2000)     train accuracy:0.740000     loss:1.721150
test accuracy:0.636400
Training elapsed time:1157.0725507736206
```

（五）使用 GPU 训练 TFJob

进行深度学习模型训练，由于 CPU 训练较慢，通常使用 GPU 加速。利用 GPU 训练时配置较为复杂，大致需要经过如下 4 步。

（1）在 Kubernetes 集群中含有 GPU 的工作站上安装 NVIDIA 的 CUDA，具体参考 NVIDIA 官方网站，根据对应的 GPU 型号查找对应的驱动和 CUDA 版本，然后进行安装。

（2）安装 nvidia-docker，配置 nvidia-docker 并启动；nvidia-docker 的具体下载和安装可以参考官方的 nvidia-docker 安装教程，查看 nvidia-docker 支持，参照支持进行安装，安装完成后，修改 Docker 的 daemon.json 文件，具体内容如下。

```
{
  "default-runtime":"nvidia",
  "runtimes":{
    "nvidia":{
      "path":"/usr/bin/nvidia-container-runtime",
      "runtimeArgs":[]
    }
  }
}
```

（3）利用 nvidia-device-plugin.yml 文件，部署 NVIDIA 设备插件到集群中；部署成功后可以利用 Kubernetes 命令行查看集群中每台机器的 GPU 数量，这说明已成功部署 nvidia-device-plugin，可以在后面使用特定的 GPU。

```
$ kubectl get nodes "-o=custom-columns=NAME:.metadata.name,GPU:.status.allocatable.nvidia\.com/gpu"
NAME        GPU
master-0-6  <none>
nodes-0-7   1
nodes-0-8   2
```

（4）修改由 TFJob 创建的 yaml 文件中的 Worker 设置，在 resources 中添加 limits 和 requests，limits 表示启动容器时，该容器使用 1 个 GPU，requests 表示请求 1 个 GPU。如果只使用 limits，那么在该容器内可以看到被调度到机器中的所有 GPU，而加上 requests 之后，在该容器内使用 nvidia-smi 只能看到 1 个 GPU。

```
Worker:
   replicas:1
   template:
    metadata:
     creationTimestamp:null
    spec:
     containers:
     - args:
      - python
      - tf_cnn_benchmarks.py
      - --batch_size=32
      - --model=resnet50
      - --variable_update=parameter_server
      - --flush_stdout=true
```

```
        - --num_gpus=1
        - --local_parameter_device=cpu
        - --device=cpu
        - --data_format=NHWC
        image:gcr.io/kubeflow/tf-benchmarks-cpu:v20171202-bdab599-dirty-284af3
        name:tensorflow
        ports:
        - containerPort:2222
          name:tfjob-port
        resources:
          limits:
            nvidia.com/gpu:1
          requests:
            nvidia.com/gpu:1
        workingDir:/opt/tf-benchmarks/scripts/tf_cnn_benchmarks
      restartPolicy:OnFailure
```

12.4.2 pytorch-operator

(一) pytorch-operator定义

pytorch-operator是一种将PyTorch训练任务运行在Kubernetes平台的Kubernetes自定义资源，即用于分布式PyTorch任务。pytorch-operator创建的是PyTorchJob CRD，PyTorchJob是一种用户创建的Kubernetes用户自定义资源，通过PyTorchJob，用户编写的PyTorch代码可以在Kubernetes集群中运行。

在yaml文件中，PyTorchJob的具体定义如下。从定义中可以看出，PyTorchJob是通过Kubernetes的CRD实现的，大致的结构与TFJob类似。

```
apiVersion:apiextensions.k8s.io/v1beta1
kind:CustomResourceDefinition
metadata:
  name:pytorchjobs.kubeflow.org # 名称必须符合的格式: <plural>.<group>
spec:
  group:kubeflow.org # REST API 使用的组名称: /apis/<group>/<version>
  names:
    kind:PyTorchJob # 驼峰格式的单数类型，在清单文件中使用
    plural:pytorchjobs # URL 中使用的复数名称: /apis/<group>/<version>/<plural>
    singular:pytorchjob # URL 中使用的复数名称: /apis/<group>/<version>/<singular>
  scope:Namespaced # 表示 PyTorchJob 作用域为某个命名空间，不是全局
  validation:
    openAPIV3Schema:
      properties:
        spec:
          properties:
            pytorchReplicaSpecs:# 定义 PyTorchJob 包含 pytorchReplicaSpecs 字段
              properties:
                Master:# pytorchReplicaSpecs 字段 Master
                  properties:
                    replicas:
```

```
            maximum:1
            minimum:1
            type:integer
        Worker: # pytorchReplicaSpecs 字段 Worker
          properties:
            replicas:
              minimum:1
              type:integer
  version:v1beta1 # REST API 使用的版本号: /apis/<group>/<version>
```

通过上面的用户资源定义创建 PyTorchJob，然后创建 pytorch-operator。pytorch-operator 自身以 Deployment 的方式部署，具体的 yaml 文件如下。pytorch-opterator 启动后，通过 list-watch 不断监听 PyTorchJob 资源的相关事件，当收到创建 PyTorchJob 事件的命令时，pytorch-operator 依次创建 Master、Worker 的 Replica 资源。

```
apiVersion:extensions/v1beta1
kind:Deployment
metadata:
  name:pytorch-operator
  namespace:Kubeflow
spec:
  replicas:1
  template:
    metadata:
      labels:
        name:pytorch-operator
    spec:
      containers:
      - command:
        - /pytorch-operator.v1beta1
        - --alsologtostderr
        - -v=1
        env:
        - name:MY_POD_NAMESPACE
          valueFrom:
            fieldRef:
              fieldPath:metadata.namespace
        - name:MY_POD_NAME
          valueFrom:
            fieldRef:
              fieldPath:metadata.name
        image:gcr.io/kubeflow-images-public/pytorch-operator:v0.4.0
        name:pytorch-operator
        volumeMounts:
        - mountPath:/etc/config
          name:config-volume
      serviceAccountName:pytorch-operator
      volumes:
      - configMap:
          name:pytorch-operator-config
        name:config-volume
```

准备好 pytorch-operator 的 yaml 文件后，登录集群，利用 kubectl 命令部署 pytorch-operator 的运行环境，若部署成功，则可以看到对应的 Operator 正在运行，具体如下。

```
test@test:~$ kubectl get pods -n Kubeflow
NAME READY        STATUS    RESTARTS          AGE
pytorch-operator-5c5dbb869    1/1        Running        0 13min
```

（二）pytorch-operator 示例

运行 pytorch-operator 需要以下 3 步。

（1）构建运行示例镜像 Dockerfile

通过命令 docker build -t quelle/pytorch-operator/pytorch_mnist_cpu:latest 构建镜像，Dockerfile 文件的内容如下。

```
FROM nvidia/cuda:9.0-cudnn7-devel-ubuntu16.04
ARG PYTHON_VERSION=3.6

RUN apt-get update && apt-get install -y --no-install-recommends \
      build-essential \
      cmake \
      git \
      curl \
      vim \
      ca-certificates \
      openssh-client \
      libjpeg-dev \
      libpng-dev &&\
   rm -rf /var/lib/apt/Lists/*

RUN curl -o ~/miniconda.sh -O  https://repo.continuum.io/miniconda/Miniconda3-latest-Linux-x86_64.sh  && \
   chmod +x ~/miniconda.sh && \
   ~/miniconda.sh -b -p /opt/conda && \
   rm ~/miniconda.sh && \
   /opt/conda/bin/conda install -y python=$PYTHON_VERSION numpy pyyaml scipy ipython mkl mkl-include
cython typing && \
   /opt/conda/bin/conda install -y -c pytorch magma-cuda90 && \
   /opt/conda/bin/conda install -c conda-forge openmpi && \
   /opt/conda/bin/conda clean -ya
ENV PATH /opt/conda/bin:$PATH
# This must be done before pip so that requirements.txt is available
WORKDIR /opt/pytorch
#COPY . .
RUN git clone --recursive https://GitHub.com/pytorch/pytorch
#RUN git submodule update --init --recursive
RUN TORCH_CUDA_ARCH_LIST="3.5 5.2 6.0 6.1 7.0+PTX" TORCH_NVCC_FLAGS="-Xfatbin -compress-all" \
   CMAKE_PREFIX_PATH="$(dirname $(which conda))/../" \
   cd pytorch/ && \
   pip install -v .

RUN /opt/conda/bin/conda config --set ssl_verify False
RUN pip install --upgrade pip --trusted-host pypi.org --trusted-host files.pythonhosted.org
RUN pip install --trusted-host pypi.org --trusted-host files.pythonhosted.org torchvision
```

```
WORKDIR /workspace
RUN chmod -R a+w /workspace

ADD . /opt/pytorch_dist_mnist
ENTRYPOINT ["mpirun", "-n", "2", "--allow-run-as-root", "python", "-u", "/opt/pytorch_dist_mnist/mnist_
ddp_CPU.py"]
```

（2）yaml 文件配置

分布式 MNIST 示例的配置文件（example.yaml）格式如下，可根据自己的需求对其进行更改。

```
apiVersion:"kubeflow.org/v1beta1"
kind:"PyTorchJob"
metadata:
  name:"mnist22"
spec:
  pytorchReplicaSpecs:
    Master:
      replicas:1
      restartPolicy:OnFailure
      template:
        spec:
          containers:
            - name:pytorch
            image:quelle/pytorch-operator/pytorch_mnist_cpu:latest
    Worker:
      replicas:1
      restartPolicy:OnFailure
      template:
        spec:
          containers:
            - name:pytorch
              image:quelle/pytorch-operator/pytorch_mnist_cpu:latest
```

pytorch-operator 的 yaml 文件内的具体参数解释与 tf-operator 类似，这里不再赘述。

（3）创建 PyTorchJob

编写完 yaml 文件后，创建 PyTorchJob 并开始训练，命令如下。

```
kubectl create -f example.yaml -n Kubeflow
```

可通过下面命令查看任务启动情况，下面展示了 Kubeflow 命名空间中运行的 Pod，可以看出 PyTorchJob 正在运行，且已经运行了 10 s，具体如下。

```
$ kubectl get pods -n Kubeflow
NAME    READY   STATUS        RESTARTS  AGE
mnist22-master-0  1/1     Running        0        10s
mnist22-Worker-0  1/1     Running        0        10s

test@test:/nfs/general/pytorch$ kubectl get PyTorchJob -n Kubeflow
NAME     AGE
mnist22   1m
```

在模型训练时，可以通过查看日志得到训练进度，具体如下。

```
$ kubectl logs -f mnist22-Worker-0 -n Kubeflow
---------------------------------------------------------------------------
```

```
WARNING:Linux kernel CMA support was requested via the
btl_vader_single_copy_mechanism MCA variable, but CMA support is
not available due to restrictive ptrace settings.

The vader shared memory BTL will fall back on another single-copy
mechanism if one is available. This may result in lower performance.

  Local host:mnist22-Worker-0
--------------------------------------------------------------------------
4 2
4 3
4 0
4 1
[0/4] num_batches = [0/4]  [0/4] 1875
[1/4] num_batches = [1/4]  [1/4] 1875
[3/4] num_batches = [3/4]  [3/4] 1875
[2/4] num_batches = [2/4]  [2/4] 1875
[0/4] first broadcast start
[1/4] first broadcast start
[3/4] first broadcast start
[2/4] first broadcast start
[0/4] first broadcast done
[3/4] first broadcast done
[1/4] first broadcast done
[2/4] first broadcast done
/opt/pytorch_dist_mnist/mnist_DDP_CPU.py:122:UserWarning:Implicit dimension choice for log_softmax has been deprecated. Change the call to include dim=X as an argument.
  return F.log_softmax(x)
/opt/pytorch_dist_mnist/mnist_DDP_CPU.py:122:UserWarning:Implicit dimension choice for log_softmax has been deprecated. Change the call to include dim=X as an argument.
  return F.log_softmax(x)
/opt/pytorch_dist_mnist/mnist_DDP_CPU.py:122:UserWarning:Implicit dimension choice for log_softmax has been deprecated. Change the call to include dim=X as an argument.
  return F.log_softmax(x)
/opt/pytorch_dist_mnist/mnist_DDP_CPU.py:122:UserWarning:Implicit dimension choice for log_softmax has been deprecated. Change the call to include dim=X as an argument.
  return F.log_softmax(x)
[mnist22-Worker-0:00001] 3 more processes have sent help message help-btl-vader.txt / cma-permission-denied
[mnist22-Worker-0:00001] Set MCA parameter "orte_base_help_aggregate" to 0 to see all help / error messages
[1/4] Epoch 0 Loss 0.325965 Global batch size 128 on 4 ranks
[2/4] Epoch 0 Loss 0.330873 Global batch size 128 on 4 ranks
[0/4] Epoch 0 Loss 0.326565 Global batch size 128 on 4 ranks
[3/4] Epoch 0 Loss 0.326245 Global batch size 128 on 4 ranks
[1/4] Epoch 1 Loss 0.137995 Global batch size 128 on 4 ranks
[2/4] Epoch 1 Loss 0.135138 Global batch size 128 on 4 ranks
[0/4] Epoch 1 Loss 0.135965 Global batch size 128 on 4 ranks
[3/4] Epoch 1 Loss 0.134229 Global batch size 128 on 4 ranks
[0/4] Epoch 2 Loss 0.104560 Global batch size 128 on 4 ranks
[0/4] training time=[0/4]  [0/4] 0:00:41.542950
[1/4] Epoch 2 Loss 0.105985 Global batch size 128 on 4 ranks
[1/4] training time=[1/4]  [1/4] 0:00:41.543042
[2/4] Epoch 2 Loss 0.104707 Global batch size 128 on 4 ranks
```

```
[2/4] training time=[2/4]  [2/4] 0:00:41.530347
[3/4] Epoch 2 Loss 0.106494 Global batch size 128 on 4 ranks
[3/4] training time=[3/4]  [3/4] 0:00:41.543361
```

12.5 Katib

现代机器学习系统的算法虽然拥有巨大的潜力，却对参数设置很敏感，要让系统高效运行，只能不断手动调参，再加上机器学习系统是“黑箱”，无法确定内部过程，因此调参耗时耗力，还很难出结果。自动机器学习（AutoML）的目标就是通过自动化的数据驱动方式做出决策，选择合适的算法，优化超参数。用户只要提供数据，自动机器学习系统就能自动地决定出最佳的模型参数。

自动机器学习不仅包括大家熟知的算法选择、超参数优化和神经网络架构搜索，还覆盖了机器学习工作流的每一步：自动准备数据、自动特征选择、自动选择算法、超参数优化、自动流水线 / 工作流构建、神经网络架构搜索、自动模型选择和集成学习。

Katib 是一个基于 Kubernetes 的超参数优化系统，采用超参数优化策略，可方便快速地选择合适的超参数，是对 Google Vizier 的开源实现。Google Vizier 是谷歌公司内部的机器学习超参数训练系统的一个子系统。利用迁移学习等技术，Google Vizier 能自动优化其他机器学习系统的超参数。Katib 在阿拉伯语中表示的是秘书，Vizier 在阿拉伯语中表示高级官员或总理。Katib 是对 Vizier 的致敬，与 Google Vizier 类似，Katib 也有 Study、Trial 和 Suggestion 概念。

- Study 表示运行在可行空间上的一个单独的优化。每个 Study 包含一个可行空间的配置描述，以及一些 Trials 的集合。该优化的假设是在 Study 的过程中，目标函数不会改变。每个 Study 都使用一个配置文件来描述可能的取值范围，如超参数推荐算法。另外，Study 包含一组 Trial。这些 Trial 代表算法在超参数集合中选取推荐值的多次尝试。
- Trial 是参数值的列表，会生成一个对的评估。一个 Trial 的状态为“Completed”时，表示这个 Trial 已被评估，并且目标函数已经被分配给它，否则状态为“Pending”。一个 Trial 对应一个 Job，这个 Job 可以是 K8s Job、TFJob 或者 PyTorchJob，这依赖于 Study 的 Worker 类型。Trial 代表一个由超参数的取值构成的列表，每个 Trial 都需要通过一次运行来得到与这些超参数取值对应的结果。每一次运行就是一次实际的训练过程。
- Suggestion 是一个用来构建参数集的算法。当前 Katib 支持的算法包括：random、grid、hyperband、bayesian optimization。

12.5.1 Katib 组成模块

Katib 由以下组件构成。每个组件作为 Deployment 运行在 K8s 集群中。组件之间通过 GRPC 协议通信，API 定义参考 Kubeflow 网页。

(1) vizier：Katib 的核心组件，包含下面两个 Pod。

- vizier-core：vizier 的 API；
- vizier-db：vizier 数据库。

(2) suggestion：每一个探索算法的实现，包含下面 4 个实现方式。

- vizier-suggestion-random；
- vizier-suggestion-grid；
- vizier-suggestion-hyperband；
- vizier-suggestion-bayesianoptimization。

(3) modeldb：与模型相关的部分，涵盖前端、后台和数据库。

- modeldb-frontend；
- modeldb-backend；
- modeldb-db。

12.5.2 Katib 模块超参数优化

学习器模型 (即 Katib 的 suggestion 模块) 一般有两类参数：一类可以从数据中学习估计得到，另一类无法从数据中估计，只能靠人的经验进行设计指定，后者被称为超参数，如支持向量机中的 C、Kernal、game；朴素贝叶斯中的 Alpha 等。

(一)黑盒优化

最常见的类型是黑盒优化 (Black-box Function Optimization)。所谓黑盒优化，就是将决策网络当作一个黑盒进行优化，仅关心输入和输出，而忽略其内部机制。决策网络通常是可以参数化的，这时进行优化首先要考虑的是收敛性。

以下几类方法都属于黑盒优化。

- 网格搜索 (Grid Search)：Grid Search 是一种通过遍历给定的参数组合来优化模型表现的方法。网格搜索的问题是很容易发生维度灾难，优点是很容易并行。
- 随机搜索 (Random Search)：随机搜索是利用随机数求极小点，进而求得函数近似的最优解的方法。

网格搜索和随机搜索示例如图 12-2 所示。很多时候，随机搜索比网格搜索的效果更好，但是从图 12-2 可以看出，它们都不能保证找到最优解。

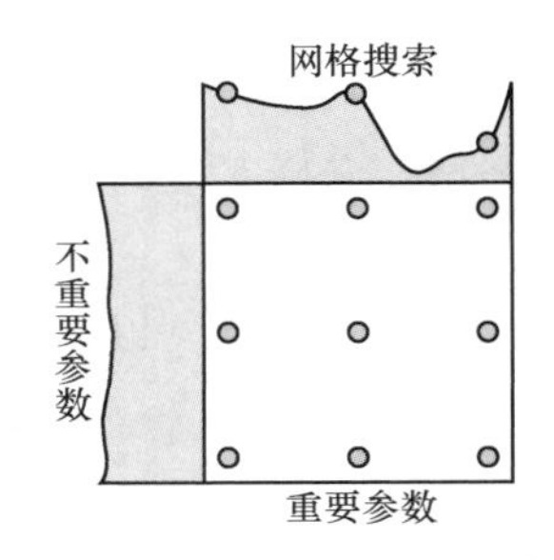

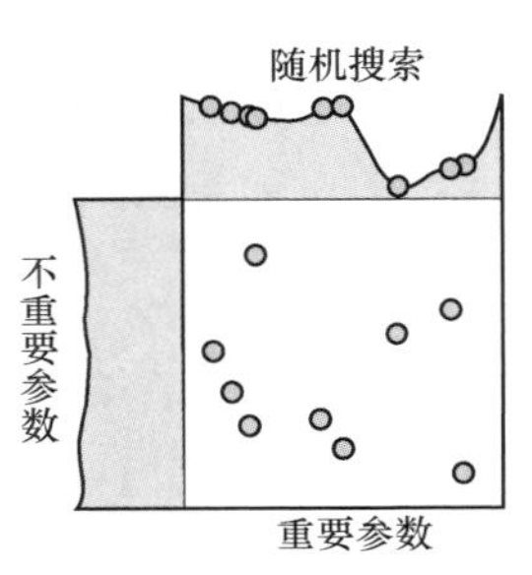

图 12-2 网格搜索和随机搜索示例

（二）贝叶斯优化

贝叶斯优化是一种迭代的优化算法，包含两个核心过程：先验函数（Prior Function，PF）与采集函数（Acquisition Function，AC）。先验函数用于输入数据假设的模型，采集函数用于决定下一步要评估哪一个点。每一步迭代都使用所有观测数据拟合模型，然后利用激活函数预测模型的概率分布，决定如何利用参数点。权衡包含探索与利用。探索就是尽量选择远离已知点的点作为下一次用于迭代的参考点，即尽量探索未知的区域，点的分布会尽可能平均。利用就是尽量选择靠近已知点的点作为下一次用于迭代的参考点，即尽量挖掘已知点周围的点，点的分布会出现一个密集区域，容易进入局部最大。相对于其他黑盒优化算法，激活函数的计算量要小很多，这也是贝叶斯优化被认为是更好的超参数调优算法的原因。

由于优化目标具有不连续、不可导等数学性质，所以一些搜索和非梯度优化算法被用来求解超参数优化问题，包括上面提到的黑盒算法。此类算法通过采样和对采样的评价进行搜索，往往需要大量对采样的评价才能获得比较好的结果。然而，在自动机器学习任务中，评价往往通过 k 折交叉验证获得，在大数据集的机器学习任务上，获得一个评价的时间代价巨大，这影响了优化算法在自动机器学习问题上的效果。因此一些降低评价代价的方法被提出，多保真度优化方法（Multi-fidelity Method）就是其中一种。另外还有一些研究是基于梯度下降的优化。

此外，超参数优化还面临许多挑战。

- 对于大规模的模型或者复杂的机器学习流水线而言，需要评估的空间规模非常大。
- 配置空间很复杂。
- 无法或者很难利用损失函数的梯度变化。
- 训练集合的规模太小。
- 很容易过拟合。

12.5.3　Katib 实验运行基本流程

下面通过分析 Katib 实验运行流程，直观地展示内部运行机制，具体如图 12-3 所示。

（1）用户通过 Katib-CLI 创建一个新的 Study，此时需要用户提供一个基本的配置。在配置文件中，主要有两类参数：一类为 Study 本身需要的参数，如使用的 Suggestion 算法；另一类为运行时需要的参数，如 Scheduler，该参数为使用 Kubernetes 运行 Trail 的参数，决定了当前 Trial 会被哪个调度器调度。

（2）Katib-Manager 收到 Katib-CLI 创建的 Study 请求后，将 Study 的配置写入数据库中。

（3）Katib-Manager 将 Study 信息写入数据库之后，选择对应的 Suggestion 服务，并设置相应参数。

（4）Katib-Manager 根据 Suggestion 设置启动 Suggestion 服务，以获取对应的参数。

（5）Katib-Manager 通过 Kubernetes 的 API 监控正在运行的 Suggestion 容器，获取 Suggestion 提供的参数。

（6）Katib-Manager 获取实验参数后，将相应的数据写入数据库。

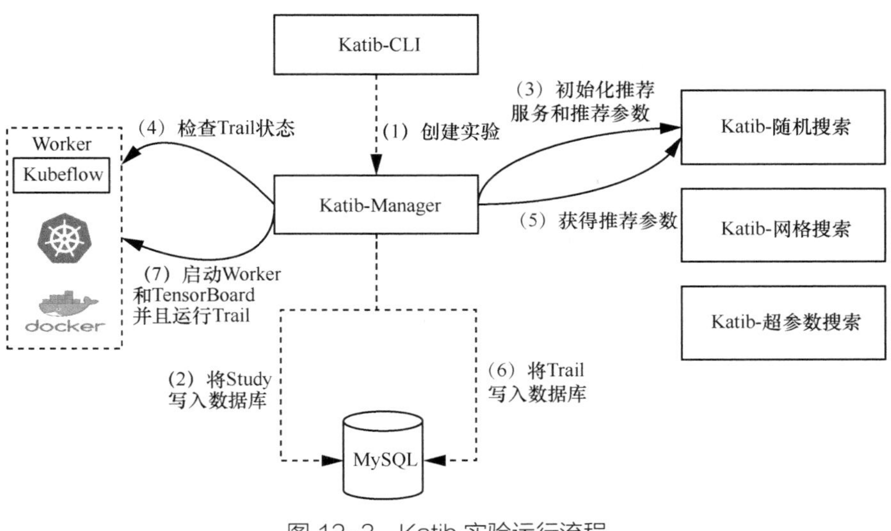

图 12-3 Katib 实验运行流程

(7) Katib-Manager 根据 Suggestion 提供的参数，得到需要运行的 Trial，继而交给 Worker 运行，启动 Trial 实验。

Katib-CLI、Katib-Manager 以及不同的 Suggestion 算法服务都运行在不同的容器中。它们之间的调用都通过 GRPC 协议进行。Katib 支持的 Kubernetes Worker 可利用 Kubernetes 的集群能力将 Trail 运行在不同的机器上。

12.5.4 Kubeflow 路线图

Kubeflow 0.4.0 版本具有如下特点：

- JupyterHub 可以使用 PVC；
- TFJob 和 PyTorch 已经进入 Beta 阶段；
- Katib 支持 TFJob；
- 支持机器学习工作流（Pipline）；
- Kubeflow 的部署也变得更加简单，用户不用再似懂非懂地运行一堆 ksonnet param 和 apply 命令。

其中，Pipeline 和 Katib 是 Kubeflow 0.4.0 版本新加入的功能；TFJob 也进入了 V1Beta1 阶段，距离真正的 V1 近在咫尺；JupyterHub 与之前也有比较明显的变化，功能较为完善。

12.6 小结

本章主要介绍了 Kubeflow 的功能、部署、框架，展示了利用 Kubeflow 运行实验的相关示例，使读者对 Kubeflow 有了一定的认识。Kubeflow 包含在线代码编写 IDE、分布式训练、模型部署等，大大加快了模型的训练，但是 Kubeflow 也有缺点。

- 不能升级，Kubeflow 作为一款软件，如果没有升级方案，只能重新部署，这对于用户来说是不可接受的。
- 不支持多租户，目前 Kubeflow 仅适用于数据科学家的个人工作场景，无法支持数据科学家团队合作场景。缺乏隔离和资源限制导致 Kubeflow 并不适合在规模中等及以上的公司使用。
- 不够安全，许多组件都没有认证机制。
- 缺少对用户的存储管理，对于分布式训练模型，没有较好的存储解决方案。
- 分布式训练的 Operator 不支持多版本，一个集群中只能部署单个 Operator 的版本。

不过 Kubeflow 也在进行后续的开发、完善，添加了 Pipeline 管理，后续运行也会更加可靠、方便。

参考文献

[1] 闫健勇，龚正，吴治辉，等. Kubernetes 权威指南：从 Docker 到 Kubernetes 实践全接触 [M]. 北京：电子工业出版社，2017.

[2] ABADI M, AGARWAL A, BARHAM P, et al. TensorFlow: large-scale machine learning on heterogeneous distributed systems[J]. arXiv: 1603.04467, 2015.

[3] KETKAR N. Deep learning with Python, a hands-on introduction[M]. [S.l.:s.n.], 2017.

[4] 周志华. 机器学习及其应用 2009[M]. 北京：清华大学出版社，2009.

第13章 OpenPAI实践

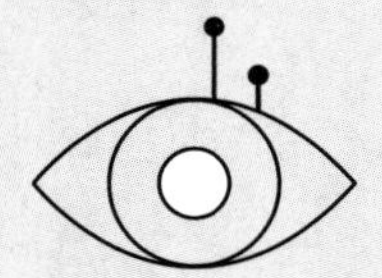

前文介绍了 Kubeflow 基于 Kubernetes 的机器学习流程配置。本章将介绍另外一款基于 Hadoop 生态的 AI 云平台——Open Platform for AI（OpenPAI）。OpenPAI 是由微软主导，联合国内高校共同研制和开发的开源平台。OpenPAI 的代码及文档地址在其官网上。自 2017 年 12 月发布 OpenPAI 0.1 版本以来，OpenPAI 版本的更迭十分快速，不断地聚集开源社区的力量，及时响应新需求。

总体而言，OpenPAI 具有以下特点和优势。

（一）一致的运行环境

所有任务都运行在 Docker 容器中，实现了对深度学习的各种框架的开箱即用，同时熟悉 Docker 的用户也可以定制个性化环境，一次配置，随处运行。利用容器技术，很好地解决了多用户之间、不同框架之间、同一框架的不同版本之间的环境冲突。

（二）直观的交互页面

通过浏览器提交和管理任务，提供友好的可视化页面来显示资源利用率、任务日志等过程信息，支持 TensorBoard 等框架可视化工具。管理员可以通过 Web 页面实时查看集群中服务器的负载、任务以及服务的健康程度。对于平台运行过程中的关键事件 (如服务器重启、CPU 高负荷、硬盘或内存可用量不足等)，可通过邮件及时发送告警信息。

（三）支持分布式训练

支持便捷的分布式训练，一次作业提交中可包含多个子任务，各子任务之间可以通过环境变量感知对方，可进行跨机器的多任务训练。

（四）全栈的解决方案

OpenPAI 由微软内部使用多年的 GPU 管理平台演化而来，在稳定性方面经受了长期的上万张 GPU 卡统一调度的压力测试。作为通用的机器学习平台，OpenPAI 集成了 HDFS、YARN、Prometheus 等的存储、调度、监控等各项功能的最佳实践。在进行系统部署时，OpenPAI 既支持定制化的配置，也支持快速部署，可实现从驱动、虚拟化、资源调度、存储、监控到 Web 服务的全栈式管理。

（五）高度可扩展性

OpenPAI 既可单机部署，也可在私有云、公有云等环境部署，支持对节点的动态增减；支持虚拟集群管理，可将集群资源划分为若干队列，分配给不同的团队使用，通过对队列的资源上限及超额使用上限进行设置，实现集群资源的分配管理和一定程度的“超卖”；平台设计遵循层次化和模块化思想，可以非常方便地集成不同的组件。

（六）良好的生态支持

作为集群管理工具，OpenPAI 既可独立运行和使用，也保持了和微软其他开源工具的互联互通，例如通过 Visual Studio Code 可以方便地提交任务，搭配 NNI 在平台上进行自动机器学习，利用 MMdnn、NeuronBlocks 实现深度模型的转换、设计和管理。

OpenPAI 仍然处于高速发展的过程中，本章介绍的内容适用于 OpenPAI v0.14.0 版本。

13.1 直观感受

13.1.1 部署 OpenPAI

首先需要准备至少一台装有 Ubuntu16.04 的服务器，其中主节点的硬件配置的最低要求是拥有至少 6 个 CPU 核心、40 GB 内存，该要求源于对系统服务的资源保障，因为 OpenPAI 中某些关键性的服务对 CPU、内存资源有最低使用要求。软件配置要求如下。

- 操作系统选择 Ubuntu16.04，为避免干扰 GPU 驱动，最好安装 server 版本。
- 节点的 IP 地址是动态分配的，需确保它们可以互相访问，且可以访问互联网。
- 节点的安全外壳（Secure Shell，SSH）服务可用，且设置了相同的用户名和密码（或使用相同的密码文件），此用户具有 sudo 权限。
- 开启了网络时间协议（Network Time Protocol，NTP）服务。
- Docker 的版本应高于 1.26，或者不安装 Docker。

部署 OpenPAI 主要包含 5 个过程：准备部署环境、配置集群参数、部署 Kubernetes、推送配置到 Kubernetes、启动服务。

（一）准备部署环境

OpenPAI 的部署和维护脚本依赖于软件包等环境，因此需要有环境上的准备，这里建议直接使用 OpenPAI 的 dev-box 镜像，其内置了代码和软件包，开箱可用。

运行以下脚本以启动 dev-box 容器。

```
# 并不要求运行 dev-box 的宿主机是集群节点，只要对集群节点都 SSH 可达即可
sudo docker run -itd \
    -e COLUMNS=$COLUMNS -e LINES=$LINES -e TERM=$TERM \
    -v /var/run/docker.sock:/var/run/docker.sock \ # 在容器内可以使用宿主的 Docker
    -v /pathConfiguration:/cluster-configuration \ # 可以将 dev-box 中生成的集群配置保存到宿主机，或从宿
    # 主机中导入集群配置
    -v /hadoop-binary:/hadoop-binary \        # 重新编译 Hadoop 镜像时使用的 Hadoop 安装包路径
    --pid=host \
    --privileged=true \
    --net=host \
```

```
    --name=dev-box \
    docker.io/openpai/dev-box:v0.14.0          # 这里使用的是 dev-box 0.14.0
```

利用上述脚本在后台启动 dev-box 容器，当需要进行部署或运维操作时，运行以下命令进入 dev-box。

```
sudo docker exec -it dev-box /bin/bash # 进入 dev-box 容器
cd /pai # 这里放置了 OpenPAI 的源代码和部署工具
```

（二）配置集群参数

编写 quick-start.yaml 文件，以笔者的服务器为例，其形式如下。

```
# 节点的 IP 地址，第一台机器为 Master 节点，后续的所有机器为 Worker 节点
# 如果只配置一台机器，那么其既是 Master 节点也是 Worker 节点
machines:
  - 10.10.8.45

# 节点的登录信息
ssh-username: leinao
ssh-password: he7%3v

# 也可以使用 SSH 密钥文件的形式
#ssh-keyfile-path: <keyfile-path>
# 该密钥文件存储为 Kubernetes 的 secret 名称
#ssh-secret-name: <secret-name>
# 更改 SSH 的端口，默认是 22
#ssh-port: 22

# 更改集群的 DNS 服务器 IP 地址，默认使用 Master 节点的 DNS 服务器地址
#dns: <ip-of-dns>

# 设置 Kubernetes 的 service 的 IP 网段，要求和宿主机的 IP 网段不冲突，默认值是：10.254.0.0/16
#service-cluster-ip-range: <ip-range-for-k8s>
```

进入 dev-box 容器，运行下列命令以生成集群配置。

```
cd /pai
python paictl.py config generate -i /pai/deployment/quick-start/quick-start.yaml -o ~/pai-config -f
```

之后，将在 ~/pai-config (也就是 /root/pai-config) 目录下生成下列文件。

```
/root/pai-config/
|-- k8s-role-definition.yaml         # 存放 Kubernetes 组件的部署清单
|-- kubernetes-configuration.yaml  # 存放 Kubernetes 组件的版本信息配置、DNS、服务 IP 地址段等信息
|-- layout.yaml                    # 集群中节点的信息，包括机器类型的设置和节点 IP 地址、标签等的设置
`-- services-configuration.yaml    # OpenPAI 的服务的配置信息，如默认密码等
```

在部署前，程序并不清楚各节点的配置信息，因此需要对 layout.yaml 文件进行编辑，以更新机器类型，代码如下。

```
machine-sku:
  GENERIC:
    mem: 60 # 更改内存容量
    gpu:
      type: gtx1080ti  # 更改显卡类型
```

```
      count: 2        # 更改显卡数量
    cpu:
      vcore: 16       # 更改 CPU 核心数量
    os: ubuntu16.04
  GENERIC2: # 新增一个机器类型
    mem: 16
    gpu:
      type: gtx1080ti
      count: 1
    cpu:
      vcore: 2
    os: ubuntu16.04
machine-list:
  - dashboard: "true"
    docker-data: "/var/lib/docker"
    etcdid: "etcdid1"
    hostip: "10.10.8.45"
    hostname: "VM8045"
    k8s-role: "master"
    machine-type: "GENERIC" # 这里的值需要与 machine-sku 中的机器类型一致
    nodename: "10.10.8.45"
    pai-master: "true"
    pai-worker: "true"
    password: "he7%3v"
    ssh-port: "22"
    username: "leinao"
    zkid: "1"
```

另外，可以对 kubernetes-configuration.yaml 中的 kubernetes.docker-registry 进行设置，建议将其由 gcr.io/google_containers 更改为 docker.io/openpai，使得 Kubernetes 的镜像可以被更快地拉取。

（三）部署 Kubernetes

进入 dev-box 容器，运行以下命令。

```
cd /pai
python paictl.py cluster k8s-bootup -p ~/pai-config
```

当显示如下类似信息时，表示 Kubernetes 已部署完成。

```
2019-08-28 04:07:10,404 [INFO] - deployment.k8sPaiLibrary.maintainlib.deploy : The kubernetes deployment is finished!
2019-08-28 04:07:10,405 [INFO] - deployment.clusterCmd : Finish initializing PAI k8s cluster.
```

此时可以使用 kubectl 命令查看 Kubernetes 集群的信息，或通过 k8s-dashboard 网页查看集群信息。

通过浏览器访问 http://（Master 节点 IP 地址）:9090，可以检查 Kubernetes 集群是否正常运转。

（四）推送配置到 Kubernetes

OpenPAI 使用 Kubernetes 的 configmap 保存集群配置，因此配置完成后，还需要将配置文件推送到 Kubernetes 中。

进入 dev-box 容器，运行以下命令。

```
python paictl.py config push -p ~/pai-config
```

首次更新配置时，会提示设置 cluster-id，后续对集群的维护操作需要用到此 ID。

当显示如下类似信息时，表示配置更新完成。

```
2019-08-28 04:27:55,482 [INFO] - deployment.paiLibrary.common.kubernetes_handler : configmap named pai-configuration is updated.
2019-08-28 04:27:55,482 [INFO] - deployment.confStorage.synchronization : Cluster Configuration synchronization from external storage is successful.
```

也可以通过 kubectl 工具检查 configmap 的情况。

```
root@VM8045:/pai# kubectl get cm
NAME                DATA  AGE
exclude-file         1     10h
pai-cluster-id       1     11h
pai-configuration    4     11h
```

（五）启动服务

进入 dev-box 容器，运行以下命令。

```
cd /pai
python paictl.py service start # 使用 -n 选项可以指定部署某个（某些）服务，默认部署所有服务
```

程序自动进行 OpenPAI 的各项服务部署，如果存在具有依赖关系的服务，部署脚本将自动进入等待状态，直到该服务正常后才进入下一个服务的部署。对于 OpenPAI 的具体服务，笔者将在第 13.2 节中展开描述。

在部署任务过程中，OpenPAI 将自动从网络上拉取所需的镜像，部署的过程需要一段时间。当部署脚本正常结束后，表示集群服务已启动，访问 http://（Master 节点 IP 地址），可显示 OpenPAI 首页。

至此，OpenPAI 的部署完成。

13.1.2 提交一个 hello-world 任务

作为一个集群管理软件，OpenPAI 的目标之一是最大化集群利用率，当用户需要使用资源时，按需申请，并以作业（Job）的形式进行提交，集群根据资源池状态和调度策略，在适当的时机为用户分配资源并启动作业。当作业运行完成后，资源将被 OpenPAI 收回，以重新投入其他作业中。

对于一个作业来说，至少需要描述如下信息：

- 作业名称；
- 作业需要的资源数量（CPU、内存、GPU）；
- 作业运行的环境，因为 OpenPAI 的作业都是运行在 Docker 容器中的，所以此项等同于指定 Docker 镜像路径；
- 作业的启动命令。

登录 OpenPAI 之后，选择 Submit Job 页面，在 Command 框中填写“echo hello world”，

并设置资源的需求为 1 CPU、1024 GB 内存、0 GPU，设置 Docker 镜像为 Ubuntu16.04，点击 Submit 按钮，提交任务。

等待一段时间后，集群将调度该作业，可以在 Jobs 页面中查看该作业的状态，点击该作业右侧的 Stdout 按钮查看作业的标准输出。

在上面的例子中，笔者介绍了最简单的集群作业，对于一个实际的机器学习作业来说，还需要进一步了解下列问题：怎么设置深度学习的运行环境？怎么上传作业的运行代码？作业运行后的结果保存到哪里？

（一）定制运行环境

由于 Docker 具有非常良好的运行环境打包能力，因此推荐优先选择已经发布的开源镜像来构建运行环境，以深度学习的计算框架配置为例，Deepo 项目就包含大量的深度学习框架镜像的编译文件——Dockerfile。同时 Deepo 项目也在 DockerHub 同步发布了镜像，用户可以通过直接引用 ufoym/deepo:$tag 来使用其中的环境。当需要对这些环境进行变更时，可以引用这些镜像为基镜像，在此基础上编译形成新的镜像。

（二）运行代码的存放

一种比较好的实现方式是用 Git 管理代码，并将其放置到托管平台上 (如 GitHub、Gitlab 等)，在作业启动命令中添加拉取代码的命令，如 git pull $code_repo_url。在提交作业时，OpenPAI 也提供了可视化的设置页码，允许用户将 GitHub 上的公开项目挂载到容器内的某一路径上。

（三）运行结果的保存

从某种程度上看，结果的保存和代码的加载属于同一问题，即如何在 OpenPAI 上做存储管理。能用于保存结果的存储路径，同样也可用于存放代码。

在第 3 章中提到计算系统都有其配套的共享存储，以去除计算任务对文件位置的依赖。在 OpenPAI 中，其默认使用的共享存储 HDFS，可以利用该 HDFS 来保存运行结果。该 HDFS 同时还存放了 OpenPAI 运行过程中的数据，因此应避免 HDFS 的容量被过度使用。而且，由于 OpenPAI 本身允许节点的加入和退出，从而可能对数据的一致性产生影响，因此，用户在使用 OpenPAI 的 HDFS 作为结果保存路径时，需要谨慎。

另外一种常用的存储方式是挂载共享目录，如 Windows 下的文件共享或 Linux 下的 Samba 服务，允许用户生成一个共享目录，通过在作业启动命令中运行如下类似命令，实现共享目录到容器内的挂载。

```
mkdir /models && mount -t cifs //<AddressOfSharedServer>/<SharedFolder> /models -o username=<UserName>,
password=<Password>
```

cp -rf /output/* /models # 将作业的结果保存到共享目录下

另外，用户也可以在集群服务器上创建 NFS 服务器 (参考第 3.2 节)，从而实现类似的功能。

13.1.3　作业配置与环境变量

当用户在 Web 页面中完成对作业的初始化后，实际形成的是一个 yaml 文件，或者称之为 OpenPAI Job Protocol，可以在作业详情页面中点击“View Job Config”进行查看。以第 13.1.2 节的 hello-world 作业为例，其配置文件如下。

```
protocolVersion: 2
name: admin_1566981728819
type: job
jobRetryCount: 0
prerequisites:
 - type: dockerimage
   uri: 'ubuntu:16.04' # 作业运行环境，即 Docker 镜像地址
   name: docker_image_0
taskRoles:
 Task_role_1:
   instances: 1
   completion:
     minFailedInstances: 1
     minSucceededInstances: 1
   dockerImage: docker_image_0
   # 作业资源需求，即每个运行的实例 (Docker 容器) 所需的资源配置
   resourcePerInstance:
     gpu: 0
     cpu: 1
     memoryMB: 1024
   # 作业启动时运行的命令
   commands:
     - echo hello world
   taskRetryCount: 0
defaults:
 virtualCluster: default
```

其中，taskRoles、minFailedInstances、minSucceededInstances 是实现分布式训练的重要配置项。

在 OpenPAI 中，一次作业可以提交多个任务 (Task)，每个 Task 对应一个容器，将相同属性的 Task 归类为一种 TaskRole，使得在编写作业配置文件时，可以通过简单地改变 TaskRole 的实例个数，实现对 Task 数量的变更。例如，集群在进行分布式训练时通常会分为参数服务器和计算节点，这时可以在一次作业中声明两种 TaskRole：ps 和 worker，然后根据实际需要指定它们的实例个数。参数服务器通常处于监听状态，是常驻型任务，因此它需要有相应的机制来感知作业的计算任务是否完成。minSucceededInstances 可以实现这一要求，如将 minSucceededInstances 设置为计算任务的数量，当这些计算任务全部完成时，minSucceededInstances 条件成立，参数服务器的任务也随之退出，随后，整个作业退出，资源被回收。

另一个需要关注的问题是这些任务怎么被彼此发现。在 OpenPAI 中，这是通过环境变量来实现的。在启动作业的所有容器前，OpenPAI 会在其中设置相应的环境变量，如下所示。

- PAI_TASK_ROLE_COUNT，本次作业中 TaskRole 的数量。
- PAI_TASK_ROLE_LIST，本次作业的 TaskRole 列表，以逗号分隔。
- PAI_TASK_ROLE_TASK_COUNT_，TaskRole 的实例个数。
- PAI_HOST_IP_taskIndex，TaskRole 中第 *i* 个 Task 的主机的 IP 地址。

- PAI_CURRENT_TASK_ROLE_NAME，本容器的 TaskRole 名称。
- PAI_CURRENT_TASK_ROLE_CURRENT_TASK_INDEX，本任务在所属 TaskRole 中的排序，即第几个 Task。

下面是在 OpenPAI 中实现分布式训练的一个样例。

```
protocolVersion: 2
name: distributed_training_1567006086000_ea38ff1e
type: job
jobRetryCount: 0
prerequisites:
 - type: dockerimage
   uri: 'ufoym/deepo:tensorflow-py36-cu90'
   name: docker_image_0
taskRoles:
 ps:
   instances: 2
   completion:
    minFailedInstances: 1
    minSucceededInstances: 2
   dockerImage: docker_image_0
   resourcePerInstance:
    gpu: 0
    cpu: 1
    memoryMB: 8192
   commands:
    - python code/tf_cnn_benchmarks.py --ps_hosts=$PAI_TASK_ROLE_ps_HOST_LIST
    - '--worker_hosts=$PAI_TASK_ROLE_worker_HOST_LIST --job_name=ps'
   taskRetryCount: 0
 worker:
   instances: 2
   completion:
    minFailedInstances: 1
    minSucceededInstances: 2
   dockerImage: docker_image_0
   resourcePerInstance:
    gpu: 1
    cpu: 2
    memoryMB: 8192
   commands:
    - >-
     python code/tf_cnn_benchmarks.py --variable_update=parameter_server
     --data_dir=$PAI_DATA_DIR
     --ps_hosts=$PAI_TASK_ROLE_ps_HOST_LIST
     --worker_hosts=$PAI_TASK_ROLE_worker_HOST_LIST --job_name=worker
   taskRetryCount: 0
defaults:
 virtualCluster: default
```

在这个示例中，将产生 4 个 Docker 容器，其中角色为 ps 和 worker 的容器各两个。这些容器在启动时都会设置 PAI_TASK_ROLE_ps_HOST_LIST、PAI_TASK_ROLE_worker_HOST_LIST 等环境变量，假设这些容器分别在以下位置启动：

- 172.16.1.1：ps-1；
- 172.16.1.2：ps-2；
- 172.16.1.3：worker-1；
- 172.16.1.4：worker-2。

那么 PAI_TASK_ROLE_ps_HOST_LIST=172.16.1.1,172.16.1.2，PAI_TASK_ROLE_worker_HOST_LIST=172.16.1.3,172.16.1.4，可以将二者作为参数传递给启动命令的脚本 tf_cnn_benchmarks.py，由启动脚本实现参数服务器和计算进程在各自容器内的运行。

13.2 平台架构

OpenPAI 是基于 Docker 的容器化、YARN 的资源管理，并集成了 HDFS 作为存储管理，由开源组件构建的通用的机器学习平台。用户提交作业（即机器学习训练任务）后，OpenPAI 就会自动分配资源，创建 Docker 实例，并运行指定的命令。因此，OpenPAI 是一个通用的算力管理平台，甚至可以说只要是 Docker 支持的硬件结构，都可以通过非常便捷的配置来实现对新的硬件架构的扩展。图 13-1 展示了 OpenPAI 系统架构。

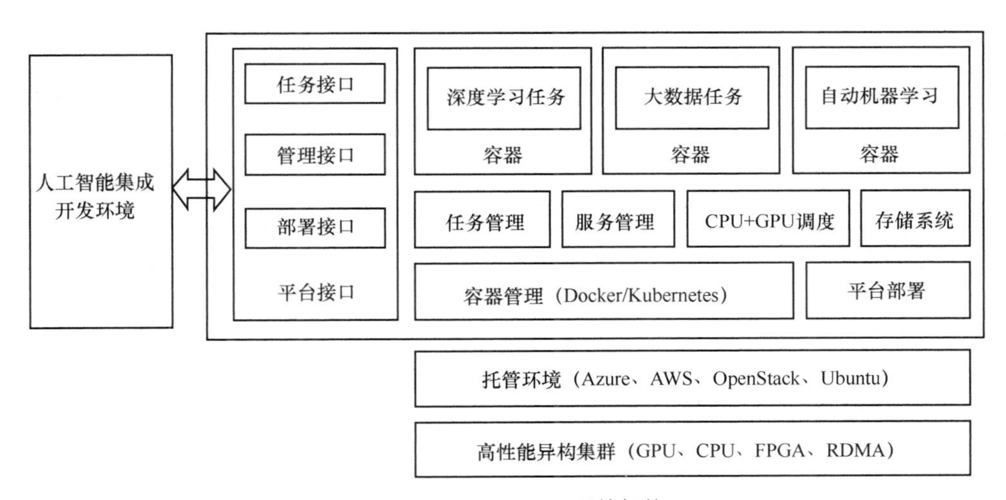

图 13-1 OpenPAI 系统架构

OpenPAI 既可以被部署在私有云中，也可以被部署在公有云平台上。通过使用 Kubernetes 技术，OpenPAI 对底层的复杂性进行了封装，只有 Master 和 Worker 这两种角色。Master 提供了 Web 界面和 RESTful API 以及 Kubernetes 的 Master 节点、YARN 的 ResourceManager、HDFS 的 NameNode 等；Worker 用于运行承担计算任务的 Docker 实例，并在其上运行了 YARN 的 NodeManager、HDFS 的 DataNode。

图 13-2 展示了 OpenPAI 的系统组成及软件选型。

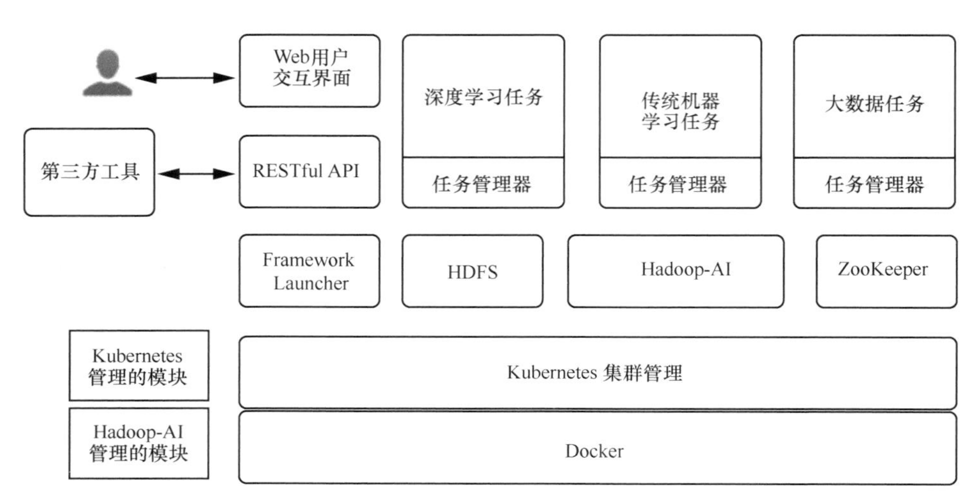

图 13-2　OpenPAI 的系统组成及软件选型

OpenPAI 的各服务组件通过 Kubernetes 进行管理，而计算资源的管理则通过 YARN 来实现（关于 YARN 的资源管理功能介绍，参见第 4.3 节）。当计算资源被分配给特定任务时，由 YARN 的 NodeManager 执行该任务对应的脚本，以启动容器开始计算。

13.2.1　服务列表

OpenPAI 使用 paictl.py 工具启动服务，每个服务包含启动（Start）、停止（Stop）、刷新（Refresh）、删除（Delete）4 项操作，每项操作对应的脚本文件则被记录在该服务子目录下的 deploy/service.yaml 文件中。OpenPAI 集群中的服务见表 13-1。

表 13-1　OpenPAI 集群中的服务

服务名称	作用
cluster-configuration	创建 Kubernetes 中的 configmap，并根据集群配置为相应的节点打上标签
drivers	安装 GPU 驱动和 IB 网卡驱动
grafana	监控数据可视化工具
hadoop-batch-job	启动一个 Hadoop 批处理作业
hadoop-resource-manager	YARN 中的 ResourceManager
end-to-end-test	启动一次端到端的测试
hadoop-jobhistory	YARN 中的作业的历史记录
zookeeper	ZooKeeper 服务
job-exporter	运行在 Worker 节点上，向 Prometheus 发送作业的监控数据
watchdog	检查 OpenPAI 的健康状态
rest-server	Web 后端服务 API
hadoop-node-manager	YARN 中的 NodeManager

（续表）

服务名称	作用
yarn-frameworklauncher	YARN 中的作业编排器
alert-manager	告警服务
pylon	代理服务
node-exporter	向 Prometheus 发送节点的监控数据，采集软硬件信息
webportal	Web 服务的用户交互界面
cleaner	集群定期清理服务
prometheus	Prometheus 服务
hadoop-data-node	HDFS 中的 DataNode
hadoop-name-node	HDFS 中的 NameNode

13.2.2　工作流

OpenPAI 提供了作业的队列管理。在其队列管理中，用户只需要声明每个作业需要的资源类型，给定所需的 Docker 镜像路径、代码位置等信息，即可等待系统分配资源，并运行训练作业。图 13-3 给出了一个常见的深度学习任务在 OpenPAI 中的运行流程。

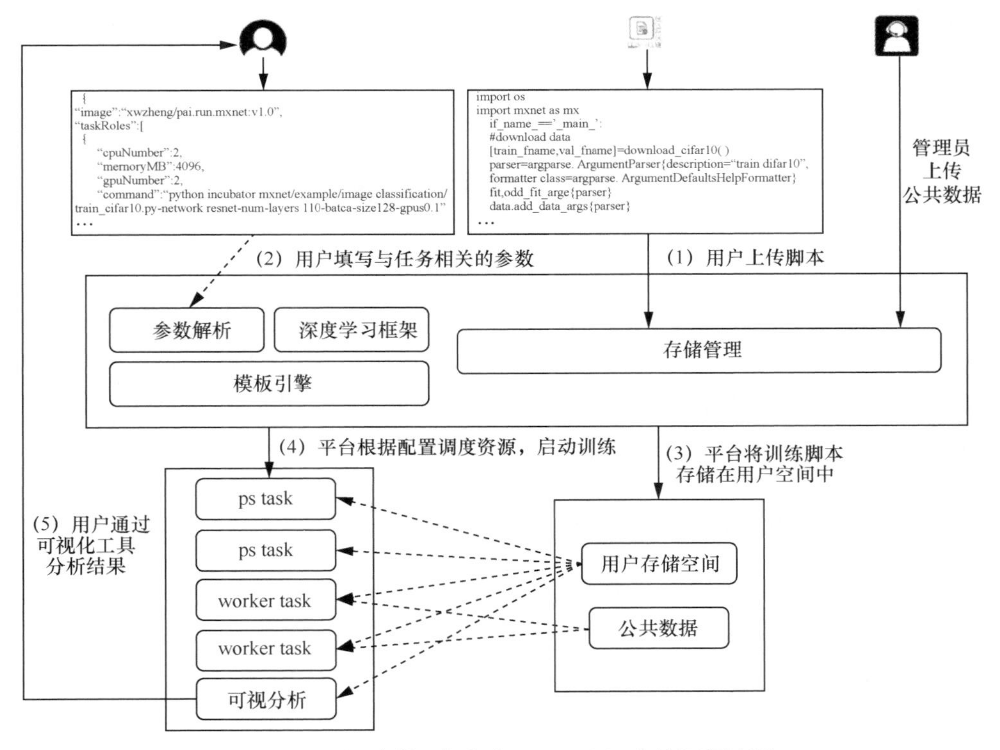

图 13-3　深度学习任务在 OpenPAI 中的运行流程

OpenPAI 的作业支持机器学习框架的分布式运算。例如，可指定两个实例作为参数服务器，另外两个实例作为计算节点。OpenPAI 在执行此作业时，会先保留足够的资源，然后启动这些节点，开始分布式计算。在节点启动后，OpenPAI 即可知道所有节点的 IP 地址、SSH 端口等信息，并将这些信息通过环境变量或命令行参数的方式传给运行的脚本，从而使每个节点都能发现其他所有节点。

13.2.3 资源分配

在多用户的情况下，OpenPAI 通过 Virtual Cluster 来解决资源分配问题。可将 Virtual Cluster 理解为虚拟的集群，不同的 Virtual Cluster 有不同的资源配额，可以将用户分配到一个或多个 Virtual Cluster 中。如果某个 Virtual Cluster 需要的资源超过其配额，并且其他 Virtual Cluster 有空闲资源，则 OpenPAI 可以临时征用这些空闲资源。例如，给两个小团队各分配一个具有 50% 资源的 Virtual Cluster：团队 A 每天都有训练任务，对资源的需求是越多越好；而团队 B 的资源使用是突发性的，一旦有需求，希望能尽快完成。平时，团队 A 会使用团队 B 的空闲资源来加速自己的训练，一旦团队 B 有了突发任务，团队 A 中占用了团队 B 的资源的训练任务就会被暂停，让团队 B 的任务先训练。又如，将生产需要的模型训练和试验需要的模型训练都放在一个集群中运行，各用一个 Virtual Cluster，给模型生产分配 100% 的资源，而不给模型试验分配资源，这样，一旦生产资源有空闲就可用于试验，但又会优先保障生产资源。

13.3 集群运维

一个好的系统离不开好的运维。OpenPAI 可以管理大规模的 GPU 平台，提供了负载、服务器健康等多种工具。利用运维工具能够观察集群的负载情况，找到集群瓶颈。另外，还能细粒度地看到某台服务器的负载情况，了解每台服务器的健康状况。而通过 OpenPAI 平台，能够看到每个组件和每个作业的日志文件，以便进行更详细的分析。

13.3.1 可视化页面的集群管理

在 Web 页面下，使用管理员账号登录后，可以看到额外的管理栏目，其提供了服务状态查询、硬件状态监控、Kubernetes 面板、用户管理等功能。

在硬件状态监控中，提供了集群节点的负载显示功能以及更细粒度的单节点资源利用曲线。

在用户管理栏目中，可以实现对用户的增、删、改、查等操作，赋予用户不同的 Virtual Cluster 权限。

OpenPAI 提供了对 Virtual Cluster 的管理工具，可以在其中新建、删除 Virtual Cluster 或

调整已有 Virtual Cluster 的资源比例。

13.3.2 命令行管理维护工具——paictl.py

在第 13.1 节中介绍了使用 paictl.py 工具配置集群、部署 Kubernetes，并启动 OpenPAI 服务，完成平台的部署。作为 OpenPAI 的命令行管理工具集，paictl.py 的管理对象包括 Kubernetes 集群、平台服务、平台配置项、服务器节点等，对应地，它也具有管理这些对象的功能。paictl.py 的功能如图 13-4 所示。

（一）Kubernetes 集群

OpenPAI 对服务器的管理是通过 Kubernetes 实现的，其他系统级的服务则运行在 Kubernetes 上。因此，部署 OpenPAI 的第一步为部署一个 Kubernetes 系统，这可通过 paictl cluster 实现。除了此前已经介绍的使用 python paictl.py cluster k8s-bootup -p /path/to/cluster-config 命令部署 Kubernetes 外，还可以使用下列命令删除已经部署的 Kubernetes：

```
python paictl.py cluster k8s-clean -p /path/to/cluster-config
```

说明：在上述命令中隐含着一个运行时要求，即当前目录是 OpenPAI 项目源代码所在目录。这是因为 paictl.py 在运行时还需要读取配置文件和各项操作 (如启动、停止、刷新、删除任务) 的执行脚本，这些配置和脚本是通过相对路径进行指定的。下同，不再赘述。

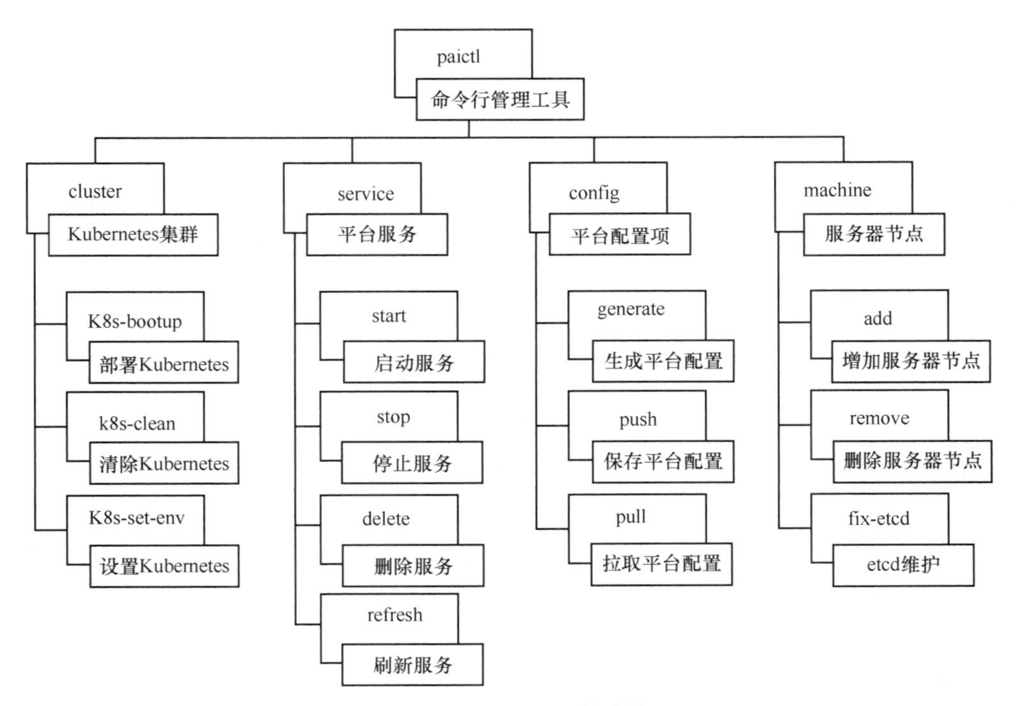

图 13-4　paictl.py 的功能

部署完 Kubernetes 后，为了维护方便，还需要安装和配置 Kubernetes 的命令行管理工具 kubectl，使其指向 OpenPAI 部署的 Kubernetes 系统 (这是因为 kubectl 允许对多个 Kubernetes

集群进行管理，具体指向哪个集群需要在配置文件内说明）。安装和配置 kubectl 的命令如下。

```
python paictl.py cluster k8s-set-env [-p /path/to/cluster-config] # 这里的集群配置路径是可选的，若未配置
# 则需要通过交互进行设定
```

（二）平台服务

同样地，若使用 paictl service 来完成 OpenPAI 服务的部署，当需要对某一个特定的服务进行维护时，可以使用如下命令。

```
# 启动服务，可以使用 -n 参数指定 OpenPAI 服务，默认对所有服务进行操作
python paictl.py service start [-c /path/to/kubeconfig] [ -n service-list ]
# 停止服务
python paictl.py service stop [-c /path/to/kubeconfig] [ -n service-list ]
# 删除服务，与停止服务的区别在于删除服务的同时会删除其附属数据
python paictl.py service delete [-c /path/to/kubeconfig] [ -n service-list ]
# 刷新服务，在 OpenPAI 中使用 Kubernetes 来管理系统服务，而 Kubernetes 又使用标签来控制服务
# 部署的位置，因此当使用 paictl service refresh 刷新服务时，实际上是对 Kubernetes 集群中的节点的标
# 签进行检查，检查其是否和预期的标签配置一致，当出现不一致且有（或没有）服务运行在这些节点
# 上时，对这类服务进行删除（或增加）操作
python paictl.py service refresh [-c /path/to/kubeconfig] [ -n service-list ]
```

paictl service 在进行操作时，会根据设定的服务名称读取 ./src/$SERVICE_NAME 目录下的 deploy/service.yaml，以获取上述各项操作的执行脚本和该服务的依赖关系。以其中的 rest-server 服务为例，其描述文件位于 ./src/rest-server/deploy.service.yaml 中，代码如下。

```
# 本服务依赖的前置服务。当启动本服务时，将检查其前置服务是否处于就绪状态，若不处于就绪状态，
# 则启动这些被依赖的服务并等待就绪
prerequisite:
  - cluster-configuration
  - yarn-frameworklauncher

# 本服务将生成模板文件列表。当服务启动时，需要执行特定的脚本，启动脚本可以由模板文件渲染而来，
# 而模板文件则由 paictl 预先生成
template-list:
  - rest-server.yaml
  - start.sh
  - job-exit-spec-config/job-exit-spec.yaml

# 启动、停止、删除、刷新等操作的执行脚本
start-script: start.sh
stop-script: stop.sh
delete-script: delete.sh
refresh-script: refresh.sh
# 服务滚动升级时调用的升级脚本，属于预留功能，在本章介绍的 OpenPAI 0.14 版本中尚未支持
upgraded-script: upgraded.sh

# 部署规则，即该服务部署时对节点标签的要求，in 或 notin 分别对应节点具有或不具有某个标签
deploy-rules:
  - in: pai-master
```

（三）平台配置项

在第 13.1 节中，介绍了如何使用 paictl 对 OpenPAI 需要的系统进行配置（generate 操作），

也介绍了在启动 OpenPAI 服务前如何将系统配置推送到 Kubernetes 集群中 (push 操作)。OpenPAI 系统配置的状态转移如图 13-5 所示。

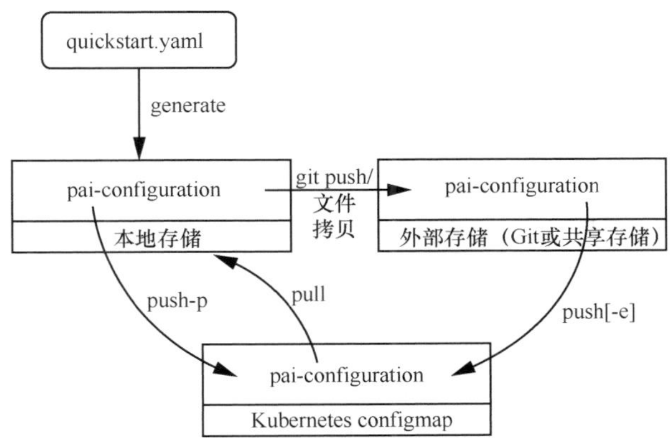

图 13-5　OpenPAI 系统配置的状态转移

paictl config 的功能如下。

- python paictl.py config generate -i /pai/deployment/quick-start/quick-start/quick-start.yaml -o ~/pai-config -f，实现从少量的描述信息中生成 OpenPAI 需要的系统配置，此时这些配置被存放在本地目录中。
- python paiclt.py config push -p /path/to/local/configuration，实现将本地目录中的系统配置推送到 Kubernetes 集群中，以 configmap 的形式存放。
- python paictl.py config push [-e external-storage-config]，实现将外部存储中的系统配置推送到 Kubernetes 集群中。注意：假设系统配置已经通过正确的途径被存放到了外部存储中，外部存储可以是 Git 仓库或可访问的文件路径；其中，-e 选项指定了外部存储的配置 (如 Git 仓库的 URL 或文件路径)，它可以省略，当省略时，将从 Kubernetes 的另一个 configmap 中读取外部存储路径的配置，而这个配置需要通过下一条命令实现。
- python paictl.py config external-config-update -e external-config，实现将外部存储的路径信息推送到 Kubernetes 集群中，以 configmap 的形式存放。
- python paictl.py config pull -o /path/to/output，实现将 Kubernetes 集群中的 OpenPAI 系统配置拉取到本地路径中。

（四）服务器节点

当集群部署完成后，如果需要对服务器节点进行变更，可以使用 paictl machine 命令，具体功能如下。

- python paictl.py machine add -p /path/to/cluster-configuration/dir -l machine-list.yaml，增加服务器节点。
- python paictl.py machine remove -p /path/to/cluster-configuration/dir -l machine-list.yaml，删除服务器节点。
- python paictl.py machine etcd-fix -p /path/to/cluster-configuration/dir -l machine-list.yaml,

修复崩溃的 etcd 节点。

需要变更的服务器节点信息由 machine-list.yaml 文件提供，其形式如下。

```
# 当增 / 删服务器节点时，可以一次进行多个节点的变更；而当修复 etcd 节点时，则一次只能对一个节
# 点进行操作
machine-list:
  - hostname: host1 # echo `hostname`
    hostip: 192.168.1.11
    machine-type: D8SV3
    etcdid: etcdid1
    #sshport: PORT (Optional)
    username: username
    password: password
    k8s-role: master
    dashboard: "true"
    zkid: "1"
    pai-master: "true"
  - hostname: host2
    hostip: 192.168.1.12
    machine-type: NC24R
    #sshport: PORT (Optional)
    username: username
    password: password
    k8s-role: worker
    pai-worker: "true"
```

13.4 OpenPAI 代码导读

下面对 OpenPAI 代码的解读适用于 v0.14.0 版本。

OpenPAI 是一个开源项目，托管于 GitHub 之上，总代码量约 8.5 万行。通过分析代码组成，发现其各类编程语言的占比情况如图 13-6 所示。

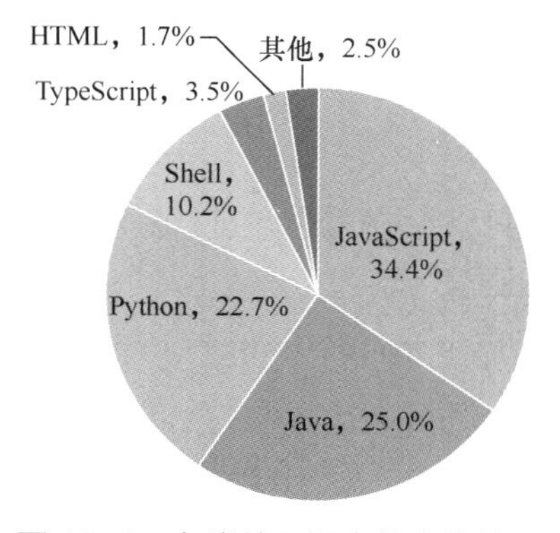

图 13-6 各类编程语言的占比情况

其中，占比最多的是 JavaScript，主要分布在 webportal 和 rest-server 这两个系统服务中，这两个系统服务都使用 Node.js 开发，分属前端和后端；占比第二的是 Java，用于编写系统服务 FrameworkLauncher，这是一个在 YARN 上进行作业编排的服务；占比第三的是 Python，Python 在多个系统服务中均有体现，其主要用于编写部署、运维、监控等功能的代码；占比第四的是 Shell，类似于 Python，其在多个系统服务中均有体现，主要用于编写服务启动 / 停止 / 删除 / 刷新脚本、作业启动脚本等；另外还有少量的 TypeScript、HTML、Dockerfile 等编程语言。

这些代码分布在以下目录结构中。

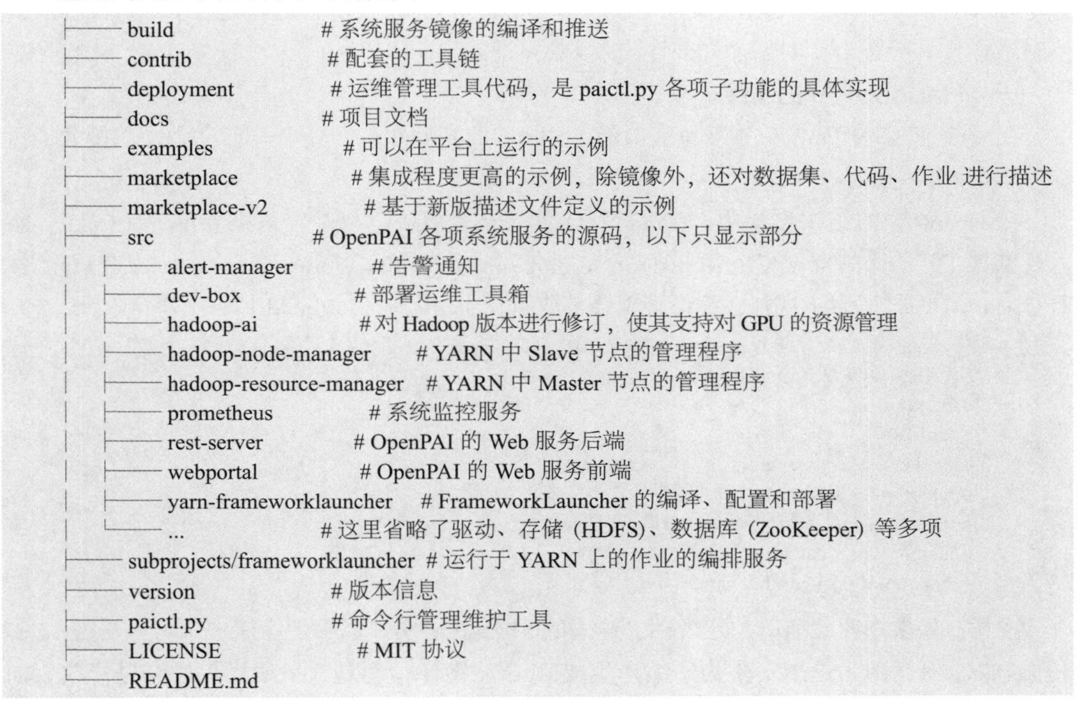

```
├── build                    # 系统服务镜像的编译和推送
├── contrib                  # 配套的工具链
├── deployment               # 运维管理工具代码，是 paictl.py 各项子功能的具体实现
├── docs                     # 项目文档
├── examples                 # 可以在平台上运行的示例
├── marketplace              # 集成程度更高的示例，除镜像外，还对数据集、代码、作业 进行描述
├── marketplace-v2           # 基于新版描述文件定义的示例
├── src                      # OpenPAI 各项系统服务的源码，以下只显示部分
│   ├── alert-manager        # 告警通知
│   ├── dev-box              # 部署运维工具箱
│   ├── hadoop-ai            # 对 Hadoop 版本进行修订，使其支持对 GPU 的资源管理
│   ├── hadoop-node-manager  # YARN 中 Slave 节点的管理程序
│   ├── hadoop-resource-manager  # YARN 中 Master 节点的管理程序
│   ├── prometheus           # 系统监控服务
│   ├── rest-server          # OpenPAI 的 Web 服务后端
│   ├── webportal            # OpenPAI 的 Web 服务前端
│   ├── yarn-frameworklauncher   # FrameworkLauncher 的编译、配置和部署
│   └── ...                  # 这里省略了驱动、存储 (HDFS)、数据库 (ZooKeeper) 等多项
├── subprojects/frameworklauncher # 运行于 YARN 上的作业的编排服务
├── version                  # 版本信息
├── paictl.py                # 命令行管理维护工具
├── LICENSE                  # MIT 协议
└── README.md
```

在这些目录结构中，有如下内置约定。

- paictl.py 作为运维管理工具的入口，其具体的实现放置在 deployment 目录下。
- 当使用 paictl.py 对系统服务进行操作时，要求这个系统服务的配置、脚本等信息放置在 src 目录下的子目录中，该子目录以服务名称命名。
- 每个系统服务目录下有一些特殊的目录会被引用：build，编译镜像时使用；deploy，部署时使用。
- src/$ 系统服务 /build 目录下：以 .dockerfile 结束的文件表示要编译的镜像，文件名即镜像名；component.dep 中记录依赖的系统服务镜像；在镜像编译前和编译后，如果需要添加特定操作，可以编写 build-pre.sh 和 build-post.sh。
- 在 src/$ 系统服务 /deploy 目录下放置一个特殊的文件 service.yaml，内含：本系统服务依赖的前置服务，启动本服务之前会先启动前置服务；模板列表，由部署服务根据系统配置信息对模板进行渲染；启动、停止、删除、刷新、升级这 5 项操作的脚本；部署规则。

下面对资源调度和作业编排这两个核心组件的代码进行解读。

13.4.1 在 YARN 中对 GPU 调度的支持——Hadoop-AI

如之前的章节所述，Hadoop 3.1.0 之后的官方版本才开始支持 GPU，而且支持的是对 GPU 数量的分配。在面向 AI 计算的集群中，服务器往往包含多个 GPU 卡，不同 GPU 卡之间的传输速度有差异，例如一个需要两块 GPU 卡的任务，{0,1} 号卡往往会比 {0,7} 号卡的训练速度更快。为此需要有一种机制能让 Hadoop 感知到 GPU 的局部位置。在 OpenPAI 中，对 YARN 打补丁，使得 YARN 支持以 64 位位图表示 GPU 资源，通过这些位图上的标志，控制 YARN 在分配资源时增加局部性约束。

(一) Hadoop-AI 的编译

在阅读下面的代码前，需要读者具有 Hadoop 的基础知识，其中关于 YARN 的简介，可参考第 4.4 节。

在 OpenPAI 的组织结构中，Hadoop-AI 也是一个服务，只是它只需要编译 (Build)，不需要部署 (更具体的部署任务由 hadoop-resource-manager 和 hadoop-node-manager 完成)，按照 OpenPAI 的代码组织规则，编译脚本会被放置在 src/hadoop-ai/build 目录下。

```
`-- src/hadoop/aibuild
      |-- YARN-8896-2.9.0.patch
      |-- build-pre.sh
      |-- build.sh
      |-- docker-executor.patch
      |-- hadoop-2.9.0-fix.patch
      |-- hadoop-ai    # 这是一个 Dockerfile 文件
      |-- hadoop-ai-fix.patch
      `-- hadoop-ai-port-conflict.patch
```

注意，如果按照此前的约定规则，这里的 hadoop-ai 文件似乎更应该被命名为 hadoop-ai.dockerfile，但是因为这里不是为了编译生成 Docker 镜像，而是为了编译生成经过修改后的 Hadoop 可执行文件包，因此，并未添加“.dockerfile”的后缀。具体地，Hadoop 编译脚本被存放在 build.sh 中。

```
cd /

# 为了支持 GPU 的局部性调度，主要的代码修改及设计说明放置在编号为 YARN-7481 的 issue 中。
# 这里取 Hadoop  2.9.0 版本对应的代码 patch 文件，如果需要，也可以编译 2.7.2 版本的 Hadoop。
wget https://issues.apache.org/jira/secure/attachment/12940533/hadoop-2.9.0.gpu-port.20180920.patch -O
hadoop-2.9.0.gpu-port.patch
# patch for webhdfs upload issue when using nginx as a reverse proxy
wget https://issues.apache.org/jira/secure/attachment/12933562/HDFS-13773.patch

git clone https://github.com/apache/hadoop.git
cd hadoop

git checkout branch-2.9.0
```

```
# 主要的修改代码在这个文件中
git apply /hadoop-2.9.0.gpu-port.patch
git apply /HDFS-13773.patch
git apply /docker-executor.patch
# to avoid potential endless loop, refer to https://issues.apache.org/jira/browse/YARN-8513?page=com.atlassian.
jira.plugin.system.issuetabpanels%3Aall-tabpanel
git apply /YARN-8896-2.9.0.patch
git apply /hadoop-ai-fix.patch
git apply /hadoop-2.9.0-fix.patch
git apply /hadoop-ai-port-conflict.patch

# 编译 Hadoop 可执行文件包
mvn package -Pdist,native -DskipTests -Dmaven.javadoc.skip=true -Dtar

# 将生成的可执行文件包拷贝到指定位置，供后续的其他服务（如 hadoop-run）使用
cp /hadoop/hadoop-dist/target/hadoop-2.9.0.tar.gz /hadoop-binary

echo "Successfully build hadoop 2.9.0 AI"
```

（二）基本的数据结构

由于 Hadoop-AI 的主要代码是 git patch 的形式，因此可以很方便地看到它相比于原版的 Hadoop 做了哪些修改 (大约修改了其中的 5000 行代码)。首先关注对 YARN 中的表示资源的数据结构的修改，在 hadoop-yarn-project/hadoop-yarn/hadoop-yarn-api/src/main/proto/yarn_protos.proto 中增加资源类型的定义。

```
message ResourceProto {
  optional int64 memory = 1;
  optional int32 virtual_cores = 2;
+ optional int32 GPUs = 3;
+ optional int64 GPUAttribute = 4;
+ optional ValueRangesProto ports = 5;
}
```

上述代码中的“+”表示新增的代码，同理，如果出现“-”，则表示被删除的代码。

从上述代码中看出，原始的 Hadoop 支持对内存和 vCPU 的管理，而 Hadoop-AI 新增了 3 种资源类型：GPUs、GPUAttribute 和 ports，分别以 int32、int64 和自定义的 ValueRangesProto 类型表示。其中 GPUs 和 GPUAttribute 共同管理 GPU 卡，而 ports 管理端口资源。端口作为一种竞争性的资源，在 OpenPAI 运行具体的任务时，根据任务的配置进行分配管理，如需要配置 SSH 端口以供用户登录任务所在的容器，或配置 HTTP 端口以启动 TensorBoard 之类的服务，为了防止端口冲突，需要将端口作为一种资源，且由 YARN 来管理和分配。新增资源类型的代码修改有比较大的相似性，因此在本小节中只关注 GPU 资源。

GPUs 字段表示 GPU 卡的数量，GPUAttribute 字段中每一个 bit 位表示特定序号的 GPU 卡，如果要申请第 {0,1,3} 号 GPU 卡，则 GPUAttribute=11，其二进制表示为 0b1011。

（三）资源获取

对于每一个接入 YARN 中的节点来说，会由 NodeManager 获取本机的资源，并注册到 ResourceManager 中。在获取资源时，需要添加对 GPU 的支持，在 hadoop-common-project/

hadoop-common/src/main/java/org/apache/hadoop/util/SysInfoLinux.java 中，进行如下修改。

```
+ /** {@inheritDoc} */
+ @Override
+ public int getNumGPUs(boolean excludeOwnerlessUsingGpus, int gpuNotReady MemoryThreshold) {
+   refreshGpuIfNeeded(excludeOwnerlessUsingGpus, gpuNotReadyMemoryThreshold);
+   return numGPUs;
+ }
+
+ /** {@inheritDoc} */
+ @Override
+ public long getGpuAttributeCapacity(boolean excludeOwnerlessUsingGpus, int gpuNotReady
MemoryThreshold) {
+   refreshGpuIfNeeded(excludeOwnerlessUsingGpus, gpuNotReadyMemoryThreshold);
+   return gpuAttributeCapacity;
+ }
...
// 调用 nvidia-smi 命令，以获取 GPU 卡信息
+ private InputStreamReader getInputGpuInfoStreamReader() throws Exception {
+   if (procfsGpuFile == null) {
+     Process pos = Runtime.getRuntime().exec(REFRESH_GPU_INFO_CMD);
+     if(!pos.waitFor(REFRESH_TIMEOUT_MS, TimeUnit.MILLISECONDS)){
+       LOG.warn("TimeOut to execute command:" + REFRESH_GPU_INFO_CMD);
+     }
+     return new InputStreamReader(pos.getInputStream());
+   } else {
+     LOG.info("read GPU info from file:" + procfsGpuFile);
+     return new InputStreamReader(
+         new FileInputStream(procfsGpuFile), Charset.forName("UTF-8"));
+   }
+ }
...
+ private void refreshGpuIfNeeded(boolean excludeOwnerlessUsingGpus, int gpuNotReadyMemory
Threshold) {
+
+   long now = System.currentTimeMillis();
+   if (now - lastRefreshGpuTime > REFRESH_INTERVAL_MS) {
+     lastRefreshGpuTime = now;
+     try {
+       String ln = "";
+       Long gpuAttributeUsed = 0L;
+       Long gpuAttributeProcess = 0L;
+       Long gpuAttributeCapacity = 0L;
+       Map<String, String> usingMap = new HashMap<String, String>();
+
+       Matcher mat = null;
+       InputStreamReader ir = getInputGpuInfoStreamReader();
+       BufferedReader input = new BufferedReader(ir);
+
+       long currentIndex = 0;
      // 对 nvidia-smi 命令返回的信息进行解析，提取其中每个 GPU 卡的编号
+       while ((ln = input.readLine()) != null) {
```

```
+         mat = GPU_INFO_FORMAT.matcher(ln);
+         if (mat.find()) {
+           if (mat.group(1) != null && mat.group(2) != null) {
+             long index = Long.parseLong(mat.group(1));
+             currentIndex = index;
+
+             String errCode = mat.group(2);
+             if (!errCode.equals("1")) {
+               gpuAttributeCapacity |= (1L << index);
+             } else {
+               LOG.error("ignored error: gpu " + index + " ECC code is 1, will make this gpu unavailable");
+             }
+           }
+         }
+         mat = GPU_MEM_FORMAT.matcher(ln);
+         if (mat.find()) {
+           if (mat.group(1) != null && mat.group(2) != null) {
+             int usedMem = Integer.parseInt(mat.group(1));
+             if (usedMem > gpuNotReadyMemoryThreshold) {
+               gpuAttributeUsed |= (1L << currentIndex);
+             }
+           }
+         }
+         mat = GPU_PROCESS_FORMAT.matcher(ln);
+         if (mat.find()) {
+           if (mat.group(1) != null && mat.group(2) != null) {
+             long index = Long.parseLong(mat.group(1));
+             gpuAttributeProcess |= (1 << index);
+           }
+         }
+       }
+       input.close();
+       ir.close();
      // 如果发现 GPU 的显存被未知程序占用，可以选择是否开启将该 GPU 排除在外的功能，后续不再
      // 调度任务到此卡上。默认不开启此项功能。
+       Long ownerLessGpus = (gpuAttributeUsed & ~gpuAttributeProcess);
+       if ((ownerLessGpus != 0)) {
+             LOG.info("GpuAttributeCapacity:" + Long.toBinaryString(gpuAttributeCapacity) +
" GpuAttributeUsed:" + Long.toBinaryString(gpuAttributeUsed) + " GpuAttributeProcess:" + Long.toBinaryStr
ing(gpuAttributeProcess));
+         if (excludeOwnerlessUsingGpus) {
+           gpuAttributeCapacity = (gpuAttributeCapacity & ~ownerLessGpus);
+             LOG.error("GPU:" + Long.toBinaryString(ownerLessGpus) + " is using by unknown process, will
exclude these Gpus and won't schedule jobs into these Gpus");
+         } else {
+             LOG.error("GPU: " + Long.toBinaryString(ownerLessGpus) + " is using by unknown process, will
ignore it and schedule jobs on these GPU. ");
+         }
+       }
+       numGPUs = Long.bitCount(gpuAttributeCapacity);
+       this.gpuAttributeCapacity = gpuAttributeCapacity;
+       this.gpuAttributeUsed = gpuAttributeUsed;
```

```
+
+     } catch (Exception e) {
+       LOG.warn("error get GPU status info:" + e.toString());
+     }
+   }
+ }
```

(四)节点状态同步

在 NodeManager 和 ResourceManager 之间，通过定期的心跳更新节点的状态和任务运行情况，由 NodeManager 发起远程过程调用（Remote Procedure Call，RPC），ResourceManager 在接收到信息后给出回应。由于引入了 GPU，因此需在 NodeManager 端的 hadoop-yarn-project/hadoop-yarn/hadoop-yarn-server/hadoop-yarn-server-nodemanager/src/main/java/org/apache/hadoop/yarn/server/nodemanager/NodeStatusUpdaterImpl.java 中修改如下代码。

```
protected void startStatusUpdater() {
    statusUpdaterRunnable = new Runnable() {
    @Override
    @SuppressWarnings("unchecked")
    public void run() {
              int lastHeartbeatID = 0;
+    ValueRanges lastUpdatePorts = null;
    while (!isStopped) {
      // Send heartbeat
      try {
...
       // 在资源描述的数据结构中增加 GPU 的相关信息
+       long GPUAttribute = context.getNodeResourceMonitor().getTotalGPUAttribute();
+       int GPUs = Long.bitCount(GPUAttribute);
+
+       totalResource.setGPUAttribute(GPUAttribute);
+       totalResource.setGPUs(GPUs);
+       nodeStatus.setResource(totalResource);

       NodeHeartbeatRequest request =
          NodeHeartbeatRequest.newInstance(nodeStatus,
             NodeStatusUpdaterImpl.this.context
                .getContainerTokenSecretManager().getCurrentKey(),
             NodeStatusUpdaterImpl.this.context
                .getNMTokenSecretManager().getCurrentKey(),
             nodeLabelsForHeartbeat,
             NodeStatusUpdaterImpl.this.context
                .getRegisteringCollectors());
...
      // 在这里调用 ResourceManager 与 NodeManger 之间的 RPC 协议
       response = resourceTracker.nodeHeartbeat(request);
       //get next heartbeat interval from response
       nextHeartBeatInterval = response.getNextHeartBeatInterval();
...
   };
   statusUpdater =
```

```
    new Thread(statusUpdaterRunnable, "Node Status Updater");
  statusUpdater.start();
```

在 ResourceManager 端的 hadoop-yarn-project/hadoop-yarn/hadoop-yarn-server/hadoop-yarn- server-resourcemanager/src/main/java/org/apache/hadoop/yarn/server/resourcemanager/ResourceTrackerService.java 中修改如下代码。

```
  @SuppressWarnings("unchecked")
  @Override
  public NodeHeartbeatResponse nodeHeartbeat(NodeHeartbeatRequest request)
    throws YarnException, IOException {

    // 从 NodeManager 发起的请求数据中获取其节点状态
    NodeStatus remoteNodeStatus = request.getNodeStatus();
    NodeId nodeId = remoteNodeStatus.getNodeId();

    // 1. Check if it's a valid (i.e. not excluded) node, if not, see if it is
    // in decommissioning.
...
    // 2. Check if it's a registered node
...
    // Send ping
...
    // 3. Check if it's a 'fresh' heartbeat i.e. not duplicate heartbeat
...
    // Evaluate whether a DECOMMISSIONING node is ready to be DECOMMISSIONED.
...
    // Heartbeat response
...
    // 4. Send status to RMNode, saving the latest response.
...
    // 5. Update node's labels to RM's NodeLabelManager.
...
    // 6. check if node's capacity is load from dynamic-resources.xml
    // if so, send updated resource back to NM.
...
    // 7. Send Container Queuing Limits back to the Node. This will be used by
    //    the node to truncate the number of Containers queued for execution.
...
+   // 8. Update the local used ports snapshot
+   if (this.enablePortsAsResource) {
+     ValueRanges ports = remoteNodeStatus.getLocalUsedPortsSnapshot();
+     if (ports != null) {
+       rmNode.setLocalUsedPortsSnapshot(ports);
+       if (this.enablePortsBitSetStore) {
+         ValueRanges LocalUsedPorts =
+             ValueRanges.convertToBitSet(rmNode.getLocalUsedPortsSnapshot());
+         rmNode.setLocalUsedPortsSnapshot(LocalUsedPorts);
+       }
+       ValueRanges availablePorts = null;
+       if (rmNode.getTotalCapability().getPorts() != null) {
+         availablePorts =
```

```
+           getAvailablePorts(rmNode.getTotalCapability().getPorts(),
+               rmNode.getContainerAllocatedPorts(),
+               rmNode.getLocalUsedPortsSnapshot());
+       }
+       rmNode.setAvailablePorts(availablePorts);
+     }
+   }
+
+   // 9. Send new totalCapacity to RMNode;
    // 新增的资源类型为 GPU 和端口，二者都属于可能随时变化的资源，如端口被某些进程占用、GPU
    // 发生故障
    // 需要实时进行可用资源总量的汇总
+   if(!rmNode.getTotalCapability().equalsWithGPUAttribute(remoteNodeStatus.getResource())) {
+     Resource newTotalCapacity = Resource.newInstance(remoteNodeStatus.getResource().getMemorySize(),
+         remoteNodeStatus.getResource().getVirtualCores(), remoteNodeStatus.getResource().getGPUs(),
remoteNodeStatus.getResource().getGPUAttribute());
+     ValueRanges newCapacityPorts = ValueRanges.add(rmNode.getAvailablePorts(), rmNode.
getContainerAllocatedPorts());
+     newTotalCapacity.setPorts(newCapacityPorts);
+
+     ResourceOption newResourceOption = ResourceOption.newInstance(newTotalCapacity, 1000);
+     this.rmContext.getDispatcher().getEventHandler()
+         .handle(new RMNodeResourceUpdateEvent(nodeId, newResourceOption));
+   }
+
+   if(LOG.isDebugEnabled()) {
+     String message =
+           "NodeManager heartbeat from node " + rmNode.getHostName() + " with newTotalCapacity: " +
remoteNodeStatus.getResource();
+     LOG.debug(message);
+   }
+
    return nodeHeartBeatResponse;
  }
```

（五）资源申请

在后台服务完成新类型资源支持后，在申请资源时，可以添加关于 GPU 和端口的需求，如在 YARN 自带的示例 DistributedShell 中，于 hadoop-yarn-project/hadoop-yarn/hadoop-yarn-applications/hadoop-yarn-applications-distributedshell/src/main/java/org/apache/hadoop/yarn/applications/distributedshell/ApplicationMaster.java 处修改代码如下。

```
/**
 * Main run function for the application master
 *
 * @throws YarnException
 * @throws IOException
 */
@SuppressWarnings({ "unchecked" })
public void run() throws YarnException, IOException, InterruptedException {
  LOG.info("Starting ApplicationMaster");
...
```

```
    AMRMClientAsync.AbstractCallbackHandler allocListener =
      new RMCallbackHandler();
    amRMClient = AMRMClientAsync.createAMRMClientAsync(1000, allocListener);
    amRMClient.init(conf);
    amRMClient.start();
...
    // Register self with ResourceManager
    // This will start heartbeating to the RM
    appMasterHostname = NetUtils.getHostname();
    RegisterApplicationMasterResponse response = amRMClient
      .registerApplicationMaster(appMasterHostname, appMasterRpcPort,
        appMasterTrackingUrl);
    // Dump out information about cluster capability as seen by the
    // resource manager
    long maxMem = response.getMaximumResourceCapability().getMemorySize();
    LOG.info("Max mem capability of resources in this cluster " + maxMem);

    int maxVCores = response.getMaximumResourceCapability().getVirtualCores();
    LOG.info("Max vcores capability of resources in this cluster " + maxVCores);

+   int maxGPUs = response.getMaximumResourceCapability().getGPUs();
+   LOG.info("Max GPUs capability of resources in this cluster " + maxGPUs);

    // A resource ask cannot exceed the max.
    if (containerMemory > maxMem) {
      LOG.info("Container memory specified above max threshold of cluster."
          + " Using max value." + ", specified=" + containerMemory + ", max="
          + maxMem);
      containerMemory = maxMem;
    }

    if (containerVirtualCores > maxVCores) {
      LOG.info("Container virtual cores specified above max threshold of cluster."
          + " Using max value." + ", specified=" + containerVirtualCores + ", max="
          + maxVCores);
      containerVirtualCores = maxVCores;
    }

+   if (containerGPUs > maxGPUs) {
+     LOG.info("Container GPUs specified above max threshold of cluster."
+         + " Using max value." + ", specified=" + containerGPUs + ", max="
+         + maxGPUs);
+     containerGPUs = maxGPUs;
+     containerGPUAttribute = 0;
+   }

    List<Container> previousAMRunningContainers =
      response.getContainersFromPreviousAttempts();
    LOG.info(appAttemptID + " received " + previousAMRunningContainers.size()
      + " previous attempts' running containers on AM registration.");
    for(Container container: previousAMRunningContainers) {
      launchedContainers.add(container.getId());
```

```
    }
    numAllocatedContainers.addAndGet(previousAMRunningContainers.size());


    int numTotalContainersToRequest =
        numTotalContainers - previousAMRunningContainers.size();
    // Setup ask for containers from RM
    // Send request for containers to RM
    // Until we get our fully allocated quota, we keep on polling RM for
    // containers
    // Keep looping until all the containers are launched and shell script
    // executed on them ( regardless of success/failure).
    // 在这里发起 Container 的资源请求
    for (int i = 0; i < numTotalContainersToRequest; ++i) {
      ContainerRequest containerAsk = setupContainerAskForRM();
      amRMClient.addContainerRequest(containerAsk);
    }
    numRequestedContainers.set(numTotalContainers);
  }

  private ContainerRequest setupContainerAskForRM() {
    // setup requirements for hosts
    // using * as any host will do for the distributed shell app
    // set the priority for the request
    // TODO - what is the range for priority? how to decide?
    Priority pri = Priority.newInstance(requestPriority);

    // Set up resource type requirements
    // For now, memory and CPU are supported so we set memory and cpu requirements
    Resource capability = Resource.newInstance(containerMemory, // 此处增加对 GPU 资源的申请
-       containerVirtualCores);
+       containerVirtualCores, containerGPUs, containerGPUAttribute);

    ContainerRequest request = new ContainerRequest(capability, null, null,
        pri);
    LOG.info("Requested container ask: " + request.toString());
    return request;
  }
```

（六）资源分配

Hadoop-AI 支持 Capacity、Fair、FIFO 这 3 种调度方式。为了支持对 GPU 资源的调度，其主要修改内容为对资源的计算和生成，于 hadoop-yarn-project/hadoop-yarn/hadoop-yarn-common/src/main/java/org/apache/hadoop/yarn/util/resource/Resources.java 处做如下修改。

```
  @Override
      public int compareTo(Resource o) {
              long diff = 0 - o.getMemorySize();
              if (diff == 0) {
              diff = 0 - o.getVirtualCores();
+       if (diff == 0) {
+         diff = 0 - o.getGPUs();
```

```
+       }
     }
     return Long.signum(diff);
   }

...

// 创建资源对象
  public static Resource createResource(int memory) {
-   return createResource(memory, (memory > 0) ? 1 : 0);
+   return createResource(memory, (memory > 0) ? 1 : 0, 0);
  }

  public static Resource createResource(int memory, int cores) {
@@ -126,13 +200,32 @@ public static Resource createResource(int memory, int cores) {
  }

  public static Resource createResource(long memory) {
-   return createResource(memory, (memory > 0) ? 1 : 0);
+   return createResource(memory, (memory > 0) ? 1 : 0, 0);
  }

  public static Resource createResource(long memory, int cores) {
    return Resource.newInstance(memory, cores);
  }

+ public static Resource createResource(long memory, int cores, int GPUs) {
+   return createResource(memory, cores, GPUs, 0);
+ }
+
+ public static Resource createResource(long memory, int cores, int GPUs, long GPUAttribute) {
+   return createResource(memory, cores, GPUs, GPUAttribute, null);
+ }
+
+ public static Resource createResource(long memory, int cores, int GPUs, long GPUAttribute, ValueRanges
ports) {
+   Resource resource = Records.newRecord(Resource.class);
+   resource.setMemorySize(memory);
+   resource.setVirtualCores(cores);
+   resource.setGPUs(GPUs);
+   resource.setGPUAttribute(GPUAttribute);
+   resource.setPorts(ports);
+   return resource;
+ }

// 资源的增、减、数乘计算
  public static Resource addTo(Resource lhs, Resource rhs) {
    lhs.setMemorySize(lhs.getMemorySize() + rhs.getMemorySize());
    lhs.setVirtualCores(lhs.getVirtualCores() + rhs.getVirtualCores());
+   lhs.setGPUs(lhs.getGPUs() + rhs.getGPUs());
+
```

```
+   if ( (lhs.getGPUAttribute() & rhs.getGPUAttribute()) != 0) {
+     //LOG.warn("Resource.addTo: lhs GPU attribute is " +
+     //   lhs.getGPUAttribute() + "; rhs GPU attribute is " + rhs.getGPUAttribute());
+   } else {
+     lhs.setGPUAttribute(lhs.getGPUAttribute() | rhs.getGPUAttribute());
+   }
+
+   if (lhs.getPorts() != null) {
+     lhs.setPorts(lhs.getPorts().addSelf(rhs.getPorts()));
+   } else {
+     lhs.setPorts(rhs.getPorts());
+   }
    return lhs;
  }
...
  public static Resource subtractFrom(Resource lhs, Resource rhs) {
    lhs.setMemorySize(lhs.getMemorySize() - rhs.getMemorySize());
    lhs.setVirtualCores(lhs.getVirtualCores() - rhs.getVirtualCores());
+   lhs.setGPUs(lhs.getGPUs() - rhs.getGPUs());
+
+   if ( (lhs.getGPUAttribute() | rhs.getGPUAttribute()) != lhs.getGPUAttribute()) {
+     //LOG.warn("Resource.subtractFrom: lhs GPU attribute is " +
+     //   lhs.getGPUAttribute() + "; rhs GPU attribute is " + rhs.getGPUAttribute());
+   } else {
+     lhs.setGPUAttribute(lhs.getGPUAttribute() & ~rhs.getGPUAttribute());
+   }
+
+   if (lhs.getPorts() != null) {
+     lhs.setPorts(lhs.getPorts().minusSelf(rhs.getPorts()));
+   }
    return lhs;
  }
...
  public static Resource multiplyTo(Resource lhs, double by) {
    lhs.setMemorySize((long)(lhs.getMemorySize() * by));
    lhs.setVirtualCores((int)(lhs.getVirtualCores() * by));
+   lhs.setGPUs((int)(lhs.getGPUs() * by));
    return lhs;
  }

// 从 GPU 集合中分配合适的 GPU，如果指定了 GPUAttribute，则按照 GPUAttribute 的要求分配
// 如果没有指定（即 GPUAttribute==0），那么按照从小到大的顺序，从可用的 GPU 集合中挑选足够的 GPU

+ public static long allocateGPUs(Resource smaller, Resource bigger) {
+   if (smaller.getGPUAttribute() > 0) {
+     if((smaller.getGPUAttribute() & bigger.getGPUAttribute()) == smaller.getGPUAttribute()){
+         return smaller.getGPUAttribute();
+     }
+     else {
+         return 0;
+     }
+   }
```

```
+   else {
+     return allocateGPUsByCount(smaller.getGPUs(), bigger.getGPUAttribute());
+   }
+ }
+
+ // 当不显式指定 GPU 的位置时，调用下列函数并按顺序分配 GPU 卡
+ private static long allocateGPUsByCount(int requestCount, long available)
+ {
+   int availableCount = Long.bitCount(available);
+   if(availableCount >= requestCount) {
+     long result = available;
+     while (availableCount-- > requestCount) {
+       result &= (result - 1);
+     }
+     return result;
+   } else {
+     return 0;
+   }
+ }
```

13.4.2 YARN 作业的编排服务——FrameworkLauncher

FrameworkLauncher 是 OpenPAI 中的另一个核心服务，它利用 YARN 对提交的计算任务进行编排，在 YARN 中启动 ApplicationMaster（AM），并由 AM 启动实际执行任务的 Container。更具体地，FrameworkLauncher 与 YARN 的分工如图 13-7 所示。

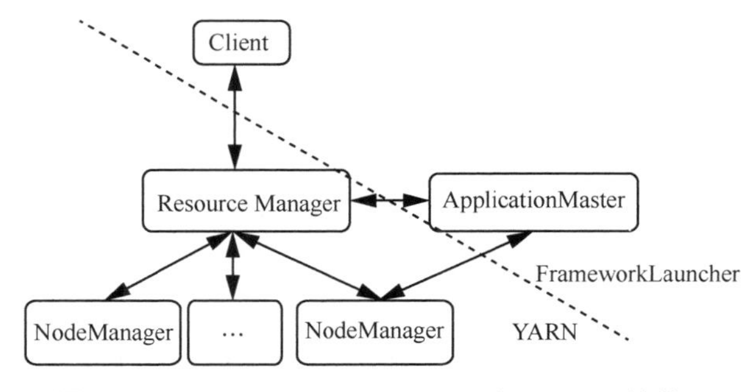

图 13-7 FrameworkLauncher 与 YARN 的分工

在 Client 端，FrameworkLauncher 实现的功能如下：

- 提交 ApplicationMaster（也被称为 Framework）；
- 监控、管理 ApplicationMaster 的状态。

在 ApplicationMaster 端，FrameworkLauncher 实现如下功能：

- 向 ResourceManager（RM）申请 Container；
- 将得到的资源进一步分配给内部任务；
- 与 NodeManager（NM）通信，并启动或停止任务；
- 监控内部任务的运行，在任务失败时为失败的任务重新申请 Container。

对于作业数据来说，FrameworkLauncher 将其保存在 ZooKeeper 中。

Framework 和 Task 的状态管理流程如图 13-8 所示，其中 LauncherService 对应 Client 端，LauncherAM 是在 YARN 中启动的 ApplicationMaster。

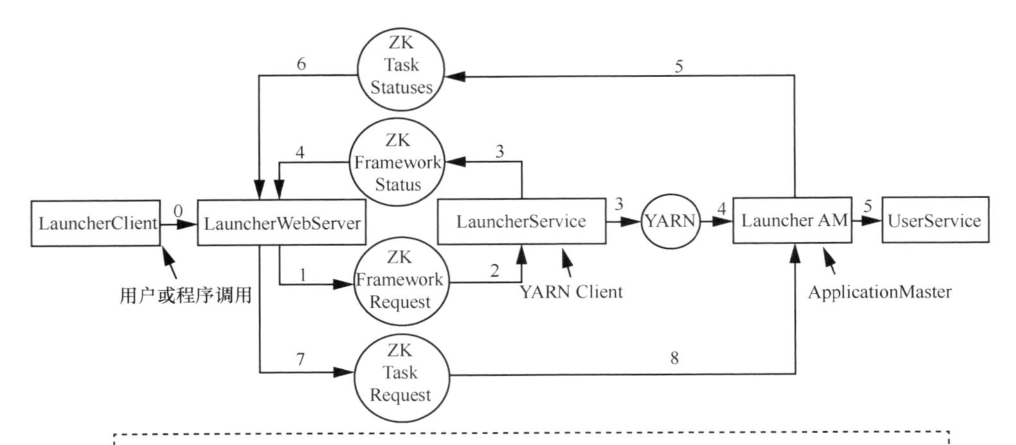

图 13-8　Framework 和 Task 的状态管理流程

FrameworkLauncher 作为 OpenPAI 的子项目，代码目录结构如下。

```
pai/subprojects/frameworklauncher/yarn/src/main/java/com/microsoft/frameworklauncher/
|-- applicationmaster       # LauncherAM 代码，由 YARN 执行
|-- client                  # Launcher API 操作封装
|-- common                  # 基本数据结构和通用接口
|-- hdfsstore               # HDFS 操作封装
|-- service                 # LauncherService 代码
|-- webserver  # LauncherWebServer 代码
`-- zookeeperstore          # ZooKeeper 操作封装
```

（一）基本的数据结构

FrameworkRequest 是用户或程序发起 Framework 请求时使用的类，其主要包含下列属性。

```
public class FrameworkRequest implements Serializable {
  private String frameworkName;
  private FrameworkDescriptor frameworkDescriptor;
  private LaunchClientType launchClientType = LaunchClientType.UNKNOWN;
  private String launchClientHostName;
  private String launchClientUserName;
  private Long firstRequestTimestamp;
  private Long lastRequestTimestamp;
```

FrameworkDescriptor 是对 Framework 的定义，包括名称、taskRoles 等，其主要包含下列属性。

```
public class FrameworkDescriptor implements Serializable {
  private String description;
  private Integer version;
```

```
  private ExecutionType executionType = ExecutionType.START;
  private RetryPolicyDescriptor retryPolicy = new RetryPolicyDescriptor();
  private ParentFrameworkDescriptor parentFramework;
  private UserDescriptor user = UserDescriptor.newInstance();
  private Map<String, TaskRoleDescriptor> taskRoles; // 在这里定义任务的运行参数
  private PlatformSpecificParametersDescriptor platformSpecificParameters = new PlatformSpecificParameters
Descriptor(); // 在这里定义与平台相关的参数，具体指 GPU 的类型。在 13.4.1 节中，hadoop-ai 对 GPU
// 资源进行管理时，并不能具体地区分 GPU 的类型（如 V100、P100 等），如果在使用时需要适配特定
// 的 GPU 卡类型，则需要在 FrameworkLauncher 端指定。
```

TaskRoleDescriptor 描述 Framework 包含的每一个 TaskRole，并利用 ServiceDescriptor 具体描述每一个 Task 的启动命令和所需要的资源。这些属性对应于第 13.1.3 节中的作业配置。

TaskRoleDescriptor 包含下列属性。

```
public class TaskRoleDescriptor implements Serializable {
  private Integer taskNumber;
  private Integer scaleUnitNumber = 1;
  private Integer scaleUnitTimeoutSec = 0;
  private RetryPolicyDescriptor taskRetryPolicy = new RetryPolicyDescriptor();
  private TaskRoleApplicationCompletionPolicyDescriptor applicationCompletionPolicy = new TaskRoleApplic
ationCompletionPolicyDescriptor();
  private ServiceDescriptor taskService;
  private TaskRolePlatformSpecificParametersDescriptor platformSpecificParameters = new TaskRolePlatformS
pecificParametersDescriptor();
```

ServiceDescriptor 包含下列属性。

```
public class ServiceDescriptor implements Serializable {
  private Integer version;
  private String entryPoint; // 任务启动命令
  private List<String> sourceLocations;
  private ResourceDescriptor resource; // 在这里定义所需要的资源类型和数量
```

另一个重要的数据结构是 FrameworkStatus，其记录了 Framework 的生命周期，包含下列属性。

```
public class FrameworkStatus implements Serializable {
  // 来自 FrameworkRequest 的静态属性
  private String frameworkName;
  private Integer frameworkVersion;

  // Framework 的动态属性
  private FrameworkState frameworkState;
  private RetryPolicyState frameworkRetryPolicyState;
  private Long frameworkCreatedTimestamp;
  private Long frameworkCompletedTimestamp;

  // 与 Framework 相关联的 Application（YARN 中的数据结构）的属性
  private String applicationId;
  private Float applicationProgress;
  private String applicationTrackingUrl;
  private Long applicationLaunchedTimestamp;
  private Long applicationCompletedTimestamp;
  private Integer applicationExitCode;
```

```
private String applicationExitDescription;
private String applicationExitDiagnostics;
private ExitType applicationExitType;
private String applicationExitTriggerMessage;
private String applicationExitTriggerTaskRoleName;
private Integer applicationExitTriggerTaskIndex;
```

（二）LauncherWebServer

LauncherWebServer 负责与用户或程序调用进行交互，提供 Framework 增、删、改、查的接口。表 13-2 给出了 LauncherWebServer 提供的 API。

表 13-2　LauncherWebServer API 列表

请求类型	API 路径	说明
PUT	/v1/Frameworks/{FrameworkName}	创建或更新 Framework
DELETE	/v1/Frameworks/{FrameworkName}	删除 Framework
GET	/v1/Frameworks/{FrameworkName}	获取 Framework 的信息，当不指定 {FrameworkName} 时，获取全部的 Framework 信息
GET	/v1/Frameworks/{FrameworkName}/FrameworkStatus	查询 Framework 的状态
PUT	/v1/Frameworks/{FrameworkName}/TaskRoles/{TaskRoleName}/TaskNumber	动态更新 Framework 中的任务数量
PUT	/v1/Frameworks/{FrameworkName}/ExecutionType	更新 Framework 的运行类型
PUT	/v1/Frameworks/{FrameworkName}/MigrateTasks/{ContainerId}	迁移 Framework 中具体的某一个任务到一个新的 Container
PUT	/v1/Frameworks/{FrameworkName}/ApplicationProgress	更新 Framework 的进度
GET	/v1/Frameworks/{FrameworkName}/AggregatedFrameworkStatus	获取聚合后的 Framework 状态
GET	/v1/Frameworks/{FrameworkName}/FrameworkRequest	获取 Framework 的请求信息
GET	/v1/Frameworks/{FrameworkName}/AggregatedFrameworkRequest	获取聚合后的 Framework 请求信息

（三）LauncherService

LauncherService 实例负责管理所有的 Framework，其子服务包括如下几种。

（1）RequestManager，管理所有 Framework 请求，如图 13-9 所示。

（2）StatusManager，管理所有 Framework 状态，如图 13-10 所示。

（3）RMResyncHandler，通过查询 RM 获取 AM 的信息，如图 13-11 所示。

```
public class RequestManager extends AbstractService {  // THREAD SAFE
  private static final DefaultLogger LOGGER = new DefaultLogger(RequestManager.class);

  private final Service service;
  private final LauncherConfiguration conf;
  private final ZookeeperStore zkStore;


  /**
   * REGION BaseRequest
   */
  // Service only need to retrieve AllFrameworkRequests
  // FrameworkName -> FrameworkRequest
  private volatile Map<String, FrameworkRequest> frameworkRequests = null;
```

图 13-9 记录 Framework 请求列表的数据结构

```
public class StatusManager extends AbstractService {  // THREAD SAFE
  private static final DefaultLogger LOGGER = new DefaultLogger(StatusManager.class);

  private final Service service;
  private final LauncherConfiguration conf;
  private final ZookeeperStore zkStore;


  /**
   * REGION BaseStatus
   */
  // Service only need to maintain LauncherStatus and AllFrameworkStatuses, and it is the only maintaine
  private LauncherStatus launcherStatus = null;
  // FrameworkName -> FrameworkStatus
  private Map<String, FrameworkStatus> frameworkStatuses = null;


  /**
   * REGION ExtensionStatus
   * ExtensionStatus should be always CONSISTENT with BaseStatus
   */
  // Used to invert index FrameworkStatus by ApplicationId/FrameworkState instead of FrameworkName
  // FrameworkState -> FrameworkNames
  private final Map<FrameworkState, Set<String>> frameworkStateLocators = new HashMap<>();
  // Associated ApplicationId -> FrameworkName
  private final Map<String, String> associatedApplicationIdLocators = new HashMap<>();
  // Live Associated ApplicationId -> FrameworkName
  private final Map<String, String> liveAssociatedApplicationIdLocators = new HashMap<>();
```

图 13-10 记录 Framework 状态的数据结构

```
public void resyncWithRM() throws Exception {
  List<ApplicationReport> reports = null;

  try {
    LOGGER.logDebug("Started to getApplications");

    // Only Get LAUNCHER ApplicationReport
    reports = yarnClient.getApplications(new HashSet<>(
        Collections.singletonList(GlobalConstants.LAUNCHER_APPLICATION_TYPE)));

    LOGGER.logDebug("Succeeded to getApplications");
  } catch (Exception e) {
    LOGGER.logWarning(e,
        "Exception occurred during GetApplications. It should be transient. " +
            "Will retry next time after %ss", conf.getServiceRMResyncIntervalSec());
  }

  if (reports != null) {
    // ApplicationId -> ApplicationReport
    Map<String, ApplicationReport> liveApplicationReports = new HashMap<>();
    for (ApplicationReport report : reports) {
      liveApplicationReports.put(report.getApplicationId().toString(), report);
    }

    service.onLiveApplicationsUpdated(liveApplicationReports);  ← 更新
  }

  service.queueResyncWithRM(conf.getServiceRMResyncIntervalSec());
}
```

图 13-11 定时向 RM 查询 AM 状态的回调函数

(4) DiagnosticsRetrieveHandler，检查 AM 的诊断信息，并进行后续处理（成功、异常结束、重新提交）。其生命周期如图 13-12 所示。

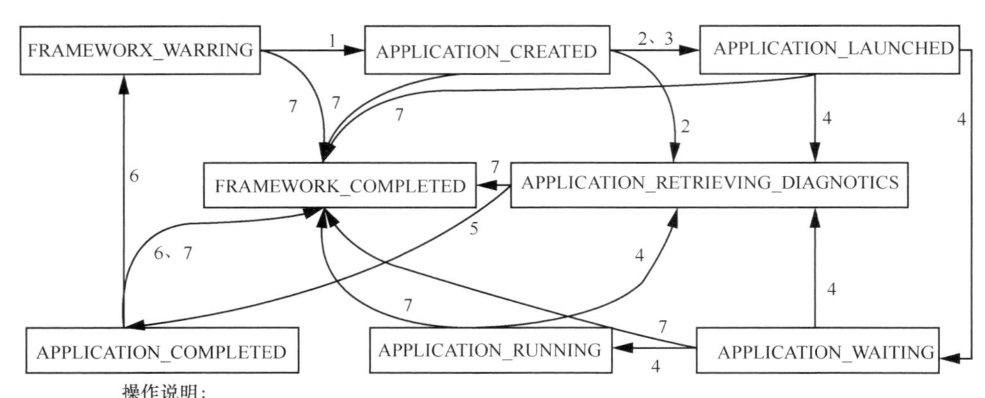

图 13-12　ApplicationMaster 的生命周期

（四）LauncherAM

每一个 Framework 都将启动一个 LauncherAM，负责申请资源，运行 Task，管理 TaskRole 和 Task。其子服务包括如下几种。

(1) NMClientCallbackHandler，为 AM 提供与 NM 进行异步通信交互的接口，捕捉 NM 上的事件（如 Container 正常启动、Container 启动失败等），并提供对应的响应函数入口，如图 13-13 所示。

```
public class NMClientCallbackHandler implements NMClientAsync.CallbackHandler {
  private final ApplicationMaster am;

  public NMClientCallbackHandler(ApplicationMaster am) {
    this.am = am;
  }

  public void onContainerStarted(ContainerId containerId, Map<String, ByteBuffer> allServiceRe
    am.onContainerStarted(containerId, allServiceResponse);
  }

  public void onStartContainerError(ContainerId containerId, Throwable e) {
    am.onStartContainerError(containerId, e);
  }

  public void onContainerStopped(ContainerId containerId) {
    am.onContainerStopped(containerId);
  }

  public void onStopContainerError(ContainerId containerId, Throwable e) {
    am.onStopContainerError(containerId, e);
  }

  public void onContainerStatusReceived(ContainerId containerId, ContainerStatus containerStat
    am.onContainerStatusReceived(containerId, containerStatus);
  }

  public void onGetContainerStatusError(ContainerId containerId, Throwable e) {
    am.onGetContainerStatusError(containerId, e);
  }

  public void onContainerResourceIncreased(ContainerId containerId, Resource resource) {
  }

  public void onIncreaseContainerResourceError(ContainerId containerId, Throwable t) {
  }
}
```

图 13-13　与 NM 进行通信的回调函数

(2) RMClientCallbackHandler，为 AM 提供与 RM 交互的接口，捕捉 AM 上的事件，如 (节点状态更新、资源分配成功、任务执行完毕等)，并提供对应的响应函数入口，如图 13-14 所示。

```
public class RMClientCallbackHandler implements AMRMClientAsync.CallbackHandler {
  private final ApplicationMaster am;

  public RMClientCallbackHandler(ApplicationMaster am) {
    this.am = am;
  }

  public void onError(Throwable e) {
    am.onError(e);
  }

  public void onShutdownRequest() {
    am.onShutdownRequest();
  }

  public float getProgress() {
    return am.getProgress();
  }

  public void onNodesUpdated(List<NodeReport> updatedNodes) {
    am.onNodesUpdated(updatedNodes); // 给 SelectionManager 做选择决策
  }

  public void onContainersAllocated(List<Container> allocatedContainers) {
    am.onContainersAllocated(allocatedContainers);//RM 通知 AMcontainer 分配下来了
  }

  public void onContainersCompleted(List<ContainerStatus> completedContainers) {
    am.onContainersCompleted(completedContainers);//RM 通知 AMcontainer 运行结束
  }

  public void onPreemptionMessage(PreemptionMessage message) {
    am.onPreemptionMessage(message);
  }
}
```

图 13-14 与 RM 进行通信的回调函数

(3) StatusManager，管理所有 Task 和 TaskRole 的状态，如图 13-15 所示。

```
public class StatusManager extends AbstractService {  // THREAD SAFE
  private static final DefaultLogger LOGGER = new DefaultLogger(StatusManager.class);

  private final ApplicationMaster am;
  private final Configuration conf;
  private final ZookeeperStore zkStore;

  /**
   * REGION BaseStatus
   */
  // AM only need to maintain TaskRoleStatus and TaskStatuses, and it is the only maintainer.
  // TaskRoleName -> TaskRoleStatus
  private final Map<String, TaskRoleStatus> taskRoleStatuses = new HashMap<>();
  // TaskRoleName -> TaskStatuses
  private final Map<String, TaskStatuses> taskStatuseses = new HashMap<>();
```

图 13-15 记录 Task 和 TaskRole 状态的数据结构

(4) RequestManager，定期从 ZooKeeper 上拉取新请求，并根据声明的资源需求量进入资源申请环节，如图 13-16 所示。

```
private void pullRequest() throws Exception {
  // Pull LauncherRequest
  LOGGER.logDebug("Pulling LauncherRequest");
  LauncherRequest newLauncherRequest = zkStore.getLauncherRequest();
  LOGGER.logDebug("Pulled LauncherRequest");

  // newLauncherRequest is always not null
  updateLauncherRequest(newLauncherRequest);

  // Pull AggregatedFrameworkRequest
  AggregatedFrameworkRequest newAggFrameworkRequest;
  try {
    LOGGER.logDebug("Pulling AggregatedFrameworkRequest");
    newAggFrameworkRequest = zkStore.getAggregatedFrameworkRequest(conf.getFrameworkName());
    LOGGER.logDebug("Pulled AggregatedFrameworkRequest");
  } catch (NoNodeException e) {
    existsLocalVersionFrameworkRequest = false;
    throw new NonTransientException(
        "Failed to getAggregatedFrameworkRequest, FrameworkRequest is already deleted on ZK", e);
  }

  // newFrameworkDescriptor is always not null
  FrameworkDescriptor newFrameworkDescriptor = newAggFrameworkRequest.getFrameworkRequest().getFramewor
  updateFrameworkDescriptor(newFrameworkDescriptor);
  updateOverrideApplicationProgressRequest(newAggFrameworkRequest.getOverrideApplicationProgressRequest
  updateMigrateTaskRequests(newAggFrameworkRequest.getMigrateTaskRequests());
  aggFrameworkRequest = newAggFrameworkRequest;
}
```

图 13-16　记录 Framework 请求的数据结构

（5）SelectionManager，选择 GPU 和 ports。其生命周期如图 13-17 所示。

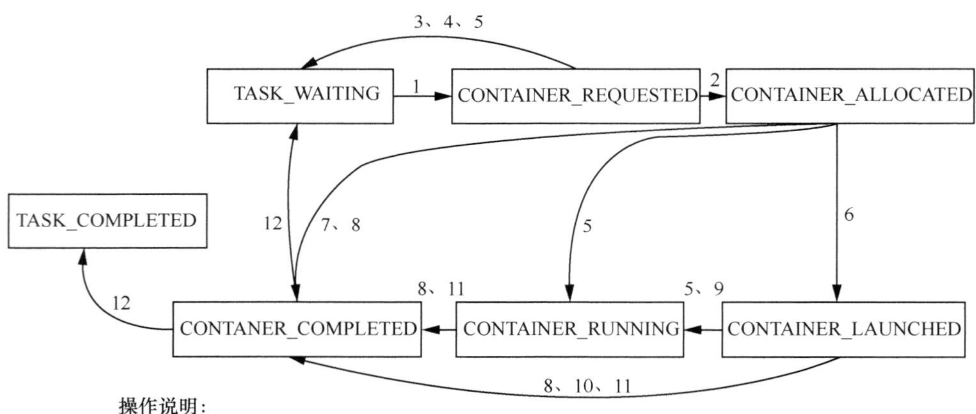

图 13-17　SelectionManager 生命周期

13.5　小结

作为集群管理软件，OpenPAI 提供了完整的“交钥匙”方案，从底层的 GPU、InfiniBand

网卡驱动的处理，到 Docker 虚拟化，再到资源的调度与管理，最后到作业的生命周期管理，实现了对集群资源的统一管理和分配。Kubernetes 和 Hadoop-YARN 都是云计算领域非常有影响力的开源项目，其诸多特性被应用到 OpenPAI 中，从而极大地增强了系统的稳定性、可维护性和资源管理能力。

参考文献

[1] JEON M, VENKATARAMAN S, QIAN J J, et al. Multi-tenant GPU clusters for deep learning workloads: Analysis and implications[J]. Tech. Rep., 2018.